U0229296

FPGA 系统设计原理与实例

韩力英　高振斌　王 杨　王雨雷　武 一　主编

北京航空航天大学出版社

内容简介

本书旨在帮助读者在学习数字电子技术的过程中或之后，利用 Vivado 软件与 Verilog 语言，采用现代设计方法对数字系统的简单门电路、组合逻辑电路、时序逻辑电路进行设计验证，以进一步学习状态机设计方法，以及更复杂的数字系统设计，并借助依元素(南京)科技有限公司的 Ego1 开发板进行硬件验证。

全书内容包括 Vivado 软件的安装及开发流程，IP 核的封装调用以及 Verilog 语言的快速入门。设计模块从基础设计到提高设计到综合设计再到挑战设计，层层递进。除包括数字电子技术所学基础模块设计外，还包括算法设计、接口设计等，充分利用了 Ego1 开发板集成的输入/输出模块来进行项目的设计选择。

本书既可以作为高等院校本科数字电子技术实验课程的参考教材，也可以作为综合设计课程的参考教材，又可以作为 FPGA 设计爱好者的自学用书。

图书在版编目(CIP)数据

FPGA 系统设计原理与实例 / 韩力英等主编. -- 北京：北京航空航天大学出版社，2022.12

ISBN 978-7-5124-3942-9

Ⅰ. ①F… Ⅱ. ①韩… Ⅲ. ①可编程序逻辑器件—系统设计—高等学校—教材 Ⅳ. ①TP332.1

中国版本图书馆 CIP 数据核字(2022)第 215096 号

版权所有，侵权必究。

FPGA 系统设计原理与实例

韩力英 高振斌 王杨 王雨雷 武一 主编

策划编辑 龚雪 责任编辑 龚雪

*

北京航空航天大学出版社出版发行

北京市海淀区学院路 37 号(邮编 100191) http://www.buaapress.com.cn

发行部电话：(010)82317024 传真：(010)82328026

读者信箱：goodtextbook@126.com 邮购电话：(010)82316936

北京富资园科技发展有限公司印装 各地书店经销

*

开本：787×1 092 1/16 印张：19 字数：486 千字

2022 年 12 月第 1 版 2023 年 8 月第 2 次印刷 印数：1 001～2 000 册

ISBN 978-7-5124-3942-9 定价：79.00 元

若本书有倒页、脱页、缺页等印装质量问题，请与本社发行部联系调换。联系电话：(010)82317024

前　言

随着高校课程学时的压缩及课程的合并，一些高校的电子信息类专业已经将数字电子技术和EDA设计技术合并，不再进行传统的硬件设计实验，而是直接用现代设计方法进行实验设计，由于没有大量的学时去讲解和学习现代设计方法及语言，因此，本书以精炼为原则，以学生能够理解并独立完成数字电子技术系统设计为目标，从简单门电路到复杂的挑战设计，逐渐引导学生完成设计，理解数字系统设计的思路与方法。本书既可以作为高等院校本科数字电子技术实验课程的参考教材，也可以作为综合设计课程的参考教材，又可以作为FPGA设计爱好者的自学用书。

近年来教育部提出了一流专业和一流课程建设，金课建设，产教融合、协同育人课程建设，工程教育和创新教育课程建设等一系列课程建设要求。作者团队所在的河北工业大学电子信息工程学院EDA课程组积极响应，对EDA课程进行了全新的改革，2017年开始与依元素(南京)科技有限公司进行校企合作、协同育人，并且获评中国高等教育博览会主办的“校企合作双百计划”典型案例。2020年初突如其来的疫情，几乎打乱了所有的正常教学计划，EDA课程组迅速反应，改变教学模式，依托Ego1口袋实验板，按照“两性一度”标准，打造了线上线下混合式教学模式。根据二十大报告，科技是第一生产力，人才是第一资源，创新是第一动力。同时考虑到现代高等教育呈现的多样化、个性化、学习化和现代化的新特征，充分考虑学生的普适化和个性化需求以及终身学习的能力培养需求，设计分级课程内容和分级课程培养目标，进行能力达成和拔尖创新人才培养。

本书的基础设计项目及提高设计项目中，每个设计项目包括2～4个不同难易程度的例题，供学生学习借鉴，综合设计项目及挑战设计项目中既有简单的项目也有复杂的项目，供不同能力的学生学习。学生可以从基础到复杂逐步递进，聚焦能力本位，在学中做、做中学、做中思、做中创，进而提高自己解决复杂工程问题的能力及创新能力，达到能够独立完成更复杂的数字系统设计的目的。

本书分为两部分共11章。第1部分为设计基础，包括前3章：第1章为设计概述及软硬件介绍；第2章为IP核封装及调用，主要介绍了软件的使用，前2章由韩力英编写；第3章对Verilog语言进行了简单介绍，使学生能够快速上手进行简单电路设计，由王杨编写。第2部分为逻辑系统设计项目。基础设计包括第4章简单门电路设计、第5章组合逻辑电路设计，这两部分可以作为数字电子技术课程的基础实验部分，由王雨雷、武一、张艳共同编写。提高设计包括第6章时序逻辑电路设计、第7章状态机设计、第8章算法设计，这部分既可以作为数字电子技术课程的综合设计性实验部分的参考，也可以作为EDA技术设计课程的基础内容，是学生从单个电路设计到数字系统设计的一个递进训练过程，由韩力英、王杨、伍萍辉共同编写。提高设计还包括第9章接口电路设计，充分利用了Ego1开发板能够连接使用的接口电路，由韩力英、高振斌共同编写。第10章即综合系统设计，根据开发板的资源，例举了不同难易程度的10个FPGA系统设计项目。第11章挑战设计中给出了两个项目的设计，可以作为学生课程设计的参考。第10章、11章由韩力英、李珣、郭艳菊共同编写。

本书的编写主要是基于我校EDA技术综合设计课程的建设而完成的。该课程的建设受到了依元素(南京)科技有限公司的大力支持与帮助，公司也为本书的形成提供了相关资料与开发平台的硬件资源，在此向该公司支持与帮助本课程建设及本书形成的团队表示衷心的感谢！

限于作者水平，本书难免有不妥之处，恳请读者批评指正，使之完善提高。

作　者

2022年10月31日于河北工业大学

目　录

第1部分　设计基础

第2部分　逻辑系统设计项目

第1部分

设计基础

第1章
设计概述及软硬件介绍

FPGA 器件是现场可编程门阵列的简称，能够在线编程，完成数字系统设计。随着互联网及信息技术的快速发展，学习也不再局限于课堂、校园，而是线上线下、课内课外相结合。本章以简洁的方式介绍了软件的安装及使用流程，使学生能够使用软件进行数字系统设计的学习。本书中的设计实例都是在 2020.2 版本的软件下进行设计和验证的，因此软件的安装及使用都是以 2020.2 版本为例进行的。

1.1 Vivado 软件的安装

读者可到 Xilinx 中国官网 https://china.xilinx.com/support/download.html 下载相应版本的软件进行安装。软件比较大，需要注意安装空间是否够，可以采用在线安装或者下载后离线安装。根据需要进行选择，这里选择 Vivado 即可，如图 1.1.1 所示。单击 Next 以后选择 WebPACK 编辑窗口，如图 1.1.2 所示。

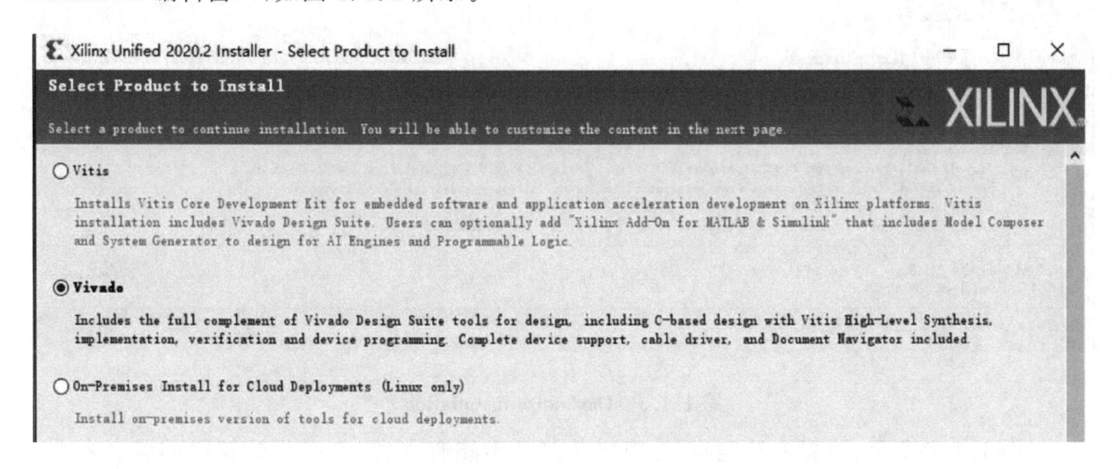

图 1.1.1 选择 Vivado

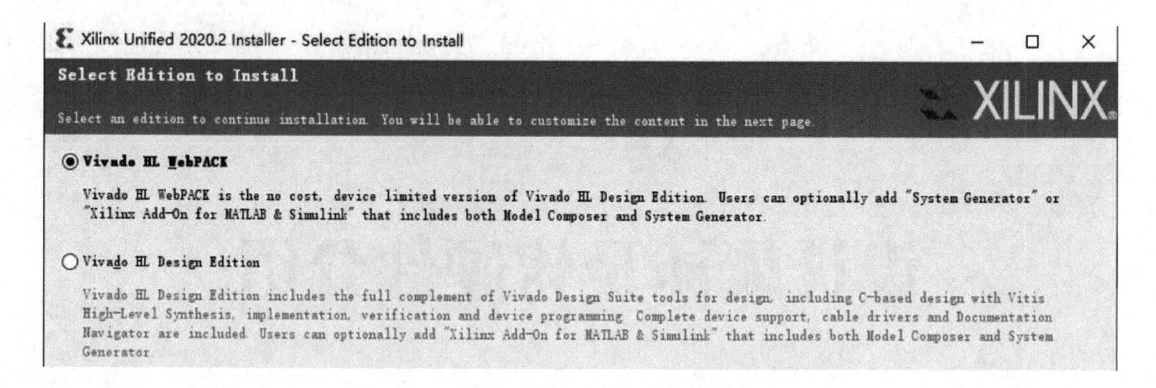

图 1.1.2 选择 Vivado HL WebPACK

如图 1.1.3 所示，进行 Customize installation 选择即可，由于文件比较大，故不要全部安装。实际上，如果只用 Ego1 进行初步设计学习，只需要选择 Design Tools 下的 Vivado，Device 下的 7 Series 即可(Ego1 实验板上用的是 Xilinx Artix - 7 系列的 xc7a35tcsg324 - 1，有 20 800 个 LUT 单元，41 600 个 FlipFlops，50 个 Block RAMS，90 个 DSPs，5 个 MMCMs)，如果还想用其他开发板及器件，可以选择安装。本次安装选择了如图 1.1.3 所示勾选的内容，单击 Next 后进入如图 1.1.4 所示界面，勾选 I Agree 选择项，即进入下一步(见图 1.1.5)。

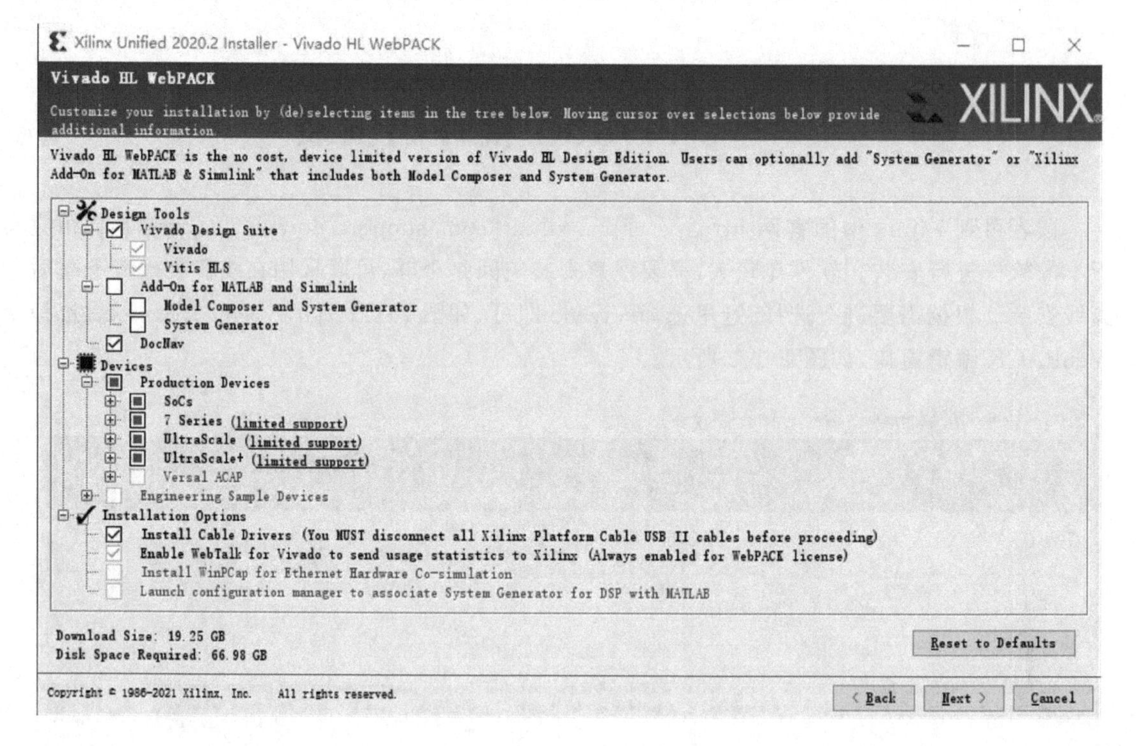

图 1.1.3 Customize installation

如图 1.1.5 所示，设置安装路径，注意安装路径不能有中文(有时候计算机的名字有中文也不行)。设置好这些信息后，系统弹出如图 1.1.6 所示窗口，检查无误后单击 Install 开始下载安装，如图 1.1.7 所示。

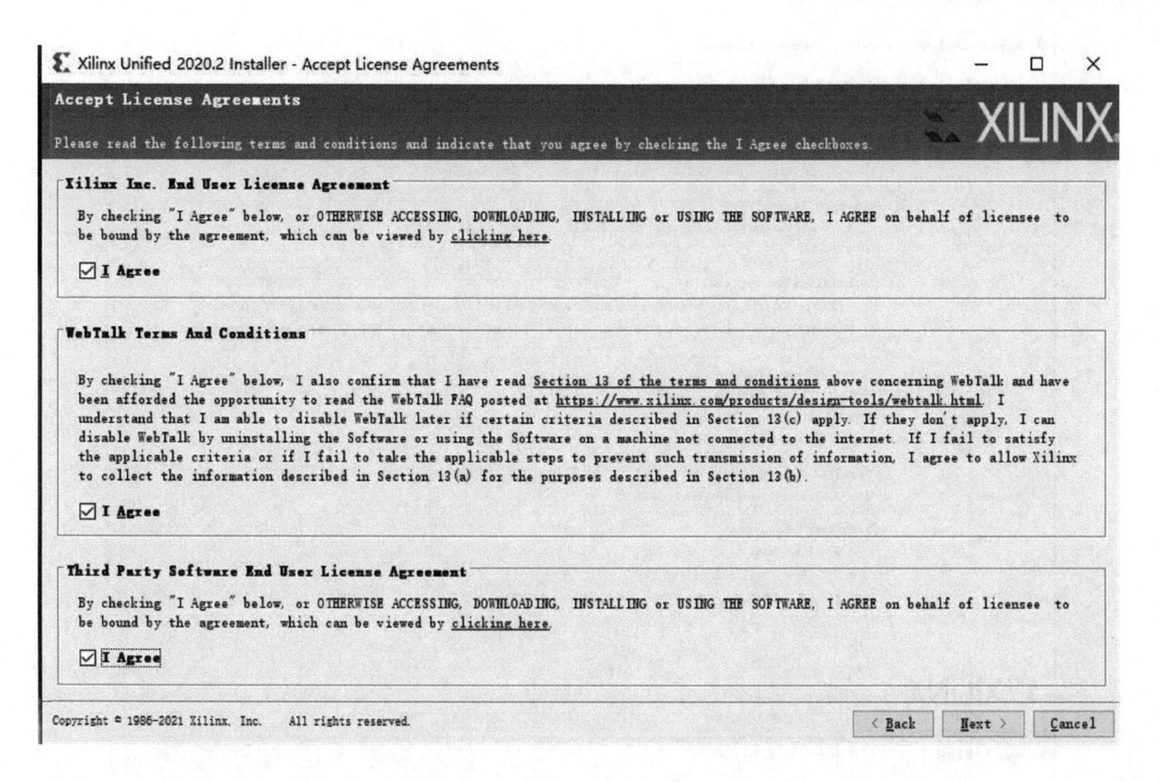

图 1.1.4 Accept License Agreements

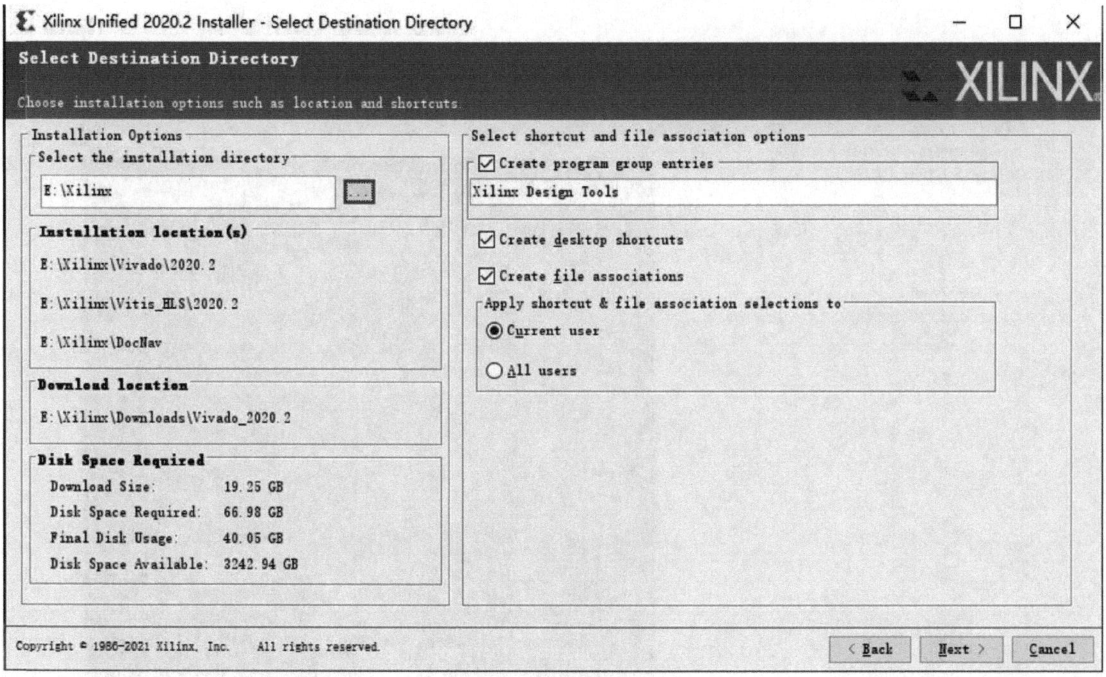

Xilinx Unified 2020.2 Installer - Select Destination Directory
Select Destination Directory
Choose installation options such as location and shortcuts.
XILINX.
Installation Options
Select the installation directory
E:\Xilinx
Installation location(s)
E:\Xilinx\Vivado\2020.2
E:\Xilinx\Vitis_HLS\2020.2
E:\Xilinx\DocNav
Download location
E:\Xilinx\Downloads\Vivado_2020.2
Disk Space Required
Download Size: 19.25 GB
Disk Space Required: 66.98 GB
Final Disk Usage: 40.05 GB
Disk Space Available: 3242.94 GB
Select shortcut and file association options
Create program group entries
Xilinx Design Tools
Create desktop shortcuts
Create file associations
Apply shortcut & file association selections to
Current user
All users
Copyright © 1986-2021 Xilinx, Inc. All rights reserved.
< Back
Next >
Cancel

图 1.1.5 安装路径

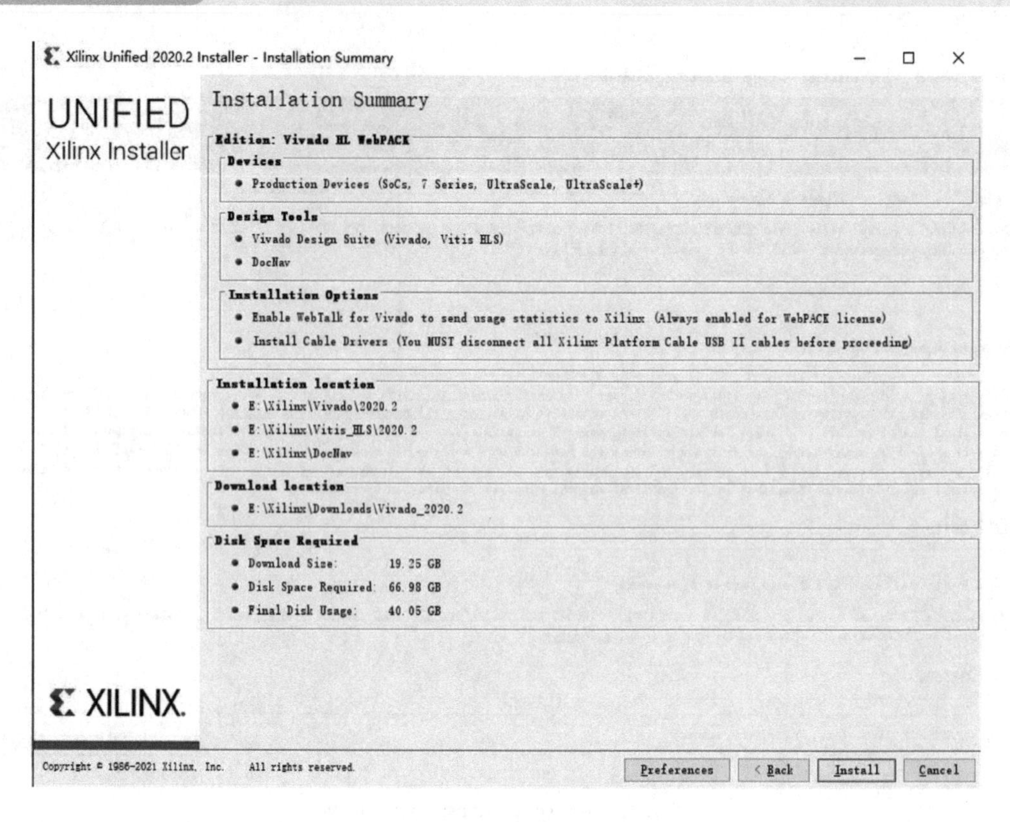

图 1.1.6　安装概要

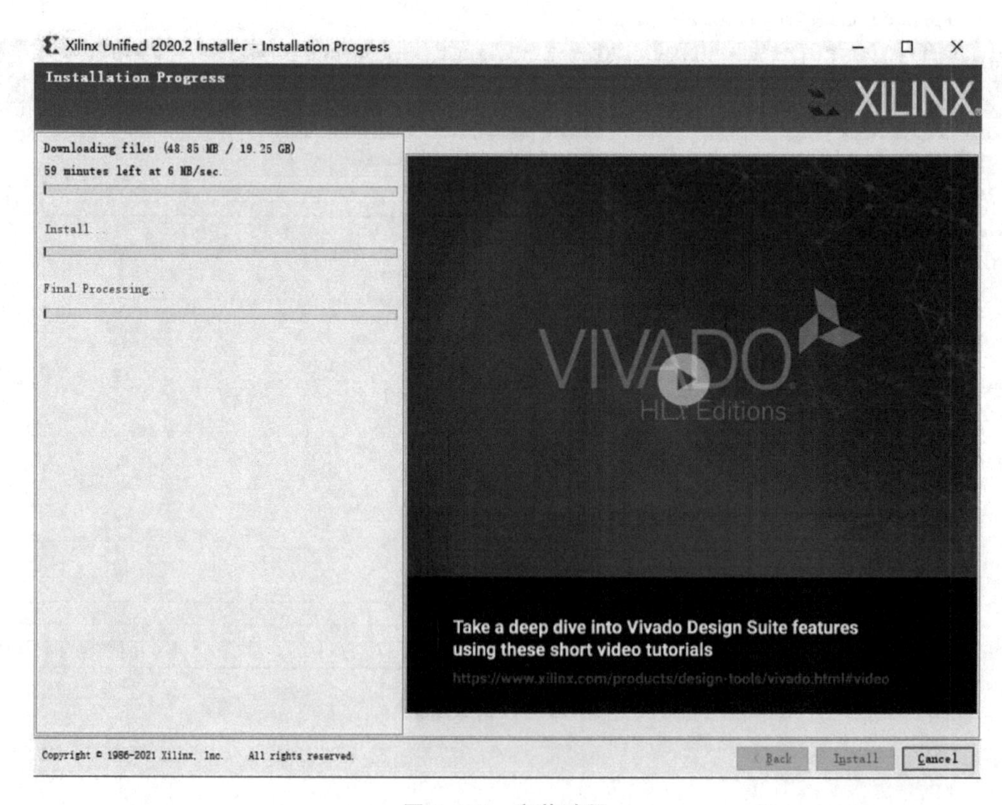

图 1.1.7　安装过程

1.2 Vivado 软件开发流程

Vivado 设计分为 Project Mode 和 Non-project Mode 两种模式，一般简单设计中，常用的是 Project Mode。如图 1.2.1 所示，一般过程是通过编写 HDL 文件的方式创建 Vivado 设计，然后建立仿真文件进行仿真验证，再通过编写约束文件或 I/O Planing 添加引脚约束和时序约束，并生成 Bitstream 文件，最后将生成的 Bitstream 文件下载到 FPGA 开发板里进行硬件验证。未综合前，只能进行功能仿真，综合实现后也可以进行功能仿真及时序仿真。

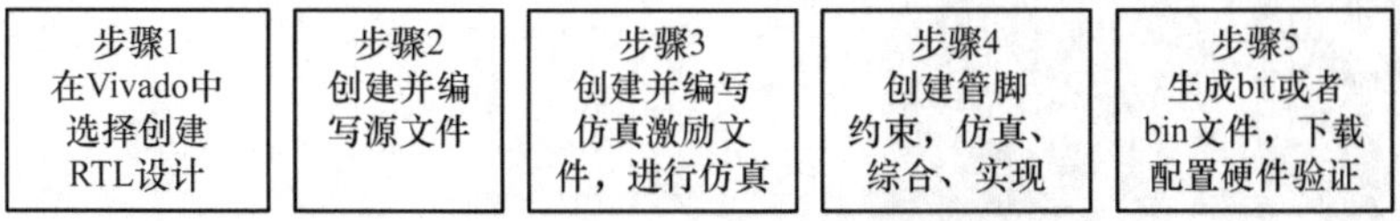

步骤1 在Vivado中选择创建RTL设计	步骤2 创建并编写源文件	步骤3 创建并编写仿真激励文件，进行仿真	步骤4 创建管脚约束，仿真、综合、实现	步骤5 生成bit或者bin文件，下载配置硬件验证

图 1.2.1 Vivado 设计流程

下面以 2020.2 版本为例来说明 Vivado 软件开发流程。

1.2.1 工程的建立

① 打开软件，如图 1.2.2 所示，双击鼠标左键。

图 1.2.2 桌面快捷方式软件图标

② 软件开启后，出现如图 1.2.3 所示界面，可以打开 Create Project 创建工程，也可以选择 Open Project 打开已经创建好的工程。右侧窗口则会出现最近新建过的工程，选中想要打开的最近新建过的工程，直接双击鼠标左键就能打开。

③ 单击图 1.2.3 中左侧窗口 Quick Start 下面的 Create Project，出现如图 1.2.4 所示窗口，创建一个新的工程。

④ 单击图 1.2.4 中的 Next 即可进入图 1.2.5 所示的 Project Name 界面，可以输入工程的名字，然后选择已经创建好的要存放工程的路径，或者新建工程路径，一般情况下会勾选 Create project subdirectory，为每一个新建工程创建一个自己的子目录，这样整个工程文件(包括仿真测试、约束等文件)就都存放在创建的子目录当中了。下面以本书第 5 章 5.1 节中的例 5.1.1 为例来介绍软件的使用过程。工程的名字就采用默认的 project_1，也可以修改成自己希望的工程名字，但要注意工程名字和存储路径中不能出现中文和空格，一般是由字母、

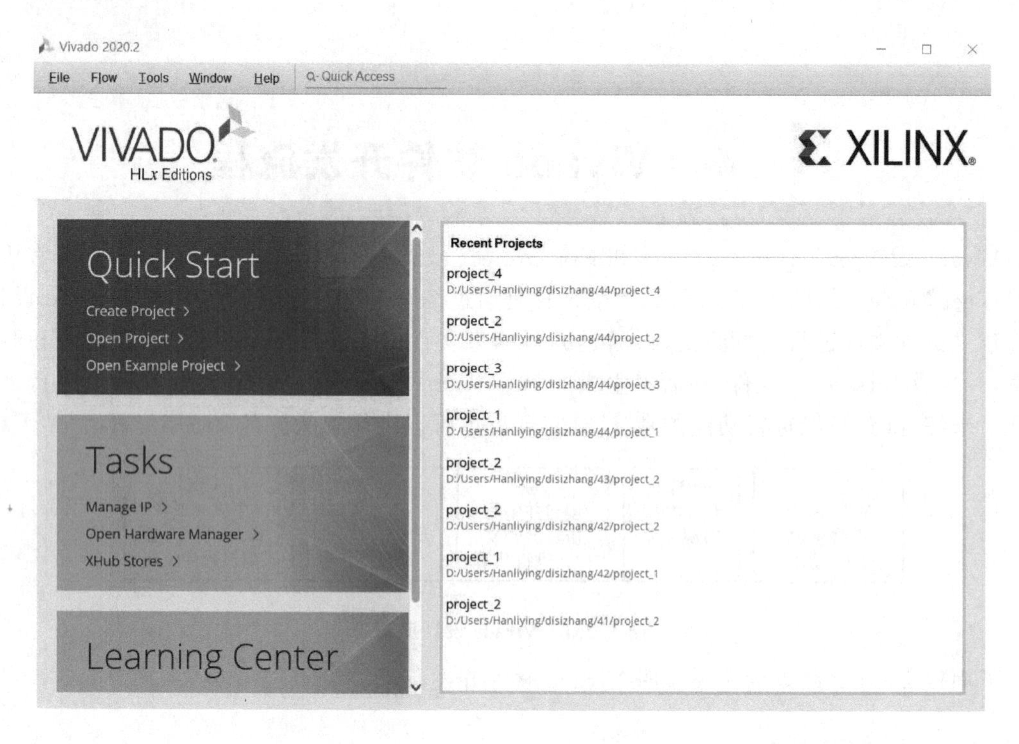

图 1.2.3　Vivado 主界面

图 1.2.4　创建新的工程提示页面

数字和下画线组成的。写完工程名称后，选择存放的路径。可以不选择创建项目子路径，而是直接将项目放到已经存在的路径中（这种情况通常是已经选择的文件夹下只有这一个项目，不再存放其他项目），除此之外，一般均选择创建项目子路径，可以在已有的文件夹下再创建一个子路径用于放此项目，这样就可以在以后的设计中将所有的项目都放在该文件夹下。

⑤ 单击图 1.2.5 中的 Next 进入图 1.2.6 所示界面，进行工程类型的选择。选择 RTL Project 可以实现从 RTL 创建、综合、实现到生成比特流文件的整个设计流程，也是初学者经常选择的类型。

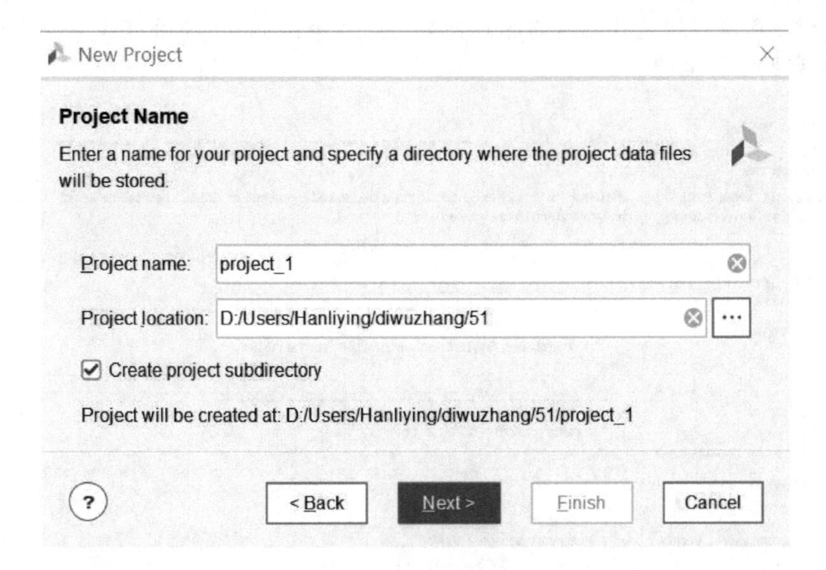

图 1.2.5　创建工程名字和路径页面

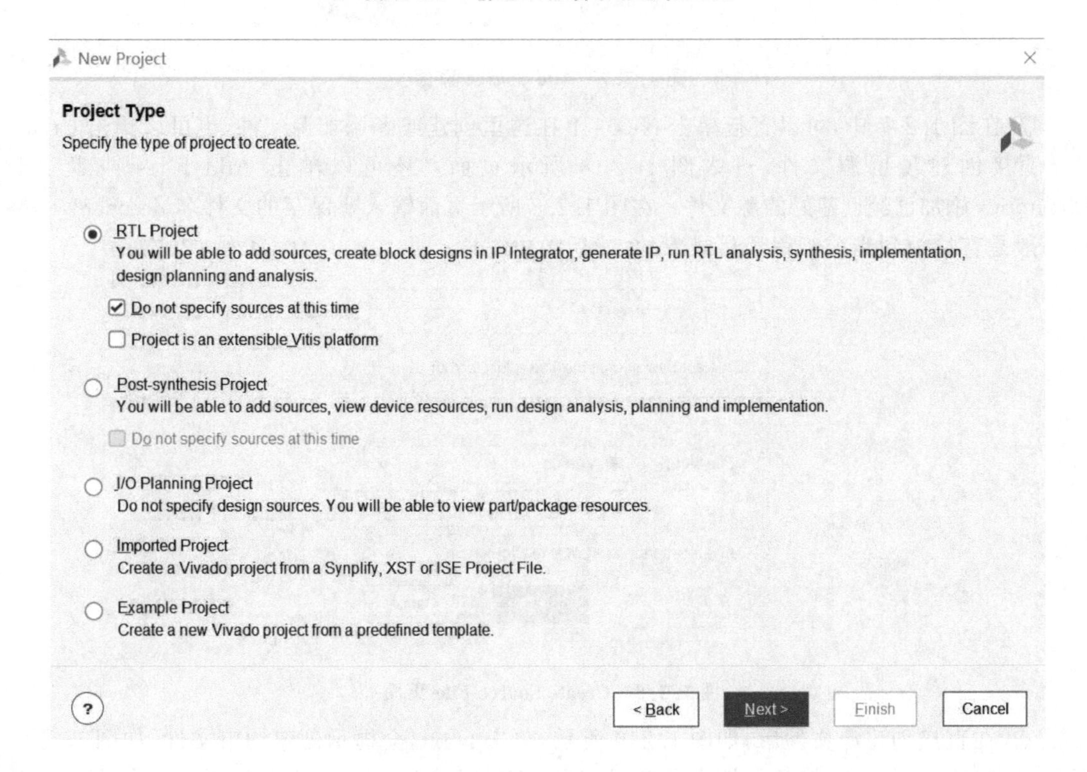

图 1.2.6　工程类型页面

⑥ 如图 1.2.6 所示，如果勾选不具体化源文件，可以直接跳过创建源文件，也可以不勾选，在创建工程的时候一起创建源文件。假如没有勾选，单击图 1.2.6 所示的 Next 进入图 1.2.7所示界面，即进入创建源文件过程；如果勾选，单击 Next 将进入图 1.2.11 所示页面，根据使用的 FPGA 开发平台，选择对应的 FPGA 目标器件，本书使用的是 Ego1 开发板，FPGA 使用 Artix - 7 XC7A35TCSG324 - 1，选择 Family 为 Artix - 7，Package 为 csg324，

Speed grade 为-1，即可快速找到所需芯片，然后选中，单击 Next 即可进入下一步操作创建模块，或者直接完成工程的建立。

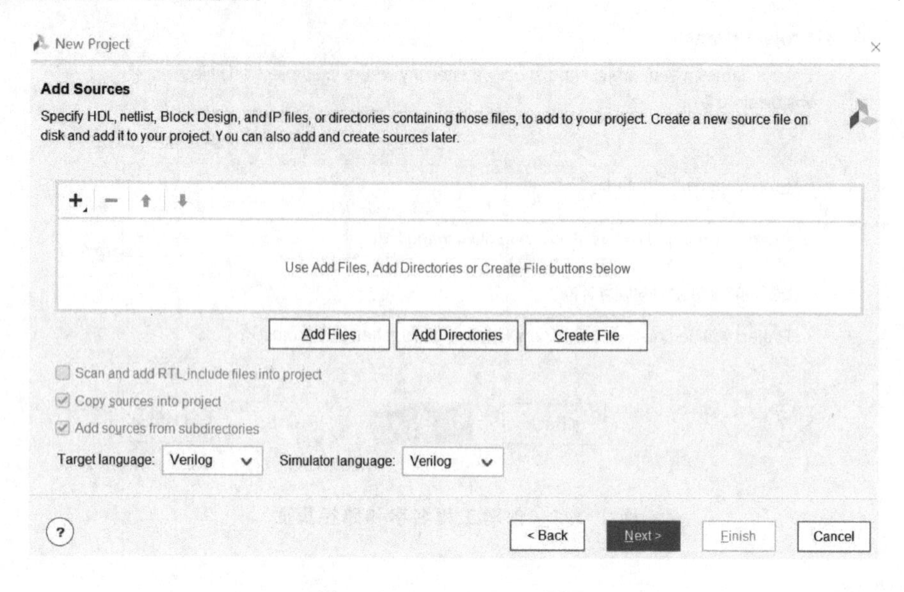

图 1.2.7　Add Source 页面

⑦ 在图 1.2.7 中，可以直接单击 Next，不在这里创建或者添加源文件，也可以单击 Create File 直接创建顶层源文件，进入图 1.2.8 所示页面。还可以单击 Add Files 或者 Add Directories 添加已经创建好的源文件。在图 1.2.8 所示页面输入要保存的文件名 decoder3_8，路径一般是直接放到当前工程子目录下的，然后单击 OK。

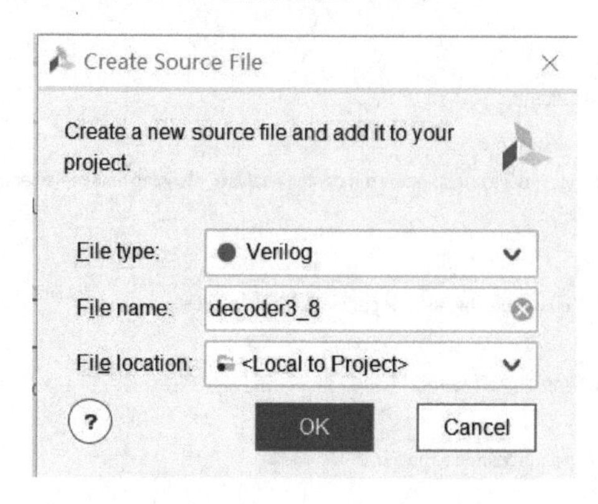

图 1.2.8　Create Source File 页面

⑧ 在直接创建源文件后，如图 1.2.9 所示，单击 Next，会提示创建约束文件，如图 1.2.10 所示，一般情况下，这时候源文件只是有了一个名字，还没有具体内容，所以约束文件在这里可以不创建，单击 Next，直接进入下一步，按如图 1.2.11 所示进行器件的选择。

⑨ 在图 1.2.11 所示页面单击 Next 后进入图 1.2.12 所示的 New Project Summary 页面，这时候可以再次核对要建立的工程的信息，如果不正确，后退修改即可。如果正确，单击 Finish 进入模块创建页面，如图 1.2.13 所示，输入模块名 decoder3_8，这里也可以输入端口信息，或者在编辑页面再输入端口信息。这里不输入端口信息，直接单击 OK，会弹出模块名定义提示信息，单击 Yes 进入图 1.2.14 所示的创建好的包含模块名的工程。

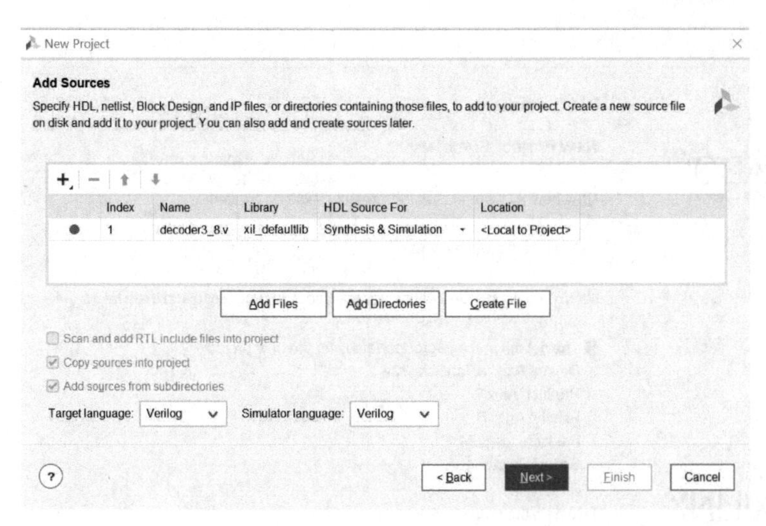

图 1.2.9　创建好源文件

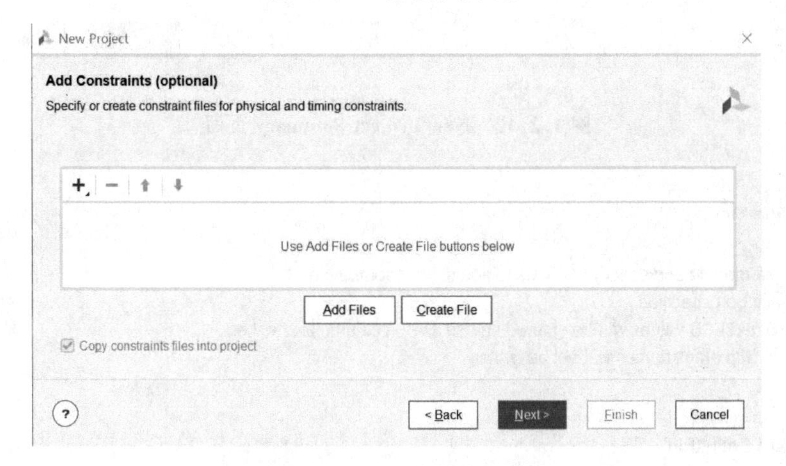

图 1.2.10　创建约束文件

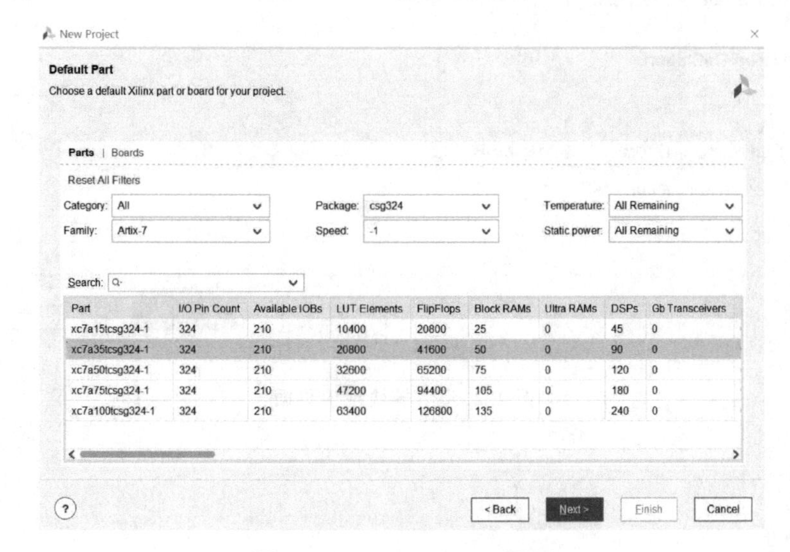

Part	I/O Pin Count	Available IOBs	LUT Elements	FlipFlops	Block RAMs	Ultra RAMs	DSPs	Gb Transceivers
xc7a15tcsg324-1	324	210	10400	20800	25	0	45	0
xc7a35tcsg324-1	324	210	20800	41600	50	0	90	0
xc7a50tcsg324-1	324	210	32600	65200	75	0	120	0
xc7a75tcsg324-1	324	210	47200	94400	105	0	180	0
xc7a100tcsg324-1	324	210	63400	126800	135	0	240	0

图 1.2.11　Default Part 页面

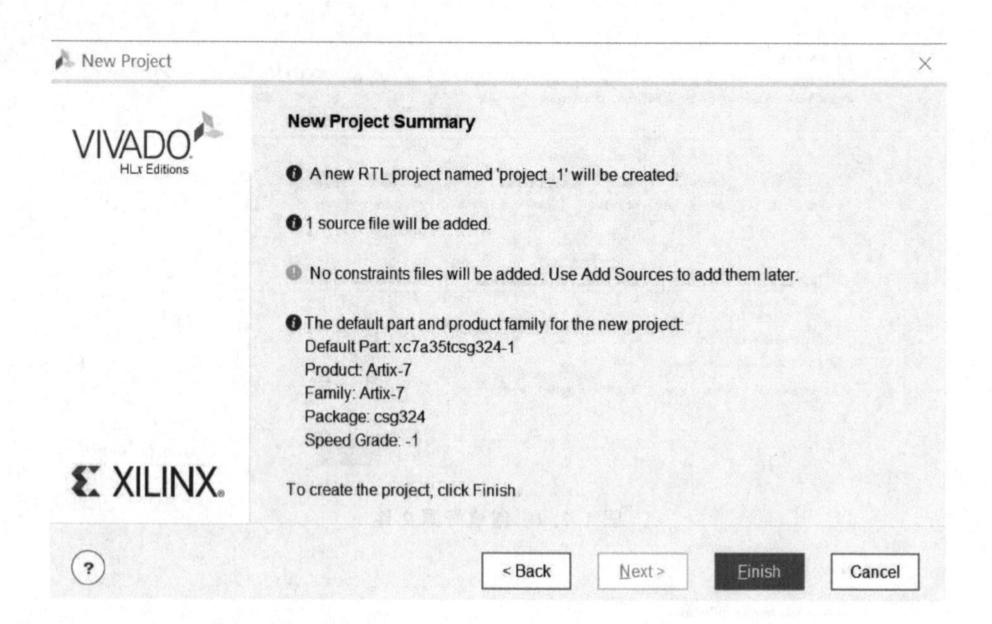

图 1.2.12　New Project Summary 页面

Define Module

Define a module and specify I/O Ports to add to your source file.
For each port specified:
MSB and LSB values will be ignored unless its Bus column is checked.
Ports with blank names will not be written.

Module Definition

Module name: decoder3_8

I/O Port Definitions

Port Name	Direction	Bus	MSB	LSB
	input	☐	0	0

OK　Cancel

图 1.2.13　模块创建页面

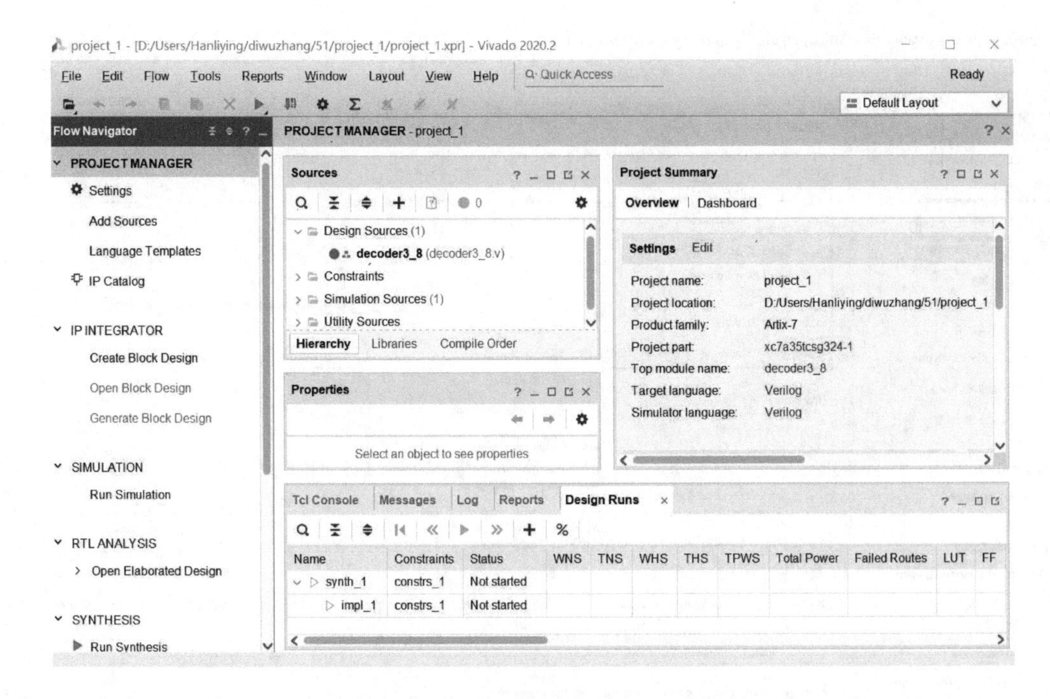

图 1.2.14　创建好的已有模块的工程

1.2.2　设计文件输入

① 在建立工程时，没有创建源文件，则创建的工程是空的，如图 1.2.15 所示。这时可以创建源文件及模块，在图 1.2.16 所示的三个矩形框处可以选择创建源文件，在源文件框位置右击可以找到＋Add Sources，或者单击上面的＋号或者左边 PROJECT MANAGER 下的 Add Sources。

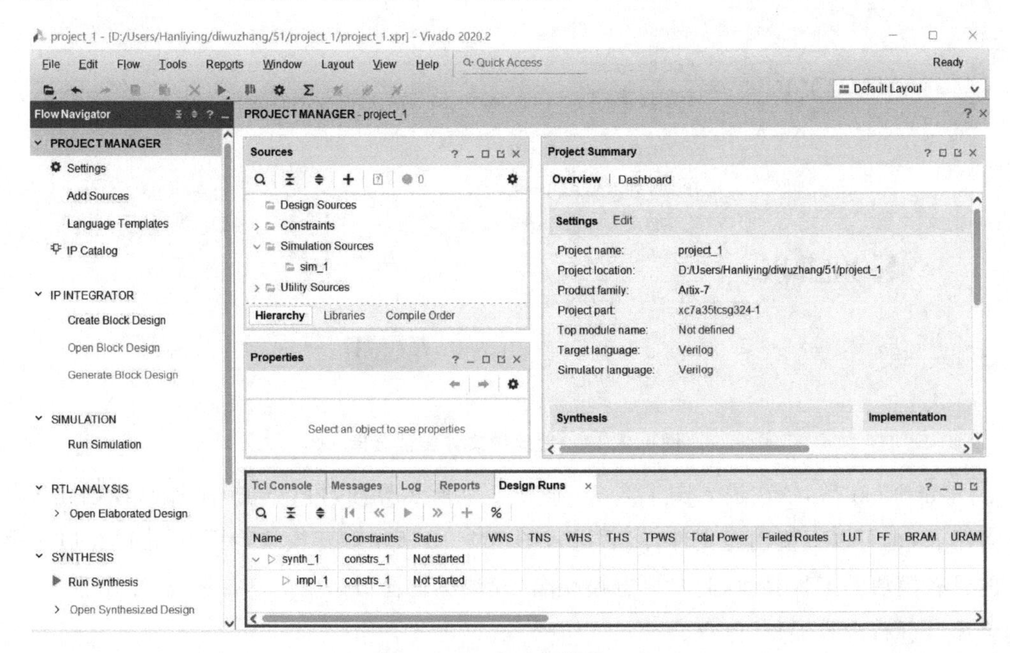

图 1.2.15　创建好的空工程

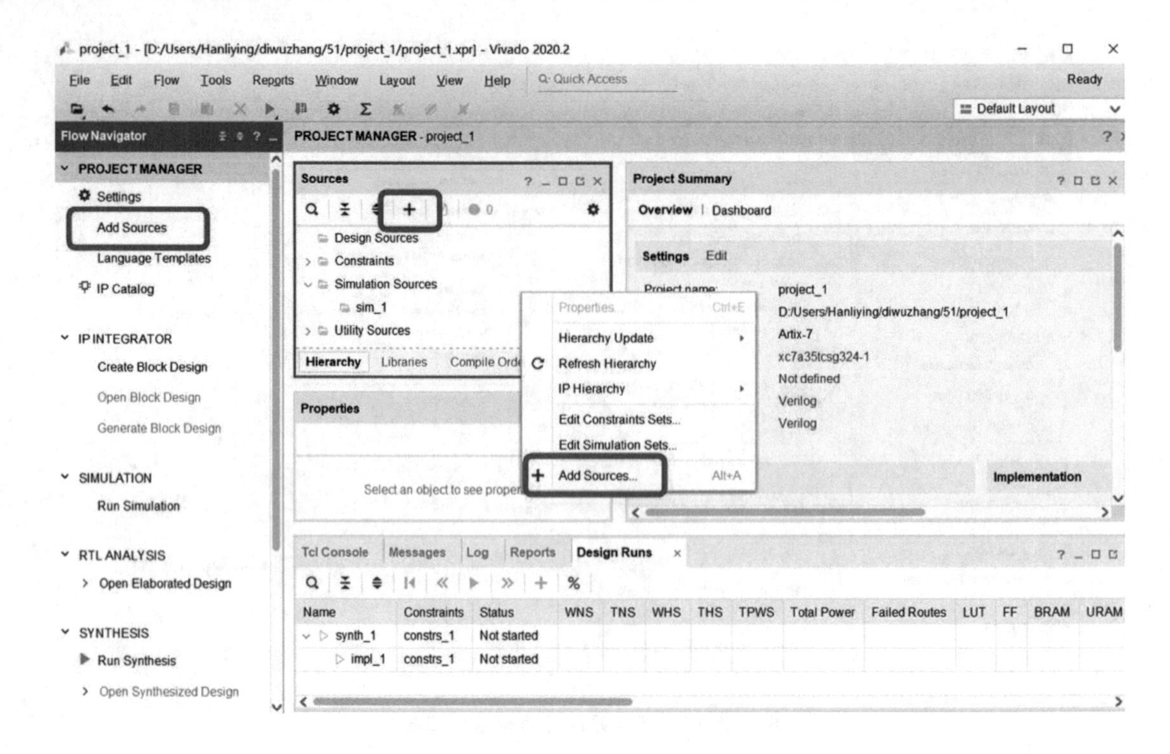

图 1.2.16　创建源文件

② 如图 1.2.17 所示，创建源文件有三种类型，第一种是添加或者创建约束文件，第二种是添加或者创建设计源文件，第三种是添加或者创建仿真文件。可以根据实际要创建的文件类型进行选择，这里先选择建立设计源文件。

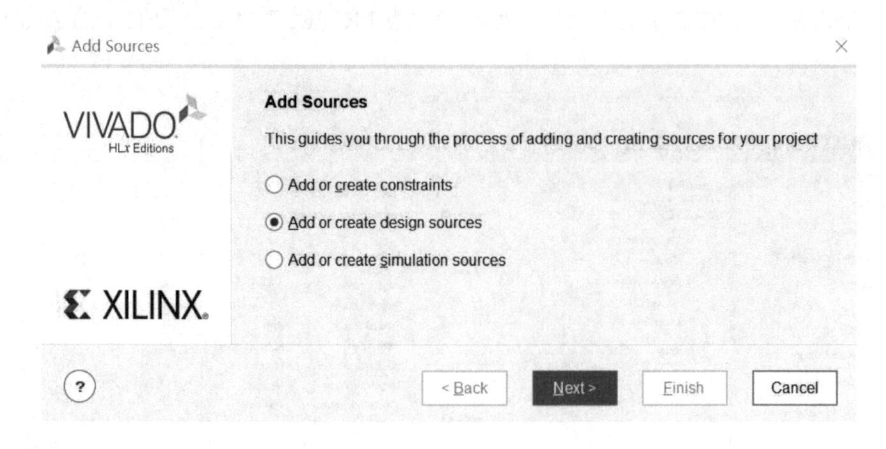

图 1.2.17　创建源文件类型选择

③ 单击 Next 后，依次进入图 1.2.7～图 1.2.9 所示界面，可以选择添加已经创建好的文件或者路径，也可以直接创建文件，然后进入图 1.2.13 所示创建模块界面及图 1.2.14 所示创建好的具有模块的工程界面，此时只有模块名，模块编辑窗口是空的。如图 1.2.18 所示，在模块编辑窗口进行内容编辑、保存。

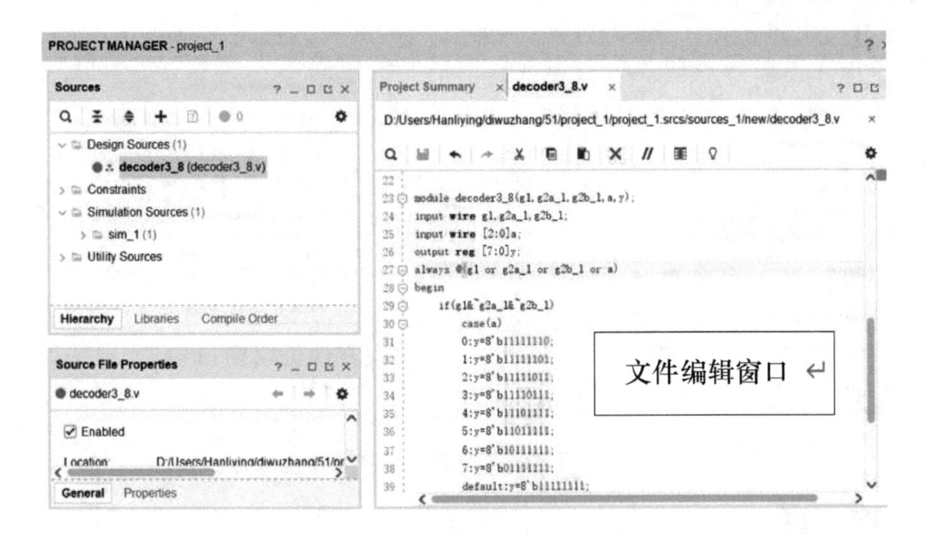

图 1.2.18 创建好的源文件模块

④ 下面进行约束文件添加，像创建设计源文件一样，直接新建 XDC 的约束文件，过程如图 1.2.19～图 1.2.21 所示，然后就可以在如图 1.2.21 所示的约束文件编辑窗口手动输入约束命令，保存即可。

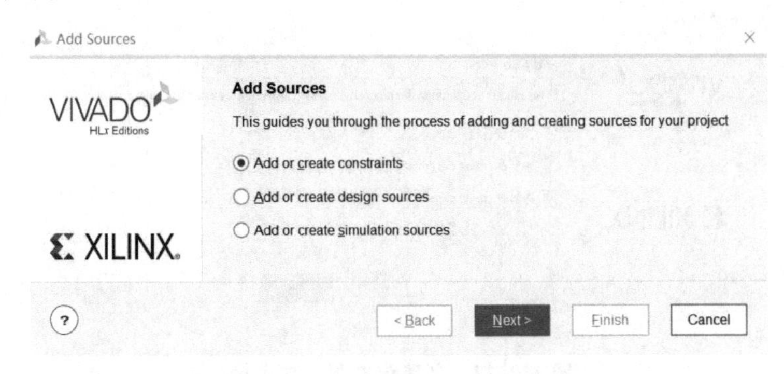

图 1.2.19 创建引脚约束文件选择

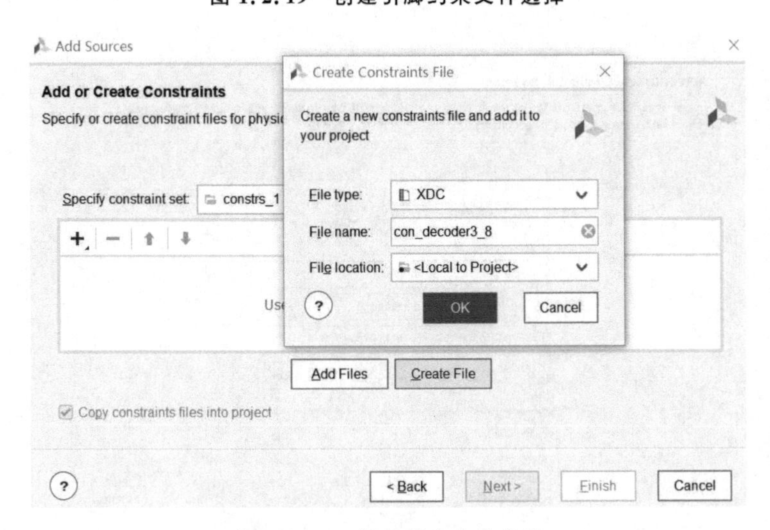

图 1.2.20 添加约束文件名字

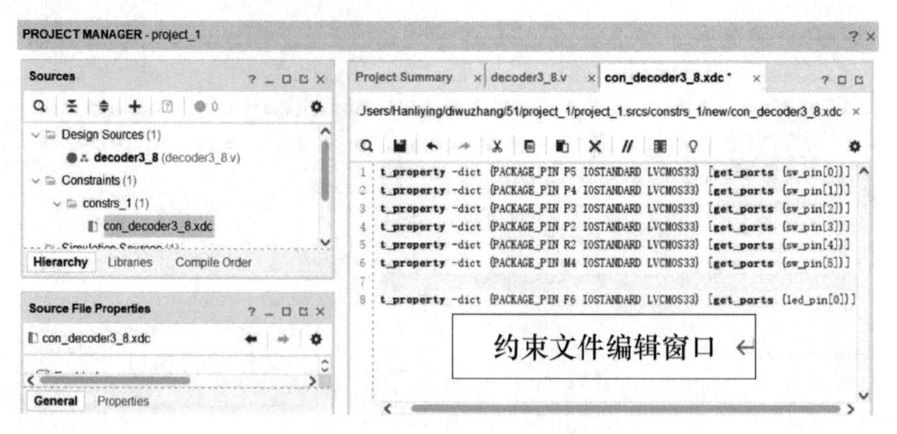

图 1.2.21　约束文件编辑窗口

1.2.3　仿　真

① 采用与创建源文件同样的方法来创建仿真源文件，如图 1.2.22～图 1.2.25 所示，完成了仿真文件名、仿真模块名以及仿真文件激励内容的编辑，保存后就可以进行仿真。本书中仿真时间单位及精度均为 1 ns/1 ps，后续仿真文件中的单位及精度均省略。

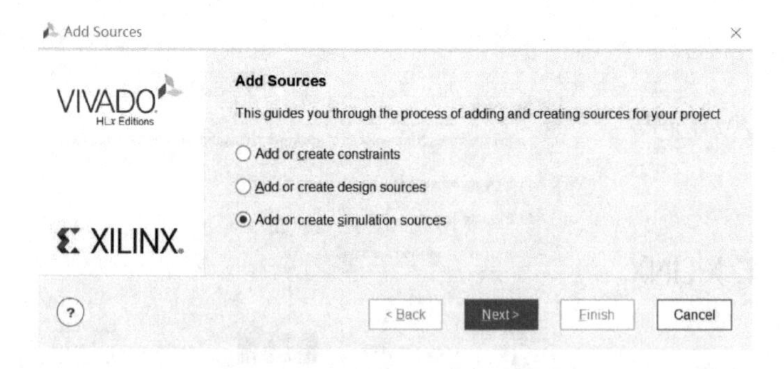

图 1.2.22　创建仿真源文件选择

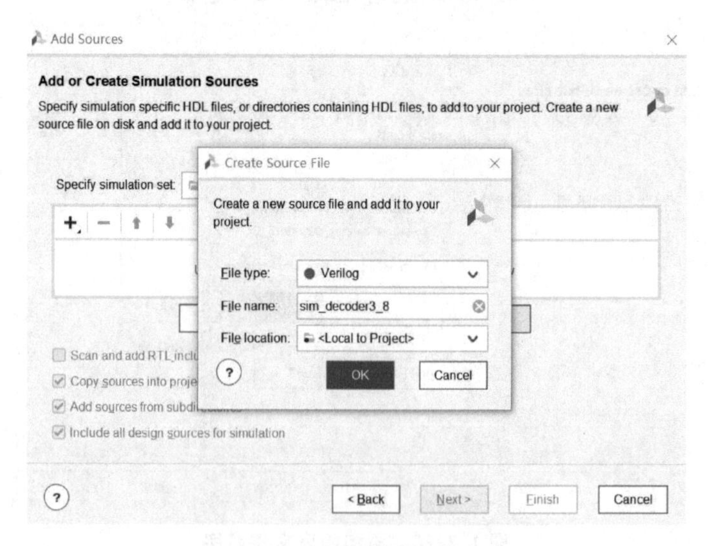

图 1.2.23　添加仿真文件名字

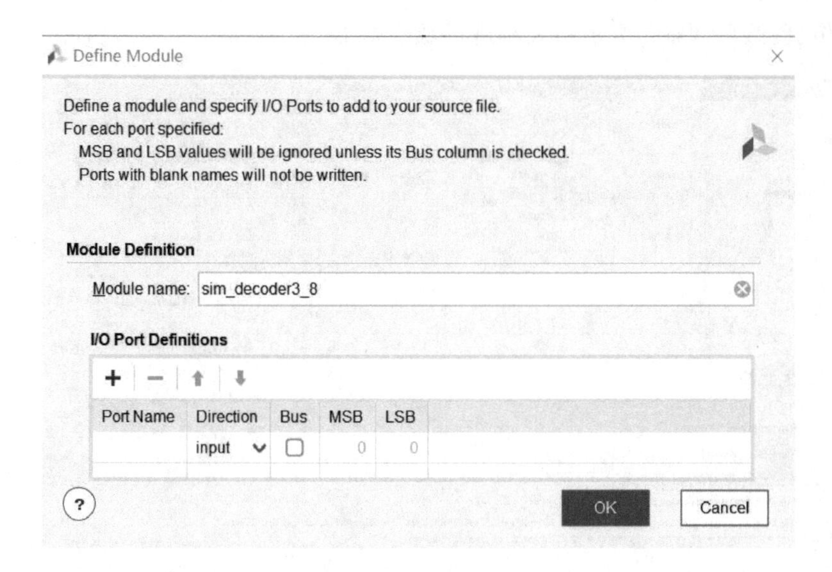

图 1.2.24 添加仿真模块名字

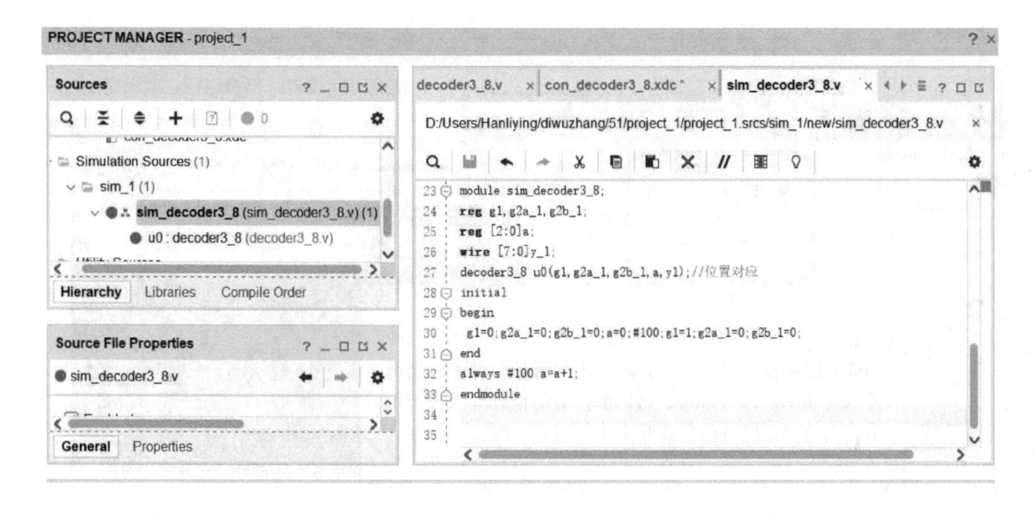

图 1.2.25 仿真文件编辑窗口

② 进入仿真。编辑好仿真文件进行保存后，如图 1.2.25 左上角窗口所示，仿真文件自动变成顶层文件。如图 1.2.26 所示，在左侧 Flow Navigator 中单击 Simulation 下的 Run Simulation 选项，里面有 5 种仿真类型，分别是行为仿真、综合后功能仿真、综合后时序仿真、实现后功能仿真、实现后时序仿真。当综合没有完成时，仅能选择行为仿真，当完成综合后，可以选择前 3 种仿真，在实现完成后，5 种仿真均可选择。功能仿真没有延时，时序仿真有延时，对于组合逻辑，输出有可能出现毛刺，即竞争冒险现象。这里仅演示选择 Run Post - Synthesis Timing Simulation 一项，如图 1.2.26 所示，进入行为综合后时序仿真界面。在仿真时，也可以在源文件中设置仿真断点，如图 1.2.26 中编辑窗口的小圆圈即是可设断点处。仿真结束后，通过窗口调整选择合适大小的仿真波形便于查看结果，如图 1.2.27 所示。

③ 在仿真过程中，设定了时间但是一直看不到理想结果，可以选择菜单 Run 下的 Run All 不限制时间或 Run For 输入具体仿真时间使仿真持续运行，直到观察到理想结果，再选择

Break 结束仿真，然后调整仿真窗口大小进行观察即可。

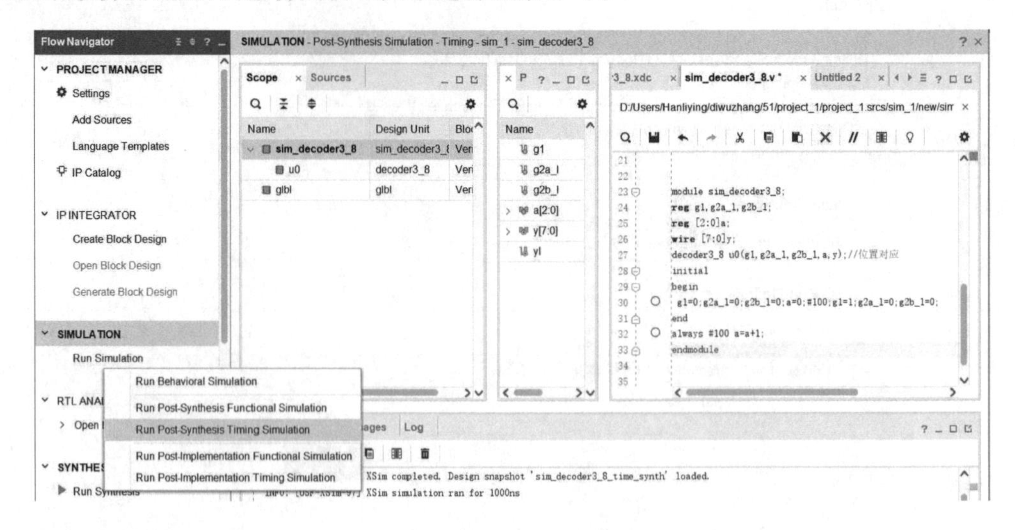

图 1.2.26　综合后时序仿真选择

图 1.2.27　综合后时序仿真结果窗口及调整方式

1.2.4　添加时序约束

在综合完成后选择 Open Synthesis Design，或者直接从 Flow Navigator 中选择 Open Synthesis Design 下面的 Edit Timing Constraints，打开时序约束界面，如图 1.2.28 所示。如果需要添加时序约束，即可进行时序约束编辑，如果不需要添加时序约束，这步可省略。由于组合逻辑三八译码器没有时钟，所以添加时序约束部分以 6.1 节中的例 6.1.1 为例进行。

双击 Clock→Create Clock 后，进入 Create Clock 创建时钟域界面，如图 1.2.29 所示，在 Clock name 中输入时钟信号。单击 Source objects 右侧方框进入时钟域信号关联。

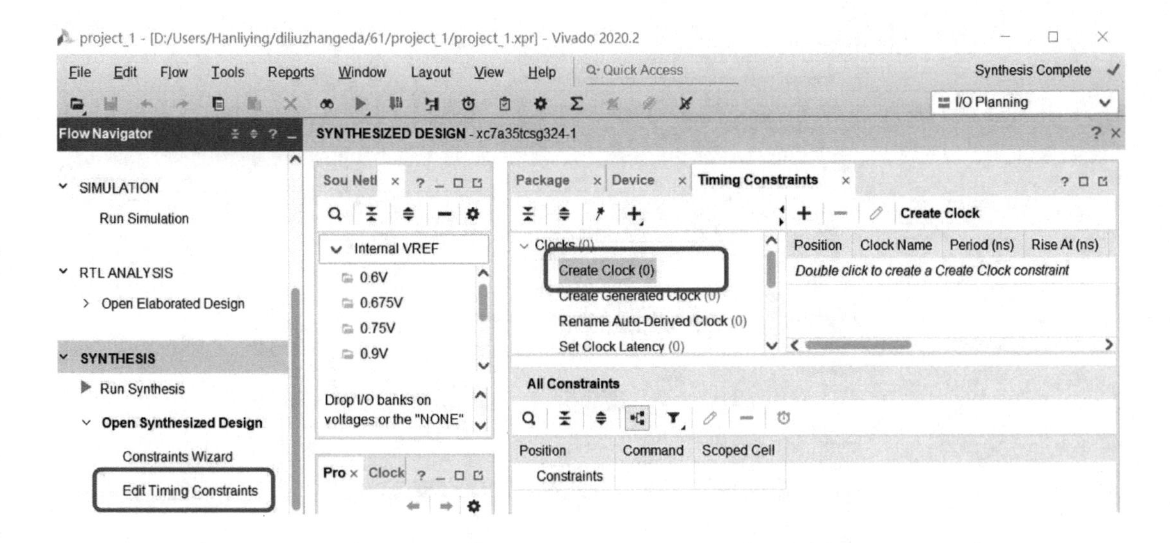

图 1.2.28 时序约束界面

Create Clock

Creates a clock object. The created clock is applied to the specified source objects.
If you do not specify source objects, but give a clock name, a virtual clock is created.

Clock name: clk

Source objects:

Waveform

Period: 10 ns

Rise at: 0 ns

Fall at: 5 ns

Add this clock to the existing clock (no overwriting)

Command: create_clock -period 10.000 -name clk -waveform {0.000 5.000}

Reference　Reset to Defaults　OK　Cancel

图 1.2.29 Create Clock 界面

在图 1.2.30 所示的 Specify Clock Source Object 下的 Find names of type 中选择 I/O Ports 后，单击 Find，并将查找到的 clk 选中，单击向右箭头，使之进入右侧框中，完成后单击 Set 即可。如图 1.2.31 所示，可以将 Period 设置成 10 ns，Rise 设置成 0 ns，fall 设置成 5 ns，并单击 OK，时钟域设置完成后如图 1.2.32 所示。

有时候复杂的数字系统需要多个不同的时钟驱动，所以就需要设置多个时钟域，这里由于是简单的流水灯时序逻辑设计，所以只需要一个时钟域。设置好时钟域后，就可以设置这个时钟域中约束的输入/输出信号的延迟时间，如图 1.2.33 所示，双击 Input→Set Input Delay 及 Output→Set Output Delay，像设置时钟一样，先将时钟 clk 选中，再将其他输入/输出信号添加进去，最后设置输入/输出信号相对于时钟的延迟时间即可，可以一个一个地设置，也可一起设置，如图 1.2.34 所示，具体延迟时间可以根据实际需要进行设置。

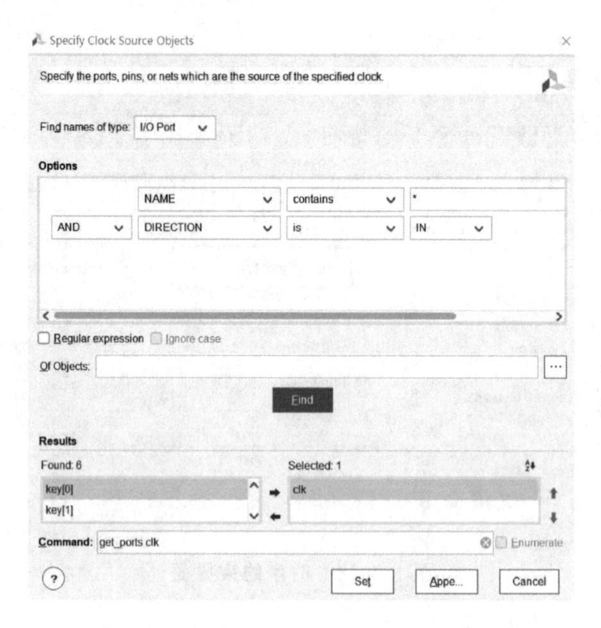

图 1.2.30 Specify Clock Source Object

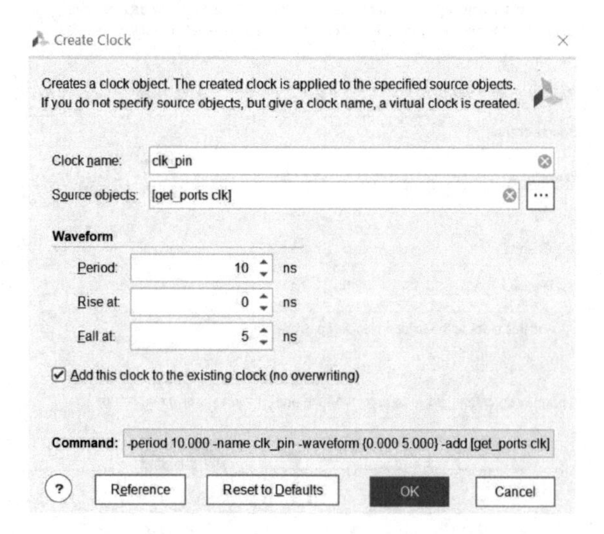

图 1.2.31 源工程中的时钟周期设置

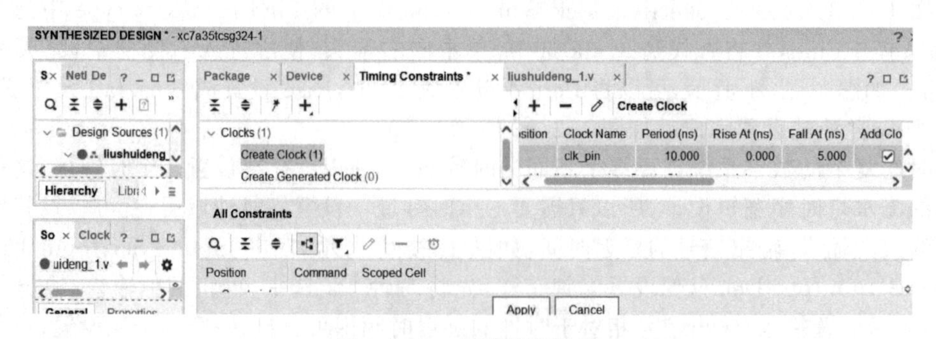

图 1.2.32 设置好时钟域

Set Input Delay

Specify input delay for ports or pins relative to a clock edge.

Clock: [get_clocks "*"]

Objects (ports): [get_ports [list key[0] key[1] key[2] key[3] key[4] key[5]]]

Delay value: 0 ns

Delay Value Options

Delay value is relative to clock edge: rise

Delay value already includes latencies of the specified clock: None

Rise/Fall

Delay value specifies rising delay

Min/Max

Delay value specifies min delay (shortest path)

Add delay information to the existing delay (no overwrite)

Command: elay -clock [get_clocks "*"] 0.0 [get_ports [list key[0] key[1] key[2] key[3] key[4] key[5]]]

Reference　Reset to Defaults　OK　Cancel

图 1.2.33　添加其他输入/输出信号的时序约束

添加完输入/输出信号所需要的时序约束后保存，Reload 约束文件后，会出现添加的时序约束，如图 1.2.34 所示。将 Report Timing Summary 中 Options 标签里的 Path delay type 设置成 min_max，单击 OK，等待完成时序报告，如图 1.2.35 所示，在完成时序报告后，有时可以在报告中看到 Setup 和 Hold 的地方显示为红色，即为时序约束后需求没有满足。然后在进行 Implementation 的时候，Vivado 会自动优化布线路径来满足用户设定的约束时间。如果在 Implementation 中还是显示无法满足，则需要分析电路，重新进行进一步约束以满足设计时序要求。时序约束不是必要的，只在需要的地方才进行时序约束。

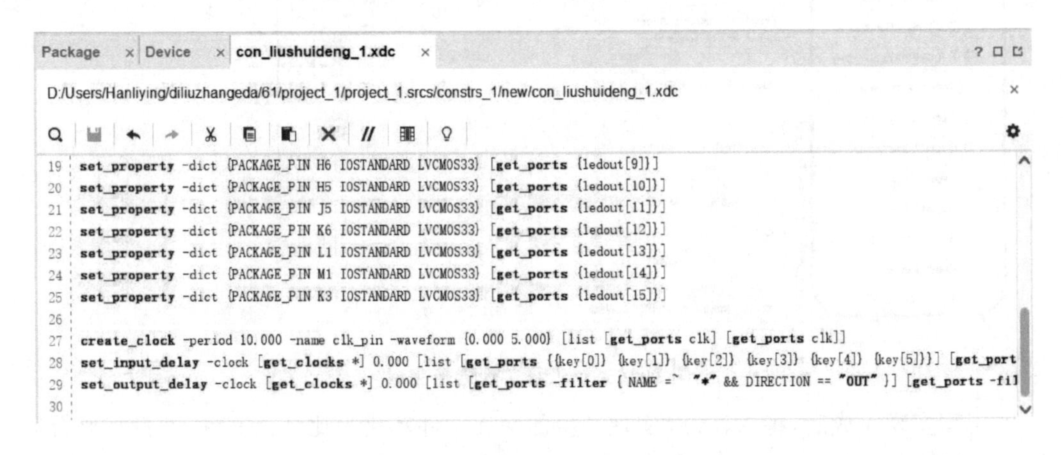


```
19 set_property -dict {PACKAGE_PIN H6 IOSTANDARD LVCMOS33} [get_ports {ledout[9]}]
20 set_property -dict {PACKAGE_PIN H5 IOSTANDARD LVCMOS33} [get_ports {ledout[10]}]
21 set_property -dict {PACKAGE_PIN J5 IOSTANDARD LVCMOS33} [get_ports {ledout[11]}]
22 set_property -dict {PACKAGE_PIN K6 IOSTANDARD LVCMOS33} [get_ports {ledout[12]}]
23 set_property -dict {PACKAGE_PIN L1 IOSTANDARD LVCMOS33} [get_ports {ledout[13]}]
24 set_property -dict {PACKAGE_PIN M1 IOSTANDARD LVCMOS33} [get_ports {ledout[14]}]
25 set_property -dict {PACKAGE_PIN K3 IOSTANDARD LVCMOS33} [get_ports {ledout[15]}]
26
27 create_clock -period 10.000 -name clk_pin -waveform {0.000 5.000} [list [get_ports clk] [get_ports clk]]
28 set_input_delay -clock [get_clocks *] 0.000 [list [get_ports {{key[0]} {key[1]} {key[2]} {key[3]} {key[4]} {key[5]}}] [get_port
29 set_output_delay -clock [get_clocks *] 0.000 [list [get_ports -filter { NAME =~ "*" && DIRECTION == "OUT" }] [get_ports -fil
30
```

图 1.2.34　约束文件

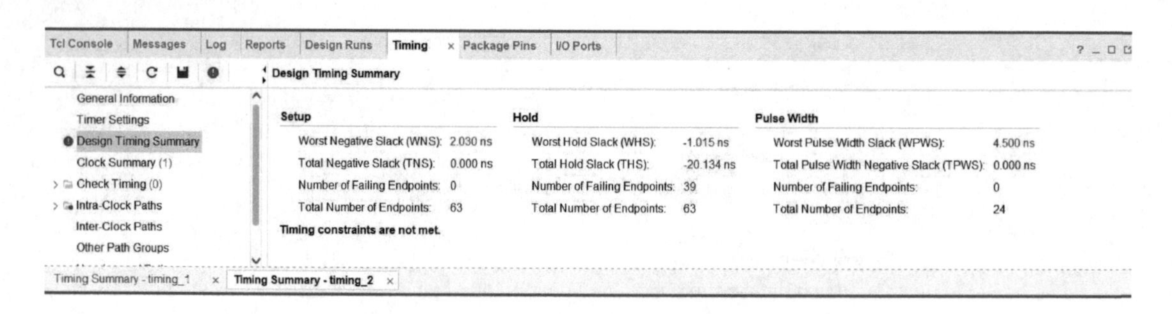

图 1.2.35　时序设计报告

1.2.5　设计实现

Vivado 下的 FPGA 设计实现是指由 FPGA 实现工具将 FPGA 综合后的电路网表针对某个具体指定的器件以及相关物理与性能约束进行优化、布局、布线，并生成最终可以下载到 FPGA 芯片中的配置文件的过程。具体步骤如下：

① 选择 Flow Navigator 下面 IMPLEMENTATION 中的 Run Implementation 进行工程实现，实现完成后可以打开实现的设计 Schematic 图或者查看各类设计报告，如图 1.2.36 所示。

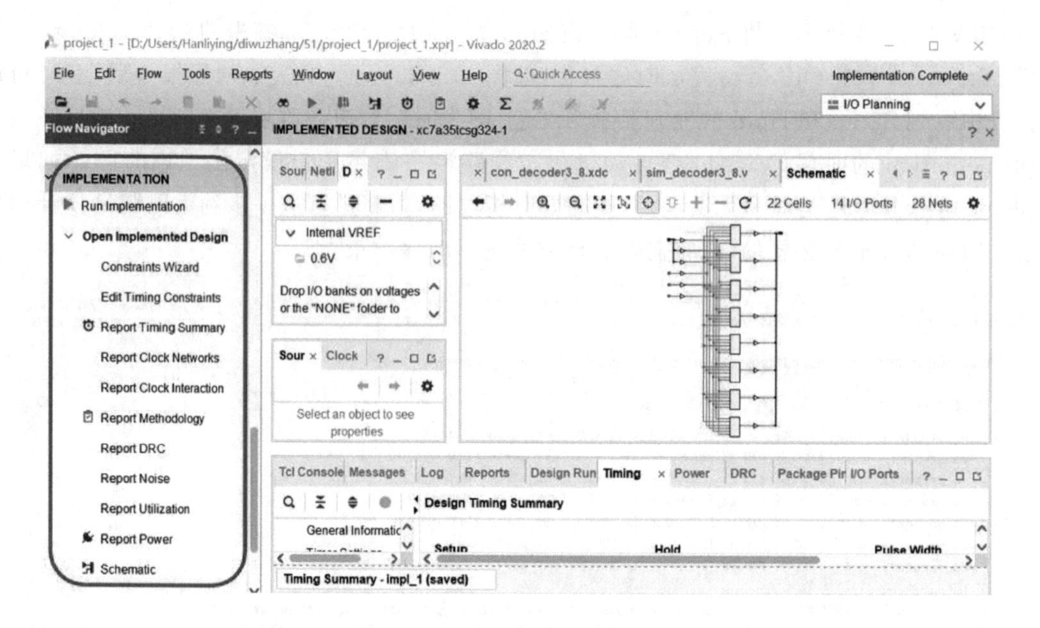

图 1.2.36　工程实现选择完成

② 工程实现完成后，将 Vivado 实现产生的网表文件转化为比特流文件，并且将比特流文件下载到 FPGA 芯片中。比特流文件用于完成对 FPGA 的配置。通过选择 Flow Navigator 下面 PROGRAM AND DEBUG 中的 Generate Bitstream，生成需要下载到芯片中的比特流文件，生成后可以根据实际需要打开相应的文件，如图 1.2.37 所示。

③ 生成 Bitstream 文件后，要想下载到芯片中，首先得连接开发板进行器件配置。单击

Flow Navigator 中 Open Hardware Manager 一项，进入硬件编程管理界面。单击 Open Target，选择 Auto Connect 连接到板卡，此时必须保证开发板和电脑相连，并且打开电源，如图 1.2.38 所示。连接成功后，在目标芯片图 1.2.39 所示三个地方均可右击，选择“Program Device”，在弹出的对话框中“Bitstream File” 一栏已经自动加载本工程生成的比特流文件，单击“Program”对 FPGA 芯片进行编程，如果没有文件或者不对，则到相应的工程路径下去查找添加即可。加载完成后，即完成了对硬件的编程，接下来就可以对硬件进行在线调试了。

图 1.2.37　生成 Bitstream 文件

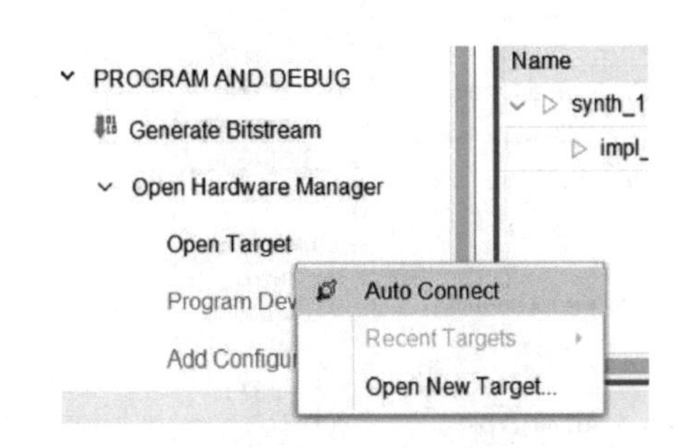

图 1.2.38　连接开发板

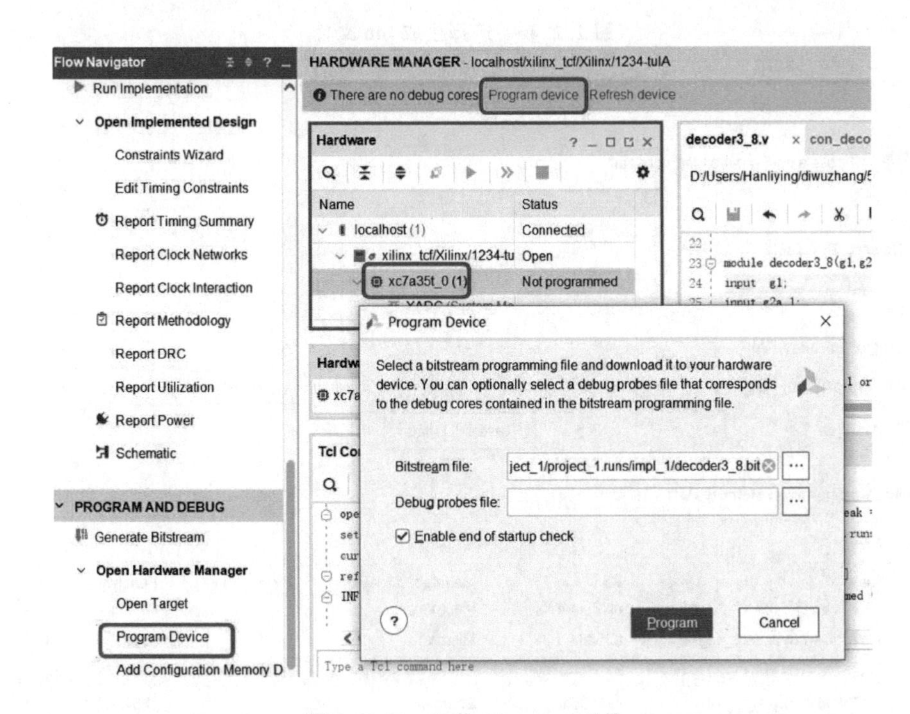

图 1.2.39　加载 Bitstream 文件

前面添加的 bit 文件只能用于在线调试，一旦掉电就会丢失，要想掉电不丢失，就要生成 bin 文件对器件进行编程调试。如图 1.2.40 所示，在 Flow Navigator 窗口中单击 Setting，在 Setting 窗口中的 Bitstream 中选中- bin_file 后，单击 OK，重新单击 Generate Bitstream 后才能生成 bin 文件。然后单击 Add Configuration Memory Device 配置存储器，如果它为灰色点不了，则需要先单击 Program Device 下载完 bit 文件才可以，或者在 Hardware 窗口的芯片上右击选择 Add Configuration Memory Device 窗口进行配置。如果可以单击，说明之前已经配置好了，直接单击就行。开发板 Ego1 存储器配置内容如图 1.2.41 所示。配置完存储器后，选中 bin 文件（和 bit 文件在一个路径下），单击 OK 完成编程下载，如图 1.2.42 所示。

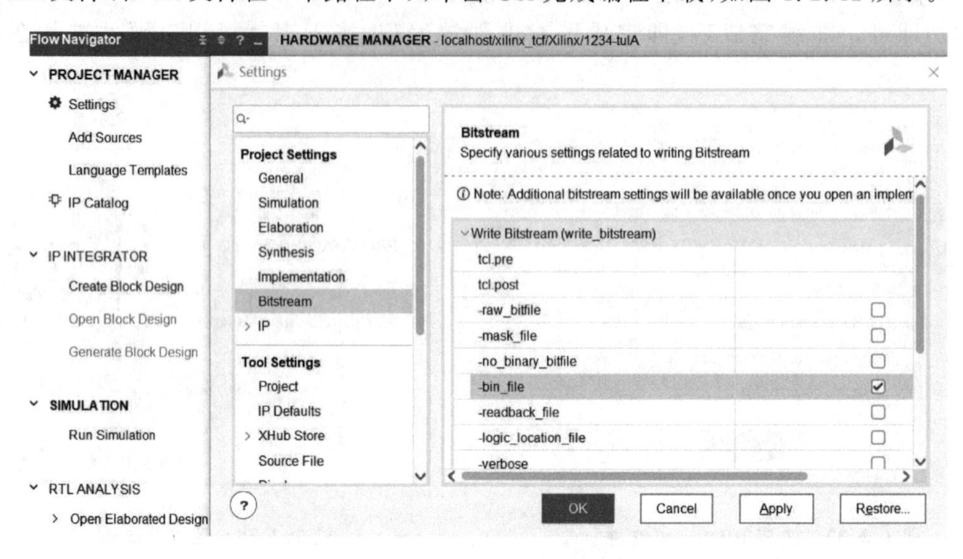

图 1.2.40 选择生成 bin 文件

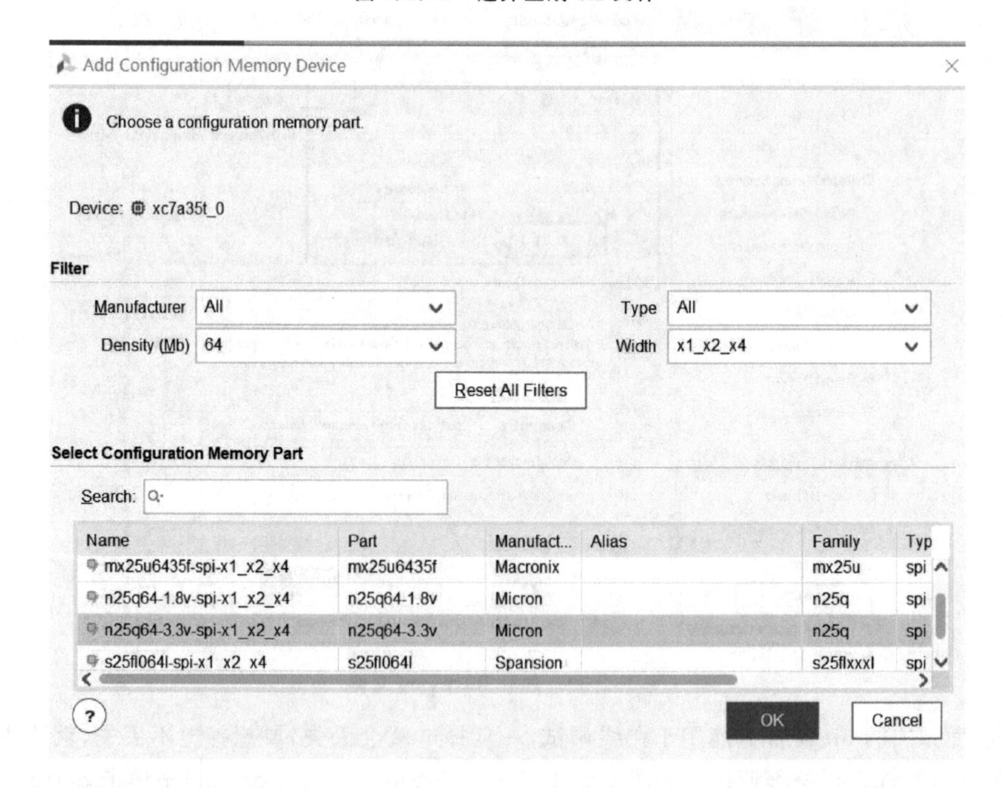

图 1.2.41 存储器配置

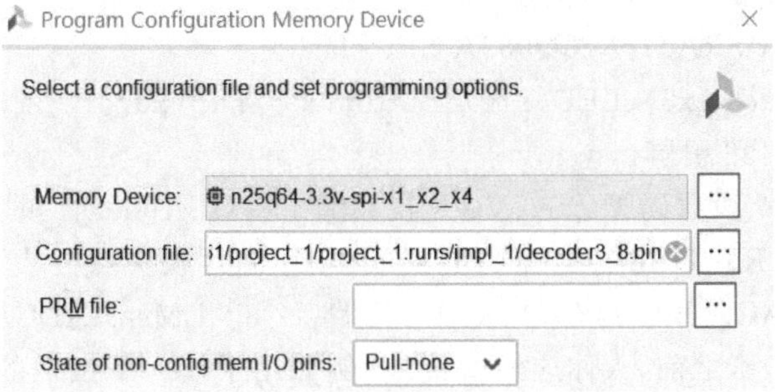

Program Configuration Memory Device

Select a configuration file and set programming options.

Memory Device: n25q64-3.3v-spi-x1_x2_x4

Configuration file: 1/project_1/project_1.runs/impl_1/decoder3_8.bin

PRM file:

State of non-config mem I/O pins: Pull-none

图 1.2.42　选择下载 bin 文件

1.3 硬件开发板介绍

本书的所有项目均是在依元素科技有限公司提供的 Ego1 实验板卡上实现的。Ego1 实验板是基于 Xilinx Artix - 7 FPGA 研发的便携式口袋实验平台，它具有丰富的外设，包括数码管、LED 灯、拨码开关、按键、电位器、音频接口（可以外接耳机使用）、USB 接口、JTAG 接口以及通用 I/O 扩展接口等，可用作数字系统设计的硬件验证。

Ego1 实验板卡如图 1.3.1 所示。

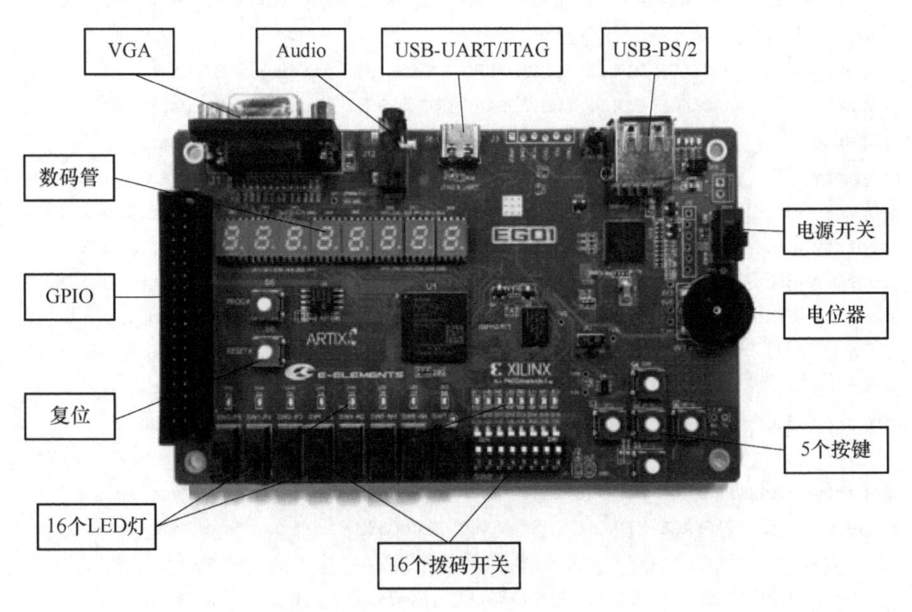

图 1.3.1　Ego1 板卡图

Ego1 板卡的功能特性如下：

① 采用 Xilinx Artix - 7 XC7A35T 芯。

② 配置方式：USB - JTAG/SPI Flash。

③ 高达 100 MHz 的内部时钟速度。

④ 存储器:2 Mbit SRAM,N25Q032A SPI Flash。

⑤ 通用 I/O:Switch (x8)、LED(x16)、Button(x5)、DIP(x8)。

⑥ 通用扩展 I/O:32 引脚。

⑦ 音视频/显示:7 段数码管(x8)、VGA 视频输出接口、Audio 音频接口。

⑧ 通信接口:UART(USB 转 UART)、Bluetooth(蓝牙模块)。

⑨ 模拟接口: DAC(8 bit 分辨率)、XADC(2 路 12 bit 1 Msps ADC)。

每次操作 Ego1 板卡之前,人体应短暂接地(例如用手摸一下接地的金属导体)以泄漏身上的静电荷,或者使用专用防静电工具,例如防静电手环。

将 USB 线的一端插入 Ego1 板卡 USB-UART/JTAG 端口,另一端插入电脑。然后打开电源开关(USB 插拔应注意轻插轻拔,一定不能垂直于板卡方向扭动,否则 USB 口容易松动甚至脱落)。

根据软件操作流程中工程实现的步骤,利用 Vivado 开发工具,即可在 Ego1 实验板卡上进行数字系统实验设计和硬件验证工作。

硬件的引脚约束如下:

```
//////////////////////////////系统时钟和复位////////////////////////////////////
set_property -dict {PACKAGE_PIN P17 IOSTANDARD LVCMOS33} [get_ports sys_clk_in]
set_property -dict {PACKAGE_PIN P15 IOSTANDARD LVCMOS33} [get_ports sys_rst_n]
//////////////////////////////串口/////////////////////////////////////////////
set_property -dict {PACKAGE_PIN N5 IOSTANDARD LVCMOS33} [get_ports PC_Uart_rxd]
set_property -dict {PACKAGE_PIN T4 IOSTANDARD LVCMOS33} [get_ports PC_Uart_txd]
/////////////////////////////////蓝牙/////////////////////////////////////////
set_property -dict {PACKAGE_PIN L3 IOSTANDARD LVCMOS33} [get_ports BT_Uart_rxd]
set_property -dict {PACKAGE_PIN N2 IOSTANDARD LVCMOS33} [get_ports BT_Uart_txd]
set_property -dict {PACKAGE_PIN D18 IOSTANDARD LVCMOS33} [get_ports {bt_ctrl_o[0]}]
set_property -dict {PACKAGE_PIN M2  IOSTANDARD LVCMOS33} [get_ports {bt_ctrl_o[1]}]
set_property -dict {PACKAGE_PIN H15 IOSTANDARD LVCMOS33} [get_ports {bt_ctrl_o[2]}]
set_property -dict {PACKAGE_PIN C16 IOSTANDARD LVCMOS33} [get_ports {bt_ctrl_o[3]}]
set_property -dict {PACKAGE_PIN E18 IOSTANDARD LVCMOS33} [get_ports {bt_ctrl_o[4]}]
set_property -dict {PACKAGE_PIN C17 IOSTANDARD LVCMOS33} [get_ports bt_mcu_int_i]
////////////////////////////////音频接口//////////////////////////////////////
set_property -dict {PACKAGE_PIN T1 IOSTANDARD LVCMOS33} [get_ports audio_pwm_o]
set_property -dict {PACKAGE_PIN M6 IOSTANDARD LVCMOS33} [get_ports audio_sd_o ]
////////////////////////////////iic////////////////////////////////////////////
set_property -dict {PACKAGE_PIN F18 IOSTANDARD LVCMOS33} [get_ports pw_iic_scl_io]
set_property -dict {PACKAGE_PIN G18 IOSTANDARD LVCMOS33} [get_ports pw_iic_sda_io]
////////////////////////////////XADC 模数转换/////////////////////////////////
set_property -dict {PACKAGE_PIN B12 IOSTANDARD LVCMOS33} [get_ports XADC_AUX_v_n  ]
set_property -dict {PACKAGE_PIN C12 IOSTANDARD LVCMOS33} [get_ports XADC_AUX_v_p  ]
set_property -dict {PACKAGE_PIN K9  IOSTANDARD LVCMOS33} [get_ports XADC_VP_VN_v_n]
set_property -dict {PACKAGE_PIN J10 IOSTANDARD LVCMOS33} [get_ports XADC_VP_VN_v_p]
////////////////////////////////5 个按键//////////////////////////////////////
set_property -dict {PACKAGE_PIN R11 IOSTANDARD LVCMOS33} [get_ports {btn_pin[0]}]
```

```
set_property -dict {PACKAGE_PIN R17 IOSTANDARD LVCMOS33} [get_ports {btn_pin[1]}]
set_property -dict {PACKAGE_PIN R15 IOSTANDARD LVCMOS33} [get_ports {btn_pin[2]}]
set_property -dict {PACKAGE_PIN V1  IOSTANDARD LVCMOS33} [get_ports {btn_pin[3]}]
set_property -dict {PACKAGE_PIN U4  IOSTANDARD LVCMOS33} [get_ports {btn_pin[4]}]
////////////////////////////拨码开关 sw0~sw7///////////////////////////////
set_property -dict {PACKAGE_PIN P5 IOSTANDARD LVCMOS33} [get_ports {sw_pin[0]}]
set_property -dict {PACKAGE_PIN P4 IOSTANDARD LVCMOS33} [get_ports {sw_pin[1]}]
set_property -dict {PACKAGE_PIN P3 IOSTANDARD LVCMOS33} [get_ports {sw_pin[2]}]
set_property -dict {PACKAGE_PIN P2 IOSTANDARD LVCMOS33} [get_ports {sw_pin[3]}]
set_property -dict {PACKAGE_PIN R2 IOSTANDARD LVCMOS33} [get_ports {sw_pin[4]}]
set_property -dict {PACKAGE_PIN M4 IOSTANDARD LVCMOS33} [get_ports {sw_pin[5]}]
set_property -dict {PACKAGE_PIN N4 IOSTANDARD LVCMOS33} [get_ports {sw_pin[6]}]
set_property -dict {PACKAGE_PIN R1 IOSTANDARD LVCMOS33} [get_ports {sw_pin[7]}]
/////////////////////////////拨码开关 sw8~sw15////////////////////////////
set_property -dict {PACKAGE_PIN U3 IOSTANDARD LVCMOS33} [get_ports {dip_pin[0]}]
set_property -dict {PACKAGE_PIN U2 IOSTANDARD LVCMOS33} [get_ports {dip_pin[1]}]
set_property -dict {PACKAGE_PIN V2 IOSTANDARD LVCMOS33} [get_ports {dip_pin[2]}]
set_property -dict {PACKAGE_PIN V5 IOSTANDARD LVCMOS33} [get_ports {dip_pin[3]}]
set_property -dict {PACKAGE_PIN V4 IOSTANDARD LVCMOS33} [get_ports {dip_pin[4]}]
set_property -dict {PACKAGE_PIN R3 IOSTANDARD LVCMOS33} [get_ports {dip_pin[5]}]
set_property -dict {PACKAGE_PIN T3 IOSTANDARD LVCMOS33} [get_ports {dip_pin[6]}]
set_property -dict {PACKAGE_PIN T5 IOSTANDARD LVCMOS33} [get_ports {dip_pin[7]}]
////////////////////////////////////LED0~LED15///////////////////////////////
set_property -dict {PACKAGE_PIN F6 IOSTANDARD LVCMOS33} [get_ports {led_pin[0]}]
set_property -dict {PACKAGE_PIN G4 IOSTANDARD LVCMOS33} [get_ports {led_pin[1]}]
set_property -dict {PACKAGE_PIN G3 IOSTANDARD LVCMOS33} [get_ports {led_pin[2]}]
set_property -dict {PACKAGE_PIN J4 IOSTANDARD LVCMOS33} [get_ports {led_pin[3]}]
set_property -dict {PACKAGE_PIN H4 IOSTANDARD LVCMOS33} [get_ports {led_pin[4]}]
set_property -dict {PACKAGE_PIN J3 IOSTANDARD LVCMOS33} [get_ports {led_pin[5]}]
set_property -dict {PACKAGE_PIN J2 IOSTANDARD LVCMOS33} [get_ports {led_pin[6]}]
set_property -dict {PACKAGE_PIN K2 IOSTANDARD LVCMOS33} [get_ports {led_pin[7]}]

set_property -dict {PACKAGE_PIN K1 IOSTANDARD LVCMOS33} [get_ports {led_pin[8]}]
set_property -dict {PACKAGE_PIN H6 IOSTANDARD LVCMOS33} [get_ports {led_pin[9]}]
set_property -dict {PACKAGE_PIN H5 IOSTANDARD LVCMOS33} [get_ports {led_pin[10]}]
set_property -dict {PACKAGE_PIN J5 IOSTANDARD LVCMOS33} [get_ports {led_pin[11]}]
set_property -dict {PACKAGE_PIN K6 IOSTANDARD LVCMOS33} [get_ports {led_pin[12]}]
set_property -dict {PACKAGE_PIN L1 IOSTANDARD LVCMOS33} [get_ports {led_pin[13]}]
set_property -dict {PACKAGE_PIN M1 IOSTANDARD LVCMOS33} [get_ports {led_pin[14]}]
set_property -dict {PACKAGE_PIN K3 IOSTANDARD LVCMOS33} [get_ports {led_pin[15]}]
////////////////////////////8 个数码管位选信号////////////////////////////////
set_property -dict {PACKAGE_PIN G2 IOSTANDARD LVCMOS33} [get_ports {seg_cs_pin[0]}]
set_property -dict {PACKAGE_PIN C2 IOSTANDARD LVCMOS33} [get_ports {seg_cs_pin[1]}]
set_property -dict {PACKAGE_PIN C1 IOSTANDARD LVCMOS33} [get_ports {seg_cs_pin[2]}]
set_property -dict {PACKAGE_PIN H1 IOSTANDARD LVCMOS33} [get_ports {seg_cs_pin[3]}]
```

```
set_property -dict {PACKAGE_PIN G1 IOSTANDARD LVCMOS33} [get_ports {seg_cs_pin[4]}]
set_property -dict {PACKAGE_PIN F1 IOSTANDARD LVCMOS33} [get_ports {seg_cs_pin[5]}]
set_property -dict {PACKAGE_PIN E1 IOSTANDARD LVCMOS33} [get_ports {seg_cs_pin[6]}]
set_property -dict {PACKAGE_PIN G6 IOSTANDARD LVCMOS33} [get_ports {seg_cs_pin[7]}]
/////////////////////////////////数码管段选信号////////////////////////////////
set_property -dict {PACKAGE_PIN B4 IOSTANDARD LVCMOS33} [get_ports {seg_data_0_pin[0]}]
set_property -dict {PACKAGE_PIN A4 IOSTANDARD LVCMOS33} [get_ports {seg_data_0_pin[1]}]
set_property -dict {PACKAGE_PIN A3 IOSTANDARD LVCMOS33} [get_ports {seg_data_0_pin[2]}]
set_property -dict {PACKAGE_PIN B1 IOSTANDARD LVCMOS33} [get_ports {seg_data_0_pin[3]}]
set_property -dict {PACKAGE_PIN A1 IOSTANDARD LVCMOS33} [get_ports {seg_data_0_pin[4]}]
set_property -dict {PACKAGE_PIN B3 IOSTANDARD LVCMOS33} [get_ports {seg_data_0_pin[5]}]
set_property -dict {PACKAGE_PIN B2 IOSTANDARD LVCMOS33} [get_ports {seg_data_0_pin[6]}]
set_property -dict {PACKAGE_PIN D5 IOSTANDARD LVCMOS33} [get_ports {seg_data_0_pin[7]}]

set_property -dict {PACKAGE_PIN D4 IOSTANDARD LVCMOS33} [get_ports {seg_data_1_pin[0]}]
set_property -dict {PACKAGE_PIN E3 IOSTANDARD LVCMOS33} [get_ports {seg_data_1_pin[1]}]
set_property -dict {PACKAGE_PIN D3 IOSTANDARD LVCMOS33} [get_ports {seg_data_1_pin[2]}]
set_property -dict {PACKAGE_PIN F4 IOSTANDARD LVCMOS33} [get_ports {seg_data_1_pin[3]}]
set_property -dict {PACKAGE_PIN F3 IOSTANDARD LVCMOS33} [get_ports {seg_data_1_pin[4]}]
set_property -dict {PACKAGE_PIN E2 IOSTANDARD LVCMOS33} [get_ports {seg_data_1_pin[5]}]
set_property -dict {PACKAGE_PIN D2 IOSTANDARD LVCMOS33} [get_ports {seg_data_1_pin[6]}]
set_property -dict {PACKAGE_PIN H2 IOSTANDARD LVCMOS33} [get_ports {seg_data_1_pin[7]}]
///////////////////////////////VGA行同步场同步信号//////////////////////////////
set_property -dict {PACKAGE_PIN D7 IOSTANDARD LVCMOS33} [get_ports vga_hs_pin]
set_property -dict {PACKAGE_PIN C4 IOSTANDARD LVCMOS33} [get_ports vga_vs_pin]
/////////////////////////////VGA红绿蓝信号/////////////////////////////////
set_property -dict {PACKAGE_PIN F5 IOSTANDARD LVCMOS33} [get_ports {vga_data_pin[0]}]
set_property -dict {PACKAGE_PIN C6 IOSTANDARD LVCMOS33} [get_ports {vga_data_pin[1]}]
set_property -dict {PACKAGE_PIN C5 IOSTANDARD LVCMOS33} [get_ports {vga_data_pin[2]}]
set_property -dict {PACKAGE_PIN B7 IOSTANDARD LVCMOS33} [get_ports {vga_data_pin[3]}]
set_property -dict {PACKAGE_PIN B6 IOSTANDARD LVCMOS33} [get_ports {vga_data_pin[4]}]
set_property -dict {PACKAGE_PIN A6 IOSTANDARD LVCMOS33} [get_ports {vga_data_pin[5]}]
set_property -dict {PACKAGE_PIN A5 IOSTANDARD LVCMOS33} [get_ports {vga_data_pin[6]}]
set_property -dict {PACKAGE_PIN D8 IOSTANDARD LVCMOS33} [get_ports {vga_data_pin[7]}]
set_property -dict {PACKAGE_PIN C7 IOSTANDARD LVCMOS33} [get_ports {vga_data_pin[8]}]
set_property -dict {PACKAGE_PIN E6 IOSTANDARD LVCMOS33} [get_ports {vga_data_pin[9]}]
set_property -dict {PACKAGE_PIN E5 IOSTANDARD LVCMOS33} [get_ports {vga_data_pin[10]}]
set_property -dict {PACKAGE_PIN E7 IOSTANDARD LVCMOS33} [get_ports {vga_data_pin[11]}]
/////////////////////////////////DAC数模转换////////////////////////////////
set_property -dict {PACKAGE_PIN R5 IOSTANDARD LVCMOS33} [get_ports dac_ile]
set_property -dict {PACKAGE_PIN N6 IOSTANDARD LVCMOS33} [get_ports dac_cs_n]
set_property -dict {PACKAGE_PIN V6 IOSTANDARD LVCMOS33} [get_ports dac_wr1_n]
set_property -dict {PACKAGE_PIN R6 IOSTANDARD LVCMOS33} [get_ports dac_wr2_n]
set_property -dict {PACKAGE_PIN V7 IOSTANDARD LVCMOS33} [get_ports dac_xfer_n]

set_property -dict {PACKAGE_PIN T8 IOSTANDARD LVCMOS33} [get_ports {dac_data[0]}]
```

```
set_property -dict {PACKAGE_PIN R8 IOSTANDARD LVCMOS33} [get_ports {dac_data[1]}]
set_property -dict {PACKAGE_PIN T6 IOSTANDARD LVCMOS33} [get_ports {dac_data[2]}]
set_property -dict {PACKAGE_PIN R7 IOSTANDARD LVCMOS33} [get_ports {dac_data[3]}]
set_property -dict {PACKAGE_PIN U6 IOSTANDARD LVCMOS33} [get_ports {dac_data[4]}]
set_property -dict {PACKAGE_PIN U7 IOSTANDARD LVCMOS33} [get_ports {dac_data[5]}]
set_property -dict {PACKAGE_PIN V9 IOSTANDARD LVCMOS33} [get_ports {dac_data[6]}]
set_property -dict {PACKAGE_PIN U9 IOSTANDARD LVCMOS33} [get_ports {dac_data[7]}]
////////////////////////////////////////PS2////////////////////////////////////////
set_property -dict {PACKAGE_PIN K5 IOSTANDARD LVCMOS33} [get_ports  ps2_clk  ]
set_property -dict {PACKAGE_PIN L4 IOSTANDARD LVCMOS33} [get_ports  ps2_data ]
////////////////////////////////////SDRAM////////////////////////////////////////
set_property -dict {PACKAGE_PIN L15 IOSTANDARD LVCMOS33} [get_ports {sram_addr[18]}]
set_property -dict {PACKAGE_PIN L16 IOSTANDARD LVCMOS33} [get_ports {sram_addr[17]}]
set_property -dict {PACKAGE_PIN L18 IOSTANDARD LVCMOS33} [get_ports {sram_addr[16]}]
set_property -dict {PACKAGE_PIN M18 IOSTANDARD LVCMOS33} [get_ports {sram_addr[15]}]
set_property -dict {PACKAGE_PIN R12 IOSTANDARD LVCMOS33} [get_ports {sram_addr[14]}]
set_property -dict {PACKAGE_PIN R13 IOSTANDARD LVCMOS33} [get_ports {sram_addr[13]}]
set_property -dict {PACKAGE_PIN M13 IOSTANDARD LVCMOS33} [get_ports {sram_addr[12]}]
set_property -dict {PACKAGE_PIN R18 IOSTANDARD LVCMOS33} [get_ports {sram_addr[11]}]
set_property -dict {PACKAGE_PIN T18 IOSTANDARD LVCMOS33} [get_ports {sram_addr[10]}]
set_property -dict {PACKAGE_PIN N14 IOSTANDARD LVCMOS33} [get_ports {sram_addr[9]}]
set_property -dict {PACKAGE_PIN P14 IOSTANDARD LVCMOS33} [get_ports {sram_addr[8]}]
set_property -dict {PACKAGE_PIN N17 IOSTANDARD LVCMOS33} [get_ports {sram_addr[7]}]
set_property -dict {PACKAGE_PIN P18 IOSTANDARD LVCMOS33} [get_ports {sram_addr[6]}]
set_property -dict {PACKAGE_PIN M16 IOSTANDARD LVCMOS33} [get_ports {sram_addr[5]}]
set_property -dict {PACKAGE_PIN M17 IOSTANDARD LVCMOS33} [get_ports {sram_addr[4]}]
set_property -dict {PACKAGE_PIN N15 IOSTANDARD LVCMOS33} [get_ports {sram_addr[3]}]
set_property -dict {PACKAGE_PIN N16 IOSTANDARD LVCMOS33} [get_ports {sram_addr[2]}]
set_property -dict {PACKAGE_PIN T14 IOSTANDARD LVCMOS33} [get_ports {sram_addr[1]}]
set_property -dict {PACKAGE_PIN T15 IOSTANDARD LVCMOS33} [get_ports {sram_addr[0]}]

set_property -dict {PACKAGE_PIN V15 IOSTANDARD LVCMOS33} [get_ports sram_ce_n]
set_property -dict {PACKAGE_PIN R10 IOSTANDARD LVCMOS33} [get_ports sram_lb_n]
set_property -dict {PACKAGE_PIN T16 IOSTANDARD LVCMOS33} [get_ports sram_oe_n]
set_property -dict {PACKAGE_PIN R16 IOSTANDARD LVCMOS33} [get_ports sram_ub_n]
set_property -dict {PACKAGE_PIN V16 IOSTANDARD LVCMOS33} [get_ports sram_we_n]

set_property -dict {PACKAGE_PIN T10 IOSTANDARD LVCMOS33} [get_ports {sram_data[15]}]
set_property -dict {PACKAGE_PIN T9  IOSTANDARD LVCMOS33} [get_ports {sram_data[14]}]
set_property -dict {PACKAGE_PIN U13 IOSTANDARD LVCMOS33} [get_ports {sram_data[13]}]
set_property -dict {PACKAGE_PIN T13 IOSTANDARD LVCMOS33} [get_ports {sram_data[12]}]
set_property -dict {PACKAGE_PIN V14 IOSTANDARD LVCMOS33} [get_ports {sram_data[11]}]
set_property -dict {PACKAGE_PIN U14 IOSTANDARD LVCMOS33} [get_ports {sram_data[10]}]
set_property -dict {PACKAGE_PIN V11 IOSTANDARD LVCMOS33} [get_ports {sram_data[9]}]
set_property -dict {PACKAGE_PIN V10 IOSTANDARD LVCMOS33} [get_ports {sram_data[8]}]
set_property -dict {PACKAGE_PIN V12 IOSTANDARD LVCMOS33} [get_ports {sram_data[7]}]
```

```
set_property -dict {PACKAGE_PIN U12 IOSTANDARD LVCMOS33} [get_ports {sram_data[6]}]
set_property -dict {PACKAGE_PIN U11 IOSTANDARD LVCMOS33} [get_ports {sram_data[5]}]
set_property -dict {PACKAGE_PIN T11 IOSTANDARD LVCMOS33} [get_ports {sram_data[4]}]
set_property -dict {PACKAGE_PIN V17 IOSTANDARD LVCMOS33} [get_ports {sram_data[3]}]
set_property -dict {PACKAGE_PIN U16 IOSTANDARD LVCMOS33} [get_ports {sram_data[2]}]
set_property -dict {PACKAGE_PIN U18 IOSTANDARD LVCMOS33} [get_ports {sram_data[1]}]
set_property -dict {PACKAGE_PIN U17 IOSTANDARD LVCMOS33} [get_ports {sram_data[0]}]
//////////////////////////32 个 pmod 接口////////////////////////////////////
set_property -dict {PACKAGE_PIN B16 IOSTANDARD LVCMOS33} [get_ports {exp_io[0]} ]
set_property -dict {PACKAGE_PIN A15 IOSTANDARD LVCMOS33} [get_ports {exp_io[1]} ]
set_property -dict {PACKAGE_PIN A13 IOSTANDARD LVCMOS33} [get_ports {exp_io[2]} ]
set_property -dict {PACKAGE_PIN B18 IOSTANDARD LVCMOS33} [get_ports {exp_io[3]} ]
set_property -dict {PACKAGE_PIN F13 IOSTANDARD LVCMOS33} [get_ports {exp_io[4]} ]
set_property -dict {PACKAGE_PIN B13 IOSTANDARD LVCMOS33} [get_ports {exp_io[5]} ]
set_property -dict {PACKAGE_PIN D14 IOSTANDARD LVCMOS33} [get_ports {exp_io[6]} ]
set_property -dict {PACKAGE_PIN B11 IOSTANDARD LVCMOS33} [get_ports {exp_io[7]} ]
set_property -dict {PACKAGE_PIN E15 IOSTANDARD LVCMOS33} [get_ports {exp_io[8]} ]
set_property -dict {PACKAGE_PIN D15 IOSTANDARD LVCMOS33} [get_ports {exp_io[9]} ]
set_property -dict {PACKAGE_PIN H16 IOSTANDARD LVCMOS33} [get_ports {exp_io[10]}]
set_property -dict {PACKAGE_PIN F15 IOSTANDARD LVCMOS33} [get_ports {exp_io[11]}]
set_property -dict {PACKAGE_PIN H14 IOSTANDARD LVCMOS33} [get_ports {exp_io[12]}]
set_property -dict {PACKAGE_PIN E17 IOSTANDARD LVCMOS33} [get_ports {exp_io[13]}]
set_property -dict {PACKAGE_PIN K13 IOSTANDARD LVCMOS33} [get_ports {exp_io[14]}]
set_property -dict {PACKAGE_PIN H17 IOSTANDARD LVCMOS33} [get_ports {exp_io[15]}]

set_property -dict {PACKAGE_PIN B17 IOSTANDARD LVCMOS33} [get_ports {exp_io[16]}]
set_property -dict {PACKAGE_PIN A16 IOSTANDARD LVCMOS33} [get_ports {exp_io[17]}]
set_property -dict {PACKAGE_PIN A14 IOSTANDARD LVCMOS33} [get_ports {exp_io[18]}]
set_property -dict {PACKAGE_PIN A18 IOSTANDARD LVCMOS33} [get_ports {exp_io[19]}]
set_property -dict {PACKAGE_PIN F14 IOSTANDARD LVCMOS33} [get_ports {exp_io[20]}]
set_property -dict {PACKAGE_PIN B14 IOSTANDARD LVCMOS33} [get_ports {exp_io[21]}]
set_property -dict {PACKAGE_PIN C14 IOSTANDARD LVCMOS33} [get_ports {exp_io[22]}]
set_property -dict {PACKAGE_PIN A11 IOSTANDARD LVCMOS33} [get_ports {exp_io[23]}]
set_property -dict {PACKAGE_PIN E16 IOSTANDARD LVCMOS33} [get_ports {exp_io[24]}]
set_property -dict {PACKAGE_PIN C15 IOSTANDARD LVCMOS33} [get_ports {exp_io[25]}]
set_property -dict {PACKAGE_PIN G16 IOSTANDARD LVCMOS33} [get_ports {exp_io[26]}]
set_property -dict {PACKAGE_PIN F16 IOSTANDARD LVCMOS33} [get_ports {exp_io[27]}]
set_property -dict {PACKAGE_PIN G14 IOSTANDARD LVCMOS33} [get_ports {exp_io[28]}]
set_property -dict {PACKAGE_PIN D17 IOSTANDARD LVCMOS33} [get_ports {exp_io[29]}]
set_property -dict {PACKAGE_PIN J13 IOSTANDARD LVCMOS33} [get_ports {exp_io[30]}]
set_property -dict {PACKAGE_PIN G17 IOSTANDARD LVCMOS33} [get_ports {exp_io[31]}]
```

课后习题

1. 简述时序仿真和功能仿真的区别。
2. 简述 FPGA 的设计流程。

第 2 章

IP核封装、查看及调用

本书设计项目所用 Vivado 软件允许用户将自己设计好的工程封装成 IP 核使用。本章讲解的 IP 核的封装及调用是将本书中第 4 章例 4.4.2 四位数值比较器封装成 IP 核，在例 4.4.4 八位数值比较器中调用。

2.1 IP 核封装

首先在 Flow Navigator 窗口中单击 Setting，在 Setting 窗口中的 IP 目录下打开 Packager 进行 IP 核封装的属性设置，如图 2.1.1 所示。Library、Category、IP location 需要设置，也可以采用默认的路径及库名，以供调用时用。

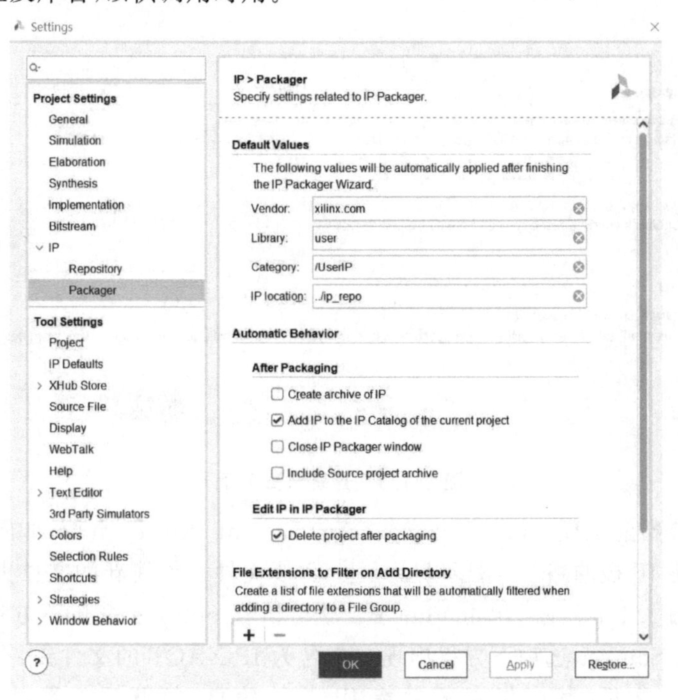

图 2.1.1　IP 核封装设置

在 Vivado 当前工程主界面中，选择菜单命令 Tools 下的 Create and Package New IP，出现如图 2.1.2 所示窗口，在这里提示可以在 Vivado 的 IP 核目录中封装一个新的 IP 核，也能够创建一个支持 AXI4 总线协议的外围设备，单击 Nxet 进入下一步进行选择。

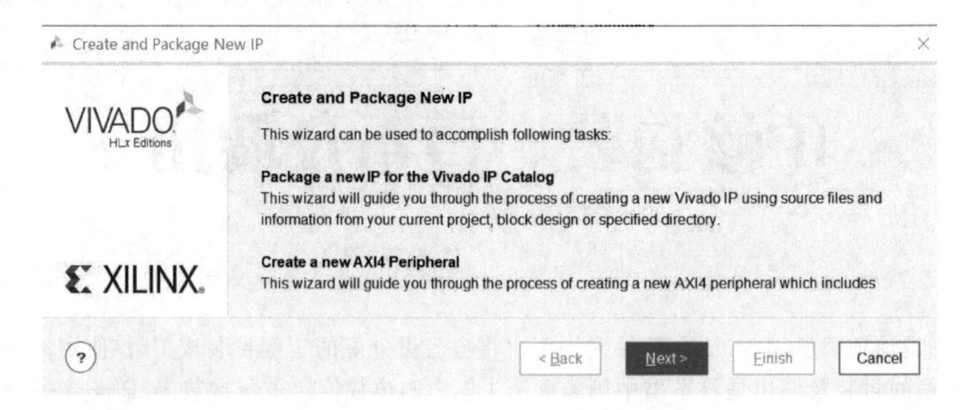

图 2.1.2　创建和封装新的 IP 核界面

进入 Create Peripheral，Package IP or Package a Block Design 页面，如图 2.1.3 所示，看到三个选项，这里选择第一个，即将当前的工程作为源文件封装成 IP 核，此时封装的所有源文件必须放置在该工程所在的文件夹中。第二个选项 Package a block design from the current project 是从当前工程封装一个模块设计。第三个选项 Package a specified directory 是选择指定的文件夹作为源文件，创建新的 IP 核。

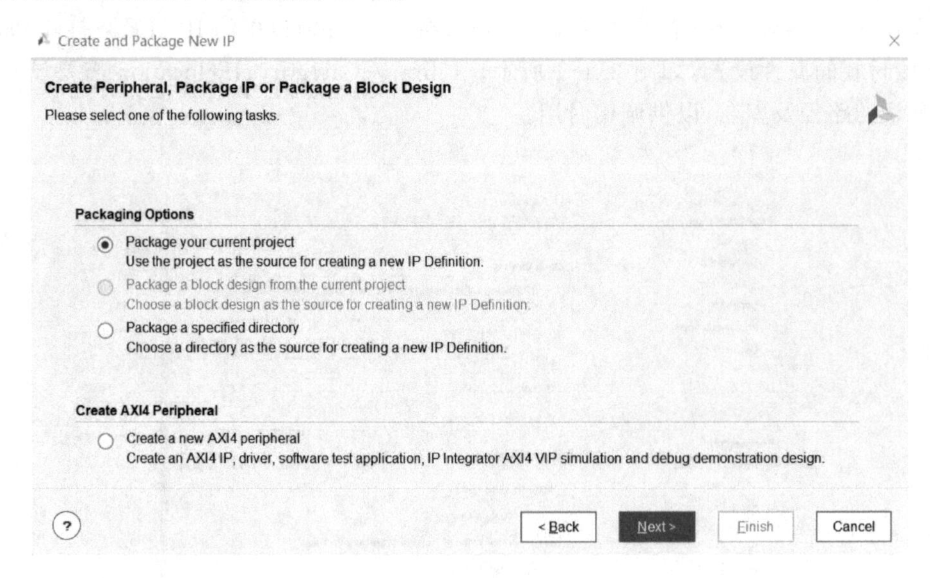

图 2.1.3　封装选择界面

这里选择封装当前工程，进入 Package Your Current Project 页面，如图 2.1.4 所示。在 IP location 中设置 IP 核的路径，用于以后导入 IP 核文件。创建新的文件夹用于存放封装好的 IP 核文件，如图 2.1.5 所示，单击 Finish 后就可以在 Sources 窗口下方选择 Hierarchy 视图，此时在 Design Sources 选项下方将出现一个名为 IP-XACT 的文件夹，在该文件夹下有一个 component.xml 文件，其中保存了封装 IP 核的信息，打开后如图 2.1.6 所示。其中

Identification 页面可以设置 IP 核的基本信息,这里主要注意名字需要自己设置好。前面设置 Categories 和 Library 时,Library 已经设置好,Categories 是导入后 IP 核存放的位置。如图 2.1.7 所示,Compatibility 页面用于确认该 IP 核支持的 FPGA 类型,可以单击"+"号进行添加。如图 2.1.8 所示,File Group 页面用于添加一些额外的文件,例如标准的综合仿真文件、测试平台文件等。如图 2.1.9 所示,Customization Parameters 页面用于更改源文件中的参数,单击"+"号即可进行操作,用户可以对 IP 核参数进行编辑,如添加、删除、修改等。如图 2.1.10所示,Ports and Interfaces 端口可以采用之前源文件中的名称,也可以修改。如图 2.1.11所示,Customization GUI 页面给出了输入/输出端口,以及带有默认值的参数选项。如图 2.1.12 所示,Review and Package 页面是封装 IP 核的最后一步。单击 Package IP 按钮,弹出如图 2.1.13 所示 Finish packaging successfully 对话框,提示封装 IP 核成功。如果用户还需要进行 IP 核设置,则可以单击图 2.1.12 中下方的 Edit packaging settings 选项。在图 2.1.1所示 IP 核设置界面中,勾选 Create archive of IP 选项,即可生成 IP 核归档文件,用来保存 IP 核信息,便于以后存档和使用。单击 OK 后,回到 Vivado 主界面,如图 2.1.14 所示,然后单击 Re-Package IP,重新封装 IP 核。

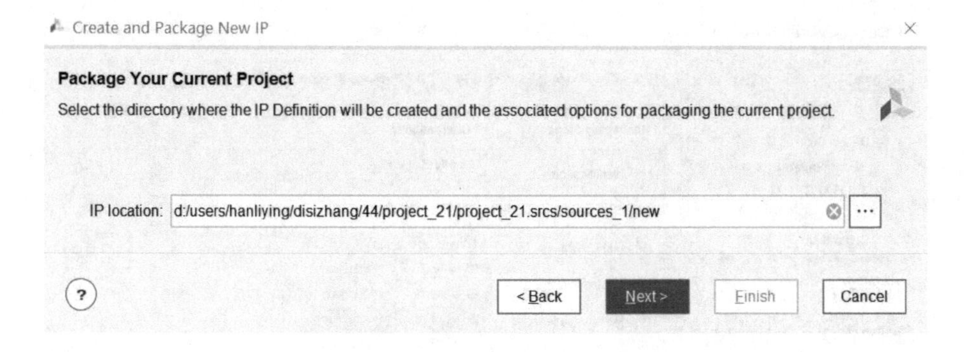

图 2.1.4 设置存放 IP 核的路径

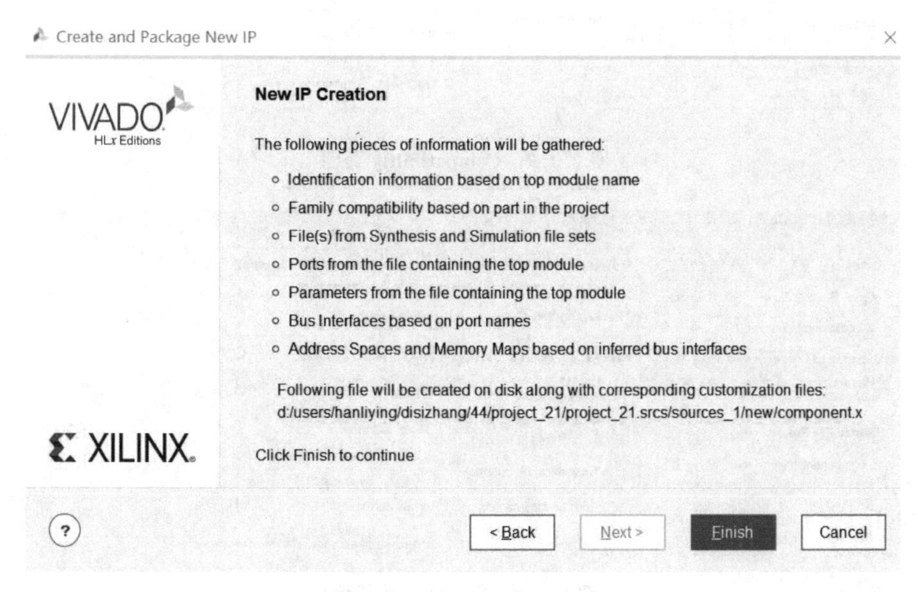

图 2.1.5 New IP Creation 信息

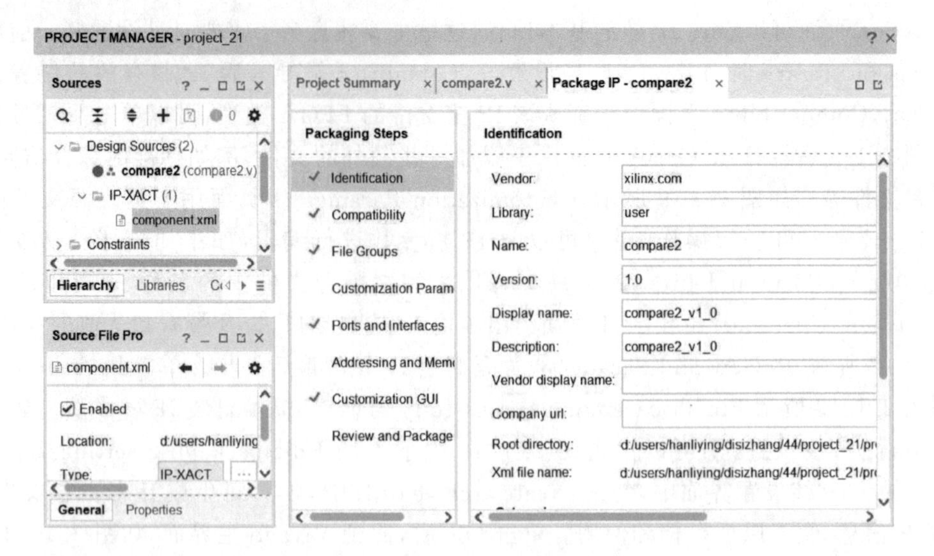

图 2.1.6　封装 IP 核信息及 Identification 页面

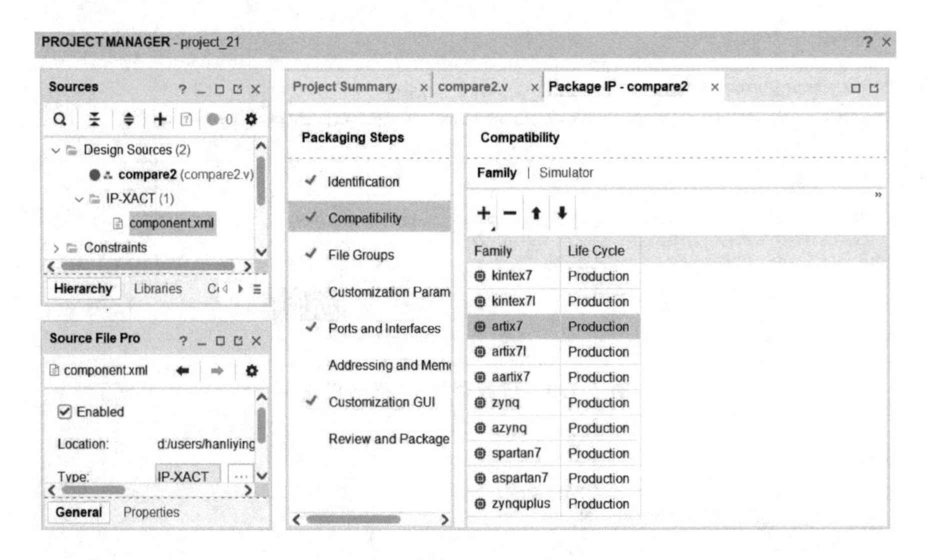

图 2.1.7　Compatibility 页面

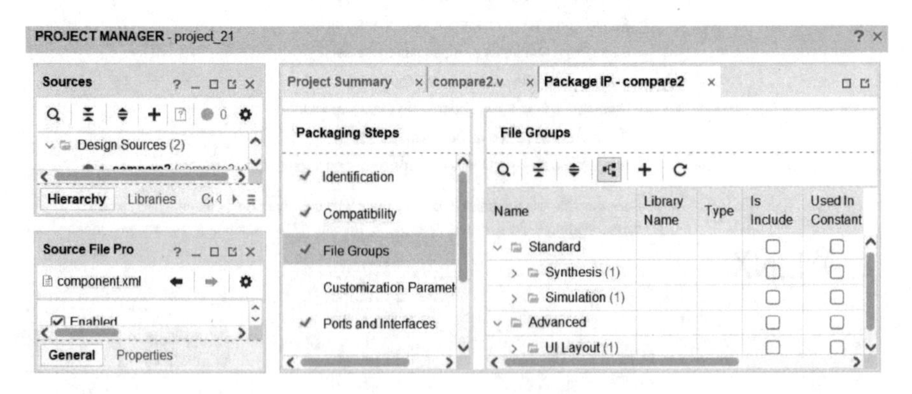

图 2.1.8　File Group 页面

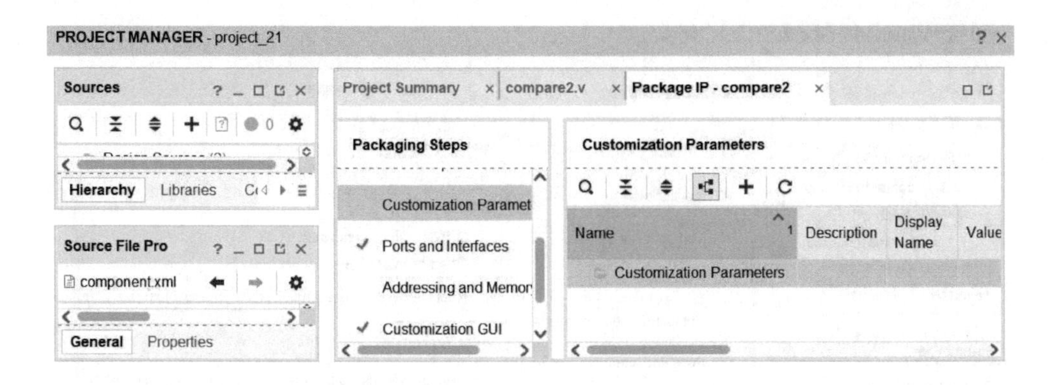

图 2.1.9　Customization Parameters 页面

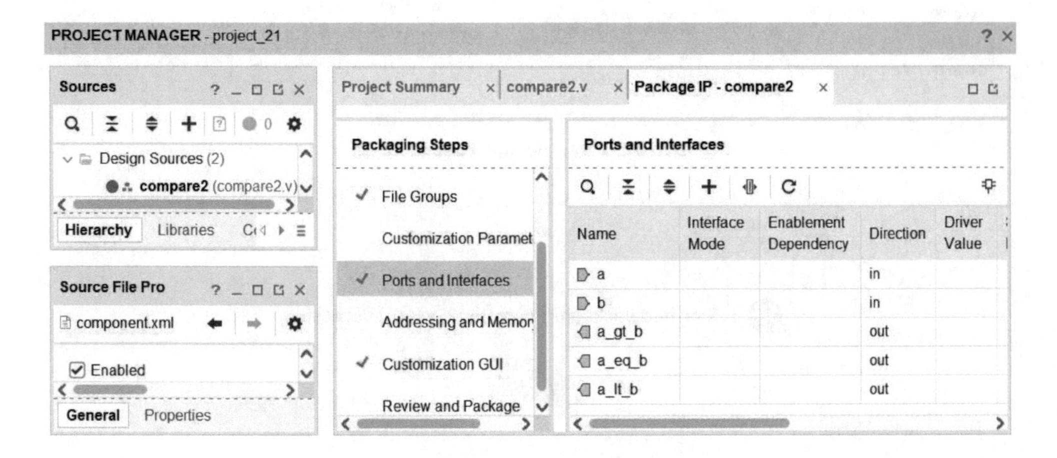

图 2.1.10　Ports and Interfaces 页面

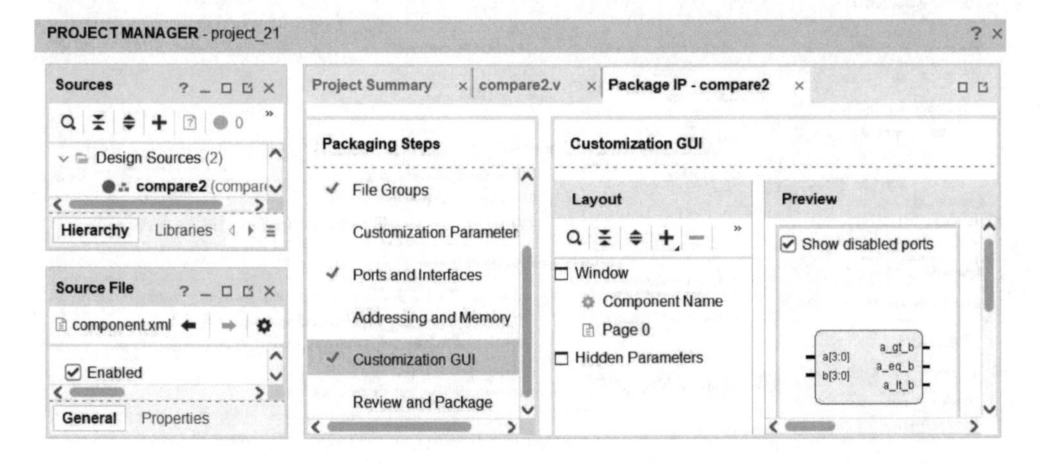

图 2.1.11　Customization GUI 页面

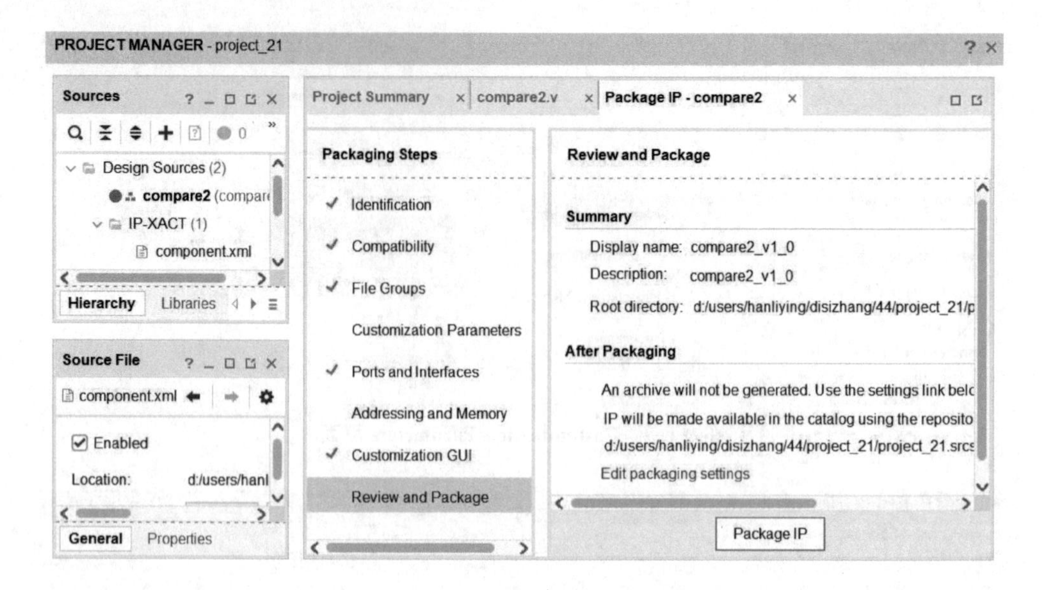

图 2.1.12　Review and Package 页面

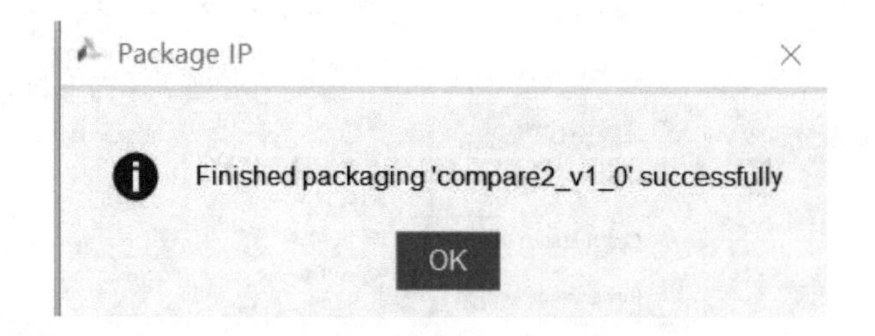

图 2.1.13　封装完成界面

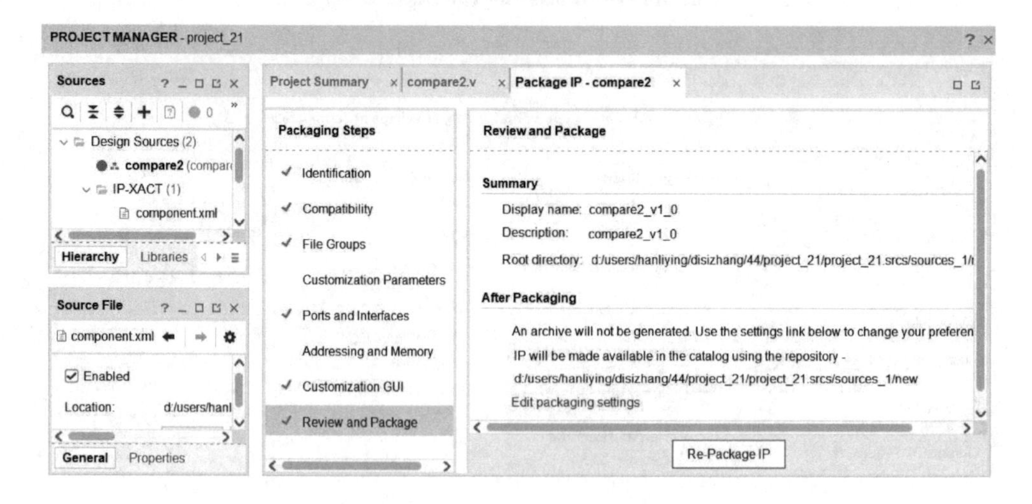

图 2.1.14　重新封装 IP 核界面

2.2 IP 核查看

在当前封装 IP 核的工程界面下，已经封装好的 IP 核 Compare2_V1_0 会自动添加到 UserIP 中，如图 2.2.1 所示。但是在其他工程中调用这个封装好的 IP 核时，直接在 IP Catalog 中是找不到的，如图 2.2.2 所示，在新的工程中无法搜索找到封装好的 IP 核。

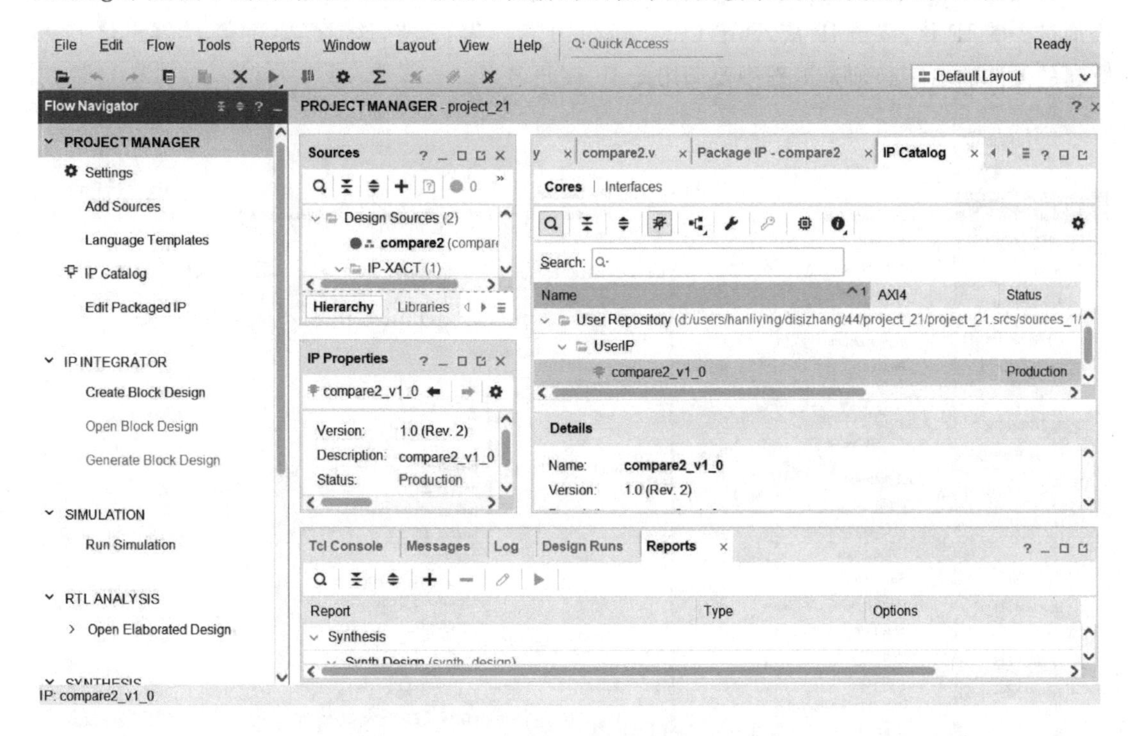

图 2.2.1　当前工程界面中用户封装好的 IP 核

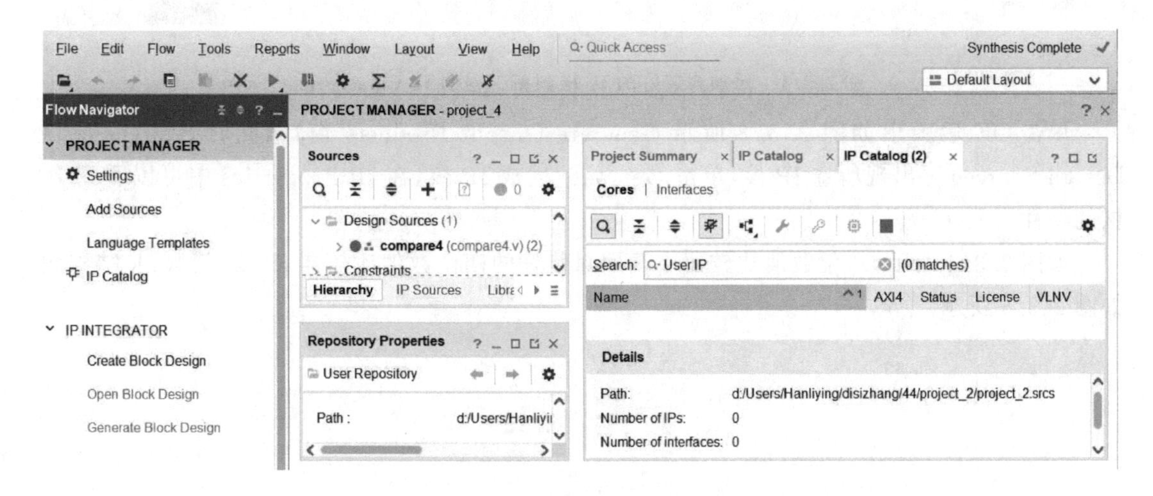

图 2.2.2　新的工程中查看在其他工程中封装的 IP 核

2.3 IP 核调用

在新建的工程中调用自己封装好的 IP 核，需要先添加进来再调用。如图 2.3.1 所示，选中 Settings 下 IP 中的 Repository，在弹出的窗口中单击“+”添加已经封装好的 IP 核，这时候就要去存放封装 IP 核的路径下去找。添加进去后，如图 2.3.2 所示，IP Catalog 中已经有了添加进去的 IP 核，双击 IP 核，弹出 Customize IP 客户化 IP 核，这时候要注意，给客户化 IP 核所起的元件的名字必须是工程中要调用此 IP 核的名字。

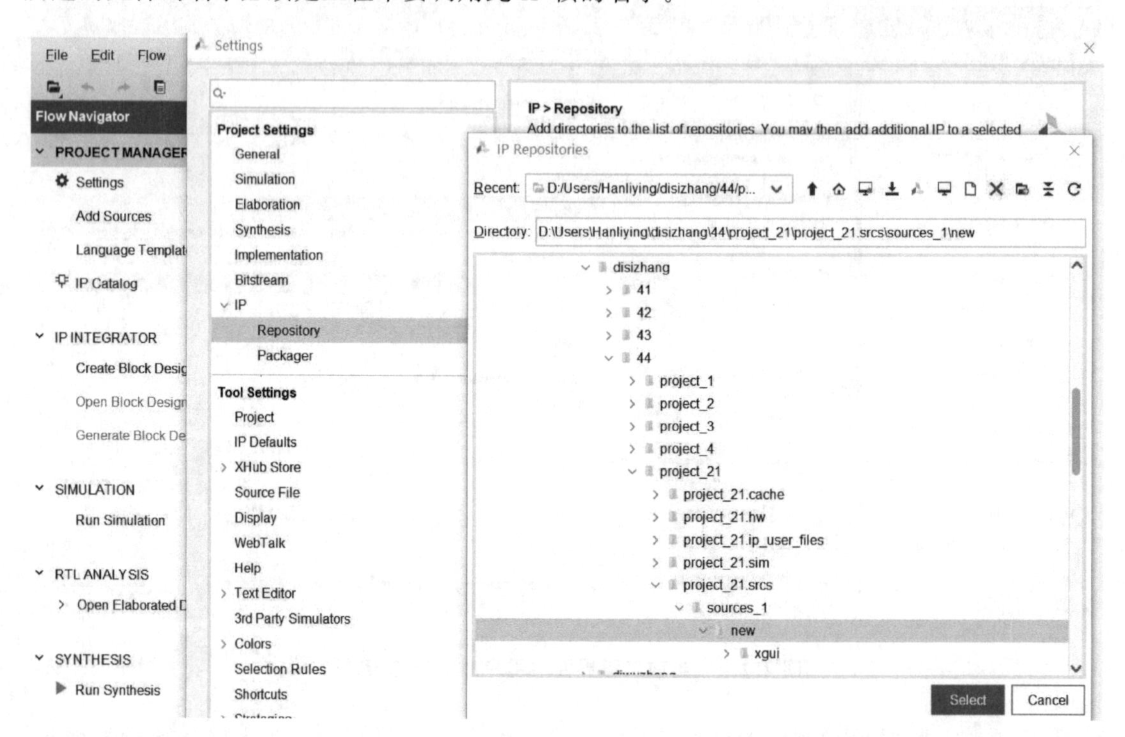

图 2.3.1 添加封装好的 IP 核到新工程的 IP Catalog 中

单击 OK 后弹出如图 2.3.3 所示 Generate Output Products 窗口，同时 Sources 窗口 Design Sources 下出现所选 IP 核，单击 Generate 生成 IP 核，在 IP Properties 中可以看到 IP 核的特性。

如图 2.3.4 所示，八位数值比较器中调用封装好的四位数值比较器 IP 核，其 RTL 结构图如图 2.3.5 所示。

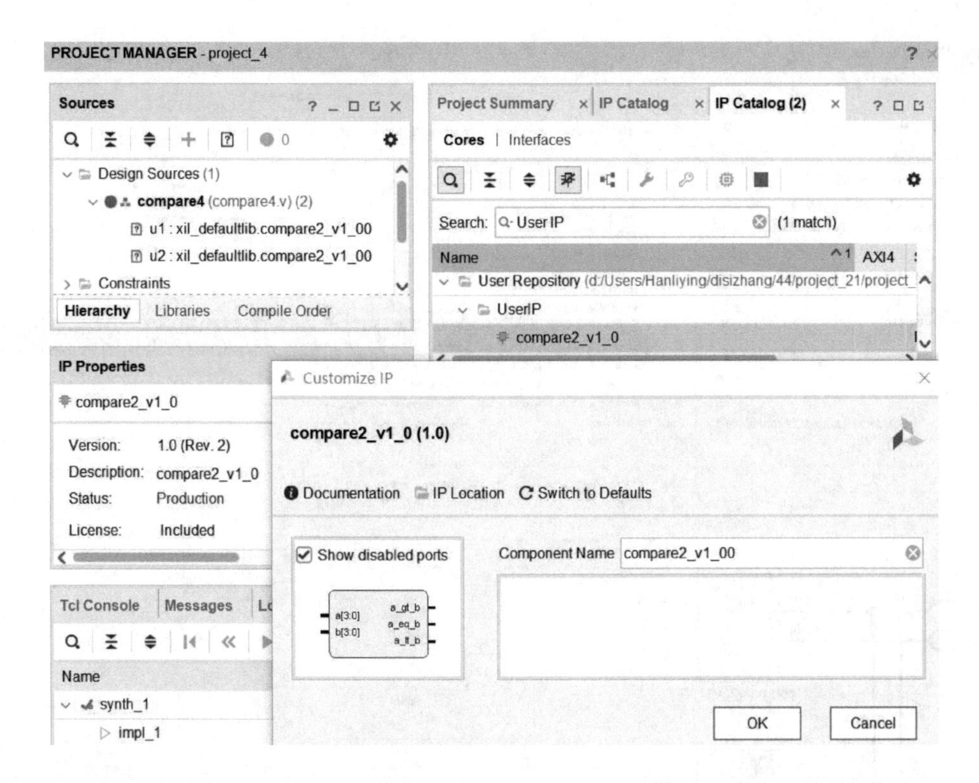

图 2.3.2　Customize IP

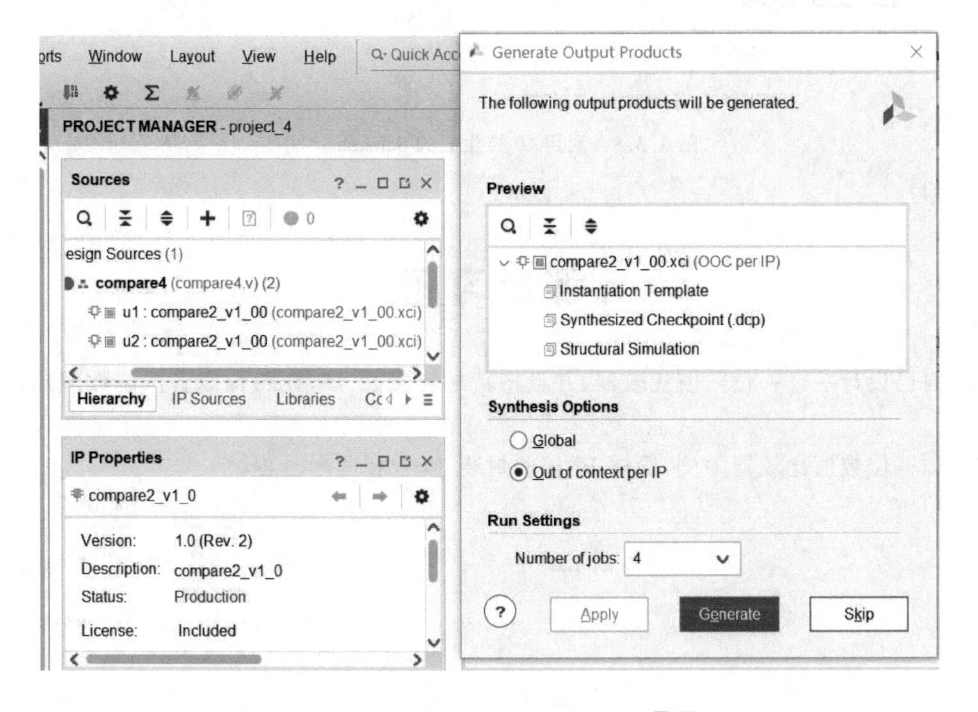

图 2.3.3　Generate Output Products 界面

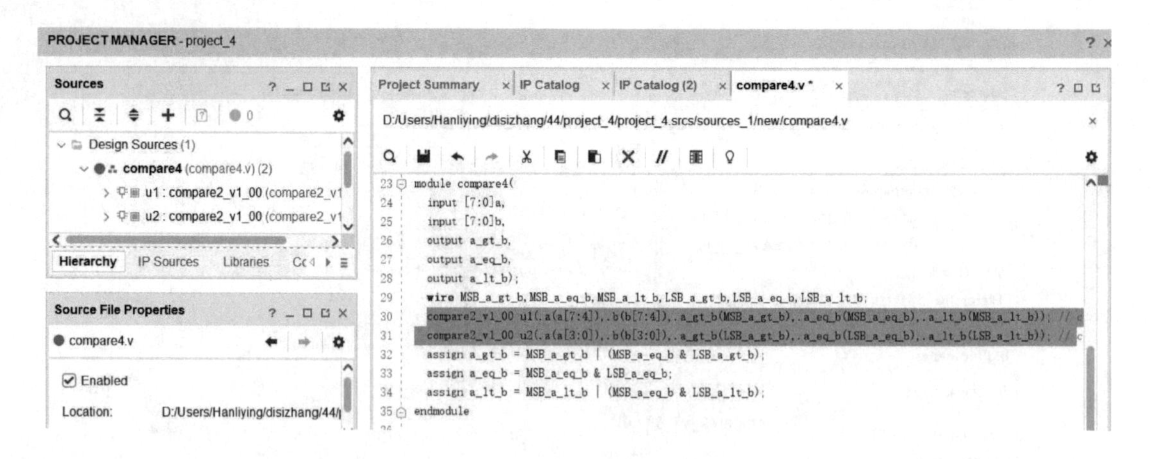

图 2.3.4　IP 核调用

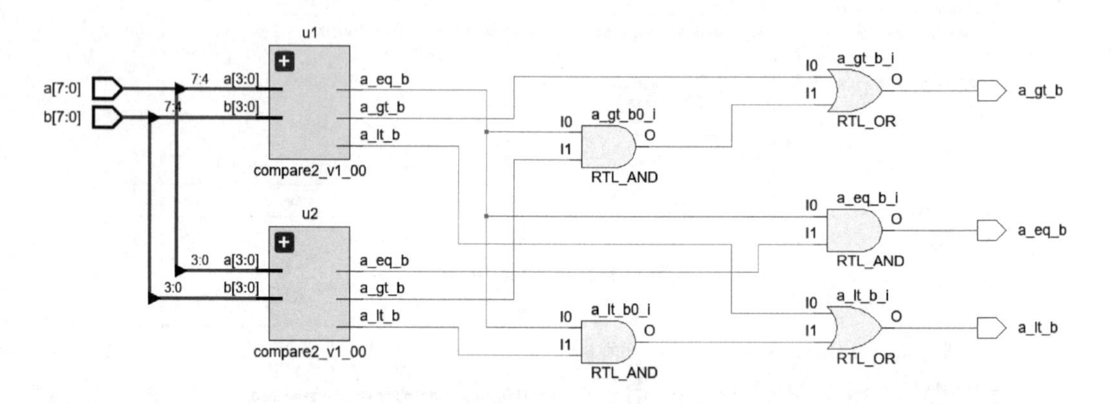

图 2.3.5　利用 IP 核生成的 Schematic 图

课后习题

1. 自己设计一个一位数值比较器，并且将其封装成 IP 核，在四位或者八位数值比较器中调用。

2. 以一位数值比较器为例，简述 IP 核的封装、查看和调用过程。

第3章

Verilog 语言快速入门

本章介绍 Verilog HDL 硬件描述语言的模块结构和语法、语句，以及硬件电路设计的常用描述风格等。通过学习本章，可以掌握 Verilog HDL 的语法及硬件电路描述方法，为后续 FPGA 应用开发打下基础。

3.1 Verilog 模块结构

3.1.1 硬件描述语言简介

硬件描述语言（HDL）类似于计算机高级程序设计语言（如 C 语言等）。它是一种以文本形式来描述数字系统硬件结构和功能的语言，可以用来表示逻辑电路图、逻辑表达式，还可以设计更复杂的数字逻辑系统。人们可以用 HDL 编写设计说明文档，这种文档易于存储和修改，适用于不同的设计人员之间进行技术交流，还能被计算机识别和处理。计算机对 HDL 的处理包括两个方面：逻辑仿真和逻辑综合。逻辑仿真是指用计算机仿真软件对数字逻辑电路的结构和行为进行预测，仿真器对 HDL 描述进行解释，以文本形式或时序波形形式给出电路的输出。在电路被实现之前，设计人员根据仿真结果可以初步判断电路的逻辑功能是否正确。在仿真期间，如果发现设计中存在错误，可以对 HDL 描述进行修改，直至满足设计要求为止。逻辑综合是指从 HDL 描述的数字逻辑电路模型中导出电路基本元件列表，以及元件之间连接关系（常称为门级网表）的过程，即将 HDL 代码转换成真实的硬件电路。它类似于高级程序设计语言中对一个程序进行编译，得到目标代码的过程。所不同的是，逻辑综合不会产生目标代码，而是产生门级元件及其连接关系的数据库，根据这个数据库可以制作出集成电路或印制电路板。

早期较为流行的硬件描述语言是 ABEL，目前，有两种硬件描述语言符合 IEEE 标准：VHDL 和 Verilog HDL（简称 Verilog）。Verilog 的句法根源出自通用的 C 语言，较 VHDL 易学。VHDL 是在 20 世纪 80 年代中期由美国国防部支持开发出来的，大约在同一时期，由 Gateway Design Automation 公司开发出 Verilog 语言。Verilog 语言的发展历程如图 3.1.1 所示。

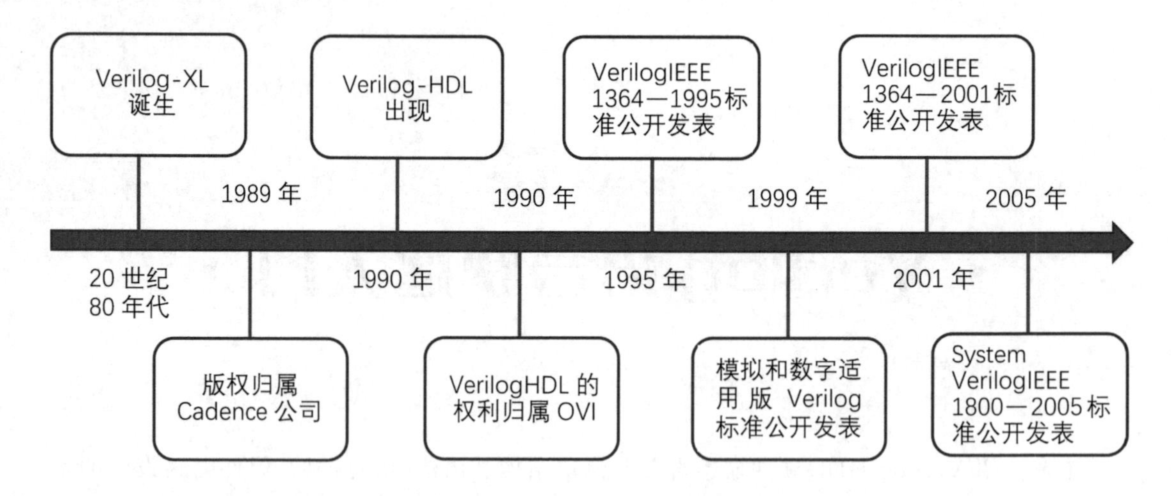

图 3.1.1 Verilog 语言发展历程

1990 年，Verilog 被公开推向市场，并逐渐成为最流行的描述数字电路的语言。1995 年，Verilog 正式被批准为 IEEE 的标准，即 IEEE1364—1995。此后，该语言的修订增强版引入了一些新的特性，分别于 2001 年、2005 年被批准为 IEEE 的标准，即 IEEE1364—2001 和 IEEE1364—2005。修订增强版支持原始 Verilog 版本的所有特性。

3.1.2 Verilog 基本模块结构

Verilog 的基本设计单元是模块(block)。一个模块由两部分组成，一部分描述接口，另一部分描述逻辑功能，即定义输入是如何影响输出的。每个模块的内容都是位于 module 和 endmodule 两个语句之间。每个模块实现特定的功能，一般一个模块就是一个文件，但也可以将多个模块放入一个文件中。多个模块可以并行运行，不同模块之间可以通过端口连接进行模块调用，实现结构化、层次化数字电路设计。

模块的基本结构如下：

```
module block1(
  端口声明及模式
    );
  内部信号声明
  initial 模块
  assign 模块
  always 模块
    ......
  底层模块(包括门原语)
endmodule
```

模块结构的相关说明如下：

① 总是以关键词 module 开始，以关键词 endmodule 结束。

② “模块名”是定义该模块的唯一标识符，其后括号中定义的为端口列表，各端口以逗号

隔开，端口名的定义符合标识符定义规则，但不能是Verilog定义的关键词。

③ Verilog HDL程序的书写格式自由，一行可以写几个语句，一个语句也可以分写多行。

④ 除了endmodule语句外，每个语句和数据定义的最后需加分号。

⑤ 每个模块要进行端口定义，并说明输入、输出端口，然后对模块的功能进行描述。其中，“端口信号声明”可以为输入模式(input)或输出模式(output)或双向模式(inout)之一，它决定了模块与外界交互信息的方式。input模式模块只能从外界读取数据，output模式模块向外界送出数据，而inout模式可以读数据也可以送出数据。

⑥ “参数声明”是用符号常量代替数值常量，以增加程序的可读性和可修改性，该语句为可选项。

⑦ “数据类型定义”用来指定模块内所有信号的数据类型，常用类型如寄存器型(reg)或线网型(wire)等。

⑧ 模块中所用到的所有信号分为端口信号和内部信号，出现在端口列表的信号是端口信号，其他的信号为内部信号。信号都必须进行数据类型的定义，如果没有定义，则默认为wire型。不能将input和inout类型的端口信号定义为reg数据类型。

⑨ 模块中最核心的部分是逻辑功能描述，通常使用三种不同风格描述逻辑电路的功能(详见第3.9节)。

⑩ 模块是可以进行层次嵌套的。正因为如此，才可以将大型的数字电路设计分割成不同的小模块来实现特定的功能。

⑪ 如果每个模块都是可以综合的，则通过综合工具可以把它们的功能描述全都转换为最基本的逻辑单元描述，最后可以用一个上层模块通过实例引用把这些模块连接起来，把它们整合成一个很大的逻辑系统。

⑫ Verilog模块的作用包括两种：一种是为了让模块最终能生成电路的结构，另一种只是为了测试所设计电路的逻辑功能是否正确。

⑬ 可以用 /*……*/(多行注释) 或 //(单行注释) 对Verilog HDL程序的任何部分作注释，以增强程序的可读性和可维护性。

这里使用一个例子来阐释模块结构：

```
module block1(
  input  a,
  input  b,
  output  c,
  output  d
  );
  wire e,f;
  assign e = a|b;
  assign f = a&b;
  assign c =~e;
  assign d =~f;
endmodule
```

其中Quartus与Vivado软件对端口的声明形式不太一样，Quartus要求端口声明形式有端口列表，在单独声明端口模式，Vivado要求将端口列表和端口模式一起声明，像上面的模块一样。依上述实例，图3.1.2是其RTL结构图，将方框里的内容看成黑匣子，只有输入/输出端口是可见的，就相当于一个电路图。在许多方面，程序模块和电路图符号是一致的，这是因为电路图符号的引脚也就是程序模块的接口，而程序模块描述了电路图符号所实现的逻辑功能，也就是方框中的内容。

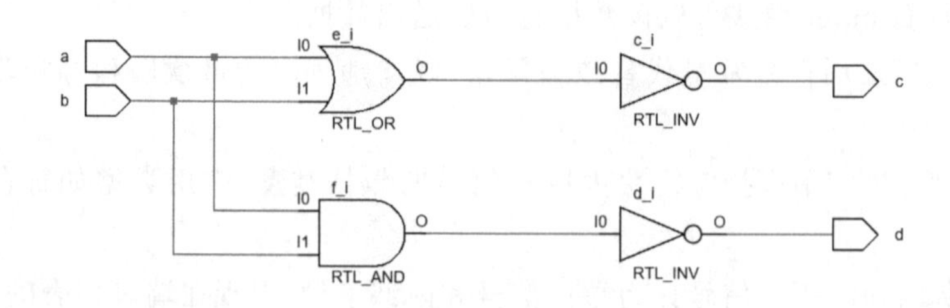

图 3.1.2　RTL 结构图

以上就是设计一个简单的Verilog程序模块所需的全部内容。从上面的例子可以看出，Verilog结构完全嵌在module和endmodule声明语句之间，每个Verilog程序包括4个主要部分：端口定义、I/O说明、内部信号声明、功能定义。

3.2 运算符和表达式

Verilog HDL语言的运算符范围很广，运算符按其功能可分为以下几类：

① 算术运算符(+,－,×,/, %)；

② 赋值运算符(=,<=)；

③ 关系运算符(>,=,<=)；

④ 逻辑运算符(&&,||,!)；

⑤ 条件运算符(?:)；

⑥ 位运算符(~,|,^,&,^~)；

⑦ 移位运算符(<<,>>)；

⑧ 拼接运算符({ })；

⑨ 其他。

在Verilog HDL语言中，运算符按所带操作数的个数不同可分为三种：

① 单目运算符(unary operator)：可以带1个操作数，操作数放在运算符的右边。

② 二目运算符(binary operator)：可以带2个操作数，操作数放在运算符的两边。

③ 三目运算符(ternary operator)：可以带3个操作数，这3个操作数用三目运算符分隔开。

以下详细说明。

3.2.1 基本的算术运算符

在 Verilog HDL 语言中，算术运算符又称为二进制运算符，共有以下几种：

① +（加法运算符，或正值运算符，如 a+b，+3）；

② -（减法运算符，或负值运算符，如 a-3，-3）；

③ *（乘法运算符，如 a*3）；

④ /（除法运算符，如 5/3）；

⑤ %（模运算符，或称为求余运算符，要求%两侧均为整型数据，如 7%3 的值为 1）。

在进行整数除法运算时，结果值要略去小数部分，只取整数部分。而进行取模运算时，结果值的符号位采用模运算式里第一个操作数的符号位，如表 3.2.1 所列。

表 3.2.1 整数除法运算余数取值

模运算表达式	结 果	说 明
10%3	1	余数为 1
11%3	2	余数为 2
12%3	0	余数为 0，即无余数
-10%3	-1	结果取第 1 个操作数的符号位，所以余数为 -1
11%3	2	结果取第 1 个操作数的符号位，所以余数为 2

注意：在进行算术运算操作时，如果某一个操作数有不确定的值 x，整个结果也为不定值 x。

3.2.2 位运算符

Verilog HDL 作为一种硬件描述语言，是针对硬件电路而言的。在硬件电路中，信号有 4 种状态值 1，0，x，z。在电路中信号进行逻辑运算时，反映在 Verilog HDL 中则是相应的操作数的位运算。

Verilog HDL 提供了以下 5 种位运算符：

① ~ 取反；

② & 按位与；

③ | 按位或；

④ ^ 按位异或；

⑤ ^~ 按位同或(异或非)。

说明：位运算符中除了~是单目运算符以外，其他均为二目运算符，即要求运算符两侧各有一个操作数。

位运算符中的二目运算符要求对两个操作数的相应位进行运算操作。下面对各运算符分别进行介绍：

① “取反”运算符~：单目运算符，用来对一个操作数进行按位取反运算。

例： a=4'b1010；//a 的初值为 4'b1010。

  a=~a；//a 的值进行取反运算后变为 4'b0101。

② “按位与”运算符 &：二目运算符，将两个操作数的相应位进行与运算。

例：a & b。

③ “按位或”运算符|：二目运算符，将两个操作数的相应位进行或运算。

例：a | b。

④ “按位异或”运算符^（也称为 XOR 运算符）：二目运算符，将两个操作数的相应位进行异或运算。

例：a ^ b。

⑤ “按位同或”运算符^～：二目运算符，将两个操作数的相应位先进行异或运算再进行非运算。

例：a ^～ b。

⑥ 不同长度的数据进行位运算：两个长度不同的数据进行位运算时，系统会自动将两者按右端对齐，位数少的操作数会在相应的高位用 0 填满，以使两个操作数按位进行操作。

3.2.3 关系运算符

关系运算符共有以下 4 种：

① a＜b，即 a 小于 b；

② a＞b，即 a 大于 b；

③ a＜＝b，即 a 小于或等于 b；

④ a＞＝b，即 a 大于或等于 b。

在进行关系运算时，如果声明的关系是假（false），则返回值是 0；如果声明的关系是真（true），则返回值是 1；如果某个操作数的值不定，则关系是模糊的，返回值是不定值。

所有的关系运算符有着相同的优先级别。关系运算符的优先级别低于算术运算符的优先级别。

例：a＜size－1 //等同于 a＜（size－1）。

size－（1＜a） //不等同于 size－1 ＜a。

3.2.4 逻辑运算符

在 Verilog HDL 语言中存在以下 3 种逻辑运算符：

① && 逻辑与；

② || 逻辑或；

③ ！逻辑非。

其中，"&&"和"||"是二目运算符。"!"是单目运算符。逻辑运算符中"&&"和"||"的优先级别低于关系运算符，"!"高于算术运算符。

例：（a＞b）&&（x＞y）可写成 a＞b && x＞y。

（a＝＝b）||（x＝＝y）可写成 a＝＝b || x＝＝y。

（！ a）||（a＞b） 可写成！ a || a＞b。

为了提高程序的可读性，建议使用括号明确表达各运算符间的优先关系。

3.2.5 等式运算符

在 Verilog HDL 语言中存在以下 4 种等式运算符：

① ==（等于）；

② !=（不等于）；

③ ===（等于）；

④ !==（不等于）。

以上 4 个运算符均为二目运算符。其中，"=="和"!="又称为逻辑等式运算符。由于操作数中某些位可能是不定值 x 和高阻值 z，结果可能为不定值 x。而"==="和"!=="运算符则不同，它在对操作数进行比较时，对某些位的不定值 x 和高阻值 z 也进行比较，两个操作数必须完全一致，其结果才是 1，否则为 0。"==="和"!=="运算符常用于 case 表达式的判别，所以又称为 case 等式运算符。这 4 个等式运算符的优先级别是相同的。

3.2.6 移位运算符

在 Verilog HDL 中有两种移位运算符：<<（左移位运算符）和 >>（右移位运算符）。其使用方法如下：a >> n 或 a << n，a 代表要进行移位的操作数，n 代表要移几位。这两种移位运算都用 0 来填补移出的空位。

例：

```
module shift;
  reg [3:0] start, result;
  initial
  begin
    start  = 4'b0001;          //start 在初始时刻设为 0001
    result = (start<<2);       //移位后,start 的值为 0100,然后赋给 result
  end
endmodule
```

从上面的例子可以看出，start 在移过两位以后，用 0 来填补空出的位。

3.2.7 位拼接运算符

Verilog HDL 语言中有一个特殊的运算符：位拼接运算符{}（concatenation operator）。用这个运算符可以把两个或多个信号的某些位拼接起来进行运算操作。其使用方法如下：

{信号 1 的某几位，信号 2 的某几位，…，信号 n 的某几位}

即把某些信号的某些位详细地列出来，中间用逗号分开，最后用大括号括起来表示一个整体信号。

例：{a,b[3:0],w,3'b101} 也可以写为{a,b[3],b[2],b[1],b[0],w,1'b1,1'b0,1'b1}。

在位拼接表达式中，带位宽的信号都需在括号里标明位宽。

位拼接还可以用重复法来简化表达式。

例：{4{w}}等同于{w,w,w,w}。

位拼接还可以用嵌套的方式来表达。

例：{b,{3{a,b}}}　等同于{b,a,b,a,b,a,b}。

3.2.8　缩减运算符

缩减运算符(reduction operator)是单目运算符，也有与或非运算。其与或非运算规则类似于位运算符的与或非运算规则，但其运算过程不同。位运算是对操作数的相应位进行与或非运算，操作数是几位数则运算结果也是几位数。而缩减运算则不同，缩减运算是对单个操作数进行与或非递推运算，最后的运算结果是 1 位的二进制数。

缩减运算的具体运算过程如下：第 1 步先将操作数的第 1 位与第 2 位进行或与非运算，第 2 步将运算结果与第 3 位进行或与非运算，依次类推，直至最后 1 位。

例：reg [3:0]A;

regB;

B = &A; //等同于 B =((A[0] & A[1]) & A[2]) & A[3];

由于缩减运算的与或非运算规则类似于位运算符与或非运算规则，故这里不再详细讲述，请参照位运算符的运算规则介绍。

3.2.9　条件运算符

条件运算符共有三个操作数，是一个三目运算符，它的格式如下：

条件表达式？表达式 1:表达式 2;

例：r=s ? t : u

条件运算符根据条件表达式的值，从表达式 1 和表达式 2 中选择一个作为结果输出。若值为真，选择表达式 1 输出，反之，选择表达式 2 输出。若条件表达式的值为 X，两个表达式都会进行计算，然后对两个结果逐位比较，取相等值，而不等值由 X 代替。

条件运算符常用于数据流建模中的条件赋值，作用类似于多路选择器。

例：assign output = en ? dout : 8b'z ;

3.2.10　优先级别

运算符在使用时遵照优先级的原则，优先级别如表 3.2.2 所列。

表 3.2.2　运算符优先级别

运算符	优先级别
! ~ * / % + - << >> < <= > >= == != === !== & ^ ^~ | && || ?:	最高优先级别 ↓ 最低优先级别

3.3 功能语句

在模块中最重要的部分是逻辑功能语句部分。有 3 种方法可以在模块中产生逻辑：assign 语句、always 语句、元件例化语句。另外，initial 语句也是一种比较重要的功能语句模块。其中元件例化语句在 3.4 节中介绍，本节介绍其他 3 种语句模块。

3.3.1 assign 语句

用 assign 声明语句如下：

例：assign a = b & c;　//一个有两个输入的与门

assign a = b | c;　//一个有两个输入的或门

这种方法的句法很简单，只需写一个 assign，后面再加一个表达式即可。采用 assign 语句是描述组合逻辑最常用的方法之一。

3.3.2 always 语句

always 语句同 assign 语句一样是模块中重要的功能语句模块，除了用在源语句中用于完成某种功能以外，还可以用在仿真程序设计中用于完成某种时序控制。

1. 信号赋值方式

讲 always 语句就得从信号的赋值方式谈起，在 Verilog HDL 语言中，信号有两种赋值方式：

(1) 非阻塞(Non-Blocking)赋值方式

形式如下：b<=a;

① 块结束后才完成赋值操作。

② b 的值并不是立刻就改变的。

③ 这是一种比较常用的赋值方法(特别是在编写可综合模块时)。

(2) 阻塞(Blocking)赋值方式

形式如下：b = a;

① 赋值语句执行完后，块才结束。

② b 的值在赋值语句执行完后立刻就改变。

非阻塞赋值方式和阻塞赋值方式的区别常给设计人员带来问题，问题主要是给 always 块内的 reg 型信号赋值时的赋值方式不易把握。大多数 always 模块内的 reg 型信号都采用下面这种赋值方式：

b <= a;

这种方式的赋值并不是马上执行的，也就是说 always 块内的下一条语句执行后，b 并不等于 a，而是保持原来的值。always 块结束后，才进行赋值。

而阻塞赋值方式是马上执行的，也就是说执行下一条语句时，b 已等于 a。

例:

```
always @(posedge clk or negedge rst)
  begin
    if(rst == 0)
      q <= 0;
    else if(en)
      q <= d;
  end
```

always 块既可用于描述组合逻辑,也可用于描述时序逻辑。上面的例子用 always 块生成了一个带有异步清除端的 D 触发器。always 块可用很多种描述手段来表达逻辑,在上例中就用了 if...else 语句来表达逻辑关系。如按一定的风格来编写 always 块,可以通过综合工具把源代码自动综合成用门级结构表示的组合或时序逻辑电路。

如果用 Verilog 模块实现一定的功能,首先应该弄清楚哪些是同时发生的,哪些是顺序发生的。如果一个模块文件中同时采用了 assign 语句、实例元件和 always 块,这 3 个语句模块描述的逻辑功能是同时执行的,也就是说,如果把这 3 个语句模块同时写到 1 个 Verilog 模块文件中去,它们的次序不会影响逻辑实现的功能,这 3 个语句模块是同时执行的,也就是并发的。

然而,在 always 模块内,逻辑是按照指定的顺序执行的。always 模块中的语句称为顺序语句,因为它们是顺序执行的。

注意:两个或更多的 always 模块也是同时执行的,但是模块内部的语句是顺序执行的。if...else if 必须顺序执行,否则其功能就没有任何意义。如果 else 语句在 if 语句之前执行,功能就会不符合要求。为了能实现上述描述的功能,always 模块内部的语句将按照书写的顺序执行。

2. always 语句的触发方式

always 语句除了用在源程序中完成功能以外,也用在仿真程序中,并且在仿真过程中是不断重复执行的。其声明格式如下:

always <时序控制> <语句>

always 语句由于其不断重复执行的特性,只有和一定的时序控制结合在一起才有用。如果一个 always 语句没有时序控制,则这个 always 语句将会形成一个仿真死锁。

例: alwaysclk = ~clk; //生成一个 0 延迟的无限循环,这时会发生仿真死锁。

(1) 边沿触发

如果给上例加上时序控制,则这个 always 语句将变为一条边沿触发语句。

例: always #half_period clk = ~clk; //生成一个周期为 period(=2 * half_period) 的无限延续的信号波形。

常用添加时序控制的方法来描述时钟信号,以作为激励信号来测试所设计的电路。

例:

```
reg [7:0] counter;
reg tick;
always @(posedge clk)
```

```
  begin
    tick = ~tick;
    counter = counter + 1;
  end
```

(2) 电平触发

always 的时间控制可以是边沿触发,也可以是电平触发的,可以单个信号,也可以多个信号,中间需要用关键字 or 连接或者逗号(,)隔开,如:

```
always @(posedge clk or negedge rst)   //有两个沿触发的 always 块
  begin
    ……
  end
always @( a or b or c )                //由多个电平触发的 always 块
  begin
    ……
  end
```

边沿触发的 always 块常常描述时序逻辑,如果符合可综合风格要求,则可用综合工具自动转换为表示时序逻辑的寄存器组和门级逻辑。而电平触发的 always 块常常用来描述组合逻辑和带锁存器的组合逻辑,如果符合可综合风格要求,则可转换为表示组合逻辑的门级逻辑或带锁存器的组合逻辑。一个模块中可以有多个 always 块,它们都是并行运行的。

3.3.3 initial 语句

initial 和 always 说明语句用法类似,区别在于 initial 语句只执行一次,而 always 语句则是不断地重复执行,直到仿真过程结束。在一个模块中,使用 initial 和 always 语句的次数是不受限制的。initial 语句的格式如下:

```
initial
  begin
    语句 1;
    ......
    语句 n;
  end
```

例:

```
initial
  begin
  inputs = 6'b000000;     //初始时刻为 0
  #10 inputs = 6'b011001;
end
```

在这个例子中,initial 语句经常用来生成激励波形以作为电路的测试仿真信号。一个模块中可以有多个 initial 块,它们都是并行运行的。

3.4 底层模块和门原语调用

3.4.1 底层模块及调用

在 Verilog 语言中，可以将电路设计成底层模块来调用。例如：

```
module Dff(
    input  clk,
   input rst,
   input  d,
   output  reg q
    );
   always @(posedge clk or negedge rst)
      if(rst == 0) q <= 0;
      else q <= d;
endmodule
```

如图 3.4.1 所示，该电路是由两个 D 触发器和一个或门构成的。设计底层电路 D 触发器，然后再设计顶层电路，在顶层电路中可调用底层模块。

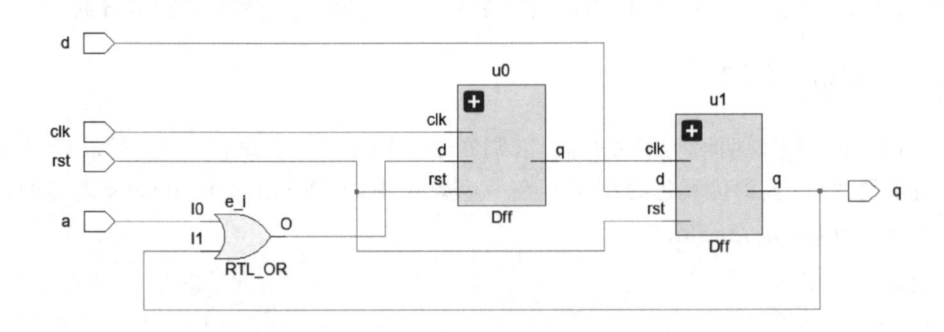

图 3.4.1 RTL 结构图

3.4.2 门原语及调用

Verilog 语言提供已经设计好的门，称为门原语，这些门可直接调用，不用再对其进行功能描述。

用户定义的原语是从英文 User Defined Primitives(UDP)直接翻译过来的，在 Verilog HDL 中，常用它的缩写 UDP 来表示。利用 UDP 用户可以定义自己设计的基本逻辑元件的功能，也就是说，可以利用 UDP 来定义有自己特色的用于仿真的基本逻辑元件模块，并建立相应的原语库。这样，就可以用与调用 Verilog HDL 基本逻辑元件同样的方法来调用原语库中相应的元件模块来进行仿真。由于 UDP 是用查表的方法来确定其输出的，用仿真器进行仿真时，对它的处理速度较对一般用户编写的模块快得多。与一般的用户模块比较，UDP 更为基本，它只能描述简单的能用真值表表示的组合或时序逻辑。UDP 模块的结构与一般模块类似，只是不用 module 而改用 primitive 关键词开始，不用 endmodule 而改用 endprimitive 关键词结束。门原语调用格式如下：

门原语名　实例名(端口连接)

其中实例名可省略(和模块调用不同)，端口连接只能采用顺序法，输出在前，输入在后。

例：and u1(q,a,b)；

采用实例元件的方法如同在电路图输入方式下调入库元件一样，键入元件的名字和相连的引脚即可，表示在设计中用到一个跟与门(and)一样的名为 u1 的与门，其输入端为 a，b，输出为 q。要求每个实例元件的名字必须是唯一的，以避免与其他调用与门(and)的实例混淆。

关于门原语的说明如下：

① UDP 只能有一个输出端，而且必须是端口说明列表的第一项。

② UDP 可以有多个输入端，最多允许有 10 个输入端。

③ UDP 所有端口变量必须是标量，也就是必须是 1 位的。

④ 在 UDP 的真值表项中，只允许出现 0、1、x 三种逻辑值，高阻值状态 z 是不允许出现的。

⑤ 只有输出端才可以被定义为寄存器类型变量。

⑥ initial 语句用于为时序电路内部寄存器赋初值，只允许赋 0、1、x 三种逻辑值，默认值为 x。

3.5 Verilog 中的数据类型

在 Verilog 语言中，变量的数据类型可用来表示数字电路中的物理连线、数据存储和传送单元等物理量。变量即在程序运行过程中其值可以改变的量，在 Verilog HDL 中，变量的数据类型有很多种，这里只对常用的几种进行介绍。

3.5.1　wire 型

线网数据类型(wire 型)表示结构实体(例如门)之间的物理连接。线网类型的变量不能储存值，而且它需受到驱动器(例如门或连续赋值语句 assign)的驱动。如果没有驱动器连接到网络类型的变量上，则该变量就是高阻的，即其值为 z。

常用的线网数据类型包括 wire 型和 tri 型。这两种变量都用于连接器件单元，它们具有相同的语法格式和功能，之所以提供这两种名字来表达相同的概念是为了与模型中所使用的变量的实际情况相一致。wire 型变量通常用来表示单个门驱动或连续赋值语句驱动的网络型数据，tri 型变量则用来表示多驱动器驱动的网络型数据。如果 wire 型或 tri 型变量没有定义逻辑强度(logic strength)，那么在多驱动源的情况下，逻辑值会发生冲突从而产生不确定值。

wire 型数据常用来表示以 assign 关键字指定的组合逻辑信号。Verilog 程序模块中输入/输出信号类型缺省时自动定义为 wire 型。wire 型信号可以用作任何方程式的输入，也可以用作 assign 语句或实例元件的输出。

wire 型信号的格式如下：

wire [n-1:0] 数据名 1，数据名 2，…，数据名 i；//声明语句的最后用分号表示语句结束。或 wire [n:1] 数据名 1，数据名 2，…，数据名 i；//如果一次定义多个数据，数据名之间用逗号隔开。

wire 是 wire 型数据的确认符，[n-1:0]和[n:1]代表该数据的位宽，即该数据有几位。后面紧接着的是数据的名字。

例：wire a;　　　　　　　//定义了 1 个 1 位的 wire 型数据。
　　wire [3:0] b;　　　　//定义了 1 个 4 位的 wire 型数据。
　　wire [8:1] c, d;　　//定义了 2 个 8 位的 wire 型数据。

3.5.2 reg 型

寄存器型变量(reg 型)是数据储存单元的抽象。寄存器数据类型的关键字是 reg，通过赋值语句可以改变寄存器储存的值，其作用与改变触发器储存的值相当。Verilog HDL 语言提供了功能强大的结构语句使设计者能有效地控制是否执行这些赋值语句。这些控制结构用来描述硬件触发条件，例如时钟的上升沿和多路器的选通信号。

reg 类型数据的默认初始值为不定值 x。reg 型数据常用来表示 always 模块内的指定信号，常代表触发器。通常，在设计中要由 always 块通过使用行为描述语句来表达逻辑关系。在 always 块内被赋值的每一个信号都必须定义成 reg 型。

reg 型数据的格式如下：

reg [n-1:0] 数据名 1，数据名 2，…，数据名 i；//如果一次定义多个数据，数据名之间用逗号隔开。或 reg [n:1] 数据名 1，数据名 2，…，数据名 i；//声明语句的最后要用分号表示语句结束。

reg 是 reg 型数据的确认标识符，[n-1:0]和[n:1]代表该数据的位宽，即该数据有几位(bit)，紧接着的是数据的名字。

例：reg a;　　　　　　　//定义了 1 个 1 位的名为 a 的 reg 型数据。
　　reg [7:0] b;　　　　//定义了 1 个 8 位的名为 b 的 reg 型数据。
　　reg [4:1] c, d;　　//定义了 2 个 4 位的名为 c 和 d 的 reg 型数据。

对于 reg 型数据，其赋值语句的作用就像改变一组触发器的存储单元的值。在 Verilog 中有许多结构(construct)用来控制何时或是否执行这些赋值语句，这些控制结构可用来描述硬件触发器的各种具体情况，如触发条件用时钟的上升沿等，或用来描述具体判断逻辑的细节，如各种多路选择器。

reg 型数据的默认初始值是不定值。reg 型数据可以赋正值，也可以赋负值。但当 1 个 reg 型数据是 1 个表达式中的操作数时，它的值被当作是无符号值，即正值。例如，当 1 个 4 位的寄存器用作表达式中的操作数时，如果开始寄存器被赋值－1，则在表达式中进行运算时，其值被认为是＋15。

注意：reg 型只表示被定义的信号将用在 always 块内，理解这一点很重要。虽然 reg 型信号常常是寄存器或触发器的输出，但并不代表 reg 型信号一定是寄存器或触发器的输出。

3.5.3　memory 型

memory 型数据是通过扩展 reg 型数据的地址范围来生成的。Verilog HDL 通过对 reg 型变量建立数组来对存储器建模，可以描述 RAM 型存储器、ROM 存储器和 reg 文件。数组中的每 1 个单元通过 1 个数组索引进行寻址。在 Verilog 语言中没有多维数组存在。

memory 型数据格式如下：

reg [n-1:0] 存储器名[m-1:0]；或 reg [n-1:0] 存储器名[m:1]；

在这里，reg[n-1:0]定义了存储器中每 1 个存储单元的大小，即该存储单元是 1 个 n 位的寄存器。存储器名后的[m-1:0]或[m:1]则定义了该存储器中有多少个这样的寄存器。最后用分号结束定义语句。

例：reg [7:0] ma[255:0]； //定义了一个名为 ma 的存储器，该存储器有 256 个 8 位的寄存器。该存储器的地址范围是 0 到 255。

注意：对存储器进行地址索引的表达式必须是常数表达式。另外，在同一个数据类型声明语句里，可以同时定义存储器型数据和 reg 型数据。

例：parameter wordsize=16，memsize=256；//定义 2 个参数。

　　reg [wordsize-1:0] mem[memsize-1:0]，writereg， readreg；

memory 型数据和 reg 型数据的定义格式不同：如 1 个由 n 个 1 位寄存器构成的存储器组是不同于一个 n 位的寄存器的。

例：reg [n-1:0] a； //1 个 n 位的寄存器。

　　reg mema [n-1:0]； //一个由 n 个 1 位寄存器构成的存储器组。

一个 n 位的寄存器可以在一条赋值语句里进行赋值，而一个完整的存储器则不行。

例：a=0； //合法赋值语句。

　　mema=0； //非法赋值语句。

如果想对 memory 中的存储单元进行读写操作，必须指定该单元在存储器中的地址。下面的写法是正确的：

mema[3]=0； //给 memory 中的第 3 个存储单元赋值为 0。

进行寻址的地址索引可以是表达式，这样就可以对存储器中的不同单元进行操作。表达式的值可以取决于电路中其他寄存器的值，例如可以用一个加法计数器来作 RAM 的地址索引。

3.6　Verilog 的数字表示形式及逻辑值

3.6.1　数字表示形式

在 Verilog HDL 中，整型常量即整常数有以下 4 种进制表示形式：

① 二进制整数(b 或 B)；

② 十进制整数(d 或 D);

③ 十六进制整数(h 或 H);

④ 八进制整数(o 或 O)。

数字表达方式如下:

＜位宽＞＜进制＞＜数字＞

当位宽缺省时,由具体的机器系统决定,但至少 32 位。当进制缺省时,代表十进制。

在表达式中,位宽指明了数字的精确位数。

例:4'b1010　//位宽为 4 的数的二进制表示,'b 表示二进制。

　8'hAA　//位宽为 8 的数的十六进制,'h 表示十六进制。

下划线可以用来分隔开数的表达以提高程序可读性。但不可以用在位宽和进制处,只能用在具体的数字之间。

例:16'b1010_1011_1111_1010　//合法格式。

　8'b_0011_1010　//非法格式。

当常量不说明位数时,默认值是 32 位,每个字母用 8 位的 ASCII 值表示。

例:10=32'd10=32'b1010

3.6.2 逻辑值

在 Verilog HDL 语言中,有 4 种逻辑值:1,0,x 和 z 值。在数字电路中,x 代表不定值,z 代表高阻值。一个 x 可以用来定义十六进制数的四位二进制数的状态、八进制数的三位、二进制数的一位。z 的表示方式同 x 类似,z 还有一种表达方式是可以写作?,在使用 case 表达式时常使用这种写法,以提高程序的可读性。

例:

```
4'b10x0     //位宽为 4 的二进制数从低位数起第二位为不定值
4'b101z     //位宽为 4 的二进制数从低位数起第一位为高阻值
12'dz       //位宽为 12 的十进制数其值为高阻值(第一种表达方式)
12'd?       //位宽为 12 的十进制数其值为高阻值(第二种表达方式)
8'h4x       //位宽为 8 的十六进制数其低四位值为不定值
```

3.7 if 语句

if 语句是用来判定所给定的条件是否满足,根据判定的结果(真或假)决定执行给出的两种操作之一。Verilog HDL 语言提供了以下 3 种形式的 if 语句。

① if(表达式)语句

例:

```
if ( a > b )
      out1 <= int1;
```

② if(表达式) 语句 1
　else 语句 2

例：

```
if(a>b)
  out1 <= int1;
else
  out1 <= int2;
```

③ if(表达式 1) 语句 1；
　else if(表达式 2) 语句 2；
　else if(表达式 3) 语句 3；
　…
　else if(表达式 m) 语句 m；
　else 语句 n；

例：

```
if(a>b)
  out1 <= int1;
else if(a == b)
  out1 <= int2;
else out1 <= int3;
```

关于 if 语句的说明：

① 3 种形式的 if 语句中在 if 后面都有表达式，一般为逻辑表达式或关系表达式。系统对表达式的值进行判断，若为 0，x，z，按“假”处理，若为 1，按“真”处理，执行指定的语句。

② 第 2、3 种形式的 if 语句中，在每个 else 前面有一个分号，整个语句结束处有一个分号。这是由于分号是 Verilog HDL 语句中不可缺少的部分，这个分号是 if 语句中的内嵌套语句所要求的。如果无此分号，则出现语法错误。但应注意，不要误认为上面是两个语句(if 语句和 else 语句)，它们都属于同一个 if 语句。else 子句不能作为语句单独使用，它必须是 if 语句的一部分，与 if 配对使用。

③ if 和 else 后面可以包含一个内嵌的操作语句，也可以有多个操作语句，此时用 begin 和 end 这两个关键词将几个语句包含起来成为一个复合块语句。

例：

```
if(a>b)
  begin
    out1 <= int1;
    out2 <= int2;
  end
else
  begin
    out1 <= int2;
    out2 <= int1;
  end
```

注意:end 后不需要再加分号,因为 begin…end 内是一个完整的复合语句,不需要再附加分号。

④ 允许一定形式的表达式简写方式。例如:

if(expression) 等同于 if(expression ==1)。

if(!expression) 等同于 if(expression !=1)。

⑤ if 语句可以多次嵌套。在 if 语句中包含一个或多个 if 语句称为 if 语句的嵌套。

3.8 case 语句

case 语句是一种多分支选择语句,if 语句只有两个分支可供选择,而实际问题中常常需要用到多分支选择,Verilog 语言提供的 case 语句可以直接处理多分支选择。case 语句通常用于微处理器的指令译码,它的一般形式如下:

① case(表达式) endcase;

② casez(表达式) endcase;

③ casex(表达式) endcase。

case 分支项的一般格式如下:

```
  case (表达式)
     取值 1: 语句 1;
     取值 2: 语句 2;
     取值 3: 语句 3;
     ……
     default:默认语句;
endcase
```

其功能是:

如果表达式的值=取值 1,则执行语句 1;

如果表达式的值=取值 2,则执行语句 2;

如果表达式的值=取值 3,则执行语句 3;

…

如果表达式的值和上述取值都不相等,则执行默认语句。

下面是一个简单的使用 case 语句的例子。该例子中对 s 译码以确定 z 的值:

```
  case(s)
     2'b00: z = c[0];
     2'b01: z = c[1];
     2'b10: z = c[2];
     2'b11: z = c[3];
  default: z = c[0];
endcase
```

关于 case 语句的说明:

① case括弧内的表达式称为控制表达式，case分支项中的表达式称为分支表达式。控制表达式通常表示为控制信号的某些位，分支表达式则用这些控制信号的具体状态值来表示，因此分支表达式又可以称为常量表达式。

② 当控制表达式的值与分支表达式的值相等时，就执行分支表达式后面的语句。如果所有的分支表达式的值都无法与控制表达式的值相匹配，就执行default后面的语句。

③ default项可有可无，一个case语句里只准有一个default项。

④ 每一个case分项的分支表达式的值必须互不相同，否则就会出现对表达式的同一个值有多种执行方案的矛盾现象。

⑤ 执行完case分项后的语句，则跳出该case语句结构，终止case语句的执行。

⑥ 在用case语句表达式进行比较的过程中，只有当信号的对应位的值能明确进行比较时，比较才能成功。因此要注意详细说明case分项的分支表达式的值。

⑦ case语句的所有表达式的值的位宽必须相等，只有这样控制表达式和分支表达式才能进行对应位的比较。不可以用'bx,'bz来替代n'bx,n'bz，因为信号x,z的默认宽度是机器的字节宽度，通常是32位（此处n是case控制表达式的位宽）。

Verilog HDL针对电路的特性提供了case语句的其他两种形式来处理case语句比较过程中不必考虑的情况。

其中casez语句用来处理不考虑高阻值z的比较过程，casex语句则将高阻值z和不定值都视为不必关心的情况。所谓不必关心的情况，即在表达式进行比较时，不将该位的状态考虑在内。这样case语句表达式在进行比较时就可以灵活地设置，以对信号的某些位进行比较。如下面的两个例子：

例：

```
reg[7:0]a;
reg[2:0]b;
casez(a)
  8'b1???????:b<=3'b001;
  8'b01??????:b<=3'b010;
  8'b00010???:b<=3'b011;
  8'b000001??:b<=3'b100;
```

例：

```
reg[7:0]d;
reg[2:0]e;
casex(d)
  8'b001100xx:e<=3'b001;
  8'b1100xx00:e<=3'b010;
  8'b00xx0011:e<=3'b011;
  8'bxx001100:e<=3'b100;
endcase
```

case,casez,casex的真值表如表3.8.1所列。

表 3.8.1　case，casez，casex 的真值表

case	0	1	x	z	casez	0	1	x	z	casex	0	1	x	z
0	1	0	0	0	0	1	0	0	1	0	1	0	1	1
1	0	1	0	0	1	0	1	0	1	1	0	1	1	1
x	0	0	1	0	x	0	0	1	1	x	1	1	1	1
z	0	0	0	1	z	1	1	1	1	z	1	1	1	1

3.9　Verilog 语言的描述风格

一个复杂电路的完整 Verilog HDL 模型是由若干个 Verilog HDL 模块构成的，每一个模块又可以由若干个子模块构成。这些模块可以分别用不同抽象级别的 Verilog HDL 描述，在一个模块中也可以有多种级别的描述。利用 Verilog HDL 语言结构所提供的这种功能就可以构造一个模块间的清晰层次结构来描述极其复杂的大型设计。

为了实现系统的逻辑功能，对同一系统进行设计时可以采用多种描述方式进行建模。通常可以使用以下三种不同的描述风格来描述电路的功能。

(1) 结构级描述

使用实例化底层模块的方法，即调用其他已定义好的底层模块对整个电路的功能进行描述，或者直接调用内部基本门级元件描述电路的结构，通常将这种方法称为结构级描述方式。一个逻辑电路是由许多逻辑门和开关所组成的，因此用逻辑门的模型来描述逻辑电路是最直观的。Verilog HDL 提供了一些门类型的关键字，可以用于门级结构建模。在这种描述方式中，全部用门原语和底层模块调用。

(2) 行为级描述

使用过程块语句结构(包括 initial 语句结构和 always 语句结构)和比较抽象的高级程序语句对电路的逻辑功能进行描述，通常称为行为描述方式。

(3) RTL 级描述

使用连续赋值语句(assign 语句)对电路的逻辑功能进行描述，通常称为 RTL 级描述方式。

以多路选择器为例，对已定义好的模块进行实例化引用的语法格式如下。

结构级描述方式如下：

```
module mux4_to_1(
  input a,
  input b,
  input c,
  input d,
  input s1,
  input s0,
```

```
    output y
    );
    wire s11,s00;
    wire y0,y1,y2,y3;
    not(s11,s1);
    not(s00,s0);
    and(y0,a,s11,s00);
    and(y1,b,s11,s0);
    and(y2,c,s1,s00);
    and(y3,d,s1,s0);
    or(y,y0,y1,y2,y3);
endmodule
```

四选一选择器结构级描述 RTL 结构图如图 3.9.1 所示。结构化描述方式与电路结构一一对应，建模前必须设计好详细、具体的电路图，通过实例化调用已有的用户编好的低层次模块或预先定义的基本门级元件，并使用线网来连接各器件，描述出逻辑电路中元件或模块彼此的连接关系。模块定义中是不允许嵌套定义模块的，模块之间的相互调用只能通过实例化实现。定义好的模块相当于一个模板，使用模板可以创建一个对应的实际对象。当一个模块被调用时，Verilog HDL 语言可以根据模板创建一个对应的模块对象，这个对象有自己的名字、参数、端口连接关系等。使用定义好的模板创建对象的过程称为实例化，创建的对象称为实例。每个实例必须有唯一的名字。

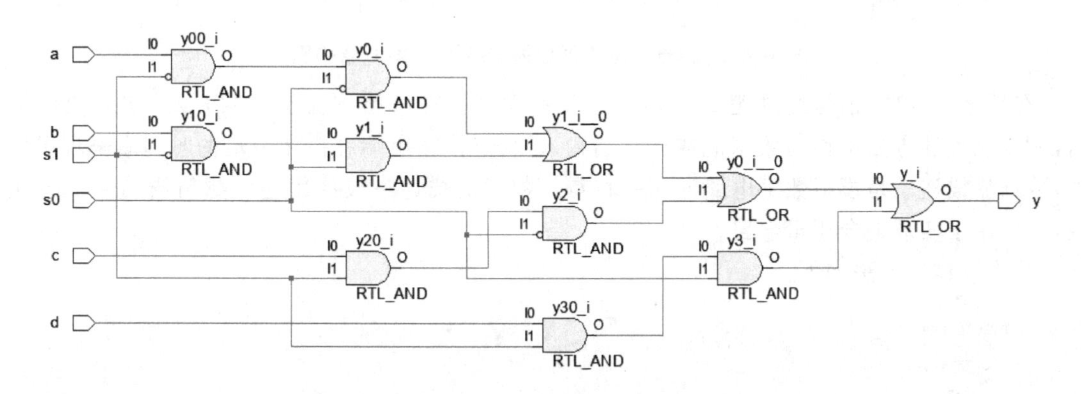

图 3.9.1　四选一选择器结构级描述 RTL 结构图

RTL 级描述方式如下：

```
module mux4_to_2(
    input a,
    input b,
    input c,
    input d,
    input s1,
    input s0,
    output y
```

```
    );
  assign y = (~s1&~s0&a)|(~s1&s0&b)|(s1&~s0&c)|(s1&s0&d);
endmodule
```

四选一选择器数据流级描述 RTL 结构图如图 3.9.2 所示。对于小规模电路设计，Verilog 门级描述可以很好地完成设计工作，设计者可以通过实例化预定义的门单元和自定义功能模块的方式构建整个电路模型。但是对于大规模的电路设计，几乎不可能通过逐个实例化门单元的方式来构建电路，设计者往往需要从更高层次入手进行电路描述。RTL 级描述是设计者从数据在各存储单元之间进行流动和运算的角度，对电路功能进行的描述。利用 RTL 级描述方式，设计者可以借助 Verilog 提供的高层次运算符(如+，* 等)直接对数据进行高层次的数学和逻辑运算建模，而不用关心具体的门级电路结构。

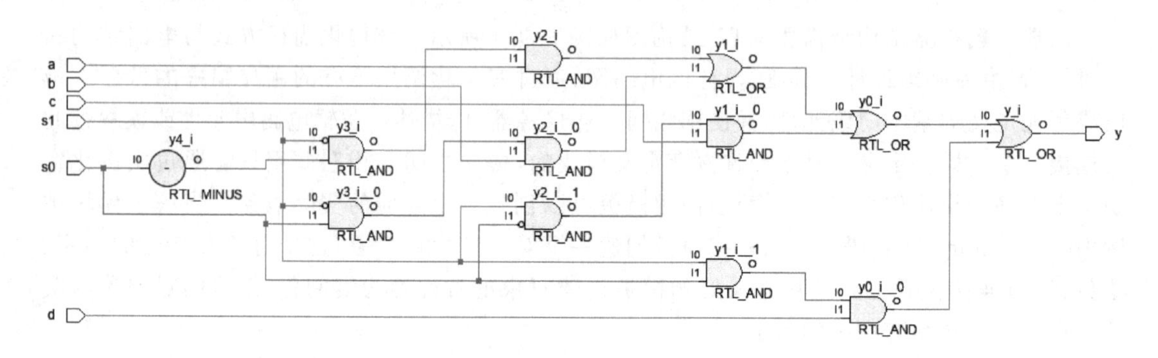

图 3.9.2　四选一选择器数据流级描述 RTL 结构图

在数字电路中，信号经过逻辑电路的过程就像数据在电路中流动，即信号从输入流向输出，所以该描述方法也称为数据流描述。当输入变化时，输出端总会在一定的时间后呈现出效果，数据流描述就是模拟数字电路的这一特点。数据流描述一般使用连续赋值语句 assign 实现，主要用于实现组合逻辑电路。

行为级描述方法如下：

```
module mux4_to_3(
  input a,
  input b,
  input c,
  input d,
  input s1,
  input s0,
  output reg y
  );
  always @(s1 or s0 or a or b or c or d)
    begin
      case({s1,s0})
        2'b00:y = a;
        2'b01:y = b;
```

```
        2'b10:y = c;
        2'b11:y = d;
        default: y = 1'bx;
      endcase
    end
endmodule
```

四选一选择器行为级描述 RTL 结构图如图 3.9.3 所示。直接根据电路的外部行为进行建模,而与硬件电路结构无关,这种建模方式称为行为描述。行为建模从一个很高的抽象角度来表示电路,通过定义输入/输出响应的方式来描述硬件行为。行为描述一般使用 initial 和 always 过程块结构,比如上例中,使用了 always 过程块,结合 case 语句完成了多路选择器的功能。其他所有的行为语句只能出现在这两种过程结构语句里面,这两种过程块结构分别代表一个独立的执行过程,二者不能嵌套使用,每个 initial 和 always 语句模块都是并行的。由于行为描述加入了多种灵活的控制功能,因此其主要用于构建更为复杂的时序逻辑和行为级仿真模型。但是,按照一定规范书写的行为描述语句也可以用来构建组合逻辑模型。

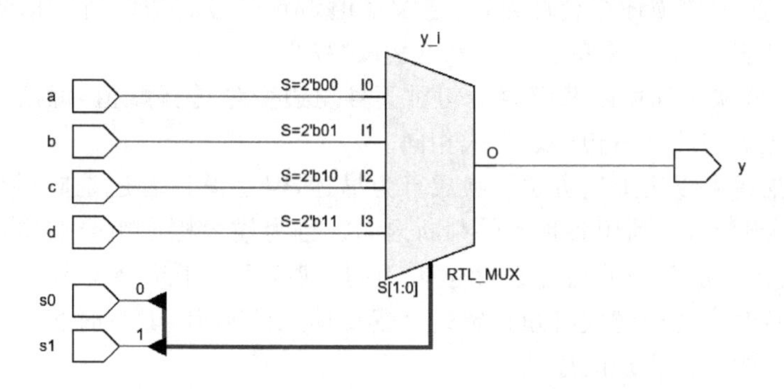

图 3.9.3 四选一选择器行为级描述 RTL 结构图

一个复杂数字系统的设计往往是由若干个模块构成的,每一个模块又可以由若干个子模块构成。这些模块可以是电路图描述的模块,也可以是 Verilog HDL 描述的模块,各 Verilog HDL 模块可以是不同级别的描述,同一个 Verilog HDL 模块中也可以有不同级别的描述。Verilog HDL 语言结构所提供的这种功能不仅可以用来描述,也可以用来验证极其复杂的大型数字系统的总体设计,即把一个大型设计分解成若干个可以操作的模块,分别用不同的方法加以实现。目前,用门级和 RTL 级抽象描述的 Verilog HDL 模块可以用综合器转换成标准的逻辑网表;用算法级描述的 Verilog HDL 模块,只有部分综合器能把它转换成标准的逻辑网表;而用系统级描述的模块,目前尚未有综合器能把它转换成标准的逻辑网表,往往只用于系统仿真。

无论数字系统多么复杂,其都是由许多基本的单元电路和模块搭建起来的。对于所有的集成电路,其最基本的单元都是晶体管,将不同尺寸的晶体管用不同的方式相互连接,可以构成模块电路,如各种组合逻辑门、边沿触发的 D 触发器、D 锁存器、RAM 存储器、放大器、电流源等。利用 Verilog 进行数字电路设计时,首先利用 Verilog 描述电路的功能,然后利用综合工具将 RTL 代码综合成一个个门级电路单元模块。在数字电路设计中,基本的电路单元模块不需要精确到晶体管,只需要指定到逻辑门单元即可。

构成数字电路系统所用到的电路基本单元模块和连接方式即电路的建模形式。对不包含任何存储单元(如寄存器、锁存器)的电路的设计称为组合逻辑电路的建模;若电路包含存储单元且所有的存储单元都用同一个时钟信号进行触发,则该电路的设计称为同步时序逻辑电路建模;若电路包含存储单元且这些存储单元有不同的触发信号和条件,则该电路的设计称为异步时序逻辑电路建模。

Verilog 语言提供结构化描述(或称门级描述)、RTL 级描述以及行为描述抽象层次的描述形式,从最低级的门级描述到最高级的行为描述,它们可以在不同的层次进行电路的建模。不同层次的描述形式通常都可以用来对同一个功能电路进行建模,即它们综合处理的电路结构都是相同的。高层次的描述方式可以比低层次的描述方式使用更少的代码,并用直观的方法描述电路模型,仿真速度快。低层次的描述形式通常与实际芯片的物理结构接近。充分利用 Verilog 各种丰富的语法进行电路建模,学会在各个层次进行思维的切换,对于设计者设计出高效的可综合的 Verilog 代码非常必要。

对于组合逻辑建模,数据流描述可以很容易地转换为行为描述,其转换方法如下:

① 将数据流描述中的连续赋值语句等号左边的变量定义为 reg 类型;

② 利用 always 模块描述组合逻辑,将连续赋值语句等号右边的所有信号都加到 always 语句后面的敏感列表中,且所有的信号都是电平敏感的;

③ 在 always 模块中利用阻塞赋值语句对等号左边变量进行赋值,赋值语句等号右边的表达式与连续赋值语句等号右边的表达式相同。

虽然数据流描述可以用上述方法转换成行为描述,但是设计者还是应尽量使用更为直观的语法来构建组合逻辑,如利用各种条件判断语句。行为描述构成组合逻辑往往可以使用较少的代码,并构建出功能复杂的组合逻辑电路。时序建模不同于组合逻辑建模,利用门级描述和数据流描述进行时序逻辑建模必须指定组合逻辑单元的延迟,因为时序逻辑需要通过带有延迟和反馈的组合逻辑来实现时序功能。

3.10 其他规定

3.10.1 关键词

在 Verilog HDL 中,所有的关键词都是事先定义好的确认符,用来组织语言结构的,比如 begin、and、if 等。关键词是用小写字母定义的,因此在编写原程序时要注意关键词的书写,以避免出错。编写 Verilog HDL 程序时,注意变量的定义不要与这些关键词冲突。

3.10.2 标识符

给程序代码中的对象(如模块名、电路的输入/输出端口、变量等)取名所用的字符串称为标识符,标识符通常满足如下原则:

① 由英文字母、数字、$ 符和下划线“_”组成。

② 标识符的第一个字符必须以英文字母或下划线开始,不能以数字或 $ 符开头。

③ 不能与保留关键词重名。

④ Verilog 语言对大小写敏感,即标识符区分大小写。

例:clk、counter8、net、busD 等都是合法的标识符;

74HC138、$ counter、a * b 则是非法的标识符;

⑤ A 和 a 是两个不同的标识符。

⑥ 转义标识符以"\"开始,以空白符(·空格、制表符 tab 键、换行符)结束,可包含任意可打印的字符,而其头尾(反斜线和空白符)不作为本身转义标识符内容的一部分。

例:reg clk;

reg \clk

clk 与\clk 是一样的,即将反斜线和空白符之间的字符逐个进行处理。

3.10.3 间隔符

Verilog 的间隔符包括空格符(\b)、tab 键(\t)、换行符(\n)及换页符。

如果间隔符不是出现在字符串中,则没有特殊的意义,使用间隔符主要起分隔文本的作用,在必要的地方插入适当的空格或换页符,可以使文本错落有致,便于阅读和修改。在综合时,则该间隔符将被忽略。所以 Verilog 是自由格式,可以跨越多行书写,也可以在一行内书写。

3.10.4 注释符

Verilog 支持两种形式的注释符:/ * …… * / 和 //。其中,/ * …… * /为多行注释符,用于写多行注释;//为单行注释符,以//开始到行尾结束为注释文字。注释只是为了改善代码的可读性,在编译时不起作用。

课后习题

1. 说明 assign 语句和 always 语句的特点。
2. 说明阻塞赋值和非阻塞赋值的特点。
3. 说明 wire 和 reg 数据类型的特点。
4. 下列标识符中合法的有几个?

clk, counter8, _net, bus_D, 74HC138, A * b, $ counter, module

5. Verilog 语言中的模块结构主要包括哪些部分?
6. Verilog 语言中的数据类型包括哪些?
7. Verilog 语言有三种描述风格,它们有什么不同?
8. P,Q,R 都是 4 位的输入变量,下面哪一种表达形式是正确的?

① input P[3:0],Q,R;

② input P,Q,R[3:0];

③ input P[3:0],Q[3:0],R[3:0];

④ input [3:0] P,[3:0]Q,[0:3]R;

⑤ input [3:0] P,Q,R;

9. 根据下面的语句,从选项中找出正确答案。

```
reg [7:0] a;
a=2'hFF;
```

A. 8'b0000_0011　　B. 8'hFF　　C. 8'b1111_1111　　D. 8'b11111111

10. Verilog 支持的注释符有哪些?

3.11. 假设 a,b 为模块的输入,c 为模块的输出,下列 c 的值各为多少?

①
```
wire[3:0]a,b,c;
  a=4'b0101;
  b=4'b1110;
  assign c=a&&b;
  c=?
  assign c=a&b;
  c=?
```

②
```
wire[3:0]a,b,c;
  a=4'b0101;
  b=4'b1110;
  assign c=a|b;
  c=?
  assign c=a||b;
  c=?
```

③
```
wire[3:0]a,b,c;
  a=4'b0101;
  b=4'b1110;
  assign c=a<<2;
  c=?
```

④
```
wire[3:0]a,b,c;
  a=4'b0101;
  b=4'b1110;
  assign c={2{b[2]},a[2:1]};
  c=?
```

⑤
```
wire[3:0]a,b,c;
  a=4'b0101;
  b=4'b1110;
  assign c=(a>b)? a:b;
  c=?
```

12. a=4'b0111,若 a=～a,此时 a 的值是多少?

13. 介绍一下 Verilog 语言中的运算符。

14. initial 语句和 always 语句在使用时有什么相似之处?

15. 说明 if 语句和 case 语句在使用时的相同点和不同点。

16. 分别用 assign 语句和 always 语句设计四选一数据选择器。

第2部分

逻辑系统设计项目

第4章

简单门电路设计

前面学习了软件的使用及语言的基本语法结构，本章从简单门电路设计开始，在项目的设计训练过程中，增强对软件的熟悉及 Verilog 语言的学习，为综合复杂的数字系统设计打下坚实的基础，同时也是对数字电子技术课程学习成果的一个检验。门电路虽然简单，但正是这些基本门电路构成了复杂数字电子系统。

4.1 基本门电路设计

数字系统是由大量的门电路组成的，首先来看基本的门电路设计。通常基本门电路包括二输入与门、二输入或门、非门、二输入异或门、二输入同或门等。由硬件完成输入/输出时，可以由拨码开关给输入，发光二极管或者数码管显示输出。

例 4.1.1 设计相应的门电路，a，b 作为与(andled)、或(orled)、异或(xorled)、同或(xnorled)的输入，a 作为非(notled)的输入。由拨码开关给输入，发光二极管显示输出，并且输出为高电平时，对应的 led 灯亮；输出为低电平时，对应的 LED 灯灭。

设计分析：andled＝ab；orled＝a＋b；notled＝a'；xorled＝$a \oplus b$；xnorled＝$a \odot b$；

这里把 5 个基本门设计在一个程序中，为了便于观察结果，可以加入 3 位使能端 enable 来控制 5 个基本门分开工作，实际上使能端并不是必须的。其控制情况如表 4.1.1 所列。

表 4.1.1 基本门电路工作控制使能端

使能端 enable	与门(andled)	或门(orled)	非门(notled)	异或门(xorled)	同或门(xnorled)
000	工作	0	0	0	0
001	0	工作	0	0	0
010	0	0	工作	0	0
011	0	0	0	工作	0
100	0	0	0	0	工作
101	0	0	0	0	0
110	0	0	0	0	0
111	0	0	0	0	0

没有设置使能端的源程序如下：

```
module base_gate11(
  input a,
  input b,
  output reg andled,
  output reg orled,
  output reg notled,
  output reg xorled,
  output reg xnorled);
  always @(a,b)//组合逻辑电路，一般要求所有的输入信号都要在敏感信号列表中
    begin
      andled = a&b;
      orled = a|b;
      notled = ~a;
      xorled = a^b;
      xnorled = a~^b;
    end
endmodule
```

设置使能端，便于分段仿真各个门输出，观察各个门的输出情况，源程序如下：

```
module base_gate12(
  input a,
  input b,
  input [2:0]enable,//使能输入端
  output reg andled,
  output reg orled,
  output reg notled,
  output reg xorled,
  output reg xnorled);
  always @(a,b,enable)//组合逻辑电路，一般要求所有的输入信号都要在敏感信号列表中
    begin
      case(enable)
        3'b000: //enable = 000,与门工作，其余门不工作，输出为 0
          begin andled = a&b; orled = 0; notled = 0; xorled = 0; xnorled = 0;end
        3'b001: //enable = 001,或门工作，其余门输出为 0
          begin andled = 0;orled = a|b;notled = 0;xorled = 0;xnorled = 0;end
        3'b010: //enable = 010,非门工作，其余门输出为 0
          begin andled = 0;orled = 0;notled = ~a;xorled = 0;xnorled = 0;end
        3'b011: //enable = 011,异或门工作，其余门输出为 0
          begin andled = 0;orled = 0;notled = 0;xorled = a^b;xnorled = 0;end
        3'b100: //enable = 100,同或门工作，其余门输出为 0
          begin andled = 0;orled = 0;notled = 0;xorled = 0;xnorled = a~^b; end
        default://enable 为其他情况，5 个门输出均为 0,这条如果没有会出现锁存
          begin andled = 0;orled = 0;notled = 0;xorled = 0;xnorled = 0; end
      endcase
```

```
    end
endmodule
```

设输入端 a,b 初值均为 0,然后使用 always 语句,每 100 ns 或 500 ns 给输入端{a,b}加 1(使能端每 100 ns 加 1),仿真程序如下:

```
module sim_base_gate11();//module sim_base_gate12();
  reg a,b;
  reg [2:0] enable;
  wire andled,orled,notled,xorled,xnorled;
  base_gate11 u0(a,b,andled,orled,notled,xorled,xnorled);
  //base_gate12 u0(a,b,enable,andled,orled,notled,xorled,xnorled);
  initial begin a = 0;b = 0; //enable = 3'b000;end //初始赋值:a,b 为 0,enable 为 000
  always #500 {a,b} = {a,b} + 1;//每 500 ns,a/b 的值变化一次
  always #100 enable = enable + 1'b1;//每 100 ns,enable 的值变化一次
endmodule
```

仿真结果如图 4.1.1 所示。

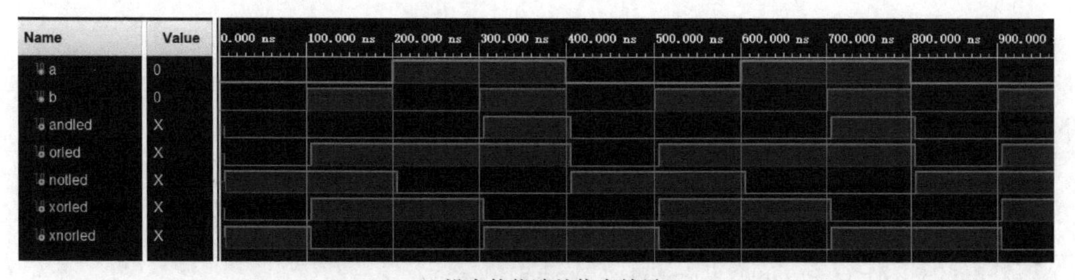

(a) 没有使能端的仿真结果

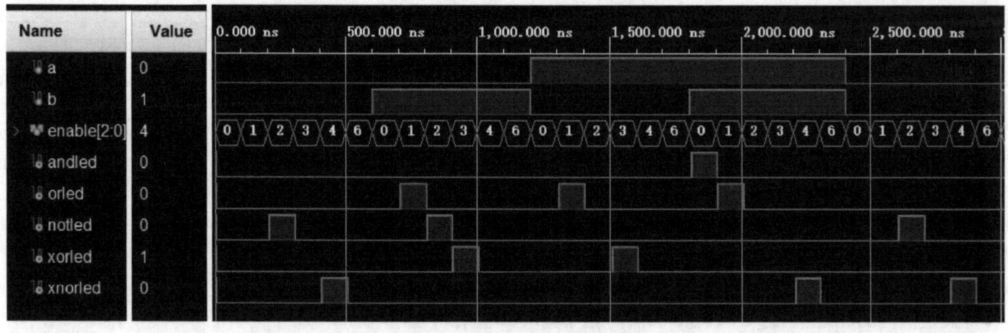

(b) 带有使能端的仿真结果

图 4.1.1　仿真结果

由图 4.1.1 仿真结果图可以看出,没有使能端时,任意时刻只要输入端 a、b 发生变化,输出端均发生改变。带有使能端时,当 enable=000 时,若 a=0,b=0,则 andled=0;若 a=0,b=1,则 andled=0;若 a=1,b=0,则 andled=0;若 a=1,b=1,则 andled=1。当 enable=001 时,若 a=0,b=0,则 orled=0;若 a=0,b=1,则 orled=0;若 a=1,b=0,则 orled=0;若 a=1,b=1,则 orled=1。当 enable=010 时,若 a=0,则 notled=1;若 a=1,则 notled=0。当 enable=011 时,若 a=0,b=0,则 xorled=0;若 a=0,b=1,则 xorled=1;若 a=1,b=0,则 xorled=1;若

a=1,b=1,则 xorled=0。当 enable=100 时,若 a=0,b=0,则 xnorled=1;若 a=0,b=1,则 xnorled=0;若 a=1,b=0,则 xnorled=0;若 a=1,b=1,则 xnorled=1。

当 enable=其他时,则 andled=orled=notled=xorled=xnorled=0。

例 4.1.2 异或门和同或门实际上是由与门、或门、非门构成的,在完成例 4.1.1 的基础上,用与门、或门、非门分别设计一个二输入异或门和一个二输入同或门,由拨码开关给输入,发光二极管显示输出,并且输出为高电平时,对应的 LED 灯亮;输出为低电平时,对应的 LED 灯灭。

设计分析:异或门和同或门的真值表如表 4.1.2 所列,其中 a,b 为输入,c 为异或门输出,d 为同或门输出。可得:c=a'b+ab', d=a'b'+ab。

表 4.1.2 异或门、同或门真值表

a	b	异或输出 c	同或输出 d
0	0	0	1
0	1	1	0
1	0	1	0
1	1	0	1

源程序代码如下:

```
module base_gate13(
  input a,
  input b,
  output xorled,
  output xnorled);
  assign xorled = ((~a)&b)|(a&(~b));   //c = a'b + ab'
  assign xnorled = ((~a)&(~b))|(a&b); //d = a'b'+ ab
endmodule
```

设输入端 a,b 初值均为 0,使用 always 语句,每 100 ns 给输入端{a,b}加 1,仿真程序代码如下:

```
module sim_base_gate13();
  reg a,b;
  wire xorled,xnorled;
  base_gate13 u0(a,b,xorled,xnorled);
  initial begin a = 0;b = 0;end        //赋初值,a = 0,b = 0
  always #100 {a,b} = {a,b} + 1;    //a,b 每 100ns 变化一次
endmodule
```

仿真结果如图 4.1.2 所示。

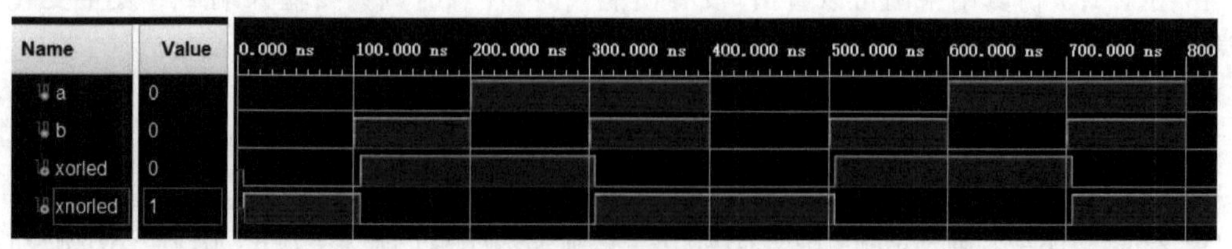

图 4.1.2 仿真结果

由图 4.1.2 仿真结果可以看出，当输入 a=0，b=0 时，异或为 0，同或为 1；当输入 a=0，b=1时，异或为 1，同或为 0；当输入 a=1，b=0 时，异或为 1，同或为 0；当输入 a=1，b=1 时，异或为 0，同或为 1。由于采用的是综合后时序仿真，所以输出相对于输入变化有延迟。

作业：自己完成硬件验证例 4.1.1 和例 4.1.2。

思考题：由行为描述语句设计门电路，如何设计？

4.2 多数表决器设计

投票过程中经常用到表决器。一般表决器的投票数都是奇数，如果是偶数表决器，则需要设定附加条件。下面给出三人表决器的设计实例。

例 4.2.1　设计表决器，1 表示同意，0 表示不同意，超过半数则通过，由一位发光二极管显示输出，通过用 1 表示，发光二极管亮，不通过用 0 表示，发光二极管灭。

设计分析：设计三人表决器，则需要有三个人作为输入，这里用 a，b，c 表示三人，作为输入，f 作为输出，根据题意则 f=ab+ac+bc。当两人或三人同意时，即 a，b，c 中有两个或三个输入为 1，输出 f 为 1；都不同意时，即输入为 000；一人同意时，即输入为 001、010、100，输出为 0。三人表决器真值表如表 4.2.1 所列。

表 4.2.1　三人表决器真值表

输　入			输　出
a	b	c	f
0	0	0	0
0	0	1	0
0	1	0	0
0	1	1	1
1	0	0	0
1	0	1	1
1	1	0	1
1	1	1	1

源程序如下：

```
module multi_vote1(
  input a,
  input b,
  input c,
  output f);
  assign f = (a&b)|(b&c)|(c&a);//f = ab + bc + ca
endmodule
```

设 a,b,c 初值均为 0,使用 always 语句,每 100 ns 给输入端{a,b,c}加 1,仿真程序如下:

```
module sim_multi_vote1;
  reg a,b,c;
  wire f;
  multi_vote1 u0(a,b,c,f);
  initial begin a = 0;b = 0;c = 0; end
  always #100 {a,b,c} = {a,b,c} + 1;
endmodule
```

仿真结果如图 4.2.1 所示,当 a、b、c 三人都不同意时,输出 f 为 0;当 a、b、c 三人中任意两人同意时,输出 f 为 1。

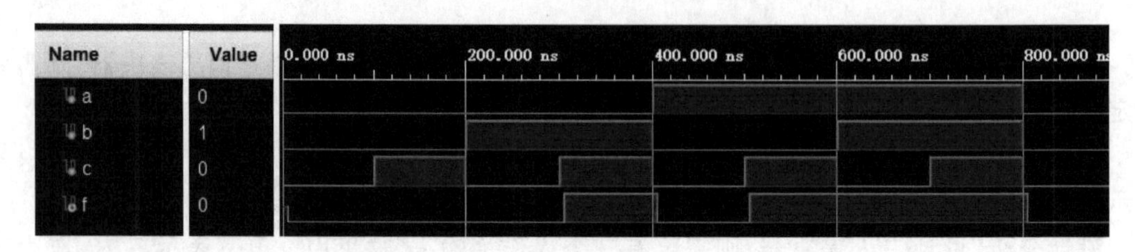

图 4.2.1　仿真结果

例 4.2.2　在例 4.2.1 的基础上,同时再显示出哪些人通过,哪些人不通过,用相应的发光二极管显示每个人的情况,将每个人设置成位的形式。

源程序如下:

```
module multi_vote2(
  input a,
  input b,
  input c,
  output f,
  output a1,
  output b1,
  output c1);                          //a1、b1、c1 作为 a、b、c 三人的意见,分别接发光二极管输出显示
  assign f = (a&b)|(b&c)|(c&a);   //f = ab + bc + ca
  assign a1 = a;
  assign b1 = b;
  assign c1 = c;
endmodule
```

设 a,b,c 初值均为 0,使用 always 语句,每 100 ns 给输入端{a,b,c}加 1,仿真程序如下:

```
module sim_multi_vote2;
  reg a,b,c;
  wire f,a1,b1,c1;
  multi_vote2 u0(a,b,c,f,a1,b1,c1);
  initial begin a = 0;b = 0;c = 0; end
  always #100{a,b,c} = {a,b,c} + 1;
endmodule
```

仿真结果如图 4.2.2 所示，除了能够看出是否通过，还能看出每个人的选票情况，a1、b1、c1 显示的是 a、b、c 每个人的意见情况。

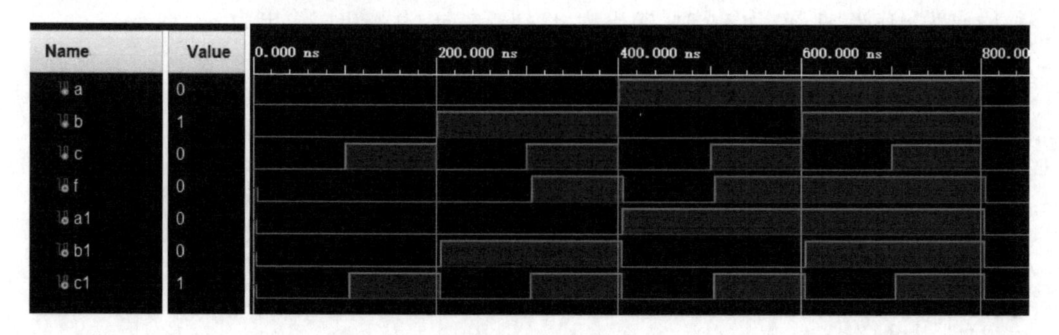

图 4.2.2 仿真结果

作业：自己完成硬件验证例 4.2.1 和例 4.2.2。

思考题：尝试设计更多人数的表决器，例如 7 人表决器、9 人表决器等。

4.3 多路选择器设计

多路选择器(二进制选择器)又叫数据选择器，是数字电路中常用的器件，在数字电路中常常作为选择开关使用。多路选择器有二选一、四选一、八选一、十六选一等多种。其中，二选一选择器可以构成四选一、八选一、十六选一等，四选一选择器可以构成八选一、十六选一、三十二选一等。

例 4.3.1 设计一个四选一数据选择器，输入由拨码开关给入，输出用发光二极管显示。

设计分析：根据题意四选一数据选择器的设计要求，可以设置输入/输出为位或位矢量信号，其真值表如表 4.3.1 所列。

表 4.3.1 四选一数据选择器真值表

选择输入端			数据输入端				数据输出端
a2	a1	a0	d0	d1	d2	d3	y
0	0	0	d00	X	X	X	d00
0	0	0	d01	X	X	X	d01
0	0	1	X	d10	X	X	d10
0	0	1	X	d11	X	X	d11
0	1	0	X	X	d20	X	d20
0	1	0	X	X	d21	X	d21
0	1	1	X	X	X	d30	d30
0	1	1	X	X	X	d31	d31

表 4.3.1 中加入了使能端 a2，a1，a0，为构建八选一数据选择器做准备，对于四选一选择

器,设 a2 为 0 时,正常工作,否则输出为 0。输入数据选择端 a1、a0,对输入的 d0、d1、d2、d3 进行选择,y 为输出结果。设计中使用 case 语句完成,当 a1,a0 为 00 时,输出为 d0;当 a1,a0 为 01 时,输出为 d1;当 a1,a0 为 10 时,输出为 d2;当 a1,a0 为 11 时,输出为 d3。

源程序如下:

```
module select4_1(
  input a2,
  input a1,
  input a0,
  input [2:0]d0,
  input [2:0]d1,
  input [2:0]d2,
  input [2:0]d3,
  output reg[2:0]y);           //这里设每个输入/输出均为三位二进制数
  always @(a2,a1,a0,d0,d1,d2,d3)
    begin
      if(a2 == 1)   y = 0;
      else
        begin
          case({a1,a0})
            2'b00:y = d0;
            2'b01:y = d1;
            2'b10:y = d2;
            2'b11:y = d3;
            default:y = 0;
          endcase
        end
    end
endmodule
```

设 a2 始终等于 0,保持四选一有效,使用 always 语句,每 100 ns 给控制信号{a1,a0}加 1,四个输入数据不变,改变控制端,对输入的四个数据进行选择,仿真程序如下:

```
module sim_select4_1();
  reg a2,a1,a0;
  reg [2:0]d0,d1,d2,d3;
  wire[2:0]y;
  select4_1 u0(a2,a1,a0,d0,d1,d2,d3,y);
  initial begin  a2 = 0;a1 = 0;a0 = 0;d0 = 6;d1 = 4;d2 = 2;d3 = 1;end
  always #100  {a1,a0} = {a1,a0} + 1;
endmodule
```

仿真结果如图 4.3.1 所示。从图 4.3.1 仿真结果中可以看出 a2 始终为 0,四选一数据选择器有效,当 a1,a0 为 00 时,输出值 y 为 d0 的数值 6;当 a1,a0 为 01 时,输出值 y 为 d1 的数值 4;当 a1,a0 为 10 时,输出值 y 为 d2 的数值 2;当 a1,a0 为 11 时,输出值 y 为 d3 的数值 1。仿真结果符合四选一数据选择器。

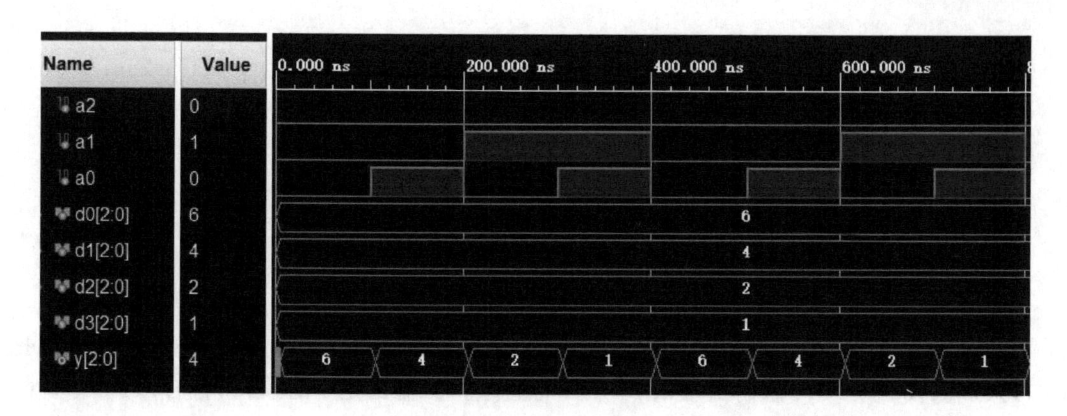

图 4.3.1 仿真结果

例 4.3.2 由例 4.3.1 设计好的四选一数据选择器构成一个八选一数据选择器，输出用发光二极管显示。

设计分析：将 a2，a1，a0 作为数据输入选择端，d0 至 d7 为数据输入端，f、fei(这里可加可不加)为数据输出端，调用两次写好的四选一数据选择器，调用过程中 a2 保持相反，使两个四选一数据选择器始终只有一个有效，从而构成八选一数据选择器。

源程序如下：

```
module select8_1(
  input a2,
  input a1,
  input a0,
  input [2:0]d0,
  input [2:0]d1,
  input [2:0]d2,
  input [2:0]d3,
  input [2:0]d4,
  input [2:0]d5,
  input [2:0]d6,
  input [2:0]d7,
  output  [2:0]f,
  output  [2:0]fei);
  wire [2:0]y1,y2;
  select4_1 u1(a2,a1,a0,d0,d1,d2,d3,y1);
  select4_1 u2(~a2,a1,a0,d4,d5,d6,d7,y2);
  assign f = y1|y2;
  assign fei = (~y1)&(~y2);
endmodule
```

用 always 语句给{a2，a1，a0}每 100 ns 加 1，使控制端改变以选择输入端的 8 个数据，仿真程序如下：

```
module sim_select8_1();
  reg a2,a1,a0;
  reg [2:0]d0,d1,d2,d3,d4,d5,d6,d7;
  wire [2:0]f,fei;
  select8_1 u0(a2,a1,a0,d0,d1,d2,d3,d4,d5,d6,d7,f,fei);
  initial begin a2 = 0;a1 = 0;a0 = 0;d0 = 7;d1 = 0;d2 = 6;d3 = 1;d4 = 5;d5 = 2;d6 = 4;d7 = 3;end
  always #100 {a2,a1,a0} = {a2,a1,a0} + 1;
endmodule
```

仿真结果如图 4.3.2 所示，{a2，a1，a0}三个控制端每隔 100 ns 加 1，以选择下一个数据，比如当 a2，a1，a0 为 010 时，输出结果 f 为 d2 的值，且 fei 输出是 f 的非值，符合八选一选择器的原理。同时从图中 400 ns 处可以看到，出现了输出 f 为 0，fei 为 7 的瞬时值，即组合逻辑电路中，当 a2、a1 和 a0 三个输入变量同时变化时，竞争冒险出现了。

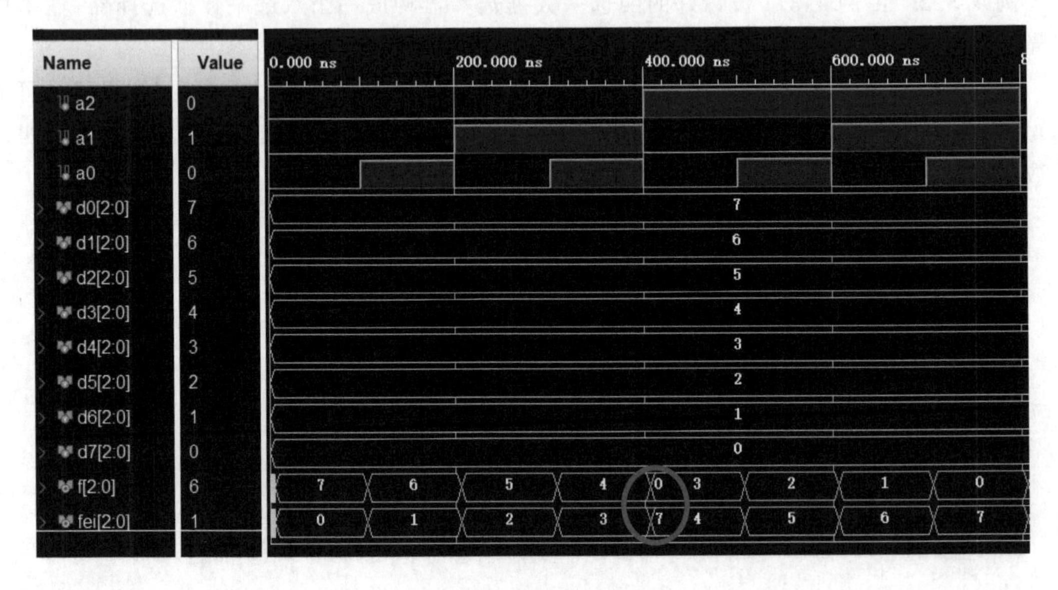

图 4.3.2　仿真结果

例 4.3.2 输入端个数超出了 Ego1 实验板的拨码开关数量，硬件验证时可以减少输入端个数或者修改每个输入端位数。

作业：自己完成硬件验证例 4.3.1 和例 4.3.2。

思考题：用八选一数据选择器如何构成十六选一数据选择器？对八选一数据选择器有要求吗？都可以采用哪些方法完成？

4.4　数值比较器设计

数值比较器用于比较两个二进制数值的大小，比较结果有大于、等于、小于三种情况，是从高位向低位进行比较，一般要有三个级联输入端和两个二进制数(注意位数是否相等)，例如一位、四位、八位等数值比较器。数值比较器输入由拨码开关给入，输出由发光二极管或者数码管显示输出。

例 4.4.1　设计两个一位数值比较器，输入由拨码开关给入，输出结果用发光二极管显示。

源程序代码如下：

```
module compare1(
  input a,
  input b,
  output reg a_gt_b,
  output reg a_eq_b,
  output reg a_lt_b); //输入一位二进制数 a 和 b,比较 a、b 的大小
  always@(a,b)
    case({a,b})
      2'b00:begin a_gt_b = 1'b0; a_eq_b = 1'b1; a_lt_b = 1'b0; end
      2'b01:begin a_gt_b = 1'b0; a_eq_b = 1'b0; a_lt_b = 1'b1; end
      2'b10:begin a_gt_b = 1'b1; a_eq_b = 1'b0; a_lt_b = 1'b0; end
      2'b11:begin a_gt_b = 1'b0; a_eq_b = 1'b1; a_lt_b = 1'b0; end
    endcase
endmodule               // a_gt_b 大于,a_eq_b 等于,a_lt_b 小于
```

设输入端 a、b 初值为 0，使用 always 语句给{a,b}每 100 ns 加 1，以改变输入端的数值，仿真程序如下：

```
module sim_compare1();
  reg a,b;
  wire a_gt_b,a_eq_b,a_lt_b;
  compare1 u0(.a(a),.b(b),.a_gt_b(a_gt_b),.a_eq_b(a_eq_b),.a_lt_b(a_lt_b));
  initial begin a = 1'b0; b = 1'b0; end
  always #100 {a,b} = {a,b} + 2'b01;//直接加 1 或者按位相加均可
endmodule
```

仿真结果如图 4.4.1 所示，a_gt_b 为 a 大于 b，a_eq_b 为 a 等于 b，a_lt_b 为 a 小于 b。

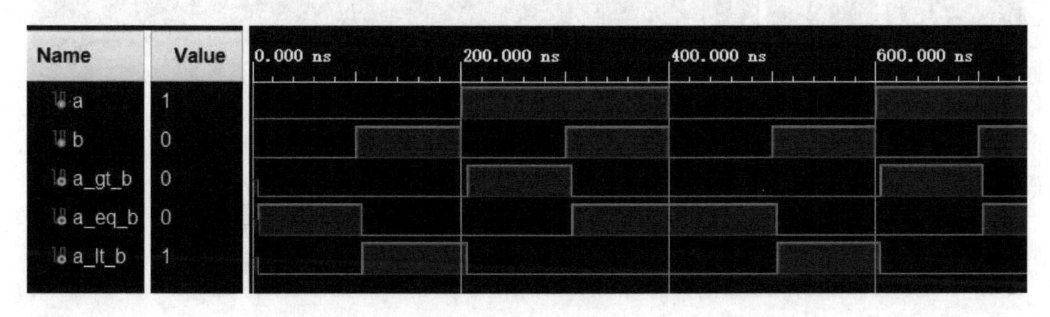

图 4.4.1　仿真结果

例 4.4.2　设计一个四位数值比较器，输入由拨码开关给入，输出用发光二极管显示。

源程序代码如下：

```
module compare2(
  input [3:0]a,
  input [3:0]b,
  output a_gt_b,
  output a_eq_b,
  output a_lt_b); //输入四位二进制数 a、b ,a、b 比较结果大于、等于、小于
  assign a_gt_b = (a > b);
  assign a_eq_b = (a == b);
  assign a_lt_b = (a < b);
endmodule
```

仿真程序如下：

```
module sim_compare2();
  reg[3:0]a,b;
  wire a_gt_b,a_eq_b,a_lt_b;
  compare2 u0(.a(a),.b(b),.a_gt_b(a_gt_b),.a_eq_b(a_eq_b),.a_lt_b(a_lt_b));
  initial begin a = 4'b0000; b = 4'b0000;end
  always
    begin
      #100;a = {$random} % 15; b = {$random} % 15;//生成 0 与 14 之间的随机数
    end
endmodule
```

仿真结果如图 4.4.2 所示。

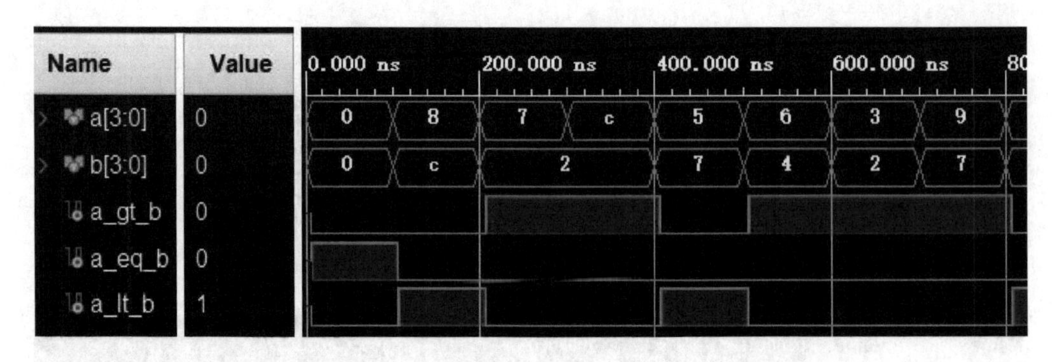

图 4.4.2　仿真结果

例 4.4.3　由例 4.4.2 设计的四位数值比较器完成一个八位数值比较器的设计，输入由拨码开关给入，输出结果用发光二极管显示，用层次化设计方法完成设计。

源程序代码如下：

```
module compare3(
  input [7:0]a,
  input [7:0]b,
  output a_gt_b,
  output a_eq_b,
  output a_lt_b);
```

```
  wireMSB_a_gt_b, MSB_a_eq_b, MSB_a_lt_b, LSB_a_gt_b, LSB_a_eq_b, LSB_a_lt_b;
  compare2 u1(.a(a[7:4]),.b(b[7:4]),.a_gt_b(MSB_a_gt_b),.a_eq_b(MSB_a_eq_b),
             .a_lt_b(MSB_a_lt_b)); // 高四位调用 compare2
  compare2 u2(.a(a[3:0]),.b(b[3:0]),.a_gt_b(LSB_a_gt_b),.a_eq_b(LSB_a_eq_b),
             .a_lt_b(LSB_a_lt_b)); //低四位调用 compare2
  assign a_gt_b = MSB_a_gt_b|(MSB_a_eq_b&LSB_a_gt_b);
  assign a_eq_b = MSB_a_eq_b&LSB_a_eq_b;
  assign a_lt_b = MSB_a_lt_b|(MSB_a_eq_b&LSB_a_lt_b);
endmodule
```

仿真程序如下：

```
module sim_compare3();
  reg[7:0]a,b;
  wire a_gt_b,a_eq_b,a_lt_b;
  compare3 u0(.a(a),.b(b),.a_gt_b(a_gt_b),.a_eq_b(a_eq_b),.a_lt_b(a_lt_b));
  initial begin a = 8'b00000000; b = 8'b00000000; end
  always
    begin
      #100; a = { $random} % 255; b = { $random} % 255;//产生 0 与 254 之间的随机数
    end
endmodule
```

仿真结果如图 4.4.3 所示。分析一下，为什么图中椭圆形圈处产生了毛刺现象？

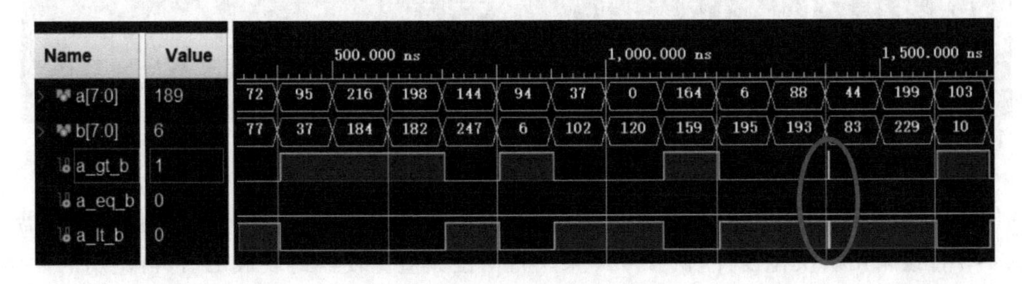

图 4.4.3　仿真结果

例 4.4.4　首先把例 4.4.2 中的四位数值比较器封装成 IP 核，然后用它构成八位数值比较器。输入由拨码开关给入，输出结果用发光二极管显示。

首先封装成 XilinxIP 核（compare2_0.xci），在 compare4 中调用。源程序代码如下：

```
module compare4(
   input [7:0]a,
   input [7:0]b,
   output a_gt_b,
   output a_eq_b,
   output a_lt_b);
   wire MSB_a_gt_b,MSB_a_eq_b,MSB_a_lt_b,LSB_a_gt_b,LSB_a_eq_b,LSB_a_lt_b;
   compare2_v1_00 u1(.a(a[7:4]),.b(b[7:4]),.a_gt_b(MSB_a_gt_b),
                    .a_eq_b(MSB_a_eq_b),.a_lt_b(MSB_a_lt_b)); // compare2_0.xci IP 核调用
```

```
  compare2_v1_00 u2(.a(a[3:0]),.b(b[3:0]),.a_gt_b(LSB_a_gt_b),
                    .a_eq_b(LSB_a_eq_b),.a_lt_b(LSB_a_lt_b)); // compare2_0.xci IP 核调用
  assign a_gt_b = MSB_a_gt_b | (MSB_a_eq_b & LSB_a_gt_b);
  assign a_eq_b = MSB_a_eq_b & LSB_a_eq_b;
  assign a_lt_b = MSB_a_lt_b | (MSB_a_eq_b & LSB_a_lt_b);
endmodule
```

可以采用例 4.4.3 的仿真程序,即随机数产生的方法,也可以自己设置信号的变化方式:

```
module sim_compare4();
  reg [7:0]a;
  reg [7:0]b;
  wire a_gt_b,a_eq_b,a_lt_b;
  compare4 u0(a, b, a_gt_b, a_eq_b,a_lt_b);
  initial {a,b} = 0;
  always #100 a = a + 4;
  always #200 b = b + 10;
endmodule
```

仿真结果如图 4.4.4 所示。

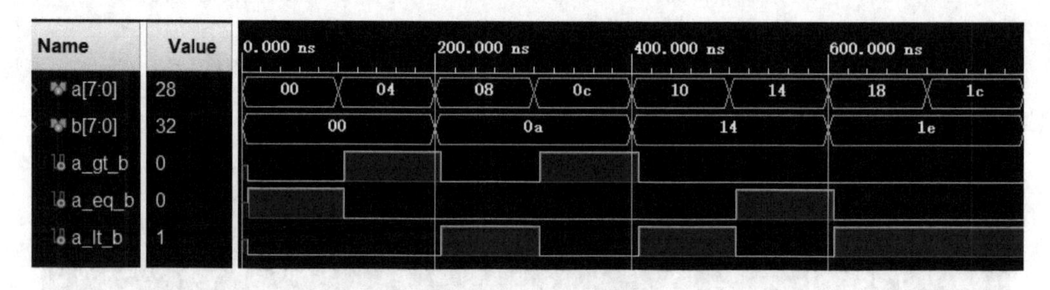

图 4.4.4 仿真结果

例 4.4.2 完成了四位数值比较器的设计,由四位数值比较器可以设计更多位的比较器,如例 4.4.3 直接采用层次化设计,例 4.4.4 采用将四位数值比较器封装成 IP 核再调用的设计。

自己动手试一试,将一位数值比较器封装成 IP 核,完成四位数值比较器的设计。

作业:完成 4.3 节所有例题的硬件验证。

思考题:想一想,直接采用层次化设计和将用到的元件封装成 IP 核调用,各有什么优势?

第5章 组合逻辑电路设计

在数字系统中，根据逻辑功能和电路结构的不同特点，数字电路可分为组合逻辑电路和时序逻辑电路两大类。组合逻辑电路在任一时刻的输出状态仅取决于该时刻各输入信号状态的组合，而与输入信号作用前电路的原状态无关。但要注意组合逻辑电路设计中由于信号通过不同的路径到达同一点的时间有先有后，存在着竞争冒险，仿真的时候可能有毛刺出现，因此要合理设计，尽可能地消除竞争冒险。

5.1 变量译码器设计

变量译码器有三八译码器、二四译码器、四十六译码器等。下面给出三八译码器的例子。

三八译码器是一种全译码器(二进制译码器)。全译码器的输入是3位二进制代码，3位二进制代码共有8种组合，故输出是与这8种组合一一对应的8个输出信号。译码器将每种二进制的代码组合译成对应的一根输出线上的高(低)电平信号。

例 5.1.1 数字电子技术课程中学过的三八译码器是一个带有使能端的三八译码器，并且使能端输入有3个，便于多片级联扩展使用，1个使能端高电平输入有效，2个使能端低电平输入有效，输入端是高电平输入有效，输出端是低电平输出有效，拨码开关作为输入，发光二极管作为输出。

设计分析：设3个使能端输入分别为g1，g2a，g2b，其中g1为高电平有效，其余两个为低电平有效，仅当3个使能端均有效时，译码器正常工作。当输入三位数据a时，输出八位二进制数据ledout。

源程序代码如下：

```
module decoder3_8(
  input g1,
  input g2a,
  input g2b,
  input wire [2:0]a,
  output reg [7:0]ledout);//在端口处直接定义数据类型
```

```
  always @(g1 or g2a or g2b or a)
    begin
      if(g1&~g2a&~g2b)
        case(a)
          0:ledout = 8'b11111110;
          1:ledout = 8'b11111101;
          2:ledout = 8'b11111011;
          3:ledout = 8'b11110111;
          4:ledout = 8'b11101111;
          5:ledout = 8'b11011111;
          6:ledout = 8'b10111111;
          7:ledout = 8'b01111111;
          default:ledout = 8'b11111111;
        endcase
      else
        ledout = 8'b11111111;
    end
endmodule
```

仿真程序如下：

```
module sim_decoder3_8;
  reg g1,g2a,g2b;
  reg [2:0]a;
  wire [7:0]ledout;
  decoder3_8 u0(g1,g2a,g2b,a,ledout);//位置对应
  initial begin g1 = 0;g2a = 0;g2b = 0;a = 0; #100;g1 = 1;g2a = 0;g2b = 0;end
  always #100 a = a + 1;
endmodule
```

仿真结果如图 5.1.1 所示，从图中可以看到输出有一定的延时。

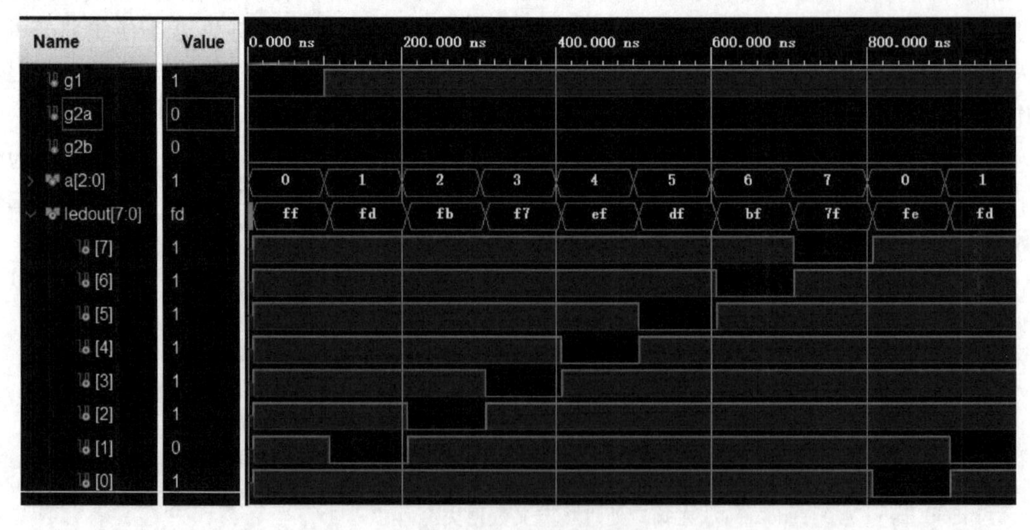

图 5.1.1　仿真结果

例5.1.2 在例5.1.1的基础上,用一位数码管显示输出是第几位。

设计分析: Ego1板卡上的数码管共8个,4个一组。四位七段数码管是电子开发过程中常用的输出显示设备。在实验系统中使用的是两个四位一体、共阴极型七段数码管。由于七段数码管公共端连接到GND(共阴极型),故当数码管中的某一段被输入高电平,则相应的这一段被点亮,反之则不亮。共阳极型的数码管与之相反。四位一体的七段数码管在单个静态数码管的基础上加入了用于选择哪一位数码管的位选信号端口。4个数码管的a、b、c、d、e、f、g、h、dp都连在了一起,4个数码管分别由各自的位选信号来控制,被选通的数码管显示数据,其余关闭。

输入3个使能端和三位数据a,与例5.1.1相同,输出段码a_to_g和位码bitcode与数码管连接,其中调用例5.1.1中的三八译码器,根据Ego1板将bitcode定义为8'b00000001,使数码管仅最后一位导通,即用最后一位数码管显示。然后用if语句判断使能端是否满足条件,并用case语句判断输出的是第几位,在数码管上显示(注:此设计可以在下一节显示译码器设计完成后进行)。

源程序代码如下:

```
module decoder3_8_smg(
  input g1,
  input g2a,
  input g2b,
  input [2:0]a,
  output [7:0]ledout,          //输出端口默认数据类型为 wire,如果为 reg 则必须定义
  output [7:0]a_to_g,          //八段包括小数点,七段不包括小数点
  output [7:0]bitcode);
  reg [7:0]a_to_g;             //可以在端口处直接定义数据类型,也可以单独定义
  assign bitcode = 8'b00000001;//由于是静态显示,故位码直接给高低电平
  decoder3_8 u0(g1,g2a,g2b,a,ledout);
  always @(g1 or g2a or g2b or a)
    begin
      if(g1&~g2a&~g2b)
        case(a)
          0:a_to_g = 8'h3f;    //显示 0
          1:a_to_g = 8'h06;    //显示 1
          2:a_to_g = 8'h5b;    //显示 2
          3:a_to_g = 8'h4f;    //显示 3
          4:a_to_g = 8'h66;    //显示 4
          5:a_to_g = 8'h6d;    //显示 5
          6:a_to_g = 8'h7d;    //显示 6
          7:a_to_g = 8'h07;    //显示 7
          default:a_to_g = 8'hff;
        endcase
      else
        a_to_g = 8'hff;
    end
endmodule
```

仿真程序如下：

```
module sim_decoder3_8_smg;
  reg g1,g2a,g2b;
  reg [2:0]a;
  wire [7:0]ledout;
  wire [7:0]a_to_g;
  wire [7:0]bitcode;
  decoder3_8_smg u0(g1,g2a,g2b,a,ledout,a_to_g,bitcode);
  initial begin g1 = 0; g2a = 0; g2b = 0; a = 0; #100; g1 = 1; g2a = 0; g2b = 0;end
  always #100 a = a + 1;
endmodule
```

仿真结果如图 5.1.2 所示。

图 5.1.2 仿真结果

作业：自己完成硬件验证例 5.1.1 和例 5.1.2。

思考题：如何用所设计的三八译码器和相应的门电路设计一位全加器？

5.2 显示译码器设计

显示译码器是指七段数码管显示译码器，每一段是一个发光二极管，有共阴极和共阳极两种，Ego1 开发板上的是共阴极数码管。实际上例 5.1.2 已经用到了数码管显示。

共阴极数码管是把所有 led 的阴极连接到共同节点 GND，而每个 led 的阳极分别为 a、b、c、d、e、f、g，通过控制各个 led 的亮灭来显示数字。当某个发光二极管的阳极为高电平时，发光二极管点亮，相应的段被显示。以下为数字 0～9 与字母 A～F 的共阴极段码：

0:0111111	3f	8:1111111	7f
1:0000110	06	9:1101111	6f
2:1011011	5b	A:1110111	77

3：1001111　4f	B：1111100　7c
4：1100110　66	C：0111001　39
5：1101101　6d	D：1011110　5e
6：1111101　7d	E：1111001　79
7：0000111　07	F：1110001　71

例 5.2.1　完成由拨码开关输入一个四位二进制数，由共阴极数码管显示十六进制数的显示设计源程序。

输入为四位二进制数的十六进制数码管段码显示程序如下：

```
module sw_smg16(
  input [3:0]sw,
  output reg[6:0]a_to_g);
  always@(sw)//根据要显示的数据，确定段选码
    begin
      case(sw)
        4'b0000:a_to_g = 7'h3f; //显示 0
        4'b0001:a_to_g = 7'h06; //显示 1
        4'b0010:a_to_g = 7'h5b; //显示 2
        4'b0011:a_to_g = 7'h4f; //显示 3
        4'b0100:a_to_g = 7'h66; //显示 4
        4'b0101:a_to_g = 7'h6d; //显示 5
        4'b0110:a_to_g = 7'h7d; //显示 6
        4'b0111:a_to_g = 7'h07; //显示 7
        4'b1000:a_to_g = 7'h7f; //显示 8
        4'b1001:a_to_g = 7'h6f; //显示 9
        4'b1010:a_to_g = 7'h77; //显示 a
        4'b1011:a_to_g = 7'h7c; //显示 b
        4'b1100:a_to_g = 7'h39; //显示 c
        4'b1101:a_to_g = 7'h5e; //显示 d
        4'b1110:a_to_g = 7'h79; //显示 e
        4'b1111:a_to_g = 7'h71; //显示 f
        default:a_to_g = 7'h00; //熄灭
      endcase
    end
endmodule
```

源程序代码如下：

```
module decoder_xianshi1(
  input wire [3:0]a,                 //输入四位二进制数
  output wire [7:0]bitcode,          //选中一位数码管显示
  output [6:0]a_to_g );              //七段数码管
  assign bitcode[7:0] = 8'b00000001; //位选置高电平，用这一位连接的数码管显示结果
  sw_smg16 u1(a,a_to_g);
endmodule
```

仿真程序如下：

```
module sim_decoder_xianshi1();
  wire [6:0]a_to_g;
  wire [7:0]bitcode;
  reg [3:0]a;
  decoder_xianshi1 u0(.a(a),.a_to_g(a_to_g),.bitcode(bitcode));
  initial a = 4'b0000;
  always #100 a = a + 1'b1;
endmodule
```

仿真结果如图5.2.1所示。由图可以看出：输入四位二进制数为0000/0001/0010/0011时，每一位的段码分别对应数字0/1/2/3的段码3f/06/5b/4f；输入四位二进制数为0100/0101/0110/0111时，每一位的段码分别对应数字4/5/6/7的段码66/6d/7d/07；输入四位二进制数为1000/1001/1010/1011时，每一位的段码分别对应数字8/9/A/B的段码7f/6f/77/7c；输入四位二进制数为1100/1101/1110/1111时，每一位的段码分别对应数字C/D/E/F的段码39/5e/79/71。

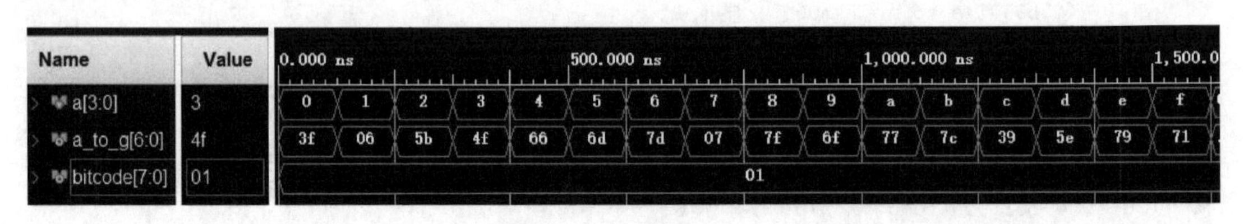

图5.2.1 仿真结果

例5.2.2 由拨码开关输入一个四位二进制数，用数码管将输入的数值采用十进制形式显示出来。

设计分析：这里仍然采用静态显示。个位和十位分别用两组数码管中的一位显示，选中的数码管位选信号直接接高电平即可，这样就可以静态显示。首先设计一个输入为BCD码的十进制数码管静态显示程序，然后在主程序中调用。

输入为BCD码的十进制数码管显示程序如下：

```
module sw_smg10(
  input [3:0]sw,
  output reg[6:0]a_to_g);
  always@(sw)                          //根据要显示的数据，确定段选码
    begin
      case(sw)
        4'b0000:a_to_g = 7'h3f;        //显示 0
        4'b0001:a_to_g = 7'h06;        //显示 1
        4'b0010:a_to_g = 7'h5b;        //显示 2
        4'b0011:a_to_g = 7'h4f;        //显示 3
        4'b0100:a_to_g = 7'h66;        //显示 4
        4'b0101:a_to_g = 7'h6d;        //显示 5
        4'b0110:a_to_g = 7'h7d;        //显示 6
        4'b0111:a_to_g = 7'h07;        //显示 7
```

```
        4'b1000:a_to_g = 7'h7f;        //显示 8
        4'b1001:a_to_g = 7'h6f;        //显示 9
        default:a_to_g = 7'h00;        //不显示
      endcase
    end
endmodule
```

源程序代码如下:

```
module decoder_xianshi2(
  input wire [3:0]a,
  output [7:0]bitcode,
  output [6:0]a_to_g1,                 //个位段码
  output reg [6:0]a_to_g2);            //十位段码
  reg [3:0] y1;                        //个位显示数字
  reg y2;//十位显示数字
  assign bitcode = 8'b00011000;        //选中中间两个数码管显示,两组中各一个
  always @(a) //大于等于 10,十位为 1,个位为输入 a 减 10;否则十位为 0,个位为 a
    begin
      if(a>=10) begin  y2 = 1'b1;y1 = a-4'b1010; end
      else begin  y2 = 1'b0;y1 = a; end
    end
  sw_smg10 u1(y1,a_to_g1);
  always@(y2)  //十位显示,如果十位为 0 也显示的话,也可以调用 sw_smg10
    case(y2)                           //sw_smg10 u2({2'b00,y2},a_to_g2);
    1'b0:a_to_g2 = 7'b0000000;         //十位为 0 不显示
    1'b1:a_to_g2 = 7'b0000110;
    default: a_to_g2 = 7'b0000000;     //不显示
    endcase
endmodule
```

仿真程序如下:

```
module sim_decoder_xianshi2();
  reg [3:0]a;
  wire [6:0] a_to_g1;
  wire [6:0] a_to_g2;
  wire [7:0] bitcode;
  decoder_xianshi2 u0(a,bitcode,a_to_g1,a_to_g2);
  initial a = 4'b0000;
  always #200a = a + 1'b1;
endmodule
```

仿真结果如图 5.2.2 所示,段码 a_to_g1 对应个位 y1,段码 a_to_2 对应十位 y2。

作业:自己完成硬件验证例 5.2.1 和例 5.2.2。

思考题:设计一个数码管显示程序,由 13 位拨码开关作为输入二进制数,范围 0~8 191(十进制),由数码管显示输出十进制数。

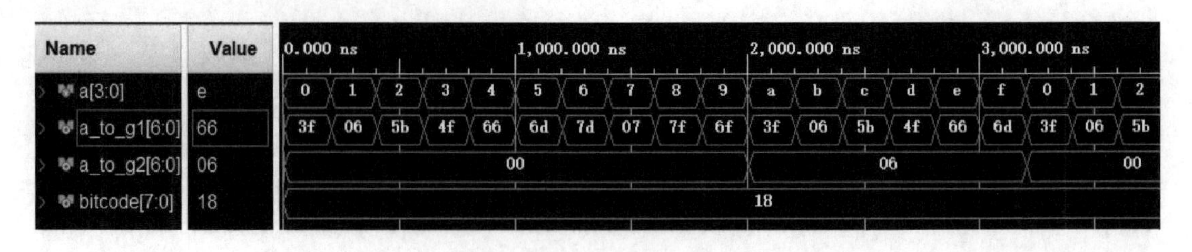

图 5.2.2 仿真结果

5.3 编码显示电路设计

编码显示电路是指给信息进行编码,并且显示出来。本节就是对拨码开关或者按键输入信息进行编码,并且将编码用数码管显示出来。

例 5.3.1 给 16 个拨码开关编号,用十进制 0～15 来表示。由数码管显示拨码开关拨上的编号,同一时刻只有一位拨码开关拨上即为 1,需要用两位数码管显示完成。

设计分析:实际上显示这部分仍然可以用两位数码管静态显示,选择 Ego1 开发板上 8 个数码管中间的两个分别作十位和个位用,这两个数码管直接接高电平即可,这部分与 5.2 节例 5.2.2 显示原理一样,可以直接采用例 5.2.2 的设计方式,也可以采用其他方式。下面先不求出十位个位要显示的数字,而是换一种方式直接先找到数码管拨上为 1 的编号,再进行个位十位的显示输出。显示直接调用例 5.2.2。

源程序代码如下:

```
module encoder_xianshi1(
  input[15:0]sw,              //拨码开关输入,同一时刻只有一位拨码开关拨上为 1
  output [7:0]bitcode,        //位选
  output [6:0]a_to_g2,        //十位段选
  output [6:0]a_to_g1);       //个位段选
  reg [4:0]n;                 //拨码开关 sw 索引值
  reg [3:0]m;                 //给拨码开关编号 0～15
  always @(sw)                //检测哪个拨码开关为 1,即拨上去
    begin
      for(n = 5'b00000;n< = 5'b01111;n = n + 1)
        begin
          if(sw[n] = = 1)   m = n[3:0];
          else m = m;
        end
    end
  decoder_xianshi2 u1(m,bitcode,a_to_g1,a_to_g2);
endmodule
```

仿真程序如下:

```
module sim_encoder_xianshi1();
  reg[15:0]sw;
  wire[7:0]bitcode;
  wire[6:0]a_to_g1;
  wire[6:0]a_to_g2;
  encoder_xianshi1 u0(sw,bitcode,a_to_g2,a_to_g1);
  initial sw = 16'h0001;
  always #100 sw = {sw[14:0],sw[15]};
endmodule
```

仿真结果如图 5.3.1 所示。设计要求同一时刻只有一个拨码开关拨上，试一试，如果同一时刻有多个拨码开关拨上，会出现什么样的现象？为什么会出现此现象？这相当于什么电路？

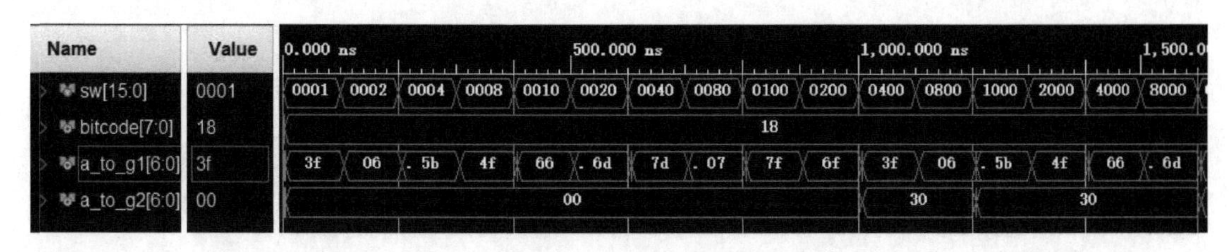

图 5.3.1　仿真结果

例 5.3.2　给 16 个拨码开关编号 0～15，当有多个拨码开关拨上时，由数码管显示编号最小的拨码开关，相当于优先编码器。位选显示同例 5.3.1。

源程序代码如下：

```
module encoder_xianshi2(
  input [15:0]sw,                    //16 个按键开关
  output [7:0]bitcode,               //位选
  output reg [6:0] a_to_g2,          //十位段码
  output reg [6:0] a_to_g1);         //个位段码
  assign bitcode = 8'b00011000;
  always @(sw)                       //由数码管显示拨码开关编号，十位显示
    begin
      if((sw[15]|sw[14]|sw[13]|sw[12]|sw[11]|sw[10]) == 0)
        a_to_g2 = 7'b0000000;        //a_to_g2 作为十位不显示
      else    a_to_g2 = 7'b0110000;  //a_to_g2 作为十位显示 1
    end
  always @(sw) //由数码管显示拨码开关编号，个位显示，使用具有优先级的 if 语句
    begin
      if (sw[0] == 1)   a_to_g1 = 7'b0111111;
      else if (sw[1] == 1)   a_to_g1 = 7'b0000110;
      else if (sw[2] == 1) a_to_g1 = 7'b1011011;
      else if (sw[3] == 1) a_to_g1 = 7'b1001111;
      else if (sw[4] == 1)   a_to_g1 = 7'b1100110;
      else if (sw[5] == 1)   a_to_g1 = 7'b1101101;
      else if (sw[6] == 1) a_to_g1 = 7'b1111101;
```

```
      else if (sw[7] == 1)  a_to_g1 = 7'b0000111;
      else if (sw[8] == 1)  a_to_g1 = 7'b1111111;
      else if (sw[9] == 1)  a_to_g1 = 7'b1101111;
      else if (sw[10] == 1)  a_to_g1 = 7'b0111111;
      else if (sw[11] == 1)  a_to_g1 = 7'b0000110;
      else if (sw[12] == 1)  a_to_g1 = 7'b1011011;
      else if (sw[13] == 1)  a_to_g1 = 7'b1001111;
      else if (sw[14] == 1)  a_to_g1 = 7'b1100110;
      else if (sw[15] == 1)  a_to_g1 = 7'b1101101;
      else  a_to_g1 = 7'b0000000; //不显示
    end
  endmodule
```

仿真程序如下：

```
module sim_encoder_xianshi2();
  reg [15:0]sw;
  wire [7:0]bitcode;
  wire [6:0]a_to_g2;
  wire [6:0]a_to_g1;
  encoder_xianshi2 u0(sw,bitcode,a_to_g2,a_to_g1);
  initial sw = 16'b0000010000010001;
  always #100sw = {sw[14:0],sw[15]};
endmodule
```

仿真结果如图 5.3.2 所示。

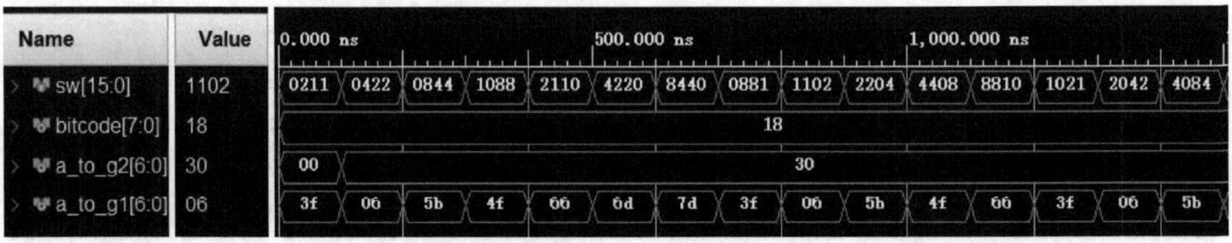

图 5.3.2　仿真结果

作业：实际上本节的显示译码电路设计如果仿照上一节的设计进行，则更简单易懂，自己试一试，并且完成硬件验证例 5.3.1 和例 5.3.2。

思考题：想一想本节所设计的电路与数字电子技术中的编码器有何区别？自己尝试设计八三编码器、四二编码器等。

5.4 编码转换器设计

数字电子系统设计中经常用到编码转换，比如二进制转换成 BCD 码，二进制转换成十进制，十进制转换成二进制等。

例 5.4.1　设计一个四位二进制数转换成 8421BCD 码的转换器，由拨码开关输入，发光二极管输出。

设计分析：输入/输出为二进制形式，输入四位表示十进制的数字 0～15，输出需要用五位才能完整描述为 BCD 码的形式，如表 5.4.1 所列。

表 5.4.1　四位二进制转 8421BCD 码的真值表

二进制数				二进制转 8421BCD 码				
b3	b2	b1	b0	bcd4	bcd3	bcd2	bcd1	bcd0
0	0	0	0	0	0	0	0	0
0	0	0	1	0	0	0	0	1
0	0	1	0	0	0	0	1	0
0	0	1	1	0	0	0	1	1
0	1	0	0	0	0	1	0	0
0	1	0	1	0	0	1	0	1
0	1	1	0	0	0	1	1	0
0	1	1	1	0	0	1	1	1
1	0	0	0	0	1	0	0	0
1	0	0	1	0	1	0	0	1
1	0	1	0	1	0	0	0	0
1	0	1	1	1	0	0	0	1
1	1	0	0	1	0	0	1	0
1	1	0	1	1	0	0	1	1
1	1	1	0	1	0	1	0	0
1	1	1	1	1	0	1	0	1

从真值表中或者将真值表转换成卡诺图，可以得出 BCD 码各位与二进制码的关系：

bcd4＝(b1&b3)|(b2&b3)

bcd3＝b3&(～b2)&(～b1)

bcd2＝((～b3)&b2)|(b2&b1)

bcd1＝(b3&b2&(～b1))|((～b3)&b1)

bcd0＝b0

源程序代码如下：

```
module bcd1(
  input [3:0]b,          //拨码开关输入
  output [4:0]bcd);      //8421bcd 码，可由发光二极管显示输出
  assign bcd[4] = (b[1]&b[3])|(b[2]&b[3]);
  assign bcd[3] = b[3]&(~b[2])&(~b[1]);
  assign bcd[2] = ((~b[3])&b[2])|(b[2]&b[1]);
  assign bcd[1] = (b[3]&b[2]&(~b[1]))|((~b[3])&b[1]);
```

```
  assign bcd[0] = b[0];
endmodule
```

仿真程序如下：

```
module sim_bcd1();
  reg [3:0]b;
  wire [4:0]bcd;
  bcd1 u0(.b(b),.bcd(bcd));
  initial b = 4'b0000;
  always #100 b = b + 1;//每隔 100 ns 对 b 加 1
endmodule
```

仿真结果如图 5.4.1 所示。

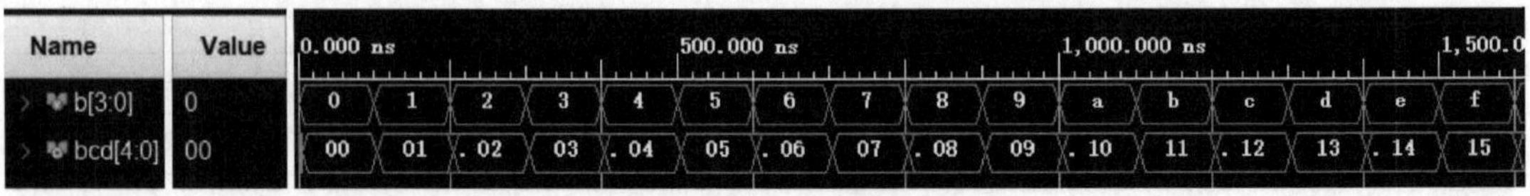

图 5.4.1 仿真结果

例 5.4.2 设计移位加 3 算法的十三位二进制码转换成 BCD 码的转换器，输出由发光二极管显示，输入由拨码开关给入。

设计分析：以移位加 3 算法的十三位二进制码 1_1111_1111_1111 为例，转换成 BCD 码的真值表如表 5.4.2 所列。

表 5.4.2 真值表

操　作	千　位	百　位	十　位	个　位	二进制数		
十六进制数					1F	F	F
开始					11111	1111	1111
左移 1				1	11111	1111	111
左移 2				11	11111	1111	11
左移 3				111	11111	1111	1
加 3				1010	11111	1111	1
左移 4			1	0101	11111	1111	
加 3			1	1000	11111	1111	
左移 5			11	0001	11111	111	
左移 6			110	0011	11111	11	
加 3			1001	0011	11111	11	
左移 7		1	0010	0111	11111	1	
加 3		1	0010	1010	11111	1	
左移 8		10	0101	0101	11111		
加 3		10	1000	1000	11111		

续表 5.4.2

操　作	千　位	百　位	十　位	个　位	二进制数		
十六进制数					1F	F	F
左移 9		101	0001	0001	1111		
加 3		1000	0001	0001	1111		
左移 10	1	0000	0010	0011	111		
左移 11	10	0000	0100	0111	11		
加 3	10	0000	0100	1010	11		
左移 12	100	0000	1001	0101	1		
加 3	100	0000	1100	1000	1		
左移 13	1000	0001	1001	0001	0		
BCD	8	1	9	1			

步骤如下：①把二进制左移 1 位；②如果一共移了 13 位，表示已得到 BCD 码的千位、百位、十位和个位，则转换完成；③如果在 BCD 码的百位、十位、个位三列中，任何一个二进制数是 5(101)或比 5 大，就将该列的数值加 3(11)；④返回步骤①。

源程序代码如下：

```
module bcd2(
  input wire [12:0]b,
  output reg [15:0]bcd
   );                          //移位加 3 法
  reg [28:0]z;                 //位数大小为 b,p 拼接值
  integer i;
  always @(b or z)
  begin
    for(i = 0;i<= 28;i = i + 1)
    z[i] = 0;                  //首先将 z 清零
    z[15:3] = b;               //将输入值放到 z 中并左移 3 位
    repeat(10)                 //循环次数,每次把 z 左移 1 位进行判断,重复 10 次
      begin
        if(z[16:13]> 4)z[16:13] = z[16:13] + 3;  //如果个位大于 4,加 3
        if(z[20:17]> 4) z[20:17] = z[20:17] + 3; //如果十位大于 4,加 3
        if(z[24:21]> 4) z[24:21] = z[24:21] + 3; //如果百位大于 4,加 3
        if(z[28:25]> 4) z[28:25] = z[28:25] + 3; //如果千位大于 4,加 3
        z[28:1] = z[27:0];//左移 1 位
      end
      bcd = z[28:13];
    end
endmodule
```

仿真程序如下：

```
module sim_bcd2();
```

```
  reg [12:0]b;
  wire [15:0]bcd;
  bcd2 u0(.b(b),.bcd(bcd));
  initial  b = 13'b0000000000000;
  always #100 b = b + 40;
endmodule
```

仿真结果如图 5.4.2 所示,第一行是输入的二进制数 b[12:0],第二行是其对应的 BCD 码 bcd[15:0],为了便于观察对比,将 bcd[15:0]用十六进制显示,将 b[12:0]无符号数十进制显示再次加载到波形图中,观察到输入二进制码转换成输出 BCD 码完全正确。

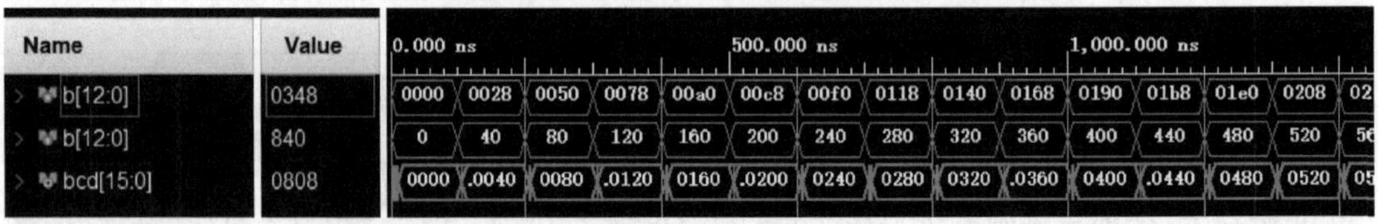

图 5.4.2 仿真结果

作业:自己完成硬件验证例 5.4.1 和例 5.4.2。

思考题:如何设计十进制数转成二进制数的转换器?

5.5 按键显示电路设计

用 FPGA 进行数字系统设计,一般需要外围的输入/输出电路,才能够进行硬件验证,该电路一般都是按键显示电路,拨码开关作为输入,发光二极管或者数码管作为显示输出。

例 5.5.1 设计一个按键显示电路,按键(或拨码开关)按下(或拨上),发光二极管显示 1,否则(或拨下)显示 0。

设计分析:实际上 5.3 节设计的就是拨码开关的显示电路,只是 5.3 节中都是用数码管显示的,现在设计按键的显示电路,用发光二极管显示,其实更简单,实际上就是按键和发光二极管之间的连接,而且在使用按键的时候,多是触发信号,即瞬间完成,所以在同一时刻几乎只有一个按键有效。本题的设计重在熟悉按键的使用,按下为接通,所连接发光二极管亮为 1。

源程序代码如下:

```
module keyshow1(
  input [4:0] a,
  output [4:0]ledout);     //设置五位拨码开关输入参数和对应的五位 LED 灯输出参数
  assign ledout[4] = a[4];
  assign ledout[3] = a[3];
  assign ledout[2] = a[2];
  assign ledout[1] = a[1];
  assign ledout[0] = a[0];
endmodule
```

仿真程序如下：

```
module sim_keyshow1();
  reg [4:0] a;
  wire [4:0]ledout;
  keyshow1 u0(a,ledout);
  initial a = 00001;
  always #100 a[4:0] = {a[3:0],a[4]};
endmodule
```

仿真结果如图 5.5.1 所示，a 对应拨码开关，ledout 对应 LED 灯，a 显示几的时候，ledout 也显示几，只是有一个延迟。

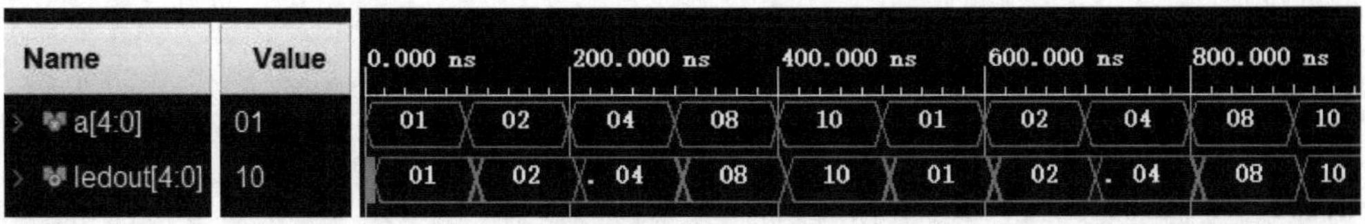

图 5.5.1　仿真结果

例 5.5.2　用数码管显示输出，根据输入端拨码开关拨上（即为 1 时）的个数，判断数码管显示什么数字，没有拨码开关拨上时，数码管显示 0。例如当有两个 1 时（要包含所有只有两个 1 的情况），数码管显示 2（可以用 case 语句进行设计）。

源程序代码如下：

```
module keyshow2 (
  input a,
  input b,
  input c,
  input d,
  output [7:0]bitcode,
  output reg[6:0]a_to_g);
  wire[3:0]f;      //可以直接设置输入端为矢量，就省掉了中间信号 f 的定义
  assign f[0] = a;
  assign f[1] = b;
  assign f[2] = c;
  assign f[3] = d;
  assign bitcode = 8'b00000001;
  always@ (f)     //或者采用拼接符号{d,c,b,a}
    case (f)       //段码输出直接显示相应的个数
      1:a_to_g = 7'b0110000;       //输出 1
      2:a_to_g = 7'b0110000;       //输出 1
      3:a_to_g = 7'b1101101;       //输出 2
      4:a_to_g = 7'b0110000;       //输出 1
      5:a_to_g = 7'b1101101;       //输出 2
      6:a_to_g = 7'b1101101;       //输出 2
```

```
        7:a_to_g = 7'b1111001;      //输出 3
        8:a_to_g = 7'b0110000;      //输出 1
        9:a_to_g = 7'b1101101;      //输出 2
        'hA:a_to_g = 7'b1101101;    //输出 2
        'hB:a_to_g = 7'b1111001;    //输出 3
        'hC:a_to_g = 7'b1101101;    //输出 2
        'hD:a_to_g = 7'b1111001;    //输出 3
        'hE:a_to_g = 7'b1111001;    //输出 3
        'hF:a_to_g = 7'b0110011;    //输出 4
        default:a_to_g = 7'b111110; //输出 0
      endcase
endmodule
```

仿真程序如下：

```
module sim_keyshow2();
  reg a,b,c,d;
  wire [7:0]bitcode;
  wire [6:0]a_to_g;
  keyshow2u0(a,b,c,d,bitcode,a_to_g);
  initial{a,b,c,d} = 0;
  always #100 {a,b,c,d} = {a,b,c,d} + 1;
endmodule
```

仿真结果如图 5.5.2 所示，当输入为 1001 或者 0101 时，即有两个 1，数码管显示为 2，段码为 6d，符合设计要求。

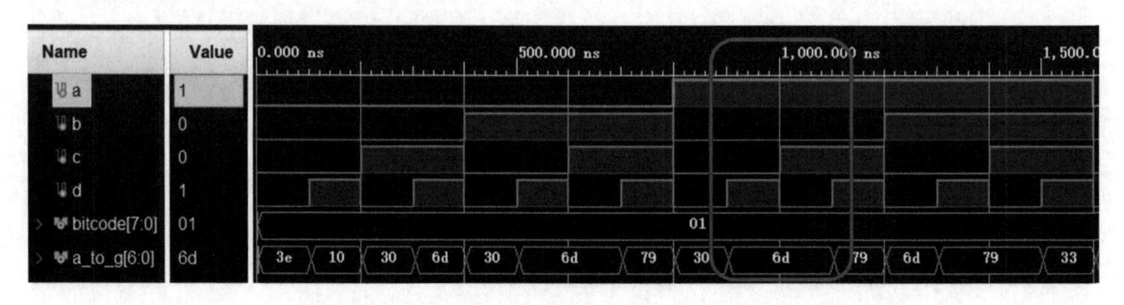

图 5.5.2　仿真结果

作业：自己完成硬件验证例 5.5.1 和例 5.5.2。

思考题：设计一个按键显示电路，给 5 个按键（或者 5 个拨码开关）编号，按下某个按键或者拨码开关时，由数码管显示其编号，如果某一个按键（或者拨码开关）按下（或者拨上）时，再按其他按键（或者拨码开关），数码管显示编号不变，如果按下的按键（或者拨码开关）松开（或者拨下），数码管显示 0 或者不显示，再按下其他按键的话，数码管显示新按下的编号。

5.6 加法器设计

加法器是组成电子系统最基本的数据运算器件，有半加器和全加器，下面讲解二进制加法器的设计。

例 5.6.1　由基本门电路设计一位半加器。半加器是将两个一位二进制数相加，而不考虑低位来的进位。其中，s 为和，c 为向高位的进位。由真值表 5.6.1 可以看出 $s=ab'+a'b=a\oplus b$，$c=ab$。

表 5.6.1　半加器真值表

输入端		输出端	
a	b	s	c
0	0	0	0
0	1	1	0
1	0	1	0
1	1	0	1

源程序代码如下：

```
module adder_half(
  input a,
  input b,
  output s,
  output c);
  assign s = a^b;
  assign c = a&b;
endmodule
```

仿真程序如下：

```
module sim_adder_half();
  reg a,b;
  wire s,c;
  adder_half u0(a,b,s,c);
  initial{a,b} = 0;
  always #100 {a,b} = {a,b} + 1;
endmodule
```

仿真结果如图 5.6.1 所示。

例 5.6.2　由基本门电路设计一位全加器，全加器能将本位的两个二进制数和低位来的进位数进行相加。

设计分析：设 a，b 为两个加数，cin 为低位来的进位，s 为和位，c 为向高位的进位。真值表如表 5.6.2 所列。

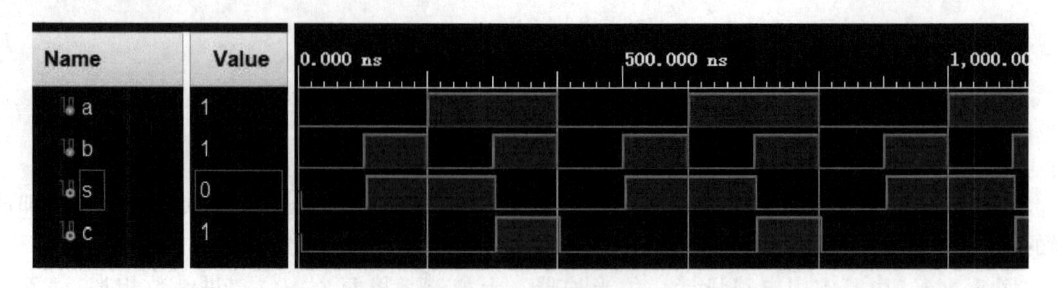

图 5.6.1 仿真结果

表 5.6.2 一位全加器真值表

输入端			输出端	
a	b	cin	s	c
0	0	0	0	0
0	0	1	1	0
0	1	0	1	0
0	1	1	0	1
1	0	0	1	0
1	0	1	0	1
1	1	0	0	1
1	1	1	1	1

将真值表转换成卡诺图，求得 $s=a\oplus b\oplus cin$，$c=(a\oplus b)cin+ab$。

源程序代码如下：

```
module full_adder1(
  input a,
  input b,
  input cin,
  output s,
  output c);//cin 为低位来的进位
  assign {c,s} = a + b + cin; //这里使用拼接符号来实现全加器功能,c 为进位输出,s 为和
endmodule
```

仿真程序如下：

```
module sim_full_adder1();
  reg a,b,cin;
  wire s,c;
  full_adder1 u0(a,b,cin,s,c);
  initial {a,b,cin} = 0;
  always #100 {a,b,cin} = {a,b,cin} + 1;
endmodule
```

仿真结果如图 5.6.2 所示。

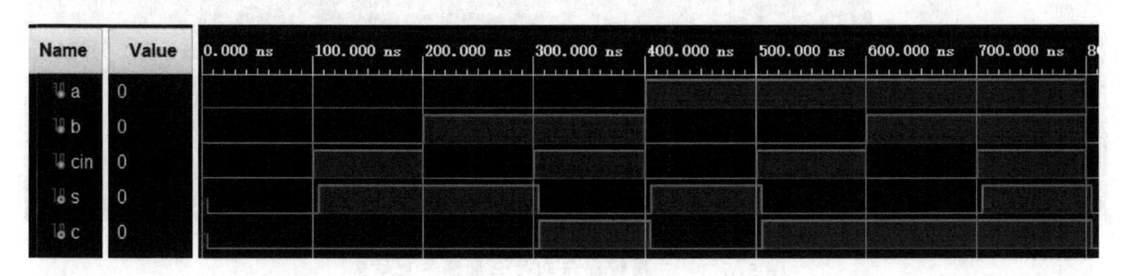

图 5.6.2　仿真结果

例 5.6.3　利用例 5.6.2 中的一位全加器，构成 4 位全加器，并且由数码管显示结果。

设计分析：可以采用层次化设计方法，首先需要由 full_adder1 构成四位全加器 full_adder4_1。

四位全加器源程序如下：

```
module full_adder4_1(
  input [3:0] a,
  input [3:0] b,
  input cin,
  output [3:0]s,
  output c);
  wire [2:0] count;
  full_adder1 u1(.a(a[0]),.b(b[0]),.cin(cin),.s(s[0]),.c(count[0]));
  full_adder1 u2(.a(a[1]),.b(b[1]),.cin(count[0]),.s(s[1]),.c(count[1]));
  full_adder1 u3(.a(a[2]),.b(b[2]),.cin(count[1]),.s(s[2]),.c(count[2]));
  full_adder1 u4(.a(a[3]),.b(b[3]),.cin(count[2]),.s(s[3]),.c(c));
endmodule//发光二极管显示结果
```

四位全加器仿真程序如下：

```
module sim_full_adder4_1();
  reg [3:0]a;
  reg [3:0]b;
  reg cin;
  wire [3:0]s;
  wire c;
  full_adder4_1 u0(a,b,cin,s,c);
  initial {a,b,cin} = 0;
  always #100 {a,b,cin} = {a,b,cin} + 1;
endmodule//发光二极管显示结果
```

二级管显示四位全加器仿真结果如图 5.6.3 所示。

如果要求用七段数码管显示结果，就需要七段数码管显示程序，四位全加器只需要两位数码管显示，结合前面例题及 Ego1 开发板实际情况，可以选择两组数码管各一个，采用静态显示即可。将 5.2 节例 5.2.2 修改一下，即将输入 a 设置成五位矢量，十位显示进行扩展，个位显示仍然调用例 5.2.2 中的 sw_smg10。

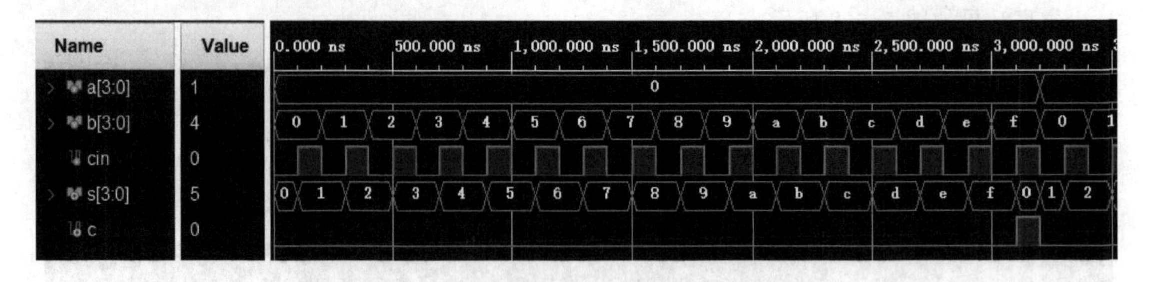

图 5.6.3 二极管显示四位全加器仿真结果

七段数码管显示源程序如下：

```
module decoder_xianshi2_1(
  input wire [4:0]a,
  output [7:0]bitcode,                //位选
  output [6:0]a_to_g1,                //个位段码
  output reg [6:0]a_to_g2);           //十位段码
  reg [3:0]y1;                        //个位显示数字
  reg [1:0]y2;                        //十位显示数字
  assign bitcode = 8'b00011000;
  always @(a) //大于等于 30,十位为 3,20～30 范围内,十位为 2,10～20 范围内,十位为 1
    begin
      if(a>= 30) begin y2 = 2'b11;y1 = a-5'b11110; end
      else if ((a>= 20) & (a<30)) begin y2 = 2'b10;y1 = a-5'b10100; end
      else if ((a>= 10) & (a<20)) begin y2 = 2'b01;y1 = a-5'b01010; end
      else begin y2 = 2'b00;y1 = a; end
    end
  sw_smg10 u1(y1,a_to_g1);
  always@(y2)                         //十位显示
    case(y2)
      2'b00:a_to_g2 = 7'b0000000;     //十位为 0 不显示
      2'b01:a_to_g2 = 7'b0000110;
      2'b10:a_to_g2 = 7'b1011011;
      2'b11:a_to_g2 = 7'b1001111;
      default: a_to_g2 = 7'b0000000; //不显示
    endcase
endmodule
```

例 5.6.3 顶层源程序如下：

```
module full_adder4_1_top(
  input wire[3:0] a,                 //输入两个四位加数和一个一位的进位
  input wire[3:0] b,
  input wire cin,
  output wire [7:0]bitcode,          //位选
  output wire [6:0]a_to_g1,          //个位段码
  output wire [6:0]a_to_g2 );        //十位段码
```

```
  wire [3:0]s;
  wire c;
  full_adder4_1 u1(.a(a),.b(b),.cin(cin),.s(s),.c(c));
  decoder_xianshi2_1 u2({c,s},bitcode,a_to_g1, a_to_g2);
endmodule
```

例 5.6.3 顶层仿真程序如下：

```
module sim_full_adder_4_1_top();
  reg [3:0]a,b;
  reg cin;
  wire [7:0]bitcode;
  wire [6:0]a_to_g1,a_to_g2;
  full_adder4_1_top u0(a,b,cin,bitcode,a_to_g1,a_to_g2);
  initial{a,b,cin} = 0;
  always #50 a = a + 1;
  always#200 b = b + 1;
  always #500cin = ~cin;
endmodule
```

仿真结果如图 5.6.4 所示。

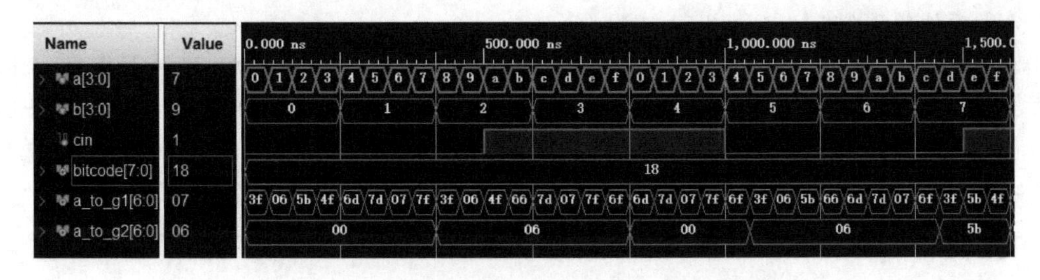

图 5.6.4　数码管显示四位全加器顶层仿真结果

例 5.6.4　利用 Verilog 语言直接编写四位全加器。定义四位二进制输入为 a,b,四位二进制输出为 s,进位输出为 c。

源程序代码如下：

```
module full_adder4_2(
  input [3:0] a,
  input [3:0] b,
  input cin,
  output [3:0]s,
  output c);
  assign{c,s} = a + b + cin;//拼接运算,实现全加器功能
endmodule
```

仿真程序如下：

```
module sim_full_adder4_2();
  reg [3:0]a,b;
```

```
    reg cin;
    wire [3:0]s;
    wire c;
    full_adder4_2 u0(a,b,cin,s,c);
    initial{a,b,cin} = 0;
    always #50 {a,b,cin} = {a,b,cin} + 1;
  endmodule
```

仿真结果如图 5.6.5 所示。

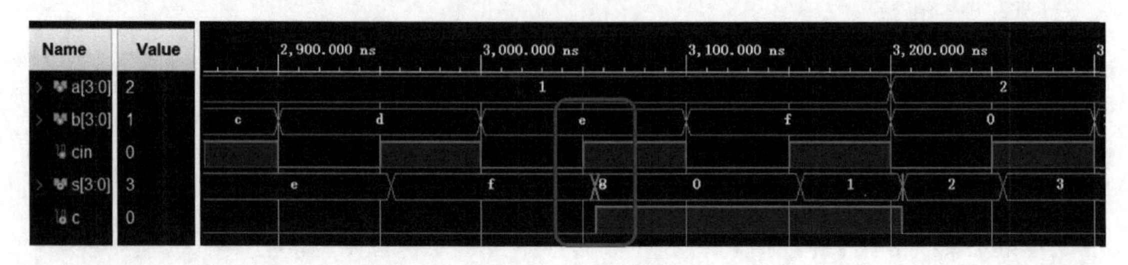

图 5.6.5 仿真结果

作业：自己动手仿真看看时序仿真结果，采用层次化设计和直接用 Verilog 语言设计的四位全加器的仿真结果有何不同？图 5.6.4 中 3 050 ns 处发生了什么？为什么会出现此现象？自己完成硬件验证例 5.6.1～例 5.6.4。

思考题：编写一个 BCD 码加法器，其中包括两个加数和一个进位输入端(4 位加数、4 位被加数、进位均由拨码开关给入)、两个输出端(4 位和数，1 位进位输出)，输入值和输出值要求用数码管显示输出。两个数码管显示两个加数，一个数码管显示进位输入，一个数码管显示加法和输出，一个数码管显示进位输出。

5.7 减法器设计

二进制减法器和二进制加法器一样是 FPGA 能够实现的最简单的数据运算形式。下面给出二进制减法器的设计过程。

例 5.7.1 设计一位半减器。由拨码开关输入，发光二极管输出。假设 x 为被减数，y 为减数，diff 为差，cout 表示向高位借位。真值表如表 5.7.1 所列。

表 5.7.1 半减器真值表

输入端		输出端	
x	y	diff	cout
0	0	0	0
0	1	1	1
1	0	1	0
1	1	0	0

源程序代码如下：

```
module sub_half(
  input x,
  input y,
  output diff,
  output cout);
  assign diff = x^y;          //取 xy 异或,得到本位输出结果
  assign cout = (~x)&y;       //x 取非与 y 相与,代表是否向高位借位
endmodule
```

仿真程序如下：

```
module sim_sub_half();
  reg x,y;
  wire diff,cout;
  sub_half u0(x,y,diff,cout);
  initial{x,y} = 0;
  always #100 {x,y} = {x,y} + 1;
endmodule
```

仿真结果如图 5.7.1 所示。

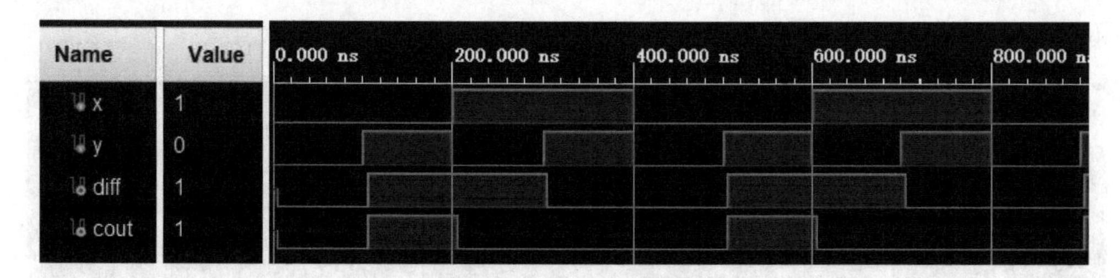

图 5.7.1　仿真结果

例 5.7.2　设计一位全减器。由拨码开关输入,发光二极管输出。

设计分析:同样可以直接列真值表如表 5.7.2 所列。被减数为 x,减数为 y,cin 表示输入的低位向本位借位信号,输出 diff 表示全减器的差值结果,cout 表示输出的向高位借位信号。

表 5.7.2　一位全减器真值表

输入端			输出端	
x	y	cin	diff	cout
0	0	0	0	0
0	0	1	1	1
0	1	0	1	1
0	1	1	0	1
1	0	0	1	0
1	0	1	0	0
1	1	0	0	0
1	1	1	1	1

源程序代码如下：

```
module full_sub1(
  input x,
  input y,
  input cin,
  output diff,
  output cout);
  assign diff = x^y^cin;
  assign cout = ((~x)&(y^cin))|(y&cin);
endmodule
```

仿真程序如下：

```
module sim_full_sub1();
  reg x,y,cin;
  wire diff,cout;
  full_sub1 u0(x,y,cin,diff,cout);
  initial{x,y,cin} = 0;
  always #100 {x,y,cin} = {x,y,cin} + 1;
endmodule
```

仿真结果如图 5.7.2 所示。

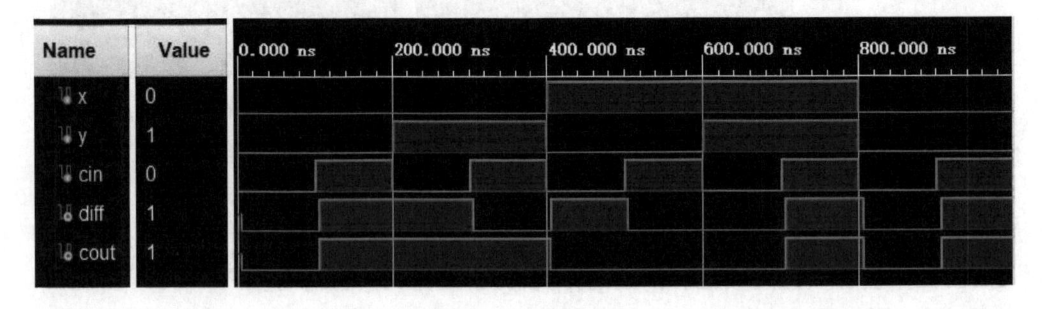

图 5.7.2 仿真结果

例 5.7.3 用门电路设计一个四位全减器。

设计分析：利用门电路设计四位全减器，只需要在例 5.7.2 的一位全减器的基础上，将输入减数、被减数以及减法输出结果设置成四位即可。

源程序代码如下：

```
module full_sub4_1(
  input [3:0]x,
  input [3:0]y,
  input cin,
  output [3:0]diff,
  output cout);
  wire c1,c2,c3;
  assign diff[0] = x[0]^y[0]^cin;
  assign c1 = ((~x[0])&(y[0]^cin))|(y[0]&cin);
```

```
  assign diff[1] = x[1]^y[1]^c1;
  assign c2 = ((~x[1])&(y[1]^c1))|(y[1]&c1);
  assign diff[2] = x[2]^y[2]^c2;
  assign c3 = ((~x[2])&(y[2]^c2))|(y[2]&c2);
  assign diff[3] = x[3]^y[3]^c3;
  assign cout = ((~x[3])&(y[3]^c3))|(y[3]&c3);
endmodule
```

仿真程序如下：

```
module sim_full_sub4_1();
  reg[3:0]x,y;
  reg cin;
  wire[3:0]diff;
  wire cout;
  full_sub4_1 u0(x,y,cin,diff,cout);
  initial{x,y,cin} = 0;
  always #50 x = x + 1;
  always #100 y = y + 1;
  always #500 cin = ~cin;
endmodule
```

仿真结果如图 5.7.3 所示。

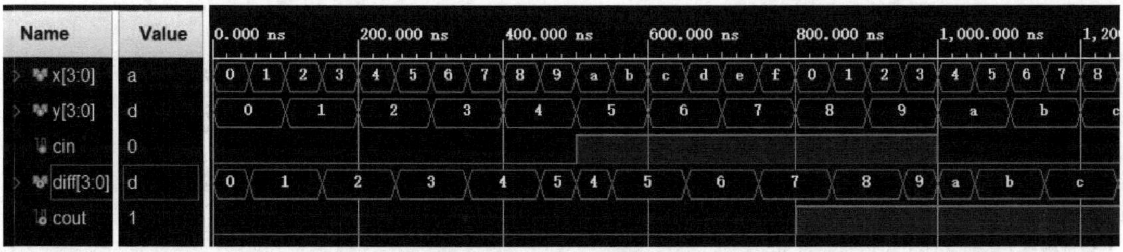

图 5.7.3　仿真结果

例 5.7.4　用一位全减器设计四位全减器，用数码管显示输出。

设计分析：可以像四位全加器设计那样采用层次化设计，也可以将例 5.7.2 的一位全减器封装成 IP 核调用，数码管显示部分结合 Ego1 开发板实际情况进行设计。这里选择将例 5.2.2 译码器显示设计封装成 IP 核调用，封装过程略。

源程序代码如下：

```
module full_sub4_2(
  input [3:0]x,
  input [3:0]y,
  input cin,
  output [7:0]bitcode,//位选
  output [6:0]a_to_g1,//差的个位段位
  output [6:0]a_to_g2,//差的十位段码
  output ledout);//借位输出，接发光二极管
```

```
    wire [3:0]diff;//差值
    wire c1,c2,c3;
    full_sub1_v1_10 u1(.x(x[0]),.y(y[0]),.cin(cin),.diff(diff[0]),.cout(c1));
    full_sub1_v1_10 u2(.x(x[1]),.y(y[1]),.cin(c1),.diff(diff[1]),.cout(c2));
    full_sub1_v1_10 u3(.x(x[2]),.y(y[2]),.cin(c2),.diff(diff[2]),.cout(c3));
    full_sub1_v1_10 u4(.x(x[3]),.y(y[3]),.cin(c3),.diff(diff[3]),.cout(ledout));
    decoder_xianshi2_v1_00 u5 (diff,bitcode,a_to_g1,a_to_g2);
endmodule
```

这里将一位全减器封装成 IP 核调用，调用时客户化元件起名 full_sub1_v1_10，将例 5.7.2 的 full_sub1 模块作为底层调用，将例 5.2.2 的译码显示设计封装成 IP 核，调用时客户化元件起名 decoder_xianshi2_v1_00，用来进行输出差值的显示，从两组数码管中各选择一个作为差值的十位和个位，将其位选接高电平即可，也可以直接将例 5.7.2 的 full_sub1 模块和例 5.2.2 的 sw_smg10 模块作底层元件调用。

仿真程序如下：

```
module sim_full_sub4_2();
    reg [3:0]x,y;
    reg cin;
    wire [7:0]bitcode;
    wire [6:0]a_to_g1,a_to_g2;
    wire ledout;
    full_sub4_2 u0(x,y,cin,bitcode,a_to_g1,a_to_g2,ledout);
    initial{x,y,cin} = 0;
    always #100x = x + 1;
    always#50 y = y + 1;
    always #500 cin = cin + 1;
endmodule
```

仿真结果如图 5.7.4 所示。

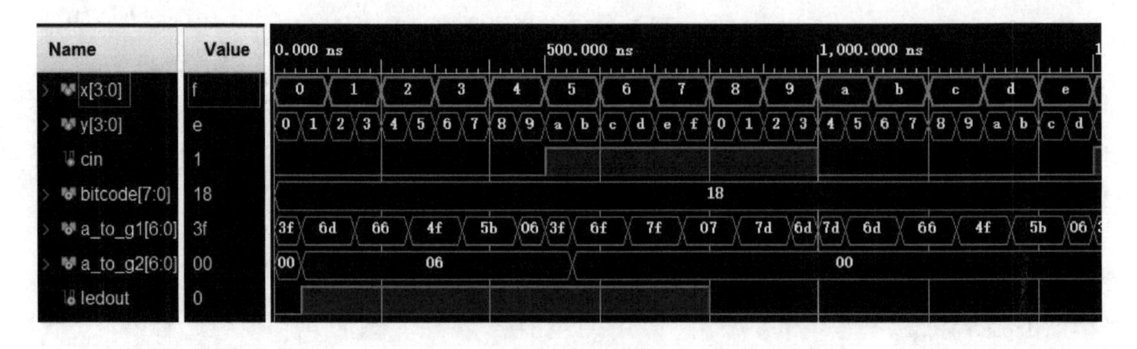

图 5.7.4 仿真结果

作业：自己完成硬件验证例 5.7.1～例 5.7.4。

思考题：编写一个 BCD 码减法器，其中包括减数、被减数、一个借位输入端（减数和被减数各 4 位，1 位借位输入，均由拨码开关给输入端）、两个输出端（4 位差值，1 位借位输出），输出值要求用数码管显示输出。

第6章

时序逻辑电路设计

时序逻辑电路在任一时刻的输出信号不仅与当时的输入信号有关，而且还与电路原来的状态有关，因此，时序逻辑电路中必须含有存储电路，由它将某一时刻之前的电路状态保存下来。存储电路可由延迟元件组成，也可由触发器构成。时钟是时序逻辑电路设计中不可或缺的，它是整个时序逻辑电路的驱动。

6.1 流水灯设计

流水灯的形式各式各样，在节日的庆典中，常常用来挂在树上或者建筑物上，在夜晚以不同的亮丽颜色和多变的展示形式给人以绚丽多彩的变化感。

例6.1.1 设计并控制16个灯的花式循环点亮。用16bit的LED信号表示16个灯，led[0]～led[15]分别代表第1～16个灯，值为1时点亮，值为0时熄灭，根据Ego1板卡设计，LED在FPGA输出高电平时被点亮。假设设计的6种样式功能如下：

① 渐进左移样式，从最右侧开始向左，LED发光二极管逐一被点亮并保持，即每隔0.5 s左侧增加一个亮灯。

② 渐进右移样式，从最左侧开始向右，LED发光二极管逐一被点亮并保持，即每隔0.5 s右侧增加一个亮灯。

③ 流水灯样式，LED发光二极管循环闪动并右移，观察单个二极管，每隔0.5 s闪动一次，相邻的发光二极管周期差0.5 s，不同步。

④ 双闪样式，LED发光二极管同步闪动，每隔0.5 s闪一次。

⑤ 自定义循环样式，规律闪变。

⑥ 自定义碰撞样式，LED发光二极管从两侧开始向内流动，当碰撞后，再向两侧开始流动，以此往复循环。

设计分析：该流水灯主要由三个模块构成，分别为分频器、状态循环、LED扫描显示。其中LED扫描显示部分使用IP核的封装调用。由于使用开发板原始时钟频率100 MHz，会导致LED的变化过快，人眼不能分辨，故通过设计分频器设计出0.05 s的时钟，每计时5 000 000

次，属于一个周期。后续程序根据计时器 counter 的变化来作为执行条件，每种样式都需要循环 16 种状态，定义 led_control[3:0]表示执行状态，根据分频器 counter 的改变，来控制 led_control 的变化，从而实现状态的连续变化，同影片中的帧类似，将帧流动起来，以达到 LED 的流动效果。根据输入码位的不同，对应的程序被执行。根据 16 种状态的连续切换，LED 灯达到动态效果，在不同的状态赋不同的 LED 显示情况。如同在每一个帧中有一幅图画，将许多幅图画连续起来，即可构成动态效果。图 6.1.1 所示为满足本设计要求的流水灯各个模块，其中将显示部分封装成了 IP 核使用。

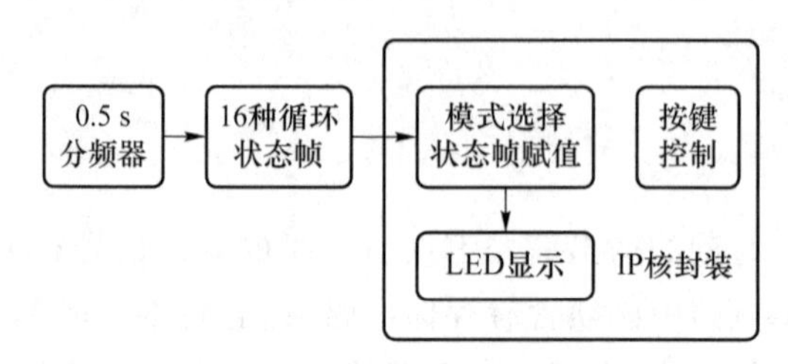

图 6.1.1　流水灯模块构成

LED 显示源程序如下：

```
module ledshow(
  input [5:0]key,
  input [3:0]led_control,
  output reg [15:0]led);
  always @(key or led_control)    //板子按键不足，在硬件验证时用拨码开关替代也可
    begin
      if(key[0] == 1)             //按键 0 按下时，渐进左移流水灯效果
        case(led_control)
          4'h0:led = 16'h1;       4'h1:led = 16'h3;       4'h2:led = 16'h7;
          4'h3:led = 16'hf;       4'h4:led = 16'h1f;      4'h5:led = 16'h3f;
          4'h6:led = 16'h7f;      4'h7:led = 16'hff;      4'h8:led = 16'h1ff;
          4'h9:led = 16'h3ff;     4'ha:led = 16'h7ff;     4'hb:led = 16'hfff;
          4'hc:led = 16'h1fff;    4'hd:led = 16'h3fff;    4'he:led = 16'h7fff;
          4'hf:led = 16'hffff;
        endcase
      else if(key[1] == 1)        //按键 1 按下时，渐进右移流水灯效果
        case(led_control)
          4'h0:led = 16'h8000;    4'h1:led = 16'hc000;    4'h2:led = 16'he000;
          4'h3:led = 16'hf000;    4'h4:led = 16'hf800;    4'h5:led = 16'hfc00;
          4'h6:led = 16'hfe00;    4'h7:led = 16'hff00;    4'h8:led = 16'hff80;
          4'h9:led = 16'hffc0;    4'ha:led = 16'hffe0;    4'hb:led = 16'hfff0;
          4'hc:led = 16'hfff8;    4'hd:led = 16'hfffc;    4'he:led = 16'hfffe;
          4'hf:led = 16'hffff;
        endcase
      else if(key[2] == 1)        //按键 2 按下时，交替闪烁流水灯效果
        case(led_control)
```

```
        4'h0:led=16'haaaa;  4'h1:led=16'h5555;  4'h2:led=16'haaaa;
        4'h3:led=16'h5555;  4'h4:led=16'haaaa;  4'h5:led=16'h5555;
        4'h6:led=16'haaaa;  4'h7:led=16'h5555;  4'h8:led=16'haaaa;
        4'h9:led=16'h5555;  4'ha:led=16'haaaa;  4'hb:led=16'h5555;
        4'hc:led=16'haaaa;  4'hd:led=16'h5555;  4'he:led=16'haaaa;
        4'hf:led=16'h5555;
      endcase
    else if(key[3]==1)//按键3按下时,双闪流水灯效果
      case(led_control)
        4'h0:led=16'hffff;  4'h1:led=16'h0000;  4'h2:led=16'hffff;
        4'h3:led=16'h0000;  4'h4:led=16'hffff;  4'h5:led=16'h0000;
        4'h6:led=16'hffff;  4'h7:led=16'h0000;  4'h8:led=16'hffff;
        4'h9:led=16'h0000;  4'ha:led=16'hffff;  4'hb:led=16'h0000;
        4'hc:led=16'hffff;  4'hd:led=16'h0000;  4'he:led=16'hffff;
        4'hf:led=16'h0000;
      endcase
    else if(key[4]==1)//按键4按下时,自定义流水灯效果
      case(led_control)
        4'h0:led=16'h8181;  4'h1:led=16'h4242;  4'h2:led=16'h2424;
        4'h3:led=16'h1818;  4'h4:led=16'h3c3c;  4'h5:led=16'h7e7e;
        4'h6:led=16'hffff;  4'h7:led=16'hffff;  4'h8:led=16'h7e7e;
        4'h9:led=16'h3c3c;  4'ha:led=16'h1818;  4'hb:led=16'h2424;
        4'hc:led=16'h4242;  4'hd:led=16'h8181;  4'he:led=16'h0000;
        4'hf:led=16'h8181;
      endcase
    else if(key[5]==1)//按键5按下时,碰撞式流水灯效果
      case(led_control)
        4'h0:led=16'he007;  4'h1:led=16'h700e;  4'h2:led=16'h381c;
        4'h3:led=16'h1c38;  4'h4:led=16'h0e70;  4'h5:led=16'h07e0;
        4'h6:led=16'h07e0;  4'h7:led=16'h0e70;  4'h8:led=16'h1c38;
        4'h9:led=16'h381c;  4'ha:led=16'h700e;  4'hb:led=16'he007;
        4'hc:led=16'hc003;  4'hd:led=16'h8001;  4'he:led=16'h8001;
        4'hf:led=16'hc003;
      endcase
    else led=16'h0000;//无按键按下时,LED熄灭,相当于复位
        //所以显示程序里没有设置复位信号,用了组合逻辑来设计
  end
endmodule
```

流水灯主源程序如下：

```
module flowlight_1(
  input clk,
  input rst, //接Ego1板子的RESET按键
```

```
  input [5:0] key,
  output [15:0] led);
  reg [25:0] counter;
  reg [3:0]led_control;
  always @(posedge clk) //0.5 s counter 分频器设计
    begin//复位信号如果接通按键,设为 1 有效,如果接 RESET 按键,应该设为 0 有效
      if(rst == 0)   counter <= 26'd0;//开发板普通按键按下是高电平
      else if(counter < 26'd499_9999) counter <= counter + 1'd1;//仿真用 counter < 4
      else   counter <= 26'd0;
    end
  always @(posedge clk) //得到 led_control 状态控制信号
    begin
      if(rst == 0)   led_control <= 4'b0000;
      else if(counter == 26'd499_9999)    led_control <= led_control + 1'b1;
      else led_control <= led_control;
    end
  ledshow_v1_00 u1 (.key(key),.led_control(led_control),.led(led));
endmodule //led 显示,调用封装好的 IP 核,客户化名称为 ledshow_v1_00
```

仿真程序如下:

```
module sim_flowlight_1();
  reg clk,rst;
  reg [5:0] key;
  wire [15:0] led;
  flowlight_1 u0(.clk(clk),.rst(rst),.key(key),.led(led));
  always #5clk <= ~clk;
  initial   begin  //给出 6 种情况,每种情况各持续一段时间,也可以设计成循环显示
      clk = 0;rst = 0; #40;rst = 1;
      key = 6'b0; #1000;key = 6'b000001; #3000;key = 6'b000010; #3000;key = 6'b000100;
      #3000;key = 6'b001000; #3000;key = 6'b010000; #3000;key = 6'b100000; #3000; end
endmodule
```

仿真结果如图 6.1.2 所示,其中:(a)为渐进左移,LED 灯从最右侧向左依次被点亮,如同汽车的渐进式转向灯,此时按键 key 为 000001;(b)为渐进右移,LED 灯从最左侧向右依次被点亮,此时按键 key 为 000010;(c)为 LED 灯交替闪烁,效果同灯自左向右闪烁流动,此时按键 key 为 000100;(d)为闪动样式,16 个 LED 灯同时被点亮熄灭,如同机动车中的双闪样式,此时按键 key 为 001000;(e)为自定义样式,此时按键 key 为 010000;(f)为自定义碰撞样式,LED 灯从两侧开始向内流动,在碰撞后,向两侧开始流动,以此往复循环,此时按键 key 为 100000。

例 6.1.2 节日的流水灯变化多彩,其主要设计原理就是 LED 灯光经控制完成由暗到亮或者由亮到暗的逐渐变化,或者亮暗的交替变化。将例 6.1.1 中的流水灯进行亮度逐渐变亮的变换。

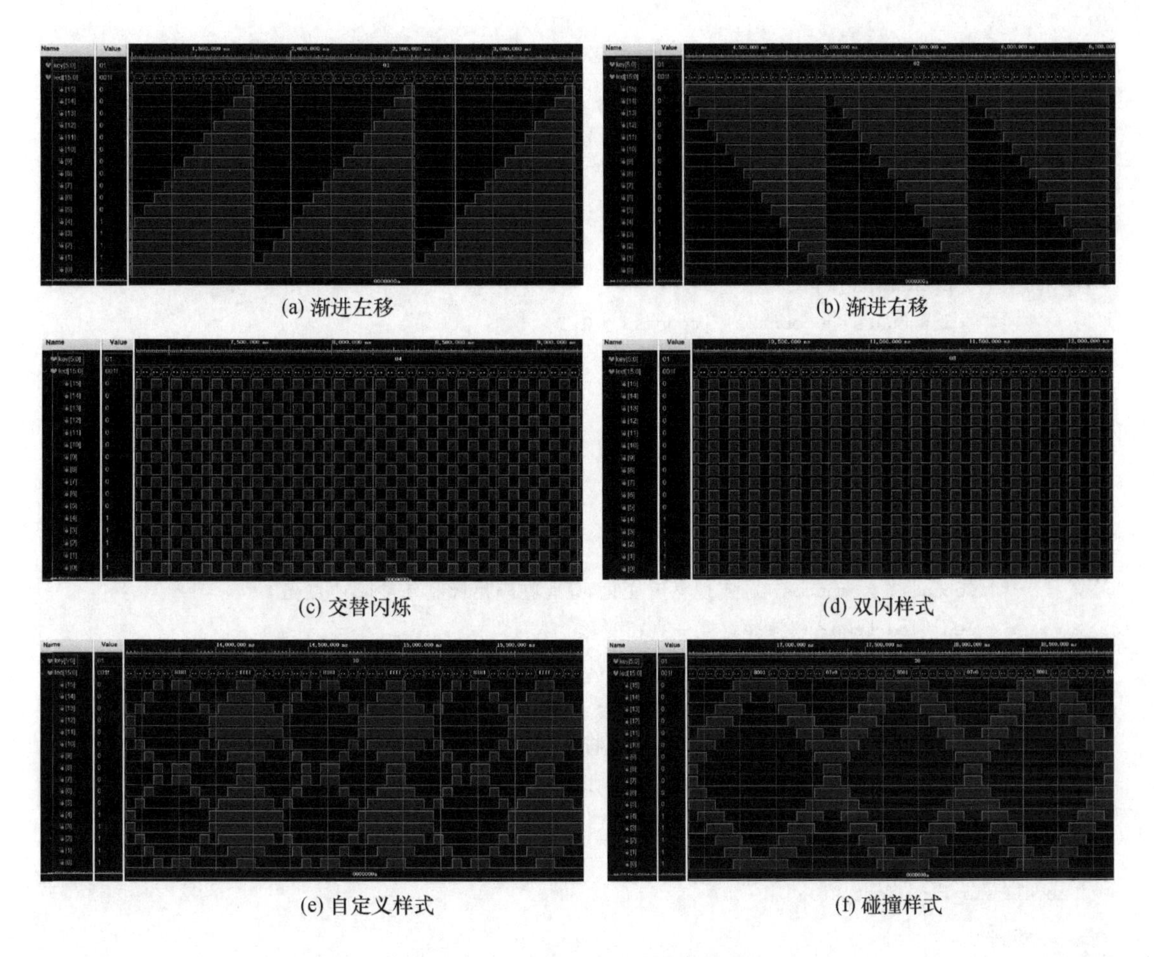

(a) 渐进左移　(b) 渐进右移

(c) 交替闪烁　(d) 双闪样式

(e) 自定义样式　(f) 碰撞样式

图 6.1.2　6 种模式软件仿真结果

设计分析：可以将例 6.1.1 的 ledshow 模块作为底层元件调用，而仍然将 ledshow 封装好的 IP 核直接客户化调用。下面给出参考源程序。

源程序代码如下：

```
module flowlight_2(
  input clk,
  input rst,
  input[5:0] key,
  output reg[15:0] led);
  wire[15:0]led_temp;
  parameter count2ms = 1999;   //调整数值大小,改变亮度频率。仿真设 count 2 ms 为 10
  parameter count2s = 2499;    //调整数值大小,改变亮度频率。仿真设 count 2 ms 为 10
  reg[18:0] countms = 0;
  reg[18:0] counts = 0;
  always@(posedge clk)         //实现亮度变化功能的计数值
    begin
```

```
        if(rst == 0)//这里设置成复位信号 0 有效,接硬件开发板时可以接 RESET 按键
          begin
            countms <= 0; counts <= 0;
          end
        else if(countms == count2ms)
          begin
            countms <= 0;
            if(counts == count2s)   counts <= 0;
            else   counts <= counts + 1'b1;
          end
        else countms <= countms + 1'b1;
      end
    always @(counts or countms or led_temp)
      begin
        if(counts >= countms) //实现亮度变化,只有在满足脉宽条件时才点亮
          led = led_temp; //脉冲宽度一直在变化
        else   led = 16'b0000_0000_0000_0000;
      end
    flowlight_1 u0(clk,rst,key,led_temp); //将例 6.1.1flowlight_1 作为底层调用
endmodule //在例 6.1.1 基础上,在每种流水灯形式中均加入同样频率的亮度变化功能
```

仿真程序如下:

```
module sim_flowlight_2();
    reg clk;
    reg rst;
    reg [5:0] key;
    wire[15:0] led;
    initial
      begin
        clk = 0;rst = 0;#40;rst = 1;
        key = 6'b0;#1000;key = 6'b000001;#8000;key = 6'b000010;#8000;key = 6'b000100;
        #8000;key = 6'b001000;#8000;key = 6'b010000;#8000;key = 6'b100000; #8000;
      end
    always #5 clk <= ~clk;
    flowlight_2 u0(.clk(clk),.rst(rst),.key(key),.led(led));
endmodule
```

仿真结果如图 6.1.3 所示,花样流水灯仍然像例 6.1.1 一样有 6 种状态,只是在进行花样流水灯变化过程中,会出现亮度的变化。

例 6.1.3 分析例 6.1.2 的程序,设计一个呼吸灯,使灯从暗到亮,再从亮到暗,循环往复。

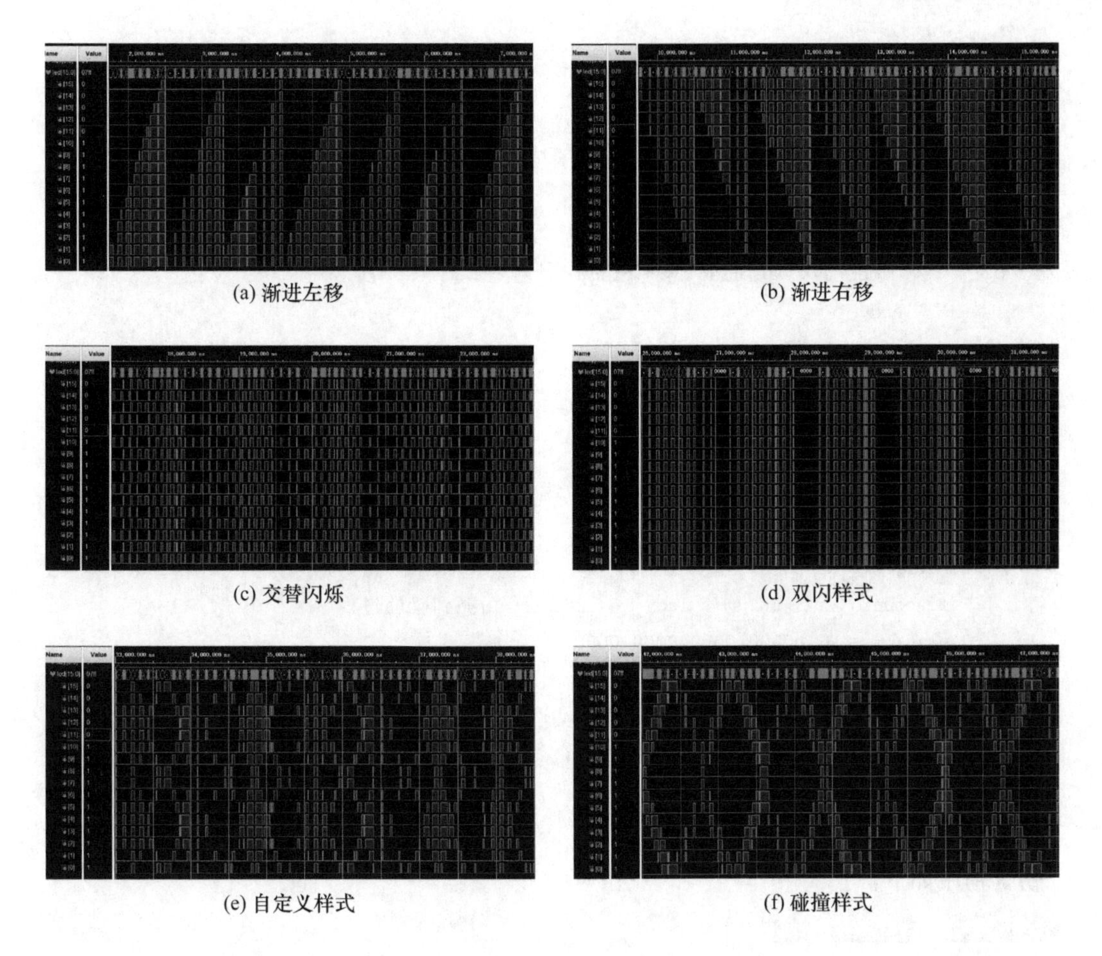

(a) 渐进左移　(b) 渐进右移

(c) 交替闪烁　(d) 双闪样式

(e) 自定义样式　(f) 碰撞样式

图 6.1.3 仿真结果

源程序代码如下：

```
module flowlight_3(
  input clk,
  input rst,
  output reg[15:0] led);
  reg[15:0]led_temp = 16'hffff;
  parameter count2ms = 10000;          //仿真时 count2ms 设为 20
  parameter count2s = 10000;           //仿真时 count2s 设为 20
  reg[32:0]countms = 0;
  reg[32:0]counts = 0;
  reg flag  =  1'b1;
  always @(posedge clk)                //同例 6.1.2 一样,为了给显示提供不同占空比的脉宽
    begin
      if(rst == 0)
        begin
          countms <= 0;counts <= 0;
```

```
        end
      else if(countms == count2ms)
        begin
          countms <= 0;
          if(counts == count2s)
            begin
              counts <= 0; flag <= ~flag;
            end
          else counts <= counts + 1'b1;
        end
      else  countms <= countms + 1'b1;
    end
  always@(flag or counts or countms or led_temp)
    begin
      if(flag)
        if(counts >= countms)   led = led_temp; //由亮到暗的过程
        else led = 16'b0000_0000_0000_0000;
      else
        if(counts <= countms)   led = led_temp; //由暗到亮的过程
        else led = 16'b0000_0000_0000_0000;
    end
endmodule
```

仿真程序如下：

```
module sim_flowlight_3();
  reg clk;
  reg rst;
  wire[15:0] led;
  initial
    begin
      clk = 0;rst = 0; #40;rst = 1;
    end
  always #5 clk <= ~clk;
  flowlight_3 u0(.clk(clk),.rst(rst),.led(led));
endmodule
```

仿真结果如图 6.1.4 所示。

作业：自己完成硬件验证例 6.1.1～例 6.1.3。

思考题：想一想怎样实现流水灯自由循环，而不是按键控制？

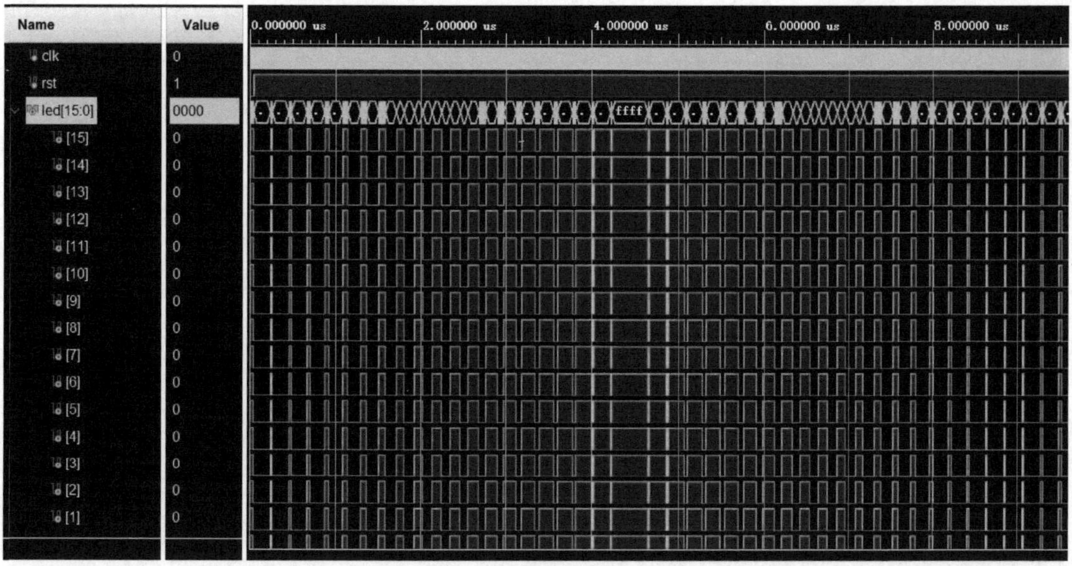

图 6.1.4　仿真结果

6.2　寄存器设计

寄存器是用来存储二进制信息的电路，有存储功能和移位功能，是最基本的时序逻辑电路设计元件。

例 6.2.1　设计一位具有异步复位、装载、存储功能的寄存器。寄存器真值表如表 6.2.1 所列。

表 6.2.1　register_1 寄存器真值表

clk	rst	load	d	Q
×	0	×	×	0
↑	1	1	0	0
↑	1	1	1	1
↑	1	0	×	Q

根据真值表设计源程序如下：

```
module register_1(
  input wire load,                      //装载控制端,wire类型可以省略,reg类型不能省略
  input wire clk,
  input wire rst,                       //定义异步复位端
  input wire d,                         //定义输入段
  output reg Q);                        //定义输出端
  always@(posedge clk or negedge rst)   //异步复位
    if(rst == 0)    Q <= 0;             //rst为0时复位
    else if(load == 1)   Q <= d;        //装载
```

```
    else Q<=Q; //保持不变
endmodule
/*或者定义中间信号,从真值表中求出输入与输出的关系
wire D;//定义中间变量
assign D=q&~load|d&load;//通过真值表得到变量的关系来实现储存功能
always@(posedge clk or negedge rst) //异步复位
  if(rst==0)     Q<=0;
  else   Q<=D;  //否则Q赋值为D的值,即要储存的值*/
```

仿真程序如下:

```
module sim_register_1();
  reg load;
  reg clk;
  reg rst;
  reg d;
  wire Q;
  register_1u0(load, clk, rst, d, Q );
  initial
    begin
      clk=0; rst=0; d=1 ; load=0; #400; rst=1;
    end
  always #20clk<=~clk;
  always #110   d=d+1;
  always #200   load=~load;
endmodule
```

仿真结果如图6.2.1所示,仿真结果中加入了中间信号D,可以看出assign语句与always语句的执行结果,assign语句后面是阻塞赋值语句,立即执行,没有延时,过程语句用的是非阻塞赋值,有延时。

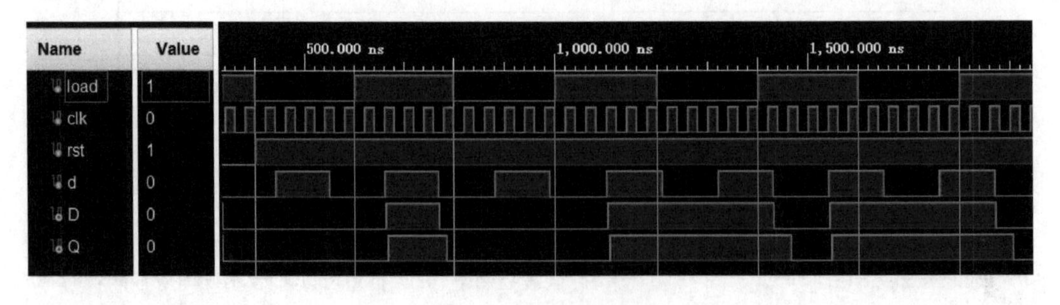

图6.2.1 仿真结果

例6.2.2 利用例6.2.1的一位寄存器构成四位寄存器。

设计分析:可以将一位寄存器作为底层,多位寄存器调用,即直接使用层次化方式设计而成。也可以将一位寄存器封装成IP核,然后调用。这里采用封装IP核的方法,封装过程略。

源程序代码如下:

```
module register_2(
  input wire load,
  input wire clk,
  input wire rst,
  input wire [3:0]d, //与一位寄存区别在于输入、输出都是四位的
  output wire [3:0]Q);
  register_1_v1_00 u1(.load(load),.clk(clk),.rst(rst),.d(d[0]),.Q(Q[0]));
  register_1_v1_00 u2(.load(load),.clk(clk),.rst(rst),.d(d[1]),.Q(Q[1]));
  register_1_v1_00 u3(.load(load),.clk(clk),.rst(rst),.d(d[2]),.Q(Q[2]));
  register_1_v1_00 u4(.load(load),.clk(clk),.rst(rst),.d(d[3]),.Q(Q[3]));
endmodule             //将一位寄存器封装成 IP 核调用,并入并出四位寄存器
```

将4条元件调用语句中的输入端口进行修改,将输入d端修改成一位,即构成串入并出四位寄存器,代码如下:

```
register_1_v1_00 u1(.load(load),.clk(clk),.rst(rst),.d(d),.Q(Q[0]));
register_1_v1_00 u2(.load(load),.clk(clk),.rst(rst),.d(Q[0]),.Q(Q[1]));
register_1_v1_00 u3(.load(load),.clk(clk),.rst(rst),.d(Q[1]),.Q(Q[2]));
register_1_v1_00 u4(.load(load),.clk(clk),.rst(rst),.d(Q[2]),.Q(Q[3]));
```

仿真程序与例6.2.1一样,只是信号位数有变化,并且需要根据实际修改一下变量变化周期即可,这里略。仿真结果如图6.2.2所示。

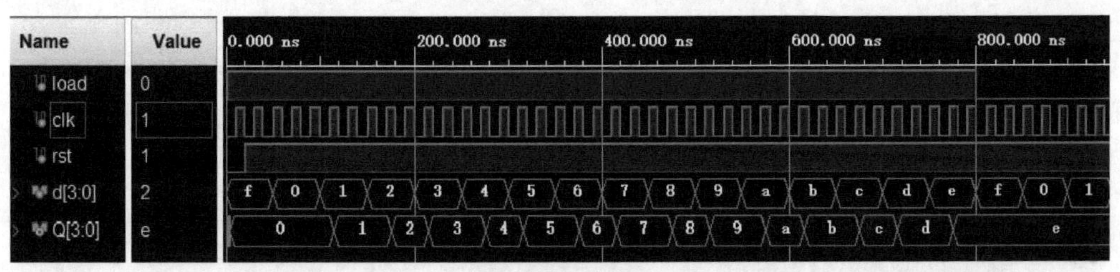

(a) 并入并出

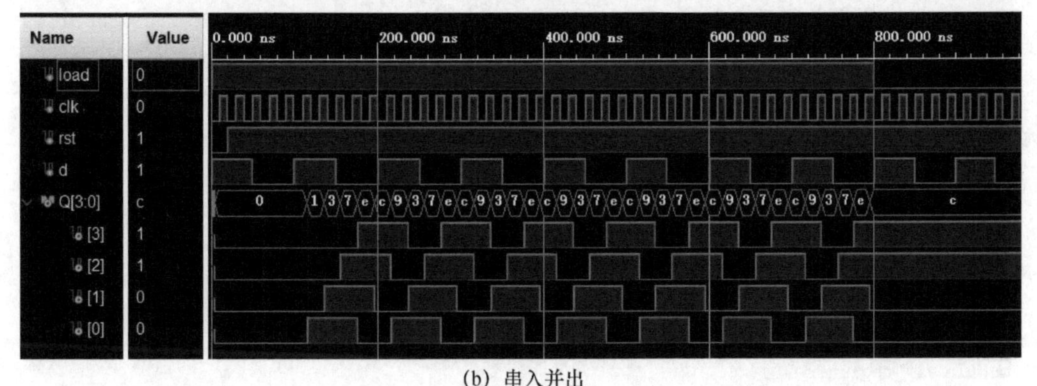

(b) 串入并出

图6.2.2 仿真结果

例6.2.3 设计一个串入并出N位通用寄存器,除了要有异步复位、存储功能外,还要有左移和右移功能,当左移右移时,由外部移入数据进行补充。由于是通用寄存器,所以需要用参数设置通用性。

源程序代码如下：

```
module register_3
  #(parameter N = 6)                          //N赋初值为6
  (input wire left,                           //为1执行左移
  input wire right,                           //为1执行右移
  input wire clk,
  input wire rst,                             //接RESET按键
  input wire d,
  output reg [N-1:0] Q);
  wire clk1;
  reg [26:0] count;
  assign clk1 = count[26];//分频肉眼能够分辨,仿真可以去掉或者改小 clk1 = count[1]
  always @(posedge clk or negedge rst)        //异步复位
    begin
      if(rst == 0)    count <= 0;
      else    count <= count + 1;
    end
  always @(posedge clk1 or negedge rst)       //以分频后的周期信号clk1为移位时钟信号
    begin                                     //置零位Q为0
      if(rst == 0)        Q <= 0;
      else
        begin
          if(left == 0 && right == 1)         //右移
            begin
              Q[N-1]<= d;                     //左边补输入
              Q[N-2:0]<= Q[N-1:1];            //向右移一位
            end
          else if (left == 1 && right == 0) //左移
            begin
              Q[0]<= d;                       //右边补输入
              Q[N-1:1]<= Q[N-2:0];            //向左移一位
            end
          else
            Q<= Q;                            //否则不变
        end
    end
endmodule
```

仿真程序如下：

```
module sim_register_3();
  parameter N = 6;
  reg clk;
  reg rst;
  reg left;
  reg right;
```

```
  reg d;
  wire [N-1:0]Q;
  register_3 u0(left,right,clk,rst,d,Q);
  initial
    begin
      left = 1;right = 0;clk = 0;d = 1;rst = 1; #2000;rst = 0; #1000;rst = 1;
    end
  always #10 clk = ~clk;
  always #1000 d = ~d;
  always #5000   left = ~left;
  always #5000   right = ~right;
endmodule
```

仿真结果如图 6.2.3 所示，移位时钟是分频后的 clk1，可以设置左移及右移功能。

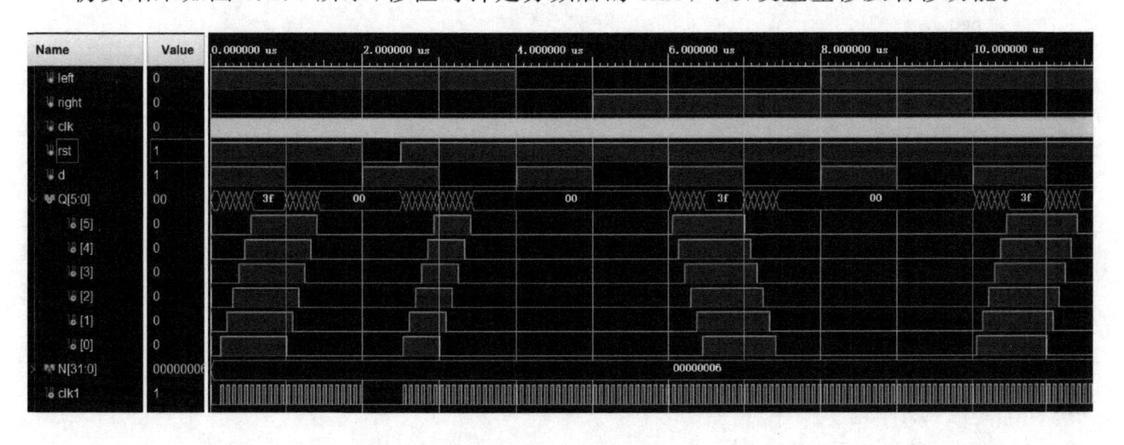

图 6.2.3　仿真结果

作业：自己完成硬件验证例 6.2.1～例 6.2.3。

思考题：设计一个 N 位通用寄存器，除了要有复位、置位、装载、存储功能外，还要有左移和右移功能，由外部给入数据，还要有循环左移和循环右移功能。

6.3　计数器设计

计数器是时序逻辑电路的重要组成部分，用它可以构成分频器和计时器等其他器件。对于加计数来说，在时钟作用下，输出信号从 0 开始计数，每来一个时钟信号，计数器进行加一计数。对于减计数来说，可以赋初值，每来一个时钟，计数减一。当复位信号有效时，输出清零。

例 6.3.1　设计一个四位二进制计数器，相当于模十六的计数器，由发光二极管显示输出。

设计分析：由于 Ego1 时钟频率是 100 MHz，无论是二极管显示还是数码管显示，如果是硬件验证，要想肉眼能够看出计数变化，就需要给时钟分频，所以先设计一个分频计数器，使肉眼能够看出计数变化，然后在顶层中调用，在设计时，设计两个参数，一个用来计数得到肉眼能够分辨的计数值，一个用来得到分频数值。

时钟分频源程序如下：

```
module fre1
  #(parameter integer count1s = 33554431,//(2 * * 25-1)用来分频，调用时可以修改初值
  parameter integer count2s = 15)  //用来计数，调用时可以修改初值
  (input clk,
  input rst,
  output [3:0]count);
  reg [24:0] count1;                  //用来计数分频
  reg [3:0] count2;                   //用来计数，产生计数器
  always @(posedge clk)               //计数器进行计数，便于肉眼观察到变化
    if(rst == 0)                      //同步复位
      begin
        count1 <= 0;   count2 <= 0;
      end
    else if (count1 == count1s)
      if (count2 == count2s)
        begin
          count2 <= 0; count1 <= 0;
        end
      else
        begin
          count1 <= 0; count2 <= count2 + 1;
        end
    else   count1 <= count1 + 1;
  assign count = count2;
endmodule
```

顶层源程序如下：

```
module counter_1(clk,rst,count);
  input clk;
  input rst;
  output [3:0]count;
  fre1 #(33554431,15)u0(clk,rst,count);
endmodule
```

仿真程序如下：

```
module sim_counter_1();
  reg clk;
  reg rst;
  wire [3:0] count;
  counter_1 u0(.clk(clk),.rst(rst),.count(count));
  initial
```

```
    begin
      clk = 0;rst = 0; #100;rst = 1;
    end
  always   #10 clk = ~clk;
endmodule
```

仿真结果如图 6.3.1 所示，当前的设计程序是针对硬件验证的，仿真需要时间相对较长。这是因为仿真验证和硬件验证是两个不同的验证方式，硬件验证时，为了便于观察往往需要结合硬件本身的实际情况。用 Ego1 开发板进行硬件验证时，为了肉眼能够看出显示结果，因此需要分频。而仿真验证时，如果分频过大，仿真时间就会太长，所以仿真时将参数 count1s 设置成了 5。

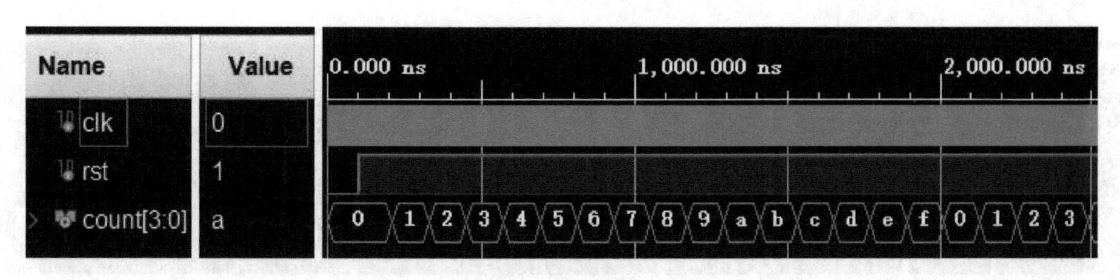

图 6.3.1 仿真结果

例 6.3.2 设计一个模八计数器，输出结果由数码管显示。

设计分析： 前面例 6.3.1 中设计了时钟分频源程序 fre1，本例直接将其作为底层调用或者封装成 IP 核调用。例 5.2.1 设计了由拨码开关输入一个四位二进制数，由共阴极数码管显示十六进制数的显示设计源程序 decoder_xianshi1，可以直接作为底层调用或者封装成 IP 核调用。

源程序代码如下：

```
module counter_2(
  input clk,
  input rst,
  output [6:0]a_to_g1,      //计数过程
  output cout,              //进位输出
  output [7:0]bitcode);     //连接数码管的位选
  wire [3:0]count;          //计数中间变量
  fre1 u1(clk,rst,count);
  decoder_xianshi1 u2(.a({1'b0,count[2:0]}),.a_to_g(a_to_g1),.bitcode(bitcode));
  assign cout = count[0]&count[1]&count[2];
endmodule
```

仿真程序如下：

```
module sim_counter_2;
  reg clk;
  reg rst;
  wire cout;
```

```
    wire [6:0]a_to_g1;
    wire [7:0]bitcode;
    counter_2 u0(.clk(clk),.rst(rst),.a_to_g1(a_to_g1),.cout(cout),.bitcode(bitcode));
    initial
      begin
        clk = 1'b0; rst = 1'b0; #200; rst = 1'b1;
      end
    always  #10 clk = ~clk;
endmodule
```

仿真结果如图 6.3.2 所示，注意仿真时需要重新客户化 fre1，修改参数，仿真图中 count1s 参数修改为 1。

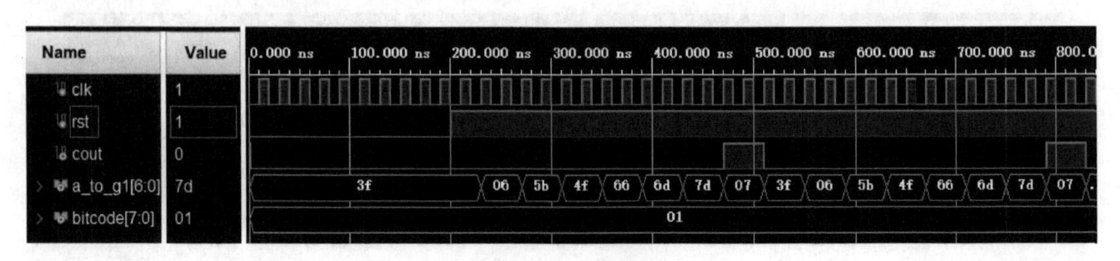

图 6.3.2　仿真结果

例 6.3.3　设计一个模为 2(N+1)的计数器，N 值可自己通过外部设定(通过外部设定 N 值，可以改变模值)，模值和计数输出结果都由数码管显示。

设计分析：本例题仍然调用例 6.3.1 中的 fre1 和例 5.2.1 中的 decoder_xianshi1，其中显示模值和计数输出两次调用 decoder_xianshi1。将 fre1 封装成 IP 核调用，客户化 fre1 时，count2s 的参数设为 1，设计的计数器 N 值只能在 3 位内调整，如果超出 3 位，不能直接调用显示 decoder_xianshi1，需要另行设计。

源程序代码如下：

```
module counter_3(
    input clk,
    input rst,
    input [2:0]N,                //输入的 N 值，这里限定 N 的位数是在 3 位内可调，模为 2(N+1)
                                 //如果超过 4 位，不能直接调用 decoder_xianshi1 封装的 IP 核
    output [6:0]a_to_g1,         //模值的段码
    output [6:0]a_to_g2,         //计数值的段码
    output [7:0]bitcode);        //数码管位选信号，在每组中各选择一个
    wire [3:0]count;             //计数器的计数值
    reg [2:0]cnt;
    wire [7:0]bitcode1;
    wire [7:0]bitcode2;
    wire [3:0]M;
    assign M = 2 * (N + 1);      //N 大于等于 7 时，模值显示将溢出
    always @(negedge count[0])//一定是 count[0]的下降沿作为计数的时钟
                                 //如果想进一步降低显示频率，可以设置更高位，但是封装值需要修改
```

```
    if(cnt == N) cnt <= 0; else cnt <= cnt + 1;
  assign bitcode = bitcode1|{bitcode2[3:0],bitcode2[7:4]};
  fre1_v1_01 u1(clk,rst,count);//参数 count2s 为 1,count1s 不变,用于分频
  decoder_xianshi1 u2(.a(M),.a_to_g(a_to_g1),.bitcode(bitcode1));//u2 为模值
  decoder_xianshi1 u3(.a({cnt,count[0]}),.a_to_g(a_to_g2),.bitcode(bitcode2));
endmodule   //u3 为计数值
```

仿真程序如下：

```
module sim_counter_3();
  reg clk, rst;
  reg [2:0] N;
  wire [6:0] a_to_g1;
  wire [6:0] a_to_g2;
  wire [7:0]bitcode;
  initial begin clk = 1'b0; rst = 1'b0; N = 2; #100; rst = 1'b1; end
  always  #10 clk = ~clk;
  always #1000 N = N + 1;
  counter_3 u0(clk,rst,N,a_to_g1,a_to_g2,bitcode);
endmodule
```

仿真结果如图 6.3.3 所示，仿真时设封装 fre1_v1_01 的 IP 核中参数 count1s 为 5。

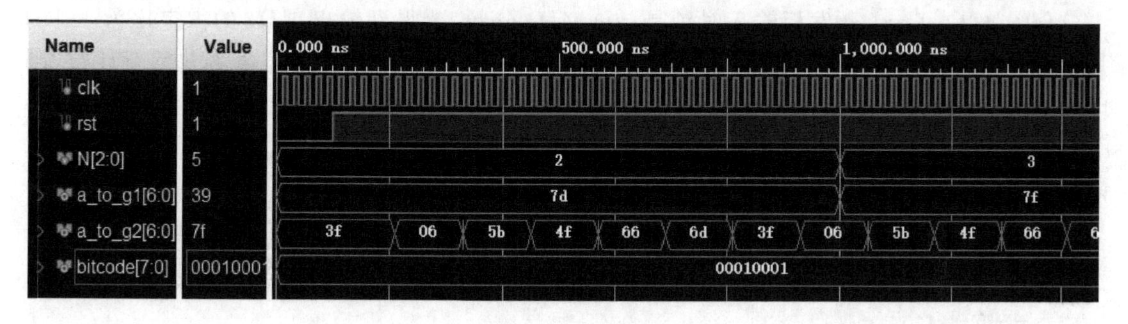

图 6.3.3 仿真结果

作业：自己完成硬件验证例 6.3.1～例 6.3.3。

思考题：想一想，本节例题中如何进行十进制显示？如何设计模可控的可逆计数器？

6.4 分频器设计

分频器通常用来对某个给定的时钟频率进行分频，以得到所需的时钟频率。在数字电路的设计中会经常用到多种不同频率的时钟脉冲，一般采用一个固定的晶振时钟频率以产生所需要的不同频率的时钟脉冲来进行时钟分频。在 FPGA 的设计中，分频器是使用频率较高的基本设计之一，在很多的设计中也会经常用到芯片集成的锁相环资源，如用 Xilinx 的 DLL 以及 Altera 的 PLL 来进行时钟的分频、倍频与相移。在一些对时钟精度要求不高的场合，会经

常利用硬件描述语言来对时钟源进行时钟分频。实际上分频器是一种基本电路,一般包括数字分频器、模拟分频器和射频分频器。根据不同设计的需要,有时还会要求占空比等。数字分频器采用的是计数器的原理,权值为分频系数。模拟分频器就是一个频率分配器,用带阻带通实现(比如音箱上高中低扬声器的分配器)。射频分频器也是滤波器原理,用带内外衰减,阻抗匹配实现。

数字分频器的设计与模拟分频器的设计不同,数字分频器可以使用触发器设计电路对时钟脉冲进行时钟分频。分频器的一个重要指标就是占空比,即在一个周期中高电平脉冲与低电平脉冲的比值。占空比一般会有1∶1、1∶N等不同比例的要求,由于占空比的比例要求不一样,所以采用的时钟分频原理也各不同。FPGA的数字分频器设计主要分为整数分频器、小数分频器和分数分频器。数字分频器的分频频率是由选用的计数器所决定的,如果是十进制的计数器那就是十分频,如果是二进制的计数器那就是二分频,还有四进制、八进制、十六进制等,以此类推。使用计数器来做分频,首先计数,例如采用十六进制计数器,每来一次外部时钟,计一次数,当计数到16时,计数器输出一个完整的方波,然后重新计数,当再次达到16时再次输出,这样就形成了占空比为1∶1的16分频的方波信号。Ego1板子提供的频率是100 MHz,如果需要其他频率,就需要分频。数码管显示时,肉眼能分辨的频率为30 Hz左右,因此需要将100 MHz的时钟分频到肉眼可见的频率范围。

本节设计的分频器占空比均为1∶1,实际上,例6.3.1中设计的时钟分频相当于占空比为1∶n-1的分频器,分频系数为n,输出count为输出的周期时钟信号。

例6.4.1 Ego1开发板输入时钟是100 MHz分频,要得到输出1 Hz的占空比为1∶1的周期时钟信号,设计一个计数器,当计数到固定值49_999_999时,寄存器清零并重新计数,同时输出时钟信号翻转一次,会得到占空比为1∶1的1 Hz周期脉冲信号,LED灯的状态翻转一次,由此完成1 Hz时钟频率的输出。设置复位按键,当复位按键按下时,LED保持点亮状态,同时计数器寄存器清零;复位按键抬起后,计数器从0开始计数。

源程序代码如下:

```
module frequency1(
  input clk100M,
  input rst,
  output reg clkout);  //clkout 输出接发光二极管
  reg [28:0]count; //定义计数变量,这里定义的位数大一些,便于调用修改
  parameter integer count1s = 49_999_999;
  always@(posedge clk100M or negedge rst) //异步,同步复位 rst 不出现在敏感表中
    if(rst == 0) //rst 接 Ego1 的 RESET,是低电平复位,其他普通按键时高电平复位
      count <= 0;
    else if(count < count1s) //仿真时 count1s 改小,下面给出的仿真波形设为 5
      count <= count + 1; // count 自动加一
    else //不满足以上条件时
      count <= 0; // 当 count 计数到 count1s = 49_999_999 时,count 清零
  always@(posedge clk100M or negedge rst) //完成占空比 1:1
    if(rst == 0)
      clkout <= 1'b0; //给连接输出的 LED 赋值 1,保持点亮状态
    else if(count < count1s)  //仿真时设为 5
```

```
        clkout <= clkout;    //clkout 保持不变
      else                    //不满足以上条件时
        clkout <= ~clkout; //clkout 状态翻转，输出 1 Hz 的等脉宽周期信号
endmodule                    //两个 always 语句可以合并成一个
```

仿真程序如下：

```
module sim_frequency1();
  reg clk100M;
  reg rst;
  wire clkout;
  frequency1 u0(.clk100M(clk100M),.rst(rst),.clkout(clkout));
   initial
    begin
      clk100M = 0;rst = 1'b0; #100; rst = 1'b1;end
  always #10 clk100M = ~clk100M;
endmodule
```

仿真结果如图 6.4.1 所示。

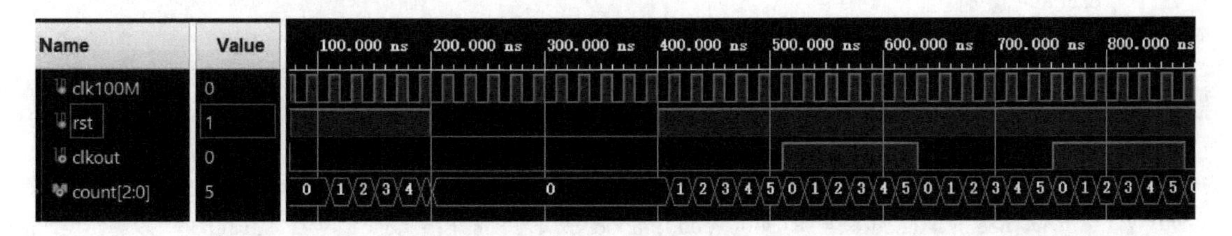

图 6.4.1　仿真结果

例 6.4.2　对输入时钟 100 MHz 分频，得到输出 2.5 Hz，输出频率时钟由发光二极管显示，同时由数码管显示分频系数。

设计分析：分频系数为 100000000/2.5＝40000000，这里只是练习一下数码管的静态数字显示设计。计数值需要计数到 40000000/2－1＝19999999。将例 6.4.1 的 frequency1 模块封装成 IP 核作为底层调用两次，当作为分频计数调用时参数 count1s 为 19999999，客户化名称为 frequency1_v1_00；当作为生成扫描数码管扫描信号调用时，参数 count1s 为 49999，客户化名称为 frequency1_v1_01。

当多位数码管显示的数字不变时，认为是静态数字显示，相对于动态数字显示简单得多，只需要不断地扫描数码管的位码，是哪位位码，就输出哪位固定的数字。这部分作为底层调用。

数码管静态数字显示程序如下：

```
module static_smg(
  input clk,
  input rst,
  output reg[6:0]a_to_g1,
  output reg[6:0]a_to_g2,
  output reg[7:0]bitcode);
  reg [2:0]dispbit;              //控制数码管位选信号
```

```
  always@(posedge clk or negedge rst)      //生成数码管位选信号
    begin
      if(rst == 0) dispbit <= 0;
      else if(dispbit >= 7) dispbit <= 0;
      else dispbit <= dispbit + 1;
    end
  always@(dispbit)//从右侧开始给数码管编号 1~8,数码管显示分频系数 40000000
    case(dispbit) //循环扫描 8 个数码管,8 个数码管一直显示分频系数 40000000
      3'h0:begin bitcode <= 8'b00000001; a_to_g1 <= 7'h3f;end//显示第 1 个数码管
      3'h1:begin bitcode <= 8'b00000010; a_to_g1 <= 7'h3f;end//显示第 2 个数码管
      3'h2:begin bitcode <= 8'b00000100; a_to_g1 <= 7'h3f;end//显示第 3 个数码管
      3'h3:begin bitcode <= 8'b00001000; a_to_g1 <= 7'h3f;end//显示第 4 个数码管
      3'h4:begin bitcode <= 8'b00010000; a_to_g2 <= 7'h3f;end//显示第 5 个数码管
      3'h5:begin bitcode <= 8'b00100000; a_to_g2 <= 7'h3f;end//显示第 6 个数码管
      3'h6:begin bitcode <= 8'b01000000; a_to_g2 <= 7'h3f;end//显示第 7 个数码管
      3'h7:begin bitcode <= 8'b10000000; a_to_g2 <= 7'h66;end//显示第 8 个数码管
      default:begin bitcode <= 8'b00000000; a_to_g1 <= 7'h00;a_to_g2 <= 7'h00;end
      //不显示
    endcase
  /* case(dispbit) //循环扫描 8 个数码管,8 个数码管一直显示分频系数 40000000
      3'h0:begin bitcode <=  8'b00000001; a_to_g1 <= 7'h3f;a_to_g2 <= 7'h3f;end
      3'h1:begin bitcode <=  8'b00000010; a_to_g1 <= 7'h3f;a_to_g2 <= 7'h3f;end
      3'h2:begin bitcode <=  8'b00000100; a_to_g1 <= 7'h3f;a_to_g2 <= 7'h3f;end
      3'h3:begin bitcode <=  8'b00001000; a_to_g1 <= 7'h3f;a_to_g2 <= 7'h3f;end
      3'h4:begin bitcode <=  8'b00010000; a_to_g2 <= 7'h3f;a_to_g1 <= 7'h3f;end
      3'h5:begin bitcode <=  8'b00100000; a_to_g2 <= 7'h3f;a_to_g1 <= 7'h3f;end
      3'h6:begin bitcode <=  8'b01000000; a_to_g2 <= 7'h3f;a_to_g1 <= 7'h3f;end
      3'h7:begin bitcode <=  8'b10000000; a_to_g2 <= 7'h66;a_to_g1 <= 7'h3f;end
      default:begin bitcode <=  8'b00000000; a_to_g1 <= 7'h00;a_to_g2 <= 7'h00;end
    endcase */ 段码也可以这样表示,仿真结果不一样,但是硬件验证是一样的
endmodule
```

源程序代码如下:

```
module frequency2(
  input wire clk100M,
  input wire rst,
  output wire clkout,         //分频时钟输出
  output wire[6:0]a_to_g1, //段码,用于显示分频系数
  output wire[6:0]a_to_g2, //段码,用于显示分频系数
  output wire[7:0]bitcode  //位码
  );
  wire clkout1;//位选扫描时钟信号
  frequency1_v1_00 u1(clk100M,rst,clkout);//计数分频参数 count1s = 19999999
  frequency1_v1_01 u2(clk100M,rst,clkout1);//扫描时钟生成参数 count1s = 49999
  static_smg u3(clkout1,rst, a_to_g1,a_to_g2,bitcode);// 数码管静态数字显示
endmodule
```

仿真程序如下：

```
module sim_frequency2();
  reg clk100M;
  reg rst;
  wire clkout;
  wire[6:0]a_to_g1;
  wire[6:0]a_to_g2;
  wire[7:0]bitcode;
  frequency2 u0(clk100M,rst,clkout,a_to_g1,a_to_g2,bitcode);
  initial
    begin
      clk100M = 1'b0; rst <= 1'b0; #200; rst <= 1'b1;
    end
  always #10 clk100M = ~clk100M;
endmodule
```

仿真结果如图 6.4.2 所示。其中图(a)仿真时，为了缩短仿真时长，便于观察，将计数分频参数 count1s＝19999999 和扫描时钟生成参数 count1s＝49999 分别改为 20 和 5。当 bitcode 为 8'b10000000 时，a_to_g2 为 66，即显示 4；当 bitcode 为 8'b01000000、8'b00100000、8'b00010000 时，a_to_g2 为 3f，即显示 0；而当 bitcode 为 8'b00000001、8'b00000010、8'b00000100、8'b00001000 时，a_to_g2 保持不变；而当仿真起始复位时，a_to_g2 值是随机的。a_to_g1一直为 3f，即保持显示 0 不变。图(b)中，输出没有随机性，只有 bitcode 为 8'b10000000时，a_to_g2 为 66，即显示 4，其余都显示 0，与设计一致。硬件验证不受两种数码管设计形式影响。

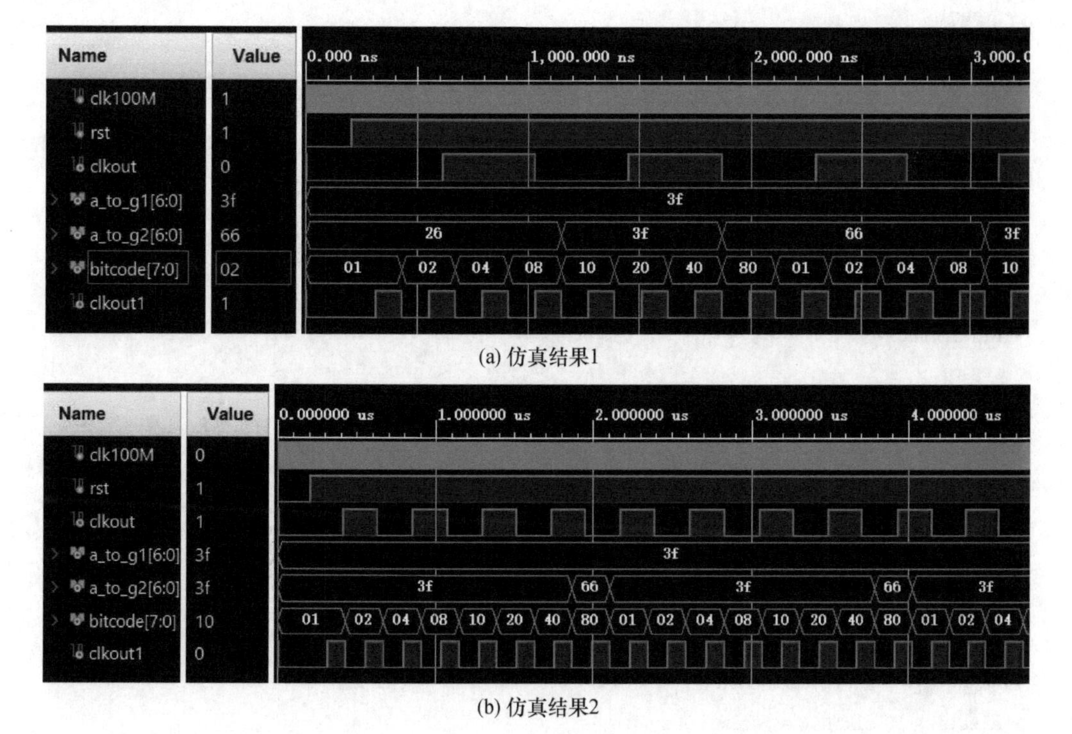

(a) 仿真结果1

(b) 仿真结果2

图 6.4.2 仿真结果

例 6.4.3 设计一个偶分频的通用分频器，输出频率时钟由发光二极管显示，同时由数码管显示十进制分频系数，分频系数值由外部拨码开关输入确定，当输入为 N 时，分频系数为2(N+1)。

设计分析：本设计可以采用层次化设计方式，为了硬件验证能够肉眼识别，先调用例 6.4.1 封装的 IP 核 frequency1，客户化名称为 frequency1_v1_02，将 100 MHz 时钟进行分频，再将此输出时钟作为分频输出时钟信号进行分频；调用例 5.6.3 中 decoder_xianshi2_1 进行输入分频系数显示，将其中的 input wire [4:0]a 改为六位，即 input wire [5:0]a。

源程序代码如下：

```
module frequency3(
  input clk100M,
  input rst,
  input [3:0]N,          //假设外部输入确定分频系数值 N 在四位范围内，分频系数是 2(N + 1)
  output reg clkout,     //分频输出，接发光二极管
  output [6:0]a_to_g1,   //分频系数段码个位
  output [6:0]a_to_g2,   //分频系数段码十位，十进制显示
  output [7:0]bitcode);
  wire [5:0]M;
  wire clkout1;          //100 MHz 时钟分频输出得到的时钟信号
  reg[3:0]count3;        //计数值输出时钟翻转信号，达到分频系数的一半值减一
  frequency1_v1_02 u1(clk100M,rst,clkout1);          //参数 count1s = 49999999
  assign M = 2 * (N + 1'b1);
  decoder_xianshi2_1 u2(M,bitcode,a_to_g1,a_to_g2); //分频系数大于 9 十位才显示
  always@(posedge clkout1 or negedge rst)           //完成分频
    begin
      if(rst == 0)  begin  count3 <= 0;clkout <= 0;  end
      else if(count3 < N)  begin  count3 <= count3 + 1; clkout <= clkout; end
      else  begin count3 <= 0;clkout <= ~clkout;  end
    end
endmodule
```

仿真程序如下：

```
module sim_frequency3();
  reg clk100M;
  reg rst;
  wire clkout;
  reg[3:0]N;
  wire[6:0]a_to_g1;
  wire[6:0]a_to_g2;
  frequency3 u0(clk100M,rst,N,clkout,a_to_g1,a_to_g2,bitcode);//注意位置对应
  initial
    begin
      clk100M = 1'b0;N = 4'b0010;rst = 1'b0; #800;rst = 1'b1;
    end
  always #10 clk100M = ~clk100M;
```

```
  always #3000 N = N + 4'b0011;
endmodule
```

仿真结果如图 6.4.3 所示，是将 count1s 设为 5 进行的仿真，显示的分频系数是 2 * (N+1)。

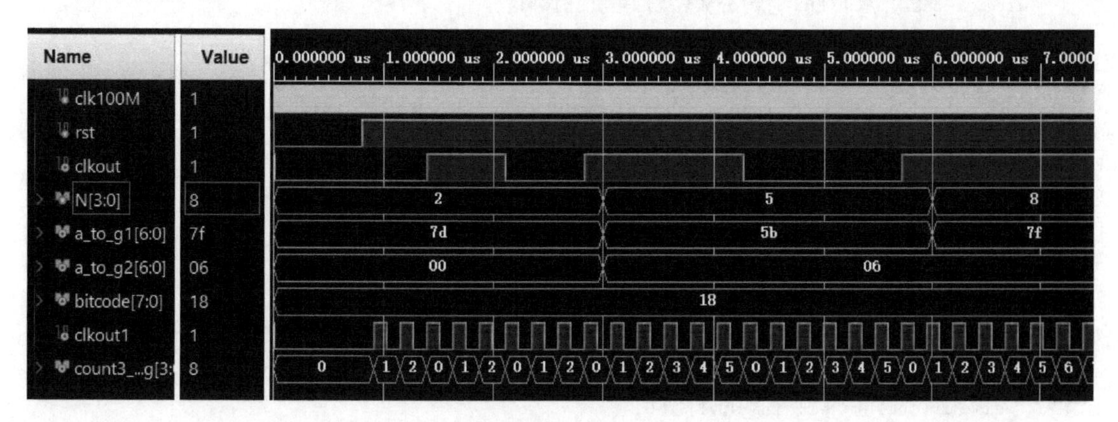

图 6.4.3 仿真结果

例 6.4.4 设计一个奇分频的通用分频器，输出频率时钟由发光二极管显示，同时由数码管显示十进制分频系数。分频系数值由外部拨码开关输入确定，当输入 N 值时，分频系数是 2N+1。

设计分析：如果奇分频需要保持分频后的时钟占空比为 50%，则不能像偶分频那样直接在分频系数的一半时使时钟信号翻转(高电平一半，低电平一半)。可以进行如下操作：

设计一个 5 分频的模块，采用计数器 cnt1 进行计数，在时钟上升沿进行加 1 操作，计数器的值为 0、1 时，输出时钟信号 clk_div1 为高电平，计数器的值为 2、3、4 时，输出时钟信号 clk_div1 为低电平，计数到 5 时清零，从头开始计数，可以得到占空比为 40% 的波形 clk_div1。采用计数器 cnt2 进行计数，在时钟下降沿进行加 1 操作，计数器的值为 0、1 时，输出时钟信号 clk_div2 为高电平，计数器的值为 2、3、4 时，输出时钟信号 clk_div2 为低电平，计数到 5 时清零，从头开始计数，可以得到占空比为 40% 的波形 clk_div2。clk_div1 和 clk_div2 的上升沿到来时间相差半个计数周期，将这两个信号进行或操作，即可得到占空比为 50% 的 5 分频时钟。

仍然与例 6.4.3 一样，先设计 100 MHz 的时钟，分频到肉眼能够分辨的频率再进行分频设计。调用例 6.4.1 封装的 IP 核 frequency1，客户化名称为 frequency1_v1_03，将 100 MHz 时钟进行分频，再将此输出时钟作为分频输出时钟信号进行分频；同样调用例 5.6.3 中 decoder_xianshi2_1 进行输入分频系数显示，将其中的 input wire [4:0]a 改为六位，即 input wire [5:0]a。

源程序代码如下：

```
module frequency4(
  input clk100M,
  input rst,
  input[3:0]N,//外部输入分频系数，奇数，在四位范围内可调
  output clkout,
  output [6:0]a_to_g1,
  output [6:0]a_to_g2,
```

```
  output [7:0]bitcode);
  reg clk_div1,clk_div2;
  reg [3:0]cnt1,cnt2;
  wire clkout1;//100 MHz时钟分频输出得到的时钟信号
  wire [5:0]M;
  assign M = {N,1'b1};
  frequency1_v1_03 u1(clk100M,rst,clkout1);                 //参数 count1s = 49999999
  decoder_xianshi2_1 u2(M,bitcode,a_to_g1,a_to_g2);     //分频系数大于 9 十位才显示
  always @(posedge clkout1 or negedge rst)                   //计数
    if(rst == 0)      cnt1 <= 4'b0000;
    else if(cnt1 < 2 * N)    cnt1 <= cnt1 + 1'b1;
    else cnt1 <= 4'b0000;
  always @(posedge clkout1 or negedge rst)                   //分频
    if(rst == 0) clk_div1 <= 1'b0;
    else if(cnt1 == N-1) clk_div1 <= 0;
    else if(cnt1 == 2 * N) clk_div1 <= 1;
    else clk_div1 <= clk_div1;
  always @(negedge clkout1 or negedge rst)                   //计数
    if(rst == 0)       cnt2 <= 4'b0000;
    else if(cnt2 < 2 * N)    cnt2 <= cnt2 + 1'b1;
    else   cnt2 <= 4'b0000;
  always @(negedge clkout1 or negedge rst)                   //分频
    if(rst == 0)    clk_div2 <= 1'b0;
    else if(cnt2 == N-1)   clk_div2 <= 0;
    else if(cnt2 == 2 * N)   clk_div2 <= 1;
    else clk_div2 <= clk_div2;
  assign clkout = clk_div1|clk_div2;
endmodule
```

仿真程序如下：

```
module sim_frequency4();
  reg clk100M,rst;
  reg [3:0]N;
  wire clkout;
  wire [6:0]a_to_g1,a_to_g2;
  wire [7:0]bitcode;
  frequency4 u0(clk100M,rst,N,clkout,a_to_g1,a_to_g2,bitcode);
  initial   begin
      clk100M = 1'b0;rst = 1'b0; N = 4'b0010;#200;rst = 1'b1;#3000;N = 4'b0101;rst = 1'b0;
      #200;rst = 1'b1; #5000; end
  always #10 clk100M = ~clk100M;
endmodule
```

仿真结果如图 6.4.4 所示。

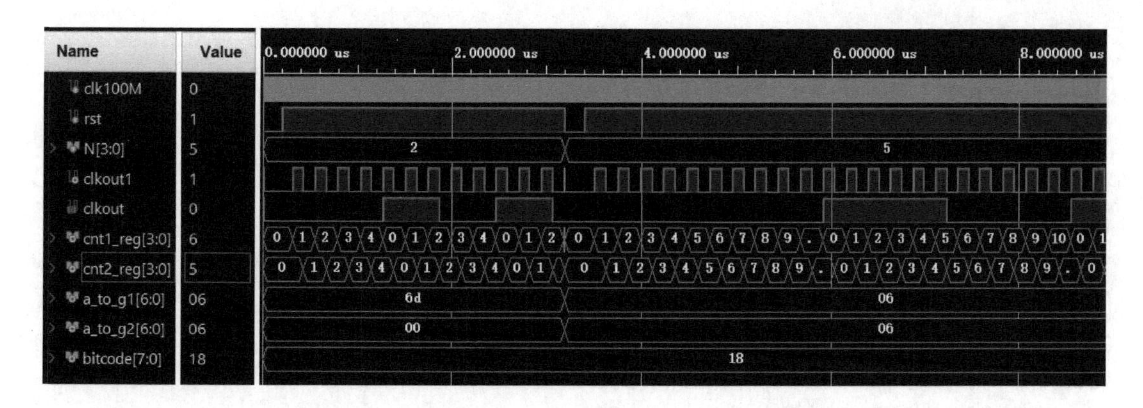

图 6.4.4　仿真结果

作业：自己完成硬件验证例 6.4.1～例 6.4.4。

思考题：想一想还有没有其他方法设计分频器。

6.5 脉宽调制器设计

脉宽调制器(Pulse Width Modulation，PWM)是通过调整脉冲宽度来形成符合要求的脉冲。通过调整计数周期中正脉冲序列的持续时间与脉冲总周期的比值来完成脉宽调制器设计，可以产生脉宽可变的脉冲序列，比如用来驱动 LED 时，可实现亮度变化。

脉宽调制器的设计实现方式是，首先需要设计一个计数器，其计数周期为脉宽调制器高低电平比值和，例如例 6.5.1 设计一个脉宽为 12∶4的脉宽调制器，其脉宽也就是高电平计数个数为 12，低电平计数个数为 4，即高低电平宽度比为 12∶4。其次需要定义一个寄存器型变量 count 来存储计数值 16，其中选 12 个连续计数值输出高电平，其余 4 个连续计数值输出低电平。当计数值达到模值时，计数器会归零，重新计数，输出接发光二极管可以观察现象。在设计脉宽调制器之前需要先将板子时钟 100 MHz 分频到肉眼可分辨的范围内。

例 6.5.1　设计一个脉宽为 12∶4 的脉宽调制器。

设计分析：如前分析，首先调用例 6.4.1 封装的 IP 核 frequency1，客户化名称为 frequency1_v1_04，将 100 MHz 时钟进行分频，参数 count1s＝49999999，再将此输出时钟作为脉宽调制器时钟信号进行计数。由于输出用发光二极管 LED 显示，直接设脉宽调制器输出为 LED，高电平时，LED 亮，低电平时，LED 灭。在检测到复位按键按下时，LED 灭，在检测到复位按键恢复时，计数器会在下一个时钟的上升沿重新开始计数。

源程序代码如下：

```
module pulse1(
  input clk100M,
  input rst,
  output reg led);      //脉宽调制器输出信号
  reg [3:0]count;       //计数值
```

```
    wire clk1;
    frequency1_v1_04 u1(clk100M,rst,clk1);      //参数 count1s = 49999999
    always @(posedge clk1 or negedge rst)       //此 always 语句完成计数
      begin
        if(rst == 0) count <= 4'b1111;          //复位按键按下,计数器归位
            //这里设置成最大值是为了复位结束下一个时钟从零重新开始计数
        else   count <= count + 1;
      end
    always @(posedge clk1 or negedge rst)       //此 always 语句完成脉宽比值
      begin
        if(rst == 0) led <= 0;                  //复位按键按下,输出为 0
        else if(count == 4'b1011)
          led <= 0;//当计数值需要保持高电平的时钟数达到时,下一个时钟到来输出变为低电平
        else if(count == 4'b1111)               //计数值到达最大模值时
          led <= 1; //下一个时钟到来输出变为高电平,下一个脉宽调制周期开始
        else led <= led;
      end
  endmodule
```

仿真程序如下:

```
  module sim_pulse1();
    reg clk100M;
    reg rst;
    wire led;
    pulse1 u0(clk100M,rst,led);
    initial
      begin
        clk100M = 1'b0;rst = 1;#100;rst = 0;#100;rst = 1;#5000;rst = 0;#300;rst = 1;
      end
    always #10 clk100M = ~clk100M;
  endmodule
```

仿真结果如图 6.5.1 所示,在按下复位按键后,计数器会归位到最大值,LED 灯灭,并在复位按键恢复后的第一个时钟上升沿重新开始计数。在一个完整计数周期中,高电平计数 12,低电平计数 4。仿真时可以设 count1s 为 5。

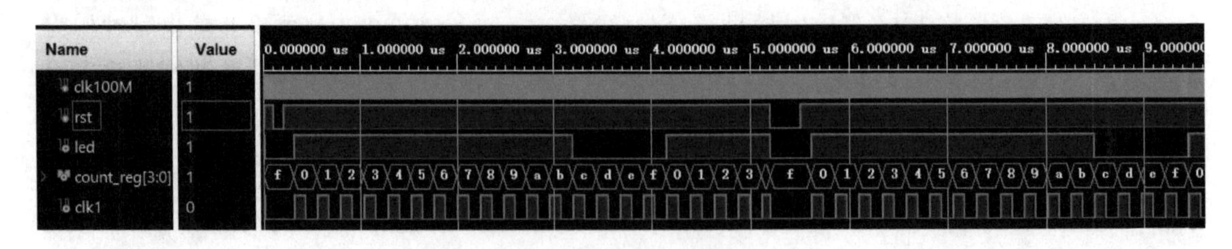

图 6.5.1 仿真结果

例 6.5.2 设计一个通用脉宽调制器,脉宽为 M/N ,N 和 M 由拨码开关给入,输出由发光二极管显示。

设计分析:首先需要设计一个模为 M+N 的计数器,使其脉宽即高电平计数个数为 M,然

后定义一个寄存器型变量 count 来存储模为 M+N 的计数值，当计数值达到模值后，计数器会归零，重新计数。输出用 LED 发光二极管显示，在一个计数周期内连续 M 个计数值输出高电平，LED 亮；其余 N 个计数值输出低电平，LED 灭。在复位时，LED 灭；在复位按键恢复时，计数器会在下一个时钟的上升沿重新开始计数。在每次输入新的 M、N 值后，必须复位才能正确归零并开始计数。

源程序代码如下：

```
module pulse2(
  input clk100M,
  input rst,
  input [7:0]M, //在八位二进制位范围内调整
  input [7:0]N, //在八位二进制位范围内调整
  output reg led);
  wire clk1;
  reg [8:0]count;//计数值
  frequency1_v1_05 u1(clk100M,rst,clk1);    //调用 IP 核，参数 count1s = 49999999
  always @(posedge clk1 or negedge rst)     //计数
    begin
      if(rst == 0) count <= M + N-1;              //复位按键按下时，计数器设置成最大值
      else if(count == (M + N-1)) count <= 0; //计数值为模数时，计数器归零
      else count <= count + 1'b1;
    end
  always @(posedge clk1 or negedge rst)     //完成脉宽比值
    begin
      if(rst == 0) led <= 0;                      //复位按键按下时，LED 灭
      else if(count == (M-1)) led <= 0;      //计数值达到脉宽时，输出变为 0
      else if (count == (M + N-1)) led <= 1; //下一个时钟脉宽到来，即计数归零后 LED 开始输出 1
      else led <= led;
    end
endmodule
```

仿真程序如下：

```
module sim_pulse2();
  reg clk100M;
  reg rst;
  reg [7:0]M;
  reg [7:0]N;
  wire led;
  pulse2 u0(clk100M,rst,M,N,led);
  initial
    begin
      clk100M = 1'b0; rst = 0; M = 8'h07;N = 8'h08; #40;rst = 1; #300; rst = 0;M = 805;N = 8'h04;
      #40;rst = 1; #500;rst = 0;M = 8'h09;N = 8'h06; #40;rst = 1; #500;
    end
  always #10 clk100M = ~clk100M;
endmodule
```

仿真结果如图 6.5.2 所示，在按下复位按键时，可以重新加载模数和脉宽值，计数器会归零，

led灯亮，并在复位按键恢复后的第一个时钟上升沿重新开始计数。在一个完整计数周期中，高电平计数和外部输入M相等。在每次输入新的M、N值后，必须复位。仿真时count1s设为5。

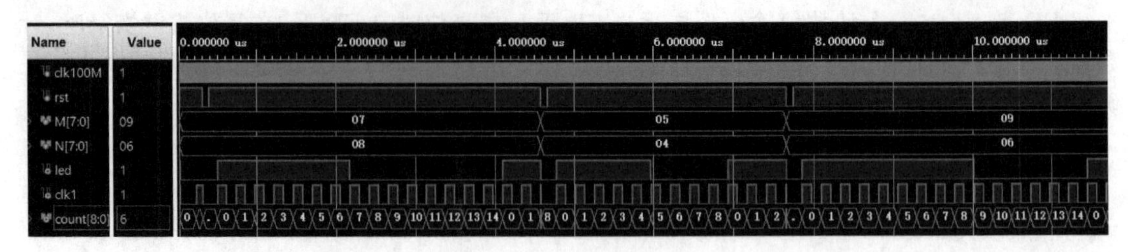

图 6.5.2 仿真结果

例 6.5.3 用脉宽调制器设计方法设计呼吸灯。

设计分析：呼吸灯点亮的过程为脉宽从低（如1%）慢慢升高（如100%，但50%的效果可能会更好一些，因为脉宽升高到一定程度，发光二极管的亮度变化肉眼看不明显）到LED灯亮的过程。脉宽占比低时，LED灯灭或者仅有少部分亮，慢慢的脉宽越来越大，亮的部分也越来越多，实现灯由灭到亮的一个过程。熄灭过程为脉宽从高（如100%、50%）慢慢降低（如1%）到LED灯灭的过程。脉宽占比高时，LED灯全亮，慢慢的脉宽越来越小，亮的部分也越来越少，熄灭的时间变长，实现灯由亮到灭的一个过程。

源程序代码如下：

```
module breathflight(
  input clk,
  input rst,
  output reg[15:0] led);
  integer count = 0;          //控制灯亮灭的快慢
  integer pwm = 0;            //灯周期为 100 个计数
  reg [7:0]pwmled = 0;        //改变占空比,50/100;49/100;48/100——2/100;1/100;0/100
  reg flag = 0;               //0 由暗变亮;1 由亮变暗
  always @ (posedge clk)
    if(rst == 0)   led <= 0;
    else   if(pwm < pwmled)    led <= 16'b1111111111111111;
    else   led <= 0;
  always @(posedge clk)
    if(pwm > 100)     pwm <= 0;
    else pwm <= pwm + 1;
  always @(posedge clk)
    begin
      if(rst == 0)
        begin
          count <= 0; pwmled <= 0; flag <= 0;
        end
      else   if (count == 3000000) //else if (count == 20)用于仿真
        begin
          count <= 0;
          if(flag == 0)//由暗变亮
```

```
            if(pwmled==50)
              begin
                flag<=1;pwmled<=49;
              end
            else pwmled<=pwmled+1;
          else  //由亮变暗
            if(pwmled==0)
              begin
                flag<=0;pwmled<=1;
              end
            else pwmled<=pwmled-1;
        end
      else   count<=count+1;
    end
endmodule
```

仿真程序如下：

```
module sim_breathflight();
  reg clk,rst;
  wire [15:0]led;
  breathflight u1(clk,rst,led);
  initial
    begin
      clk=0;rst=0; #100; rst=1;//复位按键恢复
    end
  always #10 clk=~clk;
endmodule
```

仿真结果如图6.5.3所示。

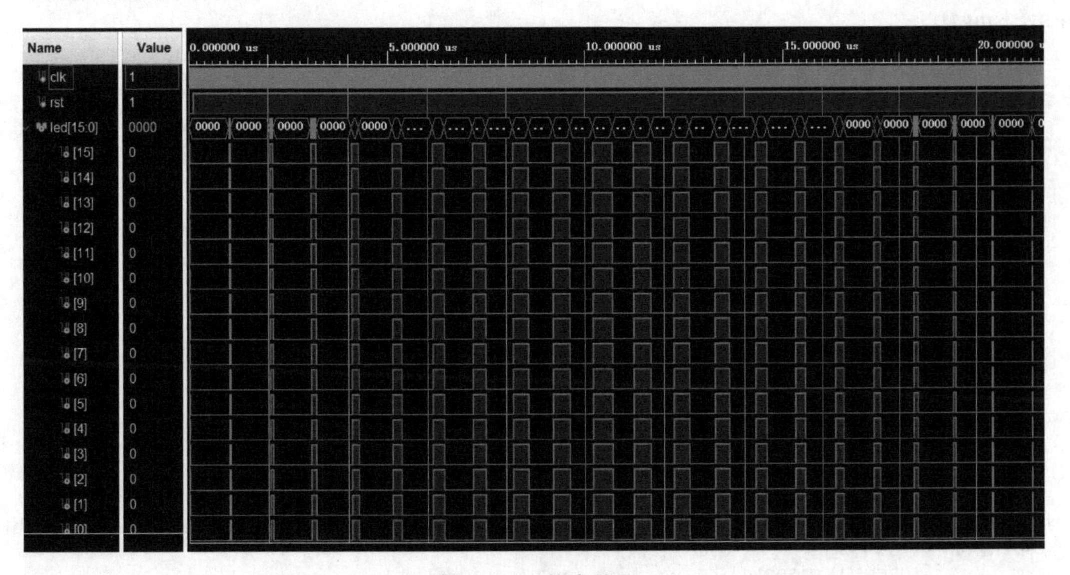

图6.5.3 仿真结果

作业：自己完成硬件验证例 6.5.1～例 6.5.3。

思考题：想一想，脉宽调制器还能完成什么设计？试一试。

6.6 多位数码管显示电路设计

Ego1 开发板上有两组数码管，每组 4 个数码管，每组数码管共用段码。在数字系统设计过程中，输出显示往往用到数码管，因此熟悉数码管的设计使用是很重要的。数码管使用过程中分为静态显示和动态显示两种方式。本节内容针对 Ego1 来设计不同的开发板，由于数码管的位选、段选设置不同，所以设计方式会不同。

例 6.6.1 由拨码开关输入 BCD 码，由数码管显示出来，每 4 个拨码开关为一组输入一个 BCD 码，共 4 组，每组由一个数码管显示一个 BCD 码，共用一组 4 个数码管，每个数码管可以显示 0～9(实际上就是 BCD 码用数码管显示输出十进制数)。

设计分析：由设计要求可知，如果在同一时刻只有一组拨码开关输入，则可以按照组合逻辑设计进行，即静态显示，但是如果在同一时刻有两组或者两组以上拨码开关输入，则需要按照时序逻辑设计进行，即动态显示。按照时序逻辑进行设计的原理如下：

① 假设设置每个数码管显示 1 ms，设计分频器将 100 MHz 的时钟 clk 分频为 1 000 Hz，需要 100 000 分频。可以调用例 6.4.1 封装的 IP 核 frequency1，客户化名称为 frequency1_v1_06，参数 count1s 为 49999，用于数码管扫描。

②必须记录当前显示的是用哪个数码管，一组 4 个数码管共需采用 2 位寄存器存储位置信息，定义寄存器变量 dispbit 来存储这一信息。

③ 根据 dispbit1 的值 0、1、2、3，选中相应的数码管，使其位选信号满足条件，并且输出相对应的 BCD 码值。

主程序中调用例 5.2.2 中的输入四位 BCD 码值进行十进制输出数码管显示的程序sw_smg10。

主源程序代码如下：

```
module tube1(
  input clk100M,
  input rst,
  input [15:0]sw,                              //四组输入 BCD 码
  output [6:0]a_to_g1,
  output reg[3:0]bitcode1);                    //一组数码管位选
  reg [1:0]dispbit1;                           //控制数码管位选信号
  wire clkout1;
  reg [3:0]bitnum1;                            //数码管显示的数值
  frequency1_v1_06 u1(clk100M,rst,clkout1);   //扫描时钟生成参数 count1s = 49999
  sw_smg10 u2(bitnum1,a_to_g1);
  always@(posedge clkout1 or negedge rst)      //生成数码管位选信号
    begin
      if(rst == 0) dispbit1 <= 0;
```

```
        else if(dispbit1 >= 3) dispbit1 <= 0;
        else dispbit1 <= dispbit1 + 1;
      end
  always @(dispbit1 or sw) //确定数码管每位应该显示的输出 BCD 码
      begin
        case(dispbit1)
          2'b00:begin bitnum1 = sw[15:12]; bitcode1 = 4'b0001; end
          2'b01:begin bitnum1 = sw[11:8]; bitcode1 = 4'b0010; end
          2'b10:begin bitnum1 = sw[7:4]; bitcode1 = 4'b0100; end
          2'b11:begin bitnum1 = sw[3:0]; bitcode1 = 4'b1000; end
          default:begin bitnum1 = 4'b0000; bitcode1 = 4'b0000; end
        endcase
      end
endmodule
```

仿真程序如下：

```
module sim_tube1();
  reg clk100M;
  reg rst;
  reg [15:0]sw;
  wire [3:0]bitcode1;
  wire [6:0]a_to_g1;
  tube1 u0(clk100M,rst,sw,a_to_g1,bitcode1);
  initial
      begin
        clk100M = 1'b0;sw = 16'h0000;rst = 0;#200;rst = 1; //四组 BCD 码均为 0000
        #1100;sw = 16'h1234; //四组 BCD 码为 0001,0010,0011,0100
        #1100;sw = 16'h5678; //四组 BCD 码为 0101,0110,0111,1000
        #1100;sw = 16'h3456; //四组 BCD 码为 0011,0100,0101,0110
      end
always #10 clk100M = ~clk100M;
endmodule
```

仿真结果如图 6.6.1 所示，当输入四组 BCD 码均为 0000 时，每一位的段码均为数字 0 对应的段码 3f；当输入四组 BCD 码为 0001/0010/0011/0100 时，每一位的段码分别对应数字 1/2/3/4的段码 06/5b/4f/66；当输入四组 BCD 码为 0101/0110/0111/1000 时，每一位的段码分别对应数字 5/6/7/8 的段码 6d/7d/07/7f；当输入四组 BCD 码为 0011/0100/0101/0110 时，每一位的段码分别对应数字 3/4/5/6 的段码 4f/66/6d/7d。

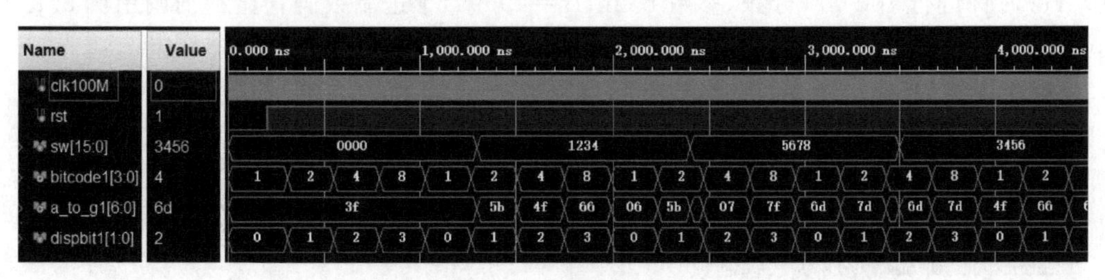

图 6.6.1 仿真结果

例 6.6.2 如果输入的是 4 组 4 位二进制数，而不是 BCD 码，输出用十六进制显示，如何设计？

设计分析：与例 6.6.1 相比，例 6.6.2 只是输入的 4 位数值有 16 种组态，输出显示 0～9，A～F，其他不变。所以，程序中只有数码管显示段码部分不同，下面只给出输入 4 位二进制数的数码管显示段码，然后在顶层主程序中调用。调用例 6.4.1 封装的 IP 核 frequency1，客户化名称为 frequency1_v1_06，将 100 MHz 时钟进行 100 000 分频，参数 count1s＝49999。显示部分不再调用例 5.2.2 中的 sw_smg10，而是调用例 5.2.1 中的 sw_smg16 即可。在仿真代码中替换一些输入值观察结果。顶层程序设计同例 6.6.1，这里不再给出，但顶层模块名为 tube2，以备后续例题使用。

仿真代码输入值替换如下：

```
clk100M = 1'b0;sw = 16'h1234;rst = 0;#200;rst = 1;//四组二进制码为 0001,0010,0011,0100
#1100;sw = 16'h5678; //四组二进制码为 0101,0110,0111,1000
#1100;sw = 16'h9abc; //四组二进制码为 1001,1010,1011,1100
#1100;sw = 16'hdeff; //四组二进制码为 1101,1110,1111,1111
```

仿真结果如图 6.6.2 所示，当输入四组 BCD 码为 0001/0010/0011/0100 时，每一位的段码分别对应数字 1/2/3/4 的段码 06/5b/4f/66；当输入四组 BCD 码为 0101/0110/0111/1000 时，每一位的段码分别对应数字 5/6/7/8 的段码 6d/7d/07/7f；当输入四组 BCD 码为 1001/1010/1011/1100 时，每一位的段码分别对应数字 9/10(a)/11(b)/12(c)的段码 6f/77/7c/39；当输入四组 BCD 码为 1101/1110/1111/1111 时，每一位的段码分别对应数字 13(d)/14(e)/15(f)/15(f)的段码 5e/79/71/71。

图 6.6.2 仿真结果

例 6.6.3 设计一个 16 位拨码开关输入二进制数，由数码管显示十进制数。

设计分析：首先需要计算 16 位二进制数对应的最大十进制数是 65535，需要 5 位数码管显示十进制数，可以用一组四个再加另外一组一个数码管。代码设计需要结合硬件 Ego1 开发板实际情况。调用例 6.4.1 封装的 IP 核 frequency1，客户化名称为 frequency1_v1_07，将 100 MHz 时钟进行 100 000 分频，参数 count1s＝49999，十进制数码管显示则调用例 5.2.2 中的 sw_smg10。

源程序代码如下：

```
module tube3(
  input clk100M,
  input rst,
  input [15:0]num,//16 为二进制数
```

```
    output reg[6:0]a_to_g1,  // 右边 4 位数码管段码
    output reg[6:0]a_to_g2,  //左边 4 位数码管段码
    output reg[4:0]bitcode);
    reg [2:0]dispbit1;       //控制数码管位选信号
    wire [6:0]a_to_g11,a_to_g12,a_to_g13,a_to_g14,a_to_g21;//各位数码管段码
    reg [3:0]y0,y1,y2,y3,y4; //各个位的值
    wire clkout1;            //生成的扫描时钟
    frequency1_v1_07 u1(clk100M,rst,clkout1);//扫描时钟生成参数 count1s = 49999
    sw_smg10 u2(y0,a_to_g11);
    sw_smg10 u3(y1,a_to_g12);
    sw_smg10 u4(y2,a_to_g13);
    sw_smg10 u5(y3,a_to_g14);
    sw_smg10 u6(y4,a_to_g21);
    always @(num)            //计算各个位的十进制数值
      begin
        y4 = num/10000;
        y3 = (num-y4 * 10000)/1000;
        y2 = (num-y4 * 10000-y3 * 1000)/100;
        y1 = (num-y4 * 10000-y3 * 1000-y2 * 100)/10;
        y0 = num-y4 * 10000-y3 * 1000-y2 * 100-y1 * 10;
      end
    always @(posedge clkout1 or negedge rst)//进行右边数码管的位选信号操作
      begin
        if(rst == 0) dispbit1 <= 0;
        else if(dispbit1 >= 4) dispbit1 <= 0;
        else dispbit1 <= dispbit1 + 1;
      end
    always @(dispbit1,a_to_g11,a_to_g12,a_to_g13,a_to_g14,a_to_g21)
      case(dispbit1)
        3'b000:begin a_to_g1 = a_to_g11;bitcode[4:0] = 5'b00001;end
        3'b001:begin a_to_g1 = a_to_g12;bitcode[4:0] = 5'b00010;end
        3'b010:begin a_to_g1 = a_to_g13;bitcode[4:0] = 5'b00100;end
        3'b011:begin a_to_g1 = a_to_g14;bitcode[4:0] = 5'b01000;end
        3'b100:begin a_to_g2 = a_to_g21;bitcode[4:0] = 5'b10000;end
        default:begin a_to_g1 = 0; a_to_g2 = 0; bitcode[4:0] = 5'b00000; end
      endcase
endmodule
```

仿真程序如下：

```
module sim_tube3();
    reg clk100M;
    reg rst;
    reg [15:0]num;
    wire [6:0]a_to_g1;  //右边 4 位数码管段码
    wire [6:0]a_to_g2;  //左边 4 位数码管段码
```

```
    wire [7:0]bitcode;
    tube3 u0(clk100M,rst,num,a_to_g1,a_to_g2,bitcode);
    initial
      begin
        clk100M = 1'b0;num = 16'hffff;rst = 0;#100;rst = 1;
      end
    always #10 clk100M = ~clk100M;
    always #1200 num = num + 16'h1001;
endmodule
```

仿真结果如图 6.6.3 所示，当输入 16 位二进制码 num＝0xffff，即 num＝65535 时，每一位的段码分别对应数字 6/5/5/3/5 的段码 7d/6d/6d/4f/6d；当输入 16 位二进制码 num＝0x1000，即 num＝4096 时，每一位的段码分别对应数字 4/0/9/6 的段码 66/3f/6f/7d；当输入 16 位二进制码 num＝0x2001，即 num＝8193 时，每一位的段码分别对应数字 8/1/9/3 的段码 7f/06/6f/4f；当输入 16 位二进制码 num＝0x3002，即 num＝12290 时，每一位的段码分别对应数字 1/2/2/8/8 的段码 06/5b/5b/6f/3f。

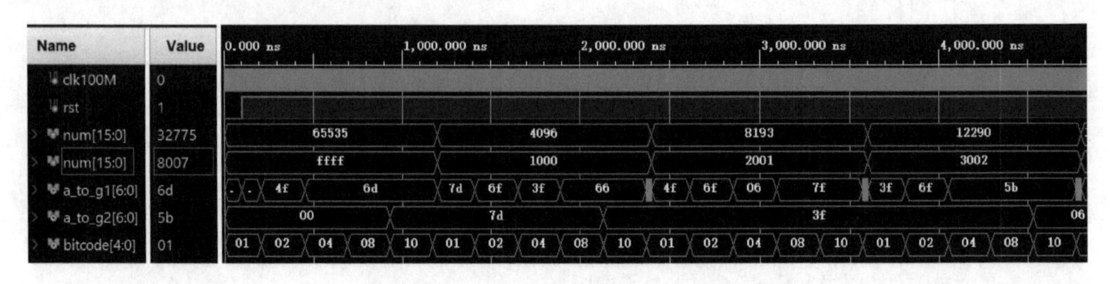

图 6.6.3 仿真结果

作业：自己完成硬件验证例 6.6.1～例 6.6.3。

思考题：想一想例 6.6.3 的设计原理，说明如何实现两个数码管同时显示不同的数字？

第7章

状态机设计

状态机设计方式是数字逻辑电路以及数字系统的重要设计方式之一，状态机的设计程序层次分明，结构清晰，易读易懂，初学者特别容易掌握。根据当前状态和输入条件决定状态机的内部状态转换以及产生的输出信号序列，状态机设计可以分为 Mealy 机和 Moore 机设计方式。Moore 机输出只和当前状态有关，Mealy 机输出不仅与当前状态有关，还与输入信号有关。通过学习状态机设计，学生遇到问题学会从不同的角度去思考，用不同的方式来解决问题，培养学生严谨的科学态度，提高学生解决复杂工程问题的能力，进而培养学生的大国工匠精神。常用状态机设计方式设计空调控制器、汽车尾灯控制器、自动售饮料控制器、交通灯控制器、序列信号发生器、序列信号检测器等。

Moore 状态机设计一般分为状态寄存器设计、状态转换设计、输出译码三段式设计，以及需要完成的其他功能部分的设计。除了定义输入/输出信号及其类型以外，一般需要声明内部信号，需要定义 current_state 和 next_state 作为当前状态和次态。

下面用 3 个 always 语句描述状态机：第一个 always 语句用来描述次态和现态的转换，即状态寄存器；第二个 always 语句用于描述现态在输入情况下转换为次态的组合逻辑，即状态转换；第三个 always 语句用于描述现态到输出的组合逻辑输出，即输出译码。

代码如下：

```
module Moore(
  input clk,
  input rst,
  input [1:0]a,
  output [2:0]b);                          //定义输入、输出位宽及个数
  reg[2:0]current_state,next_state;        //内部信号声明
  parameter s0 = 000,s1 = 001,s2 = 010,s3 = 011,s4 = 100,s5 = 101,s6 = 110,s7 = 111;
                                           //可定义,也可以直接用数值表示,如 000、001 等
  always @(posedge clk or negedge rst)     //状态寄存器
    begin
      if(rst = = 0) current_state < = s0;
      else current_state < = next_state;
    end
  always @(a or current_state)             //状态转换
    begin
```

```
      case(current_state)
        s0:begin if(a) next_state = s1;else next_state = s0;end
        s1:begin if(a) next_state = s2;else next_state = s1;end
        s2:begin if(a) next_state = s3;else next_state = s2;end
        s3:begin if(a) next_state = s4;else next_state = s3;end
        s4:begin if(a) next_state = s5;else next_state = s4;end
        s5:begin if(a) next_state = s6;else next_state = s5;end
        s6:begin if(a) next_state = s7;else next_state = s6;end
        s7:begin if(a) next_state = s0;else next_state = s7;end
        default;next_state = 3'bxxx;   //状态数及转换按照实际情况进行
      endcase
    end
  always @(current_state)                    //Moore 输出译码,也可用 if…else if…else 语句
    begin
      case(current_state)
        s0:b = 3'b000;
        s1:b = 3'b001;
        s2:b = 3'b010;
        s3:b = 3'b011;
        s4:b = 3'b100;
        s5:b = 3'b101;
        s6:b = 3'b110;
        s7:b = 3'b111;
        default:b = 3'b000;
      endcase
    end
endmodule
```

如果是 Mealy 状态机,即输出不仅与状态有关,而且与输入有关,则将次态输出和组合输出两个 always 语句合并成一个,成为两段式状态机。

7.1 空调控制器设计

空调控制器是常用的电子产品控制器件,可以方便调节控制空调的温度等。

例 7.1.1 用状态机的设计方式设计一个简单的空调控制器,有太冷和太热两个温度控制输入信号,有加热和制冷两个温度调节控制输出信号,还有一个时钟输入信号和一个复位信号。

设计分析:状态转换比较简单,所以状态转换图略。

源程序代码如下:

```
module aircondition1(
  input wire clk,
  input wire rst,
```

```
    input wire temp_high,
    input wire temp_low,
    output reg heat,
    output reg cool);
    reg [1:0]current_state,next_state;
    parameter just_right = 2'b00,too_cold = 2'b01,too_hot = 2'b10;
    always@(posedge clk)                   //状态寄存器
      begin
      if(rst == 0) current_state <= just_right;        //采用同步复位,结合板子,低电平复位
      else current_state <= next_state;
    end
    always @(current_state or temp_high or temp_low) //状态转换
      begin
        case(current_state)
          just_right:
            if(temp_high == 1) next_state = too_hot;
            else if(temp_low == 1) next_state = too_cold;
            else next_state = just_right;
          too_hot:
            if(temp_high == 1) next_state = too_hot;
            else if(temp_low == 1) next_state = too_cold;
            else next_state = just_right;
          too_cold:
            if(temp_high == 1) next_state = too_hot;
            else if(temp_low == 1) next_state = too_cold;
            else next_state = just_right;
          default:next_state = just_right;
        endcase
      end
    always@(current_state)                             //输出译码器,也可以用 case 语句完成
      begin
        if(current_state == too_hot) begin cool = 1'b1;heat = 1'b0;end
        else if(current_state == just_right) begin cool = 1'b0;heat = 1'b0;end
        else if(current_state == too_cold) begin cool = 1'b0;heat = 1'b1;end
        else begin cool = 1'b0;heat = 1'b0;end
      end
  endmodule
```

仿真程序如下：

```
  module sim_aircondition1();
    reg clk;
    reg rst;
    reg temp_high;
    reg temp_low;
    wire heat;
```

```
    wire cool;
    aircondition1 u0(clk,rst,temp_high,temp_low,heat,cool);
    initial
      begin
        clk = 0;temp_high = 0;temp_low = 0;rst = 1; #100;rst = 0; #400;rst = 1;
      end
    always #10 clk =~clk;
    always #100 temp_high =~temp_high;
    always #150 temp_low =~temp_low;
endmodule
```

仿真结果如图 7.1.1 所示，可以看出，当输入为太热信号(temp_high＝1，temp_low＝0)时，输出状态为制冷(cool＝1，heat＝0)；当输入为太冷信号(temp_high＝0，temp_low＝1)时，输出状态为制热(cool＝0，heat＝1)；当输入信号为 temp_high＝0，temp_low＝0 时，输出状态为 cool＝0，heat＝0；当输入信号为 temp_high＝1，temp_low＝1 时，输出状态由 temp_high 决定，输出状态为制冷(cool＝1，heat＝0)，这是程序设计决定的，但实际上不应该有 temp_high＝1，temp_low＝1 同时出现的状况。

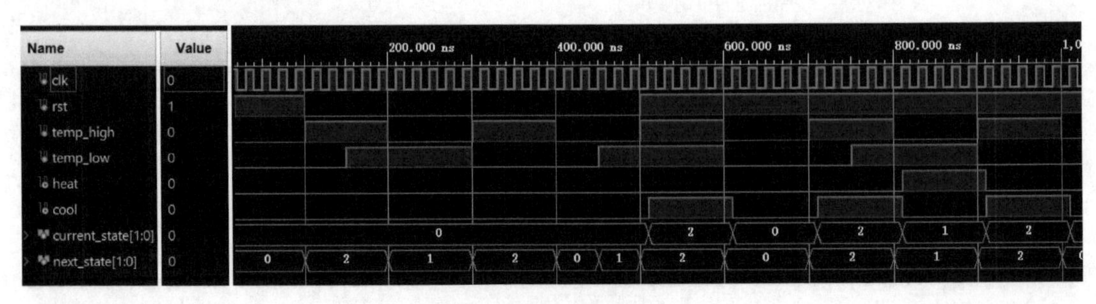

图 7.1.1　仿真结果

例 7.1.2　标准模式状态下进行加热和制冷，首先进行设定温度和当前室温的比较，需要按照比较结果进行加热和制冷的操作，加热或制冷到达设定温度时，停止工作，处于省电模式，每种模式状态下都设定不同的时间，再次检查比较室温和设定温度是否一致，不一致的话就继续加热或制冷。由于外部只有一个 100 MHz 的时钟输入信号，因此需要多个时钟输入信号时，要求设计分频器得到不同的时钟频率信号。输入由拨码开关给入，输出由发光二极管显示。

设计分析：定义了初始、制冷、加热、省电四个状态，开机时处于初始状态，1 s 后自动进入省电模式。首先定义室温 room_temp 和设置温度 set_temp，输出状态为 state，实际上就是当前状态，省电模式下每 5 s 比较一下室温和设置温度，当温度发生变化时进行调整，进入加热或制冷模式。加热模式下和制冷模式下都是 2 s 比较一下室温和设定温度，符合条件则进行状态模式转换。分频直接调用例 6.4.1 的 frequency1 封装的 IP 核，客户化名称为 frequency1_v1_08，参数 count1s＝49999999，输出为 1 s，用于表示开机后转换到省电模式所用的时间；客户化名称为 frequency1_v1_9，参数 count1s＝24999999，输出为 2 s，用于制冷模式下检查时间计算；客户化名称为 frequency1_v1_10，参数 count1s＝24999999，输出为 2 s，用于加热模式下检查时间计算；客户化名称为 frequency1_v1_11，参数 count1s＝9999999，输出为 5 s，用于省电模式下检查时间计算。如果不调用设计好的分频器，可以在程序中设计所需要的分频器。

在本例题中，每种状态下的计时都是由复位信号控制的，相当于计时开始信号。

源程序代码如下：

```
module aircondition2(
  input clk,
  input rst,
  input [4:0]room_temp,
  input [4:0]set_temp,
  output reg heat,
  output reg cool,
  output [1:0]state);                      //分别代表初始、制冷、加热、省电四个状态
  reg [1:0]current_state,next_state;
  wire clkI,clkZ,clkH,clkS;                //每种状态下的检测计时时钟
  reg rst1,rst2,rst3,rst4;                 //每种状态下的复位信号，控制检测计时开始
  parameter  IDLE      = 2'b00;            //初始状态(睡眠初始状态)
  parameter  ZHILENG   = 2'b01;            //制冷状态(睡眠制冷状态)
  parameter  HEAT      = 2'b10;            //加热状态(睡眠加热状态)
  parameter  SHENGDIAN = 2'b11;            //省电状态(睡眠省电状态)
  frequency1_v1_08 u1(clk,rst1,clkI);      //count1s = 49999999
  frequency1_v1_09 u2(clk,rst2,clkZ);      //count1s = 24999999
  frequency1_v1_10 u3(clk,rst3,clkH);      //count1s = 24999999
  frequency1_v1_11 u4(clk,rst4,clkS);      //count1s = 9999999
  assign state = current_state;
  always @(posedge clk)
    begin
      if(rst == 0)    current_state <= IDLE;
      else current_state <= next_state;
    end
  always @(current_state or room_temp or set_temp or clkI or clkZ or clkH or clkS)
    begin
      case(current_state)
        IDLE:if(clkI == 1)   next_state = SHENGDIAN;  //经过 1ns 进入省电状态
              else next_state = IDLE;
        ZHILENG:begin
          if (clkZ == 1)
            if(room_temp > set_temp)    next_state = ZHILENG;
            else if(room_temp < set_temp)     next_state = HEAT;
            else next_state = SHENGDIAN;
          else next_state = ZHILENG;   end
        HEAT:begin
          if (clkH == 1)
            if(room_temp > set_temp)     next_state = ZHILENG;
            else if(room_temp < set_temp)     next_state = HEAT;
            else next_state = SHENGDIAN;
          else next_state = HEAT; end
        SHENGDIAN:begin
```

```
            if (clkS == 1)
              if(room_temp > set_temp)     next_state = ZHILENG;
              else if(room_temp < set_temp)     next_state = HEAT;
              else next_state = SHENGDIAN;
            else next_state = SHENGDIAN;   end
          default:next_state = SHENGDIAN;
        endcase
      end
    always @(current_state)  //输出译码的同时,使相应状态下的复位信号有效,检测计时
      begin
        case(current_state)
          IDLE:begin rst1 = 1;rst2 = 0;rst3 = 0;rst4 = 0;heat = 0;cool = 0;end
          ZHILENG:begin rst1 = 0;rst2 = 1;rst3 = 0;rst4 = 0;heat = 0;cool = 1;end
          HEAT:begin rst1 = 0;rst2 = 0;rst3 = 1;rst4 = 0;heat = 1;cool = 0;end
          SHENGDIAN:begin rst1 = 0;rst2 = 0;rst3 = 0;rst4 = 1;heat = 0;cool = 0;end
          default:begin rst1 = 0;rst2 = 0;rst3 = 0;rst4 = 0;heat = 1;cool = 1;end
        endcase
      end
  endmodule
```

仿真程序如下：

```
module sim_aircondition2();
  reg clk,rst;
  reg [4:0]room_temp;
  reg [4:0]set_temp;
  wire [1:0]state;
  wire heat;
  wire cool;
  aircondition2 u0(clk,rst,room_temp,set_temp,heat,cool,state);
  initial
    begin
      clk = 1'b0;rst = 0;room_temp = 17;set_temp = 19; #200 rst = 1;
    end
  always #10 clk =~clk;
  always #400 room_temp = room_temp + 1;
endmodule
```

仿真结果如图 7.1.2 所示，输入为四位二进制室温和五位二进制设定温度，输出为初始状态 00，制冷状态 01，加热状态 10，省电状态 11 四个模式。定义输入数据初值并确定设置温度，200 ns 后复位按键抬起，时钟周期为 20 ns，每 400 ns 周期改变一下室温的值，并观察结果。仿真时四次调用 IP 核分频器，count1s 分别为 5、3、3、1。

例 7.1.3 除了标准模式外，在例 7.1.2 的基础上增加睡眠模式和除湿模式，每个模式都有自己的功能。设置 signal 为模式转换输入信号，mode 为模式输出信号，state 为每个模式下所处的状态功能，标准模式下有初始、制冷、加热、省电四种状态，睡眠模式下有静音初始、静音制冷、静音加热、静音省电四个状态，除湿模式下会一直采用标准模式下的制冷，直到温度比设

定温度低 2 ℃再开启抽湿，若温度高于设定温度 2 ℃，则停止抽湿，开始制冷，除湿模式下不会加热，设定除湿模式下也有初始状态。

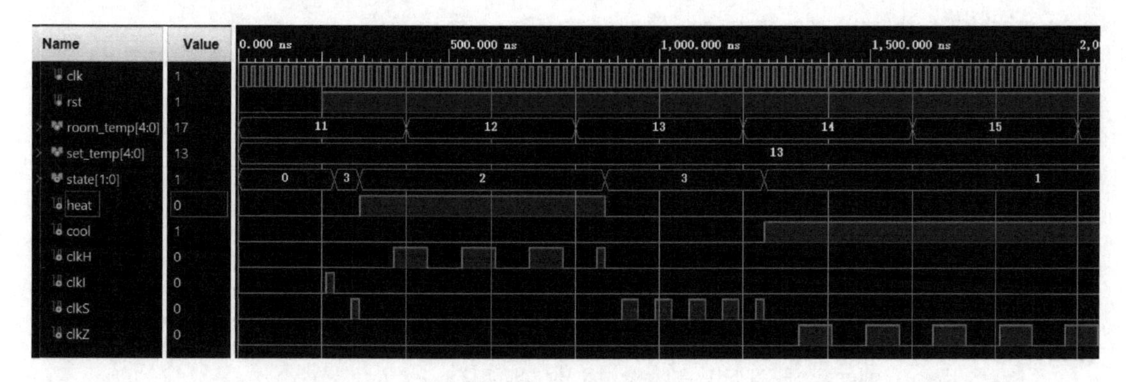

图 7.1.2　仿真结果

设计分析：在标准模式和睡眠模式下，可以将 aircondition2 模块作为底层调用，如果计时需要修改，可以更改调用的 IP 核参数。将例 7.1.2 的 aircondition2 中的加热状态去掉，省电状态换成抽湿状态，即可完成除湿模块的设计，并将其作为底层调用。除此之外，仍然需要多次调用例 6.4.1 的 frequency1 封装的 IP 核，参数可以根据设计要求修改。多次调用 IP 核时，如果参数一样，可以客户化相同的名字即可，这里取了不同的名字，以便分别修改参数。

顶层源程序代码如下：

```
module aircondition3(
  input clk,
  input rst,
  input [4:0]room_temp,
  input [4:0]set_temp,
  input [1:0]signal,                    //模式输入信号，标准、睡眠、除湿三种模式下有多种状态
  output heat,
  output cool,
  output muteheat,
  output mutecool,
  output dehumi,
  output [1:0]mode,                     //模式输出信号，标准、睡眠、除湿
  output reg[1:0]state);                //每种模式下代表不同状态
  wire [1:0]state1,state2,state3;
  reg [1:0]current_state,next_state;
  reg rstB,rstS,rstC;                   //作为三种模式的工作启动信号
  wire Dcool,Bcool;
  parameter BIAOZHUAN = 2'b00;          //标准模式
  parameter SLEEP     = 2'b01;          //睡眠模式
  parameter CHUSHI    = 2'b10;          //除湿模式
  assign mode = current_state;
  assign cool = (mode == 00)? Bcool:Dcool;
```

```
  aircondition2 u1(clk,rstB,room_temp,set_temp,heat,Bcool,state1);   //标准模式
  aircondition2 u2(clk,rstS,room_temp,set_temp,muteheat,mutecool,state2);  //睡眠模式
  chushi u3(clk,rstC,room_temp,set_temp,dehumi,Dcool,state3);        //除湿模式
  always @(posedge clk)                                              //模式改变
    begin
      if(rst == 0)    current_state <= BIAOZHUAN;
      else current_state <= next_state;
    end
  always @(current_state or signal)          //begin…end 可有可无
    case(current_state)
      BIAOZHUAN:begin
        if(signal == SLEEP)    next_state = SLEEP;
        else if(signal == CHUSHI)    next_state = CHUSHI;
        else    next_state = BIAOZHUAN;end
      SLEEP:begin
        if(signal == BIAOZHUAN) next_state = BIAOZHUAN;
        else if(signal == CHUSHI) next_state = CHUSHI;
        else   next_state = SLEEP;end
      CHUSHI:begin
        if(signal == BIAOZHUAN)   next_state = BIAOZHUAN;
        else if(signal == SLEEP)   next_state = SLEEP;
        else   next_state = CHUSHI;end
      default:next_state = BIAOZHUAN;
    endcase
  always @(current_state or state1 or state2 or state3)
                                       // 产生每种模式下状态的启动信号,用复位信号启动
    case(current_state)
      BIAOZHUAN:  begin rstB = 1;rstS = 0;rstC = 0;state = state1; end
      SLEEP:      begin rstB = 0;rstS = 1;rstC = 0; state = state2;end
      CHUSHI:     begin rstB = 0;rstS = 0;rstC = 1; state = state3;end
      default:    begin rstB = 0;rstS = 0;rstC = 0; state = 2'b00;end
    endcase
endmodule
```

底层除湿模块源程序代码如下:

```
module chushi(                          //底层除湿模块
  input clk,
  input rst,
  input [4:0]room_temp,
  input [4:0]set_temp,
  output reg dehumi,
  output reg cool,
  output [1:0]state);                   //初始、制冷、抽湿三个状态
  reg [1:0]current_state,next_state;
```

```
wire clkI,clkZ,clkC;                           //每种状态下的检测计时时钟
reg rst1,rst2,rst3;                            //每种状态下的复位信号,控制检测计时开始
parameter  IDLE     = 2'b00;                   //初始状态
parameter  ZHILENG  = 2'b01;                   //制冷状态
parameter  CHOUSHI  = 2'b10;                   //抽湿状态
frequency1_v1_12 u1(clk,rst1,clkI);            //IP 核调用 count1s = 49999999
frequency1_v1_13 u2(clk,rst2,clkZ);            //IP 核调用 count1s = 24999999
frequency1_v1_14 u3(clk,rst3,clkC);            //IP 核调用 count1s = 19999999
assign state = current_state;
always @(posedge clk)
  begin
    if(rst == 0)   current_state <= IDLE;
    elsecurrent_state <= next_state;
  end
always @(current_state or room_temp or set_temp or clkI or clkZ or clkC)
  begin
    case(current_state)
      IDLE:if(clkI == 1)  next_state = CHOUSHI;  //经过 1 ns 进入省电状态
           else next_state = IDLE;
      ZHILENG:begin
        if (clkZ == 1)
          if(room_temp >= set_temp -2)    next_state = ZHILENG;
          else next_state = CHOUSHI;
        else next_state = ZHILENG;   end
      CHOUSHI:begin
        if (clkC == 1)
          if(room_temp >= set_temp -2)     next_state = ZHILENG;
          else next_state = CHOUSHI;
        else next_state = CHOUSHI;   end
      default:next_state = ZHILENG;
    endcase
  end
always @(current_state)  //输出译码的同时,使相应状态下的复位信号有效,检测计时
  begin
    case(current_state)
      IDLE:begin rst1 = 1;rst2 = 0;rst3 = 0;dehumi = 0;cool = 0;end
      ZHILENG:begin rst1 = 0;rst2 = 1;rst3 = 0;dehumi = 0;cool = 1;end
      CHOUSHI:begin rst1 = 0;rst2 = 0;rst3 = 1;dehumi = 1;cool = 0;end
      default:begin rst1 = 0;rst2 = 0;rst3 = 0;dehumi = 0;cool = 0;end
    endcase
  end
endmodule
```

仿真程序如下：

```
module sim_aircondition3();
  reg clk,rst;
  reg [4:0]room_temp,set_temp;
  reg [1:0]signal;
  wire heat,cool,muteheat,mutecool,dehumi;
  wire [1:0]mode;
  wire [1:0]state;
  aircondition3 u0(clk,rst,room_temp,set_temp,signal,heat,cool,muteheat,
  mutecool,dehumi,mode,state);
  initial
    begin
      clk = 1'b0;rst = 0;room_temp = 12;set_temp = 20;signal = 2'b00;
      #200;rst = 1; #3000;signal = 2'b01; #3000;signal = 2'b10;
    end
  always #10 clk =~clk;
  always #800 room_temp = room_temp + 4'b1000;
endmdule
```

仿真结果如图 7.1.3 所示，分析一下方框圈出的地方是什么情况？

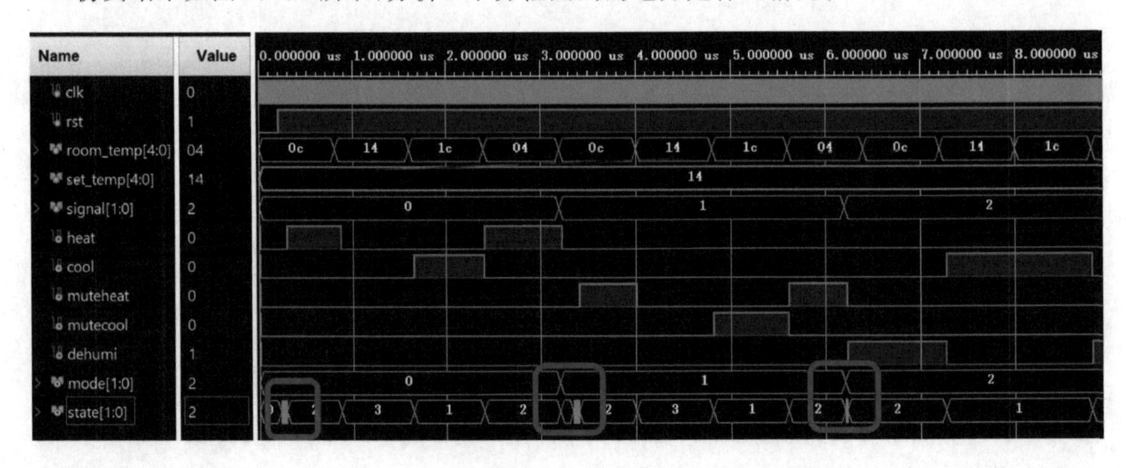

图 7.1.3　仿真结果

作业：分析本节例题的仿真结果，自己完成硬件验证例 7.1.1～例 7.1.3。

思考题：除了标准模式、睡眠模式和除湿模式外，想一想还可以增加什么功能？自行查阅资料。

7.2 汽车尾灯控制器设计

汽车尾灯控制器可以用状态机的方法来进行设计。一般情况下，汽车在行驶过程中共有 4 种状态：直行、左转弯、右转弯、刹车。

例 7.2.1 用状态机设计方法设计一个汽车尾灯控制器。该控制器共有 4 种状态(状态 STR_state 代表正常直行或静止;状态 LH_state 代表左转弯;状态 RH_state 代表右转弯;状态 JMH_state 代表刹车)、3 个控制信号(LH 代表左转弯控制;RH 代表右转弯控制;JMH 代表刹车控制)、2 个输出控制(LD 代表点亮左尾灯控制输出;RD 代表点亮右尾灯控制输出)。其状态转移图如图 7.2.1 所示。

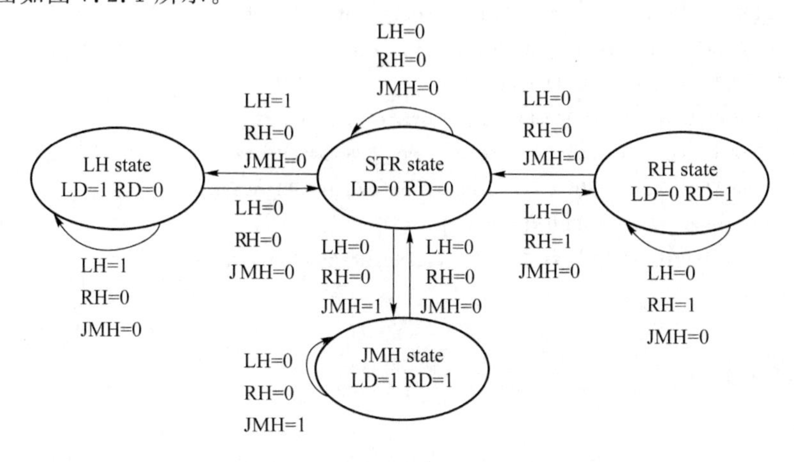

图 7.2.1 汽车尾灯状态转移图

源程序代码如下:

```
module carlight1(
  input clk,
  input rst,
  input LH,
  input RH,
  input JMH,
  output reg LD,
  output reg RD);
  reg [1:0]current_state,next_state;
  parameter [1:0]RH_state = 2'b01,LH_state = 2'b10,JMH_state = 2'b11,STR_state = 2'b00;
  always @(posedge clk)
    if(rst == 0) current_state <= JMH_state;
    else current_state <= next_state;
  always @(current_state or LH or RH or JMH)
    begin
      case(current_state)              //状态改变
        RH_state:begin LD = 1'b0;RD = 1'b1;
          if({RH,LH,JMH} == 3'b000) next_state = STR_state;
          else if({RH,LH,JMH} == 3'b010) next_state = LH_state;
          else if({RH,LH,JMH} == 3'b100) next_state = RH_state;
          else next_state = JMH_state;end
        LH_state:begin LD = 1'b1;RD = 1'b0;
          if({RH,LH,JMH} == 3'b000) next_state = STR_state;
          else if({RH,LH,JMH} == 3'b010) next_state = LH_state;
```

```
            else if({RH,LH,JMH} == 3'b100) next_state = RH_state;
            else next_state = JMH_state;end
          JMH_state:begin LD = 1'b1;RD = 1'b1;
            if({RH,LH,JMH} == 3'b000) next_state = STR_state;
            else if({RH,LH,JMH} == 3'b010) next_state = LH_state;
            else if({RH,LH,JMH} == 3'b100) next_state = RH_state;
            else next_state = JMH_state;end
          STR_state:begin LD = 1'b0;RD = 1'b0;
            if({RH,LH,JMH} == 3'b000) next_state = STR_state;
            else if({RH,LH,JMH} == 3'b010) next_state = LH_state;
            else if({RH,LH,JMH} == 3'b100) next_state = RH_state;
            else next_state = JMH_state;end
          default:begin LD = 1'bx;RD = 1'bx; next_state = 2'bxx;end
        endcase
      end
    endmodule
```

仿真程序如下：

```
module sim_carlight1();
  reg clk,rst;
  reg LH,RH,JMH;
  wire LD,RD;
  carlight1 u0(clk,rst,LH,RH,JMH,LD,RD);
  initial begin
      clk = 1'b0;{LH,RH,JMH} = 3'b000;rst = 0;#200;rst = 1;#400;{LH,RH,JMH} = 3'b001;
      #400;{LH,RH,JMH} = 3'b010;#400;{LH,RH,JMH} = 3'b100;#400;{LH,RH,JMH} = 3'b010;
      #400;{LH,RH,JMH} = 3'b000; end
  always #10 clk =~clk;
endmodule
```

仿真结果如图 7.2.2 所示，当输入为刹车时，输出为左右灯亮；当输入为右转时，输出为右灯亮；当输入为左转时，输出为左灯亮；当输入为静止或直行时，输出为左右灯不亮。

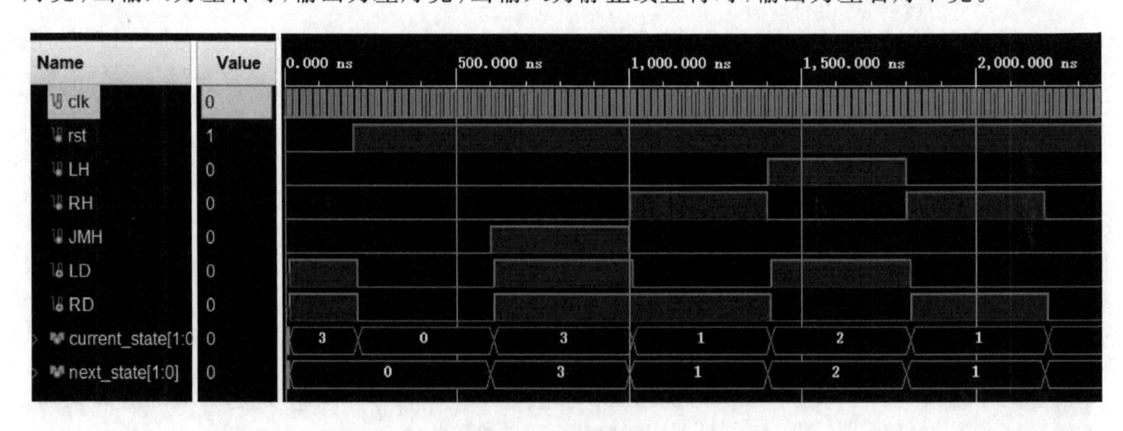

图 7.2.2　仿真结果

例 7.2.2 在例 7.2.1 的基础上，加入夜间行驶状态，左右两侧的指示灯同时一直亮或者闪亮，供照明使用。

设计分析：Ego1 开发板时钟频率为 100 MHz，在闪烁时需要进行分频，使其在人眼能分辨的范围之内。调用例 6.4.1 封装好的 IP 核 frequency1，客户化名称为 frequency1_v1_15，参数 count1s 调在肉眼识别范围内即可。

源程序代码如下：

```
module carlight2(
  inpu tclk,
  input rst,
  input LH,
  input RH,
  input JMH,
  input NIG,
  output reg LD,
  output reg RD);
  reg [2:0]current_state,next_state;
  parameter [2:0]RH_state = 3'b001,LH_state = 3'b010,JMH_state = 3'b011;
  parameter [2:0]STR_state = 3'b000,NIG_state = 3'b111;
  wire clkout;
  frequency1_v1_15 u1(clk,rst,clkout);
  always @(posedge clk)
    if(rst == 0) current_state <= JMH_state;
    else current_state <= next_state;
  always @(current_state or LH or RH or JMH or NIG)
    begin
      case(current_state)                    //状态改变
        RH_state:begin LD = 1'b0;RD = 1'b1;
          if({RH,LH,JMH,NIG} == 4'b0000)next_state = STR_state;
          else if({RH,LH,JMH,NIG} == 4'b0100)next_state = LH_state;
          else if({RH,LH,JMH,NIG} == 4'b1000)next_state = RH_state;
          else if({RH,LH,JMH,NIG} == 4'b0001)next_state = NIG_state;
          else next_state = JMH_state;end
        LH_state:begin LD = 1'b1;RD = 1'b0;
          if({RH,LH,JMH,NIG} == 4'b0000)next_state = STR_state;
          else if({RH,LH,JMH,NIG} == 4'b0100)next_state = LH_state;
          else if({RH,LH,JMH,NIG} == 4'b1000)next_state = RH_state;
          else if({RH,LH,JMH,NIG} == 4'b0001)next_state = NIG_state;
          else next_state = JMH_state;end
        JMH_state:begin LD = 1'b1;RD = 1'b1;
          if({RH,LH,JMH,NIG} == 4'b0000)next_state = STR_state;
          else if({RH,LH,JMH,NIG} == 4'b0100)next_state = LH_state;
          else if({RH,LH,JMH,NIG} == 4'b1000)next_state = RH_state;
          else if({RH,LH,JMH,NIG} == 4'b0001)next_state = NIG_state;
          else next_state = JMH_state;end
        STR_state:begin LD = 1'b0;RD = 1'b0;
```

```
            if({RH,LH,JMH,NIG} == 4'b0000)next_state = STR_state;
            else if({RH,LH,JMH,NIG} == 4'b0100)next_state = LH_state;
            else if({RH,LH,JMH,NIG} == 4'b1000)next_state = RH_state;
            else if({RH,LH,JMH,NIG} == 4'b0001)next_state = NIG_state;
            else next_state = JMH_state;end
          NIG_state:begin LD = clkout;RD = clkout;
            if({RH,LH,JMH,NIG} == 4'b0000)next_state = STR_state;
            else if({RH,LH,JMH,NIG} == 4'b0100)next_state = LH_state;
            else if({RH,LH,JMH,NIG} == 4'b1000)next_state = RH_state;
            else if({RH,LH,JMH,NIG} == 4'b0001)next_state = NIG_state;
            else next_state = JMH_state;end
          default:begin LD = 1'bx;RD = 1'bx; next_state = 3'bxxx;end
        endcase
    end
endmodule
```

仿真程序如下：

```
module sim_carlight2();
  reg clk,rst;
  reg LH,RH,JMH,NIG;
  wire LD,RD;
  carlight2 u0(clk,rst,LH,RH,JMH,NIG,LD,RD);
  initial begin
      clk = 1'b0;{LH,RH,JMH,NIG} = 4'b0000;rst = 0;#200;rst = 1;#1000;
      {LH,RH,JMH,NIG} = 4'b0001;#1000;{LH,RH,JMH,NIG} = 4'b0010;#1000;
      {LH,RH,JMH,NIG} = 4'b0100;#1000;{LH,RH,JMH,NIG} = 4'b1000;#1000;
      {LH,RH,JMH,NIG} = 4'b0000; end
  always #10 clk =~clk;
endmodule
```

仿真结果如图 7.2.3 所示，当输入为夜间行驶时，输出为左右灯闪烁；当输入为刹车时，输出为左右灯常亮；当输入为右转时，输出为右灯亮；当输入为左转时，输出为左灯亮；当输入为静止或直行时，输出为左右灯不亮。

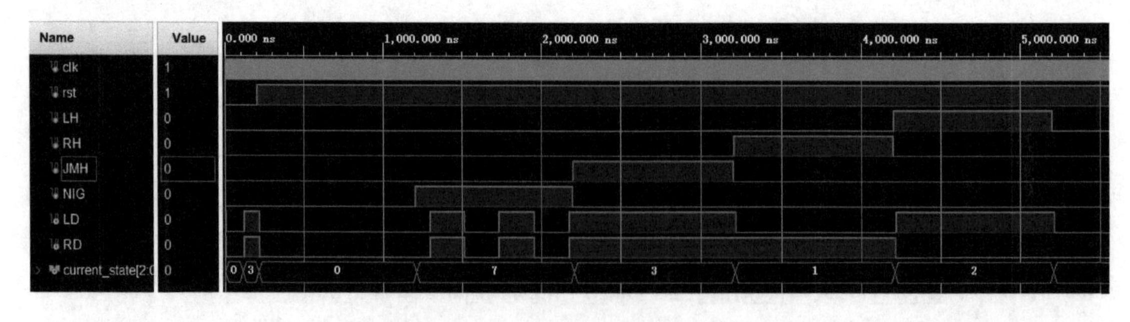

图 7.2.3　仿真结果

例 7.2.3　在例 7.2.2 的基础上，左右转向时，转向灯标志用 8 个发光二极管的流水灯显示，即左转向，转向流水灯向左流动，右转向，转向流水灯向右流动。

设计分析:仍调用例 6.4.1 封装好的 IP 核 frequency1,客户化名称为 frequency1_v1_16,参数 count1s 调在肉眼识别范围内即可。

源程序代码如下:

```
module carlight3(
  input clk,
  input rst,
  input LH,
  input RH,
  input JMH,
  input NIG,
  output reg [3:0]LD,
  output reg [3:0]RD);               //为达到左右转向时的流水灯效果,设计左右灯为各4位的二极管
  reg [2:0]current_state,next_state;
  parameter [2:0]RH_state = 3'b001,LH_state = 3'b010,JMH_state = 3'b011;
  parameter [2:0]STR_state = 3'b000,NIG_state = 3'b111;
  wire clkout;
  reg [3:0]RD1 = 4'b0001,LD1 = 4'b1000;
  frequency1_v1_16 u1(clk,rst,clkout);
  always @(posedge clkout)
    begin RD1 <= {RD1[0],RD1[3:1]};LD1 = {LD1[2:0],LD1[3]};end
  always @(posedge clk)
    if(rst == 0) current_state <= JMH_state;
    else current_state <= next_state;
  always @(current_state or LH or RH or JMH or NIG)
    begin
      case(current_state)          //状态改变
        RH_state:begin LD = 4'b0000;RD = RD1;
          if({RH,LH,JMH,NIG} == 4'b0000)next_state = STR_state;
          else if({RH,LH,JMH,NIG} == 4'b0100)next_state = LH_state;
          else if({RH,LH,JMH,NIG} == 4'b1000)next_state = RH_state;
          else if({RH,LH,JMH,NIG} == 4'b0001)next_state = NIG_state;
          else next_state = JMH_state;end
        LH_state:begin LD = LD1;RD = 4'b0000;
          if({RH,LH,JMH,NIG} == 4'b0000)next_state = STR_state;
          else if({RH,LH,JMH,NIG} == 4'b0100)next_state = LH_state;
          else if({RH,LH,JMH,NIG} == 4'b1000)next_state = RH_state;
          else if({RH,LH,JMH,NIG} == 4'b0001)next_state = NIG_state;
          else next_state = JMH_state;end
        JMH_state:begin LD = 4'b1111;RD = 4'b1111;
          if({RH,LH,JMH,NIG} == 4'b0000)next_state = STR_state;
          else if({RH,LH,JMH,NIG} == 4'b0100)next_state = LH_state;
          else if({RH,LH,JMH,NIG} == 4'b1000)next_state = RH_state;
          else if({RH,LH,JMH,NIG} == 4'b0001)next_state = NIG_state;
          else next_state = JMH_state;end
```

```
        STR_state:begin LD = 4'b0000;RD = 4'b0000;
          if({RH,LH,JMH,NIG} == 4'b0000)next_state = STR_state;
          else if({RH,LH,JMH,NIG} == 4'b0100)next_state = LH_state;
          else if({RH,LH,JMH,NIG} == 4'b1000)next_state = RH_state;
          else if({RH,LH,JMH,NIG} == 4'b0001)next_state = NIG_state;
          else next_state = JMH_state;end
        NIG_state:begin LD = {4{clkout}};RD = {4{clkout}};
          if({RH,LH,JMH,NIG} == 4'b0000)next_state = STR_state;
          else if({RH,LH,JMH,NIG} == 4'b0100)next_state = LH_state;
          else if({RH,LH,JMH,NIG} == 4'b1000)next_state = RH_state;
          else if({RH,LH,JMH,NIG} == 4'b0001)next_state = NIG_state;
          else next_state = JMH_state;end
        default:begin LD = 4'bxxxx;RD = 4'bxxxx; next_state = 3'bxxx;end
      endcase
    end
endmodule
```

仿真程序如下：

```
module sim_carlight2();
  reg clk,rst;
  reg LH,RH,JMH,NIG;
  wire [3:0]LD,RD;
  carlight3 u0(clk,rst,LH,RH,JMH,NIG,LD,RD);
  initial begin
      clk = 1'b0;{LH,RH,JMH,NIG} = 4'b0000;rst = 0; #200;rst = 1; #1000;
      {LH,RH,JMH,NIG} = 4'b0001; #1000;{LH,RH,JMH,NIG} = 4'b0010; #1000;
      {LH,RH,JMH,NIG} = 4'b0100; #2000;{LH,RH,JMH,NIG} = 4'b1000; #2000;
      {LH,RH,JMH,NIG} = 4'b0000; end
  always #10 clk =~clk;
endmodule
```

仿真结果如图 7.2.4 所示。

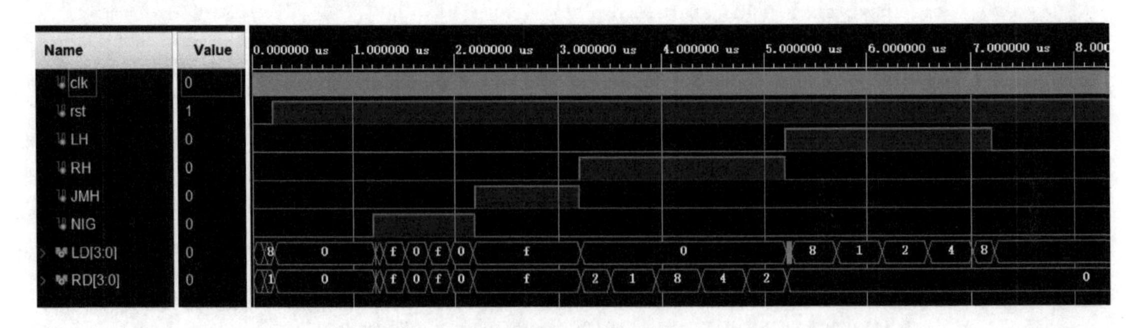

图 7.2.4　仿真结果

作业：自己完成硬件验证例 7.2.1～例 7.2.3。

思考题：结合实际情况想一想，还有没有其他状态？例如双闪警示灯的紧急情况等。

7.3 自动售饮料控制器设计

在一些公共场所中经常能看到自动售货机，自动售货机控制器也可以采用状态机的设计方法。

例 7.3.1 用状态机的设计方法设计一个自动售饮料的逻辑电路。购买者每次可以买多瓶相同的饮料，单瓶价格是 6 元，机器的投币口每次只能投入一枚五元纸币或十元的纸币或一元硬币。该控制器可以根据购买瓶数自动给出需要的总价钱，然后购买者再投币。购买瓶数只能增加，不能减少，如果设置的购买瓶数大于想要买的瓶数了，只能复位，然后重新设置。假设最多能一次性买 16 瓶，这样预付金额及支付总金额就都不超过两位数。需要支付的金额、找零、已经预付的金额以及购买瓶数由数码管显示出来。显示部分调用例 6.7.1 四组四位 BCD 码的显示程序 tube1。

源程序代码如下：

```
module machine1(
  input clk,
  input rst,                    //也作为开始购买操作键，即购买前复位操作
  input drinks6,                //6 元的饮料
  input money10,
  input money5,
  input money1,
  input key1,                   //购买确认键
  output [6:0]a_to_g1,          //需要支付金额段码，用其中一组数码管
  output [6:0]a_to_g2,          //预付金额及找零段码，用另一组数码管
  output [7:0]bitcode           //数码管位选信号
  );
  reg [7:0]totalmoney;          //需要支付总金额
  reg [7:0]paymoney1,paymoney5,paymoney10;
  reg [7:0]paymoney;            //预付金额
  reg [7:0]change;              //需要找回的零钱
  reg current_state,next_state; //状态，1 是交易支付中，0 是交易结束
  wire [3:0]bitcode1,bitcode2;
  reg [15:0]num1,num2;
  reg [4:0]ndrinks6;
  reg [4:0]numbottles;          //可直接用 ndrinks6 作为总瓶数，设置是为后面的例题做准备
  reg [24:0]count;
  always @(posedge clk)         //生成合适的分频时钟，不能太快，也不能太慢，触发按键时用
    if (rst == 0) count <= 0;   //分频也可以直接调用之前封装的分频器 IP 核 frequency1
    else count <= count + 1;
  always @(posedge count[24] ornegedge rst)  //存储输入的各种数值，包括购买数量、
    if(rst == 0)                // 已付款金额、购买饮料需要的金额以及当前能够找回的零钱数等
      begin
        numbottles = 0;ndrinks6 = 0;paymoney1 = 0;paymoney5 = 0; paymoney10 = 0;
        paymoney = 0;totalmoney = 0;change = 0;
```

```
        end
      else
        begin
          ndrinks6 <= ndrinks6 + drinks6;                          //计算购买6元饮料总瓶数
          numbottles <= numbottles + drinks6;                      // 计算购买总瓶数
          totalmoney <= ndrinks6 * 6;                              //计算需要购买饮料付款钱数
          paymoney1 <= paymoney1 + money1 * 1;                     //计算付的1元钱数
          paymoney5 <= paymoney5 + money5 * 5;                     //计算付的5元钱数
          paymoney10 <= paymoney10 + money10 * 10;                 //计算付的10元钱数
          paymoney <= paymoney1 + paymoney5 + paymoney10;          //计算已付款总钱数
          change <= paymoney-totalmoney;end                        //计算当前可找零钱数
        always @(posedge clk)                                      //状态寄存
          if(rst == 0) current_state <= 1;
          else current_state <= next_state;
        always @(current_state or key1 or rst)                     //状态转换及显示输出设置
          case(current_state)
            1'b1:begin
              num1[3:0] = numbottles % 10;                         //输出两位购买瓶数
              num1[7:4] = numbottles/10;
              num1[11:8] = ((paymoney >= totalmoney )? change:0) % 10;    //输出两位找零
              num1[15:12] = ((paymoney >= totalmoney )? change:0)/10;
              num2[3:0] = paymoney % 10;                           //输出两位付款钱数
              num2[7:4] = paymoney/10;
              num2[11:8] = totalmoney % 10;                        //输出两位饮料总钱数
              num2[15:12] = totalmoney/10;
              if(key1 == 1) next_state = 0;                        //购买确认后,结束购买状态
              else next_state = 1;end
            1'b0:begin   num1 = 0;num2 = 0;                        //在没有购买转态下,显示输出为0
              if(rst == 0) next_state = 1;                         //需要购买的话,必须触发一下复位键
              else   next_state = 0; end
          endcase
    tube1 u2(clk,rst,num1,a_to_g1,bitcode1);                       //调用BCD码显示
    tube1 u3(clk,rst,num2,a_to_g2,bitcode2);                       //调用BCD码显示
    assign bitcode = {bitcode1,bitcode2};                          //位选输出
  endmodule
```

例7.3.2 在例7.3.1的基础上改进逻辑电路,使购买者可以同时购买多种价格的饮料,但是预付金额及支付总金额都不要超过两位数(这是由于板卡资源的限制)。

设计分析:本例与例7.3.1的不同之处就在于输入端需要设置多种价格的输入,假设有三种价格可选。下面只给出不同于例7.3.1的部分。

端口设置增加:

```
input drinks5,     //五元的饮料,三种不同的价格的饮料,可以设置成矢量的输入形式,
input drinks3,     //三元的饮料,也可以分别设置位的形式
```

变量定义部分增加:

```
reg [4:0]ndrinks5;
reg [4:0]ndrinks3;
```

在 always @(posedge count[24] or negedge rst)模块中,复位时增加:

```
ndrinks5 = 0; ndrinks3 = 0;
```

else 中增加:

```
numbottles <= numbottles + drinks6 + drinks5 + drinks3;
totalmoney <= ndrinks6 * 6 + ndrinks5 * 5 + ndrinks3 * 3;
```

例 7.3.3 在例 7.3.1 的基础上改进逻辑电路,如果设置的购买瓶数大于想要买的瓶数,也可以采用减法设计,直到达到需要购买的瓶数;如果付款钱数不够,不想购买了,也可以直接退款不买了,否则不能退款。

设计分析:下面只给出不同于例 7.3.1 的部分。

端口设置增加:

```
input updown,//用于购买饮料进行加减设置
```

在 always @(posedge count[24] or negedge rst)模块中,没有复位的情况下增加购买加减设置:

① 当 updown==1 时 :

```
ndrinks6 <= ndrinks6 + drinks6;
numbottles <= numbottles + drinks6;
```

②当 updown=0 时:

```
ndrinks6 <= ndrinks6-drinks6;
numbottles <= numbottles-drinks6;
```

在输出显示找零中,按照要求进行找零:

```
num1[11:8] = ((paymoney >= totalmoney)? change:((numbottles == 0)? paymoney:0)) % 10;
num1[15:12] = ((paymoney >= totalmoney)? change:((numbottles == 0)? paymoney:0))/10;
```

作业:如果对本节例题进行软件仿真验证,需要配合时钟给输入,Verilog 语言的设计目的是实现硬件结构,所以这里无需进行软件仿真,只需自己完成硬件验证例 7.3.1~例 7.3.3。

思考题:想一想,在例 7.3.3 的基础上加上可以购买多瓶不同价格饮料的情况,并且如果购买一类商品超过一定的数量,可以给与优惠价,比如在原价的基础上打折扣,如何设计?结合实际情况看是否能够进行更加合理的设计。

7.4 交通灯控制器设计

交通灯是城市交通监管系统的重要组成部分,对于保证机动车辆的安全运行,维持城市道

路的顺畅起到了重要作用。交通灯在运行过程中有几个固定的状态，因此可以使用状态机的设计方法进行设计。

例 7.4.1 十字路口东西南北各有红、黄、绿指示灯，其中绿灯、黄灯和红灯的持续时间分别为 40 s、5 s 和 45 s。状态机所包含的状态有如下 4 个(S0,S1,S2,S3)：

S0：东西绿灯亮，红灯和黄灯灭；南北绿灯和黄灯灭，红灯亮。

S1：东西绿灯和红灯灭，黄灯亮；南北绿灯和黄灯灭，红灯亮。

S2：东西绿灯和黄灯灭，红灯亮；南北绿灯亮，红灯和黄灯灭。

S3：东西绿灯和黄灯灭，红灯亮；南北绿灯和红灯灭，黄灯亮。

其中 S0、S2 状态应该持续 40 s，S1、S3 状态应该持续 5 s。可以加复位状态，复位到 S0 状态，该功能采用计数器计时实现，由一个辅助进程来完成，包含一个最大计数值为 39 的计数器和一个最大计数值为 4 的计数器。计数器的使能控制根据当前状态决定，计数器的进位输出作为状态机的控制输入。东西南北红、绿、黄灯点亮由状态机的输出控制。需要将板卡 100 MHz 时钟分频再进行计数器的设计，调用例 6.4.1 封装好的 IP 核 frequency1，客户化名称为 frequency1_v1_17，参数 count1s＝49999999，得到 1 s 时钟输出，即 clk1Hz＝1 Hz。由四位数码管显示输出路口东西南北方向当前灯的剩余时间，调用例 6.6.1 的 tube1 进行显示，两组数码管各选中两个作为东西路、南北路灯倒计时显示。其状态转换图如图 7.4.1 所示，其中，led[5:3]分别为东西红、绿、黄灯，led[2:0]分别为南北红、绿、黄灯，点亮指示灯为‘1’，否则为‘0’；设置如下信号作为计时开始与结束以及状态转换的标志信号：

c1：40 s 计时到标志，计数到最大为‘1’，否则为‘0’；

c2：5 s 计时到标志，计数到最大为‘1’，否则为‘0’；

en1：40 s 计时使能，当前状态为东西绿灯亮，南北红灯亮；

en2：5 s 计时使能，当前状态为东西黄灯亮，南北红灯亮。

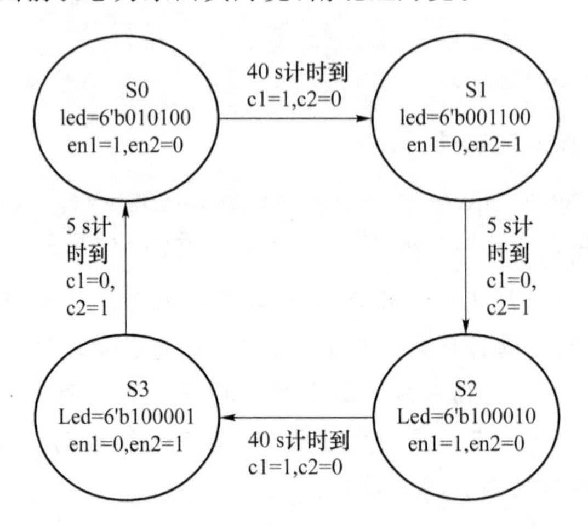

图 7.4.1 交通灯状态转换图

源程序代码如下：

```
module trafficlight1(
  input clk,
  input rst,
```

```
output [6:0]a_to_g1,
output [6:0]a_to_g2,
output [7:0]bitcode,
output reg [5:0]led   //作为东西南北红、绿、黄指示灯,led[5:3]分别为东西红、绿、黄灯,led[2:0]
                        分别为南北红、绿、黄灯
reg [2:0]current_state,next_state;//状态
wire clk1Hz;
reg[6:0]num1,num2;                        //东西为 num1,南北为 num2
wire [3:0]num110,num11,num210,num21;      //分别为东西路、南北路要显示的倒计时十位、个位数值
reg [6:0]count1;                          //位数根据最大计数值进行设置
reg [2:0]count2;
wire [3:0]bitcode1,bitcode2;
reg c1,c2,en1,en2;
parameter [2:0]s0 = 3'b000,s1 = 3'b001,s2 = 3'b010,s3 = 3'b011;
                          //本例中的四个状态可以设置成两位矢量,这里是为后面例题做准备
parameter [6:0]greentime = 39;//如果这里直接给整数,默认为 32 位有符号数,会自动从右向左截断
parameter [2:0]yellowtime = 4;
frequency1_v1_17 u1 (clk,rst,clk1Hz);//count1s = 49999999,得到 1 s 时钟输出 1 Hz
tube1 u2(clk,rst,{8'b00000000,num110,num11},a_to_g1,bitcode1);
tube1 u3(clk,rst,{8'b00000000,num210,num21},a_to_g2,bitcode2);
assign num110 = num1/10;                  //显示倒计时的东西路、南北路十位、个位数值
assign num11 = num1 % 10;
assign num210 = num2/10;
assign num21 = num2 % 10;
assign bitcode = {bitcode1[3:2],2'b00,bitcode2[3:2],2'b00};
always @(posedge clk1Hz or negedge rst) //状态寄存
  if(rst == 0) current_state <= s0;       //复位到 S0 状态
  else current_state <= next_state;
always @(posedge clk1Hz or negedge rst)
  begin
    if(rst == 0) begin                    //复位到 S0
      count1 <= greentime;count2 <= 0;c1 <= 0;c2 <= 1;end
    else if(en1 == 1)begin count2 <= yellowtime; c2 <= 0;
      if(count1 == 0) c1 <= 1;
      else begin count1 <= count1-1;c1 <= 0;end end
    else if(en2 == 1) begin
      count1 <= greentime;c1 <= 0;
      if(count2 == 0) c2 <= 1;
      else begin count2 <= count2-1;c2 <= 0;end end
  end
always @(current_state or c1 or c2)       //状态转换及输出
  case(current_state)                     //东西为 num1,南北为 num2
    s0:begin              //S0:东西绿灯亮,红灯和黄灯灭;南北绿灯和黄灯灭,红灯亮。持续 40 s
      led = 6'b010100; en1 = 1;en2 = 0;num1 = count1;num2 = count1 + yellowtime + 1;
      if(c1 == 1)   next_state = s1;
```

```
      else next_state = s0; end
    s1:begin              //S1:东西绿灯和红灯灭,黄灯亮;南北绿灯和黄灯灭,红灯亮。持续 5 s
      led = 6'b001100;en1 = 0;en2 = 1;num1 = count2;num2 = count2;
      if(c2 == 1)   next_state = s2;
      else next_state = s1;end
    s2:begin              //S2:东西绿灯和黄灯灭,红灯亮;南北绿灯亮,红灯和黄灯灭。持续 40 s
      led = 6'b100010; en1 = 1;en2 = 0;num1 = count1 + yellowtime + 1;num2 = count1;
      if(c1 == 1) next_state = s3;
      else next_state = s2; end
    s3:begin              //S3:东西绿灯和黄灯灭,红灯亮;南北绿灯和红灯灭,黄灯亮。持续 5 s
      led = 6'b100001; en1 = 0;en2 = 1; num1 = count2;num2 = count2;
      if(c2 == 1)   next_state = s0;
      else next_state = s3; end
    default:begin led = 6'bxxxxxx; en1 = 1'bx;en2 = 1'bx;end
  endcase
endmodule
```

仿真程序如下:

```
module sim_trafficlight1( );
  reg clk,rst;
  wire [6:0]a_to_g1;
  wire [6:0]a_to_g2;
  wire [7:0]bitcode;
  wire [5:0]led;
  trafficlight1 u1(clk,rst,a_to_g1,a_to_g2,bitcode,led);
  initial begin clk = 0;rst = 0; #2000;rst = 1;end
  always #10 clk =~clk;
endmodule
```

仿真结果如图 7.4.2 所示,十字路口东西南北红、黄、绿指示灯一直在四种状态之间转换,对应输出 LED 四种状态。

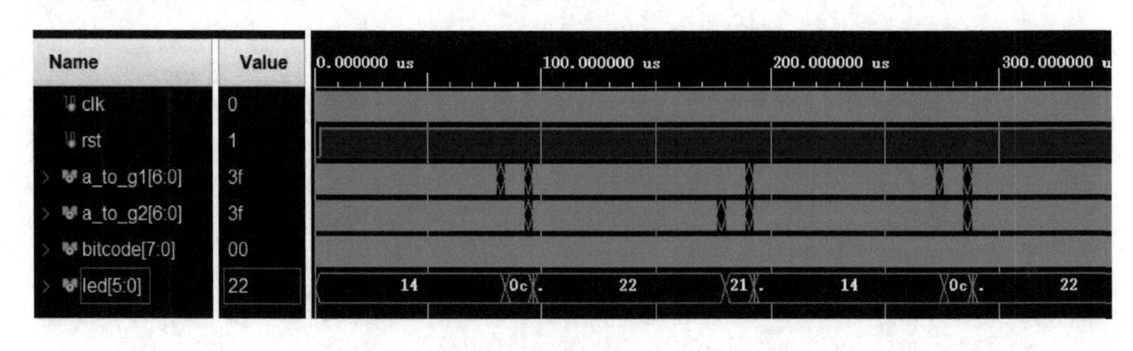

图 7.4.2 仿真结果

例 7.4.2 在例 7.4.1 基础上,加一个检修状态(由检修信号控制),从任何状态都可以进入检修状态,检修时间不定,但是检修结束后延迟 3 s 进入 S0 状态。

设计分析:其状态转换图如图 7.4.3 所示,只需要在顶层文件中加入一个检修状态及检修结束后恢复前的状态，底层文件不变。

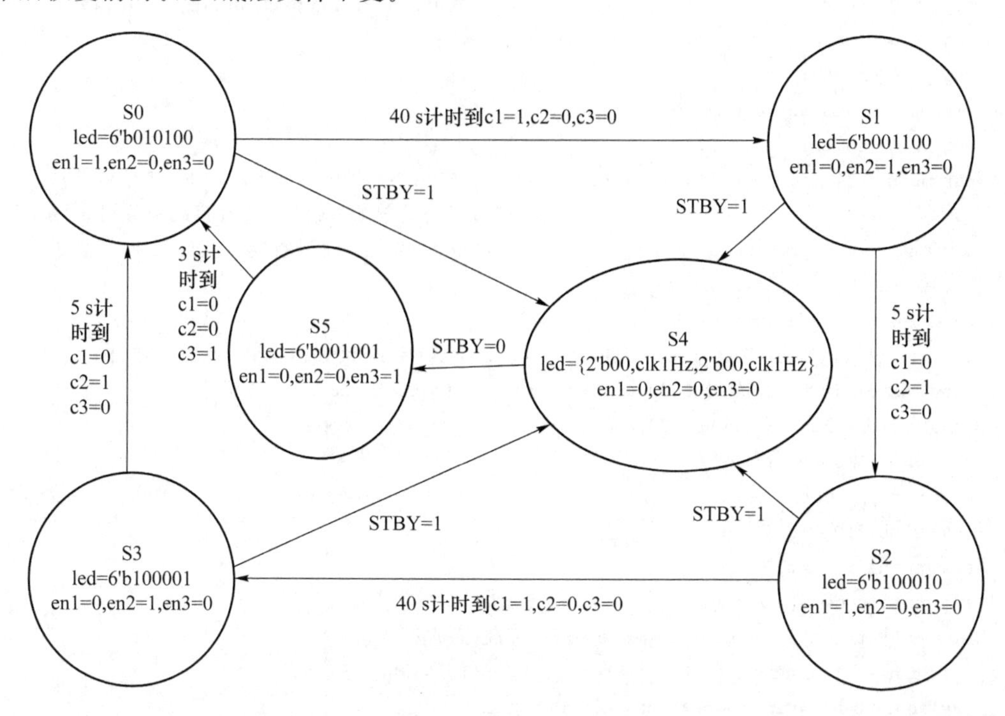

图 7.4.3 状态转换图

图 7.4.3 中设置计时开始、结束以及状态转换的标志信号如下：

c1：40 s 计时到标志，计数到最大为‘1’，否则为‘0’；

c2：5 s 计时到标志，计数到最大为‘1’，否则为‘0’；

c3：3 s 计时到标志，计数到最大为‘1’，否则为‘0’；

en1：40 s 计时使能，当前状态为东西绿灯亮，南北红灯亮；

en2：5 s 计时使能，当前状态为东西黄灯亮，南北红灯亮；

en3：3 s 计时使能，当前状态为东西南北黄灯亮。

源程序代码如下：

```
module trafficlight2(
  input clk,
  input rst,
  input STBY,
  output [6:0]a_to_g1,
  output [6:0]a_to_g2,
  output [7:0]bitcode,
  output reg [5:0]led            //led[5:3]分别为东西红、绿、黄灯，led[2:0]分别为南北红、绿、黄灯
    );
  reg [2:0]current_state,next_state;        //状态
  wire clk1Hz;
  reg[6:0]num1,num2;                        //东西为 num1，南北为 num2
  wire [3:0]num110,num11,num210,num21;      //东西路、南北路要显示的倒计时十位、个位数值
```

```
reg [6:0]count1;                                    //位数根据最大计数值进行设置
reg [2:0]count2;
reg [1:0]count3;
wire [3:0]bitcode1,bitcode2;
reg c1,c2,c3,en1,en2,en3;
parameter [2:0]s0 = 3'b000,s1 = 3'b001,s2 = 3'b010,s3 = 3'b011,s4 = 3'b100,s5 = 3'b101;
                                                    //S4 状态为检修状态,S5 为检修结束延迟 3 s 状态
parameter [6:0]greentime = 39;                      //默认为 32 位有符号数,会自动从右向左截断
parameter [2:0]yellowtime = 4;
parameter [1:0]delaytime = 2;
frequency1_v1_17 u1 (clk,rst,clk1Hz);              //count1s = 49999999,得到 1 s 时钟输出
tube1 u2(clk,rst,{8'b00000000,num110,num11},a_to_g1,bitcode1);
tube1 u3(clk,rst,{8'b00000000,num210,num21},a_to_g2,bitcode2);
assign num110 = num1/10;
assign num11 = num1 % 10;
assign num210 = num2/10;
assign num21 = num2 % 10;
assign bitcode = {bitcode1[3:2],2'b00,bitcode2[3:2],2'b00};
always @(posedge clk1Hz or negedge rst)            //状态寄存
  if(rst == 0) current_state <= s0;                //复位到 S0 状态
  else current_state <= next_state;
always @(posedge clk1Hz or negedge rst)
  begin
    if(rst == 0)                                    //复位到 S0
      begin count1 <= greentime;count2 <= 0;count3 <= 0;c1 <= 0;c2 <= 1;c3 <= 0;end
    else if(en1 == 1) begin
      count2 <= yellowtime;count3 <= delaytime;c2 <= 0;c3 <= 0;
      if(count1 == 0) c1 <= 1;
      else begin count1 <= count1-1;c1 <= 0;end end
    else if(en2 == 1) begin
      count1 <= greentime;count3 <= delaytime;c1 <= 0;c3 <= 0;
      if(count2 == 0) c2 <= 1;
      else begin count2 <= count2-1;c2 <= 0;end end
    else if(en3 == 1)  begin
      count1 <= greentime;count2 <= yellowtime;c1 <= 0;c2 <= 0;
      if(count3 == 0) c3 <= 1;
      else begin count3 <= count3-1;c3 <= 0;end end
  end
always @(current_state or c1 or c2 or c3) //状态转换及输出
  case(current_state)                               //东西为 num1,南北为 num2
    s0:begin                  //S0:东西绿灯亮,红灯和黄灯灭;南北绿灯和黄灯灭,红灯亮。持续 40 s
      led = 6'b010100;en1 = 1;en2 = 0;en3 = 0;
      num1 = count1;num2 = count1 + yellowtime + 1;
      if(STBY == 1) next_state = s4;
      else if(c1 == 1)  next_state = s1;
```

```
        else next_state = s0; end
      s1:begin                   //S1:东西绿灯和红灯灭,黄灯亮;南北绿灯和黄灯灭,红灯亮。持续 5 s
        led = 6'b001100;en1 = 0;en2 = 1;en3 = 0;
        num1 = count2;num2 = count2;
        if(STBY == 1) next_state = s4;
        else if(c2 == 1)   next_state = s2;
        else next_state = s1;end
      s2:begin                   //S2:东西绿灯和黄灯灭,红灯亮;南北绿灯亮,红灯和黄灯灭。持续 40 s
        led = 6'b100010; en1 = 1;en2 = 0;en3 = 0;
        num1 = count1 + yellowtime + 1;num2 = count1;
        if(STBY == 1) next_state = s4;
        else if(c1 == 1) next_state = s3;
        else next_state = s2; end
      s3:begin                   //S3:东西绿灯和黄灯灭,红灯亮;南北绿灯和红灯灭,黄灯亮。持续 5 s
        led = 6'b100001; en1 = 0;en2 = 1;en3 = 0;
        num1 = count2;num2 = count2;
        if(STBY == 1) next_state = s4;
        else if(c2 == 1)   next_state = s0;
        else next_state = s3; end
      s4:begin                   //S4:检修状态,东西南北都是黄灯闪,而且没有倒计时,不限时间
        led = {2'b00,clk1Hz,2'b00,clk1Hz}; en1 = 0;en2 = 0;en3 = 0; //检修时,黄灯闪
        num1 = 0;num2 = 0;
        if(STBY == 1) next_state = s4;
        else next_state = s5; end
      s5:begin                   //S3:东西南北绿灯和红灯灭,黄灯亮。持续 3 s
        led = 6'b001001; en1 = 0;en2 = 0;en3 = 1; num1 = count3;num2 = count3;
        if(c3 == 1)   next_state = s0;
        else next_state = s5; end
      default:begin led = 6'bxxxxxx; en1 = 1'bx;en2 = 1'bx; en3 = 1'bx;end
    endcase
endmodule
```

仿真程序如下:

```
module sim_trafficlight2();
  reg clk,rst,STBY;
  wire [6:0]a_to_g1,a_to_g2;
  wire [7:0]bitcode;
  wire [5:0]led;
  trafficlight2 u1(clk,rst,STBY,a_to_g1,a_to_g2,bitcode,led);
  initial begin clk = 0;rst = 0;STBY = 0; #2000;rst = 1; #50000;STBY = 1; #2000;STBY = 0;end
  always #10 clk =~clk;
endmodule
```

仿真结果如图 7.4.4 所示,图中有 6 种状态,其中第 5 种检修状态从任何状态都可以进入,但是检修结束后,进入第 6 种状态后 3 s 即进入到第一种 S0 状态。LED 输出 09,黄灯常亮

状态的前面是黄灯闪烁检修状态。

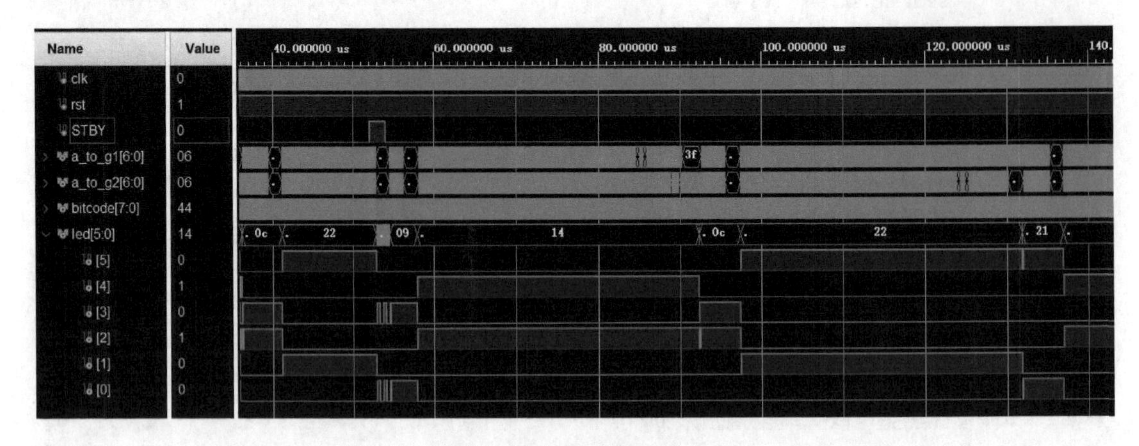

图 7.4.4 仿真结果

例 7.4.3 假设一机动车一字型路口,没有行人时,常态是绿灯一直亮,如果是有行人过马路的触发状态,即在 30 s 后,绿灯变成黄灯亮 3 s,然后红灯保持 43 s,等待绿灯亮 40 s 行人过马路后,再经过 3 s 黄灯后,恢复正常绿灯常亮状态。

设计分析:其状态转换图如图 7.4.5 所示。与例 7.4.2 一样,相对于例 7.4.1,只有顶层按照新的状态转换图进行设计,底层不变。设置计时开始、结束以及状态转换的标志信号如下:

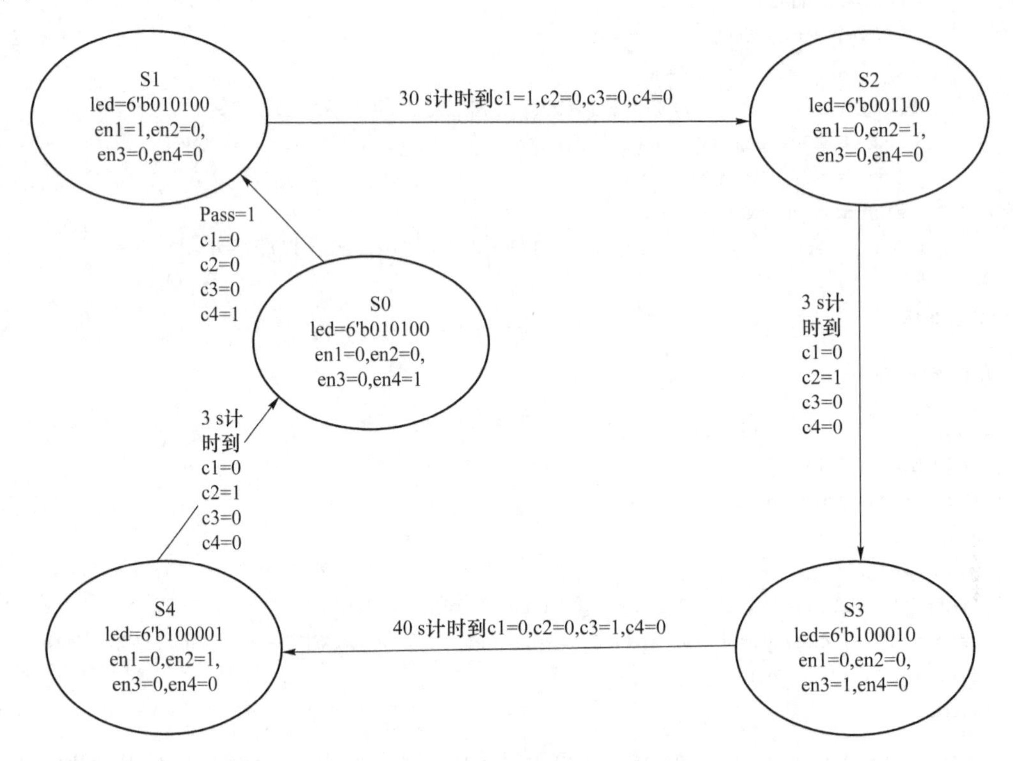

图 7.4.5 状态转换图

c1:30 s 计时到标志,计数到最大为‘1’,否则为‘0’;

c2:3 s 计时到标志,计数到最大为'1',否则为'0';
c3:40 s 计时到标志,计数到最大为'1',否则为'0';
c4:有 pass 触发信号标志到,立刻开始 30 s 计时;
en1:30 s 计时使能,当前状态为机动车方向绿灯亮,行人方向红灯亮;
en2:3 s 计时使能,当前状态为机动车方向黄灯亮,行人方向红灯亮;
第二次 3 s 计时使能,当前状态为机动车方向红灯亮,行人方向黄灯亮;
en3:40 s 计时使能,当前状态为机动车方向红灯亮,行人方向绿灯亮;
en4:恢复到正常状态,机动车方向绿灯常亮,行人方向红灯常亮。
源程序代码如下:

```
module trafficlight3(
    input clk,
    input rst,
    input pass,
    output [6:0]a_to_g1,
    output [6:0]a_to_g2,
    output [7:0]bitcode,
    output reg [5:0]led          // 6 位分别为机动车方向红、绿、黄灯,人行横道方向红、绿、黄灯
    );
    reg [2:0]current_state,next_state;
    wire clk1Hz;
    reg[6:0]num1,num2;
    wire [3:0]num110,num11,num210,num21;        //东西路、南北路要显示的倒计时十位、个位数值
    reg [5:0]count1;                            //位数根据最大计数值进行设置
    reg [1:0]count2;
    reg [6:0]count3;
    wire [3:0]bitcode1,bitcode2;
    reg c1,c2,c3,c4,en1,en2,en3,en4;
    parameter [2:0]s0 = 3'b000,s1 = 3'b001,s2 = 3'b010,s3 = 3'b011,s4 = 3'b100;
/* 机动车方向:正常通行为绿灯常亮状态,行人通行触发后继续保持 30 s 绿灯常亮状态,然后黄灯亮
3 s,红灯亮 43 s(行人通行绿灯 40 s + 黄灯 3 s);人行横道方向:行人没有触发时为红灯常亮状态,行人通行触
发后红灯继续闪亮 33 s(机动车通行 30 s + 黄灯 3 s),然后绿灯常亮 40 s 行人通行,绿灯常亮结束后黄灯亮
3 s */
    parameter [5:0]time1 = 29;                  //默认为 32 位有符号数,会自动从右向左截断
    parameter [1:0]time2 = 2;
    parameter [6:0]time3 = 39;
    frequency1_v1_17 u1 (clk,rst,clk1Hz);       //count1s = 49999999,得到 1 s 时钟输出
    tube1 u2(clk,rst,{8'b00000000,num110,num11},a_to_g1,bitcode1);
    tube1 u3(clk,rst,{8'b00000000,num210,num21},a_to_g2,bitcode2);
    assign num110 = num1/10;
    assign num11 = num1 % 10;
    assign num210 = num2/10;
    assign num21 = num2 % 10;
    assign bitcode = {bitcode1[3:2],2'b00,bitcode2[3:2],2'b00};
    always @(posedge clk1Hz or negedge rst)     //状态寄存
      if(rst == 0) current_state <= s0;         //复位到 S0 状态
```

```
    else current_state <= next_state;
  always @(posedge clk1Hz or negedge rst)
    begin
      if(rst == 0) begin                                    //复位到 S0
        count1 <= time1;count2 <= 0;count3 <= 0;c1 <= 0;c2 <= 1;c3 <= 0;c4 <= 0;end
      else if(en1 == 1) begin
        count2 <= time2;count3 <= time3;c2 <= 0;c3 <= 0;c4 <= 0;
        if(count1 == 0) c1 <= 1;
        else begin count1 <= count1-1;c1 <= 0;end end
      else if(en2 == 1) begin
        count1 <= time1;count3 <= time3;c1 <= 0;c3 <= 0;c4 <= 0;
        if(count2 == 0) c2 <= 1;
        else begin count2 <= count2-1;c2 <= 0;end end
      else if(en3 == 1)  begin
        count1 <= time1;count2 <= time2;c1 <= 0;c2 <= 0;c4 <= 0;
        if(count3 == 0) c3 <= 1;
        else begin count3 <= count3-1;c3 <= 0;end end
      else if(en4 == 1)  begin
        count1 <= time1;count2 <= time2;count3 <= time3;c1 <= 0;c2 <= 0;c3 <= 0;
        if(pass == 1) c4 <= 1;
        else c4 <= 0; end
    end
  always @(current_state or c1 or c2 or c3 or c4)         //状态转换及输出
    case(current_state)
      s0:begin          //机动车方向:正常通行绿灯常亮;人行横道方向:行人没有触发时红灯常亮
        led = 6'b010100;en1 = 0;en2 = 0;en3 = 0;en4 = 1;num1 = 0;num2 = 0;
        if(c4 == 1)  next_state = s1;   else next_state = s0; end
      s1:begin          //机动车方向:行人通行触发后绿灯继续常亮 30 s;
                        //人行横道方向:行人欲通行触发后红灯继续亮 30 s
        led = 6'b010100;en1 = 1;en2 = 0;en3 = 0;en4 = 0;num1 = count1;num2 = count1 + 3;
        if(c1 == 1)  next_state = s2; else next_state = s1;end
      s2:begin          //机动车方向:黄灯亮 3 s;人行横道方向:黄灯亮 3 s
        led = 6'b001100; en1 = 0;en2 = 1;en3 = 0;en4 = 0;num1 = count2;num2 = count2;
        if(c2 == 1) next_state = s3;
        elsenext_state = s2; end
      s3:begin          //机动车方向:红灯亮 40 s;人行横道方向:绿灯常亮 40 s 行人通行
        led = 6'b100010; en1 = 0;en2 = 0;en3 = 1; en4 = 0;num1 = count3 + 3;num2 = count3;
        if(c3 == 1)next_state = s4; else next_state = s3; end
      s4:begin          //机动车方向:红灯最后亮 3 s;人行横道方向:绿灯常亮结束黄灯亮 3 s
        led = 6'b100001; en1 = 0;en2 = 1;en3 = 0; en4 = 0;num1 = count2;num2 = count2;
        if(c2 == 1)next_state = s0; else next_state = s4; end
      default:begin led = 6'bxxxxxx; en1 = 1'bx;en2 = 1'bx; en3 = 1'bx; en4 = 1'bx;end
    endcase
endmodule
```

仿真程序如下：

```
module sim_trafficlight3( );
  reg clk,rst,pass;
  wire [6:0]a_to_g1;
  wire [6:0]a_to_g2;
  wire [7:0]bitcode;
  wire [5:0]led;
  trafficlight3 u1(clk,rst,pass,a_to_g1,a_to_g2,bitcode,led);
  initial
    begin
      clk = 0;rst = 1;pass = 0; #2000;rst = 0; #1000;rst = 1; #5000;pass = 1; #3000;pass = 0;
    end
  always #10 clk =~clk;
endmodule
```

仿真结果如图 7.4.6 所示。

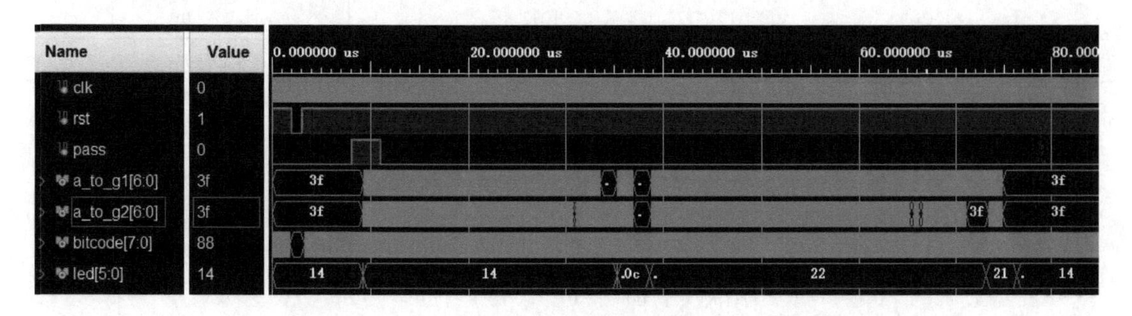

图 7.4.6　仿真结果

作业：自己完成硬件验证例 7.4.1～例 7.4.3。分析图 7.4.6 有哪五种状态？

思考题：想一想如果十字交通路口两个方向均设置人通行按钮，如果某方向按钮按下的话，这个方向的绿灯通行时间延长 10 s，相应的另一个方向红灯时间延长 10 s，如何进行设计？

7.5　序列信号发生器设计

序列信号是按照一定规则排列的周期性串行二进制码，通常用来作为数字系统的同步信号或地址码，也可作为可编程逻辑电路的控制信号。能够产生这样的序列信号的器件就是序列信号发生器，可以由移位器和计数器构成。

例 7.5.1　设计一个计数器型序列信号发生器，序列信号为 001011011001，首先设计一个模为 12 的计数器，然后设计组合逻辑电路序列输出。

设计分析：计数器型序列信号发生器的序列长度为 12，需要一个模为 12 的计数器，取有效状态为 Q3Q2Q1Q0＝0000～1011。计数器的每一个状态与一位序列信号相对应，状态转换如表 7.5.1 所列。

表 7.5.1　序列信号 001011011001 的状态转换表

Q3Q2Q1Q0	Q3⁺Q2⁺Q1⁺Q0⁺	Z
0000	0001	0
0001	0010	0
0010	0011	1
0011	0100	0
0100	0101	1
0101	0110	1
0110	0111	0
0111	1000	1
1000	1001	1
1001	1010	0
1010	1011	0
1011	0000	1

对应输出的 Z 为

$$Z = Q2Q1' + Q2Q0 + Q3Q1'Q0' + Q3Q1Q0 + Q3'Q2'Q1Q0'$$

卡诺图如图 7.5.1 所示。

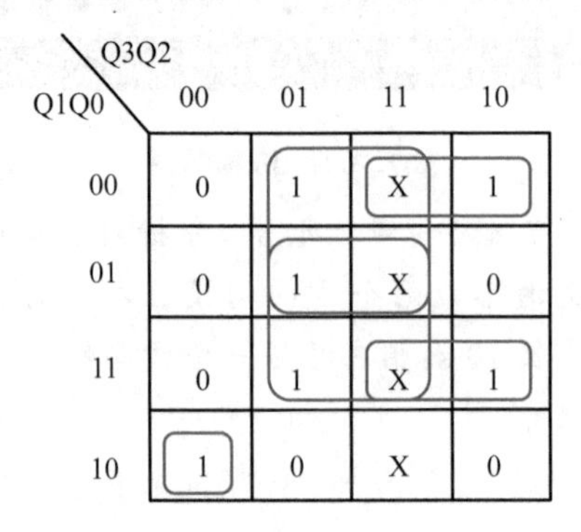

图 7.5.1　输出 Z 的卡诺图

模 12 计数器 counter12 的源程序如下：

```
module counter12(
  input clk,
  input rst,
  output wire[3:0]counter);
  reg [3:0]counter1;
  always @(posedge clk)                    //在时钟上升沿,计数器加 1,设计模为 12 的计数器
    if(rst == 0) counter1 <= 4'b0000;
    else if(counter1 < 4'b1011) counter1 <= counter1 + 1'b1;
    else counter1 <= 4'b0000;
  assign counter = counter1;
endmodule
```

顶层序列信号发生器源程序如下：

```
module sequence1(            //输出序列信号为 001011011001
  input clk,
  input rst,
  output led);
  wire[4:0]counter;
  counter12 u1(clk,rst,counter);
  assign led = ((~counter[3])&(~counter[2])&(~counter[0])&counter[1])|(counter[3]&(~
              counter[0])&(~counter[1]))|(counter[2]&(~counter[1]))| (counter[3]&counter
              [0]&counter[1])|(counter[2]&counter[0]);
endmodule                    //可以这样直接用公式描述输出,也可以用状态机思想设计,见例 7.5.2。
```

仿真程序如下：

```
module sim_sequence1();
  reg clk,rst;
  wire led;
  sequence1 u0(clk,rst,led);
  always #10 clk =~clk;
  initial begin   clk = 1'b0;rst = 1'b1;#200;rst = 1'b0;#200;rst = 1'b1;end
endmodule
```

仿真结果如图 7.5.2 所示，LED 灯输出序列信号 001011011001，如果接 Ego1 开发板，用发光二极管显示输出，看看发生什么现象，为什么？

很显然，由于频率比较高，肉眼看不出来发光二极管的输出变化。所以要想肉眼能够看出来，就必须分频。

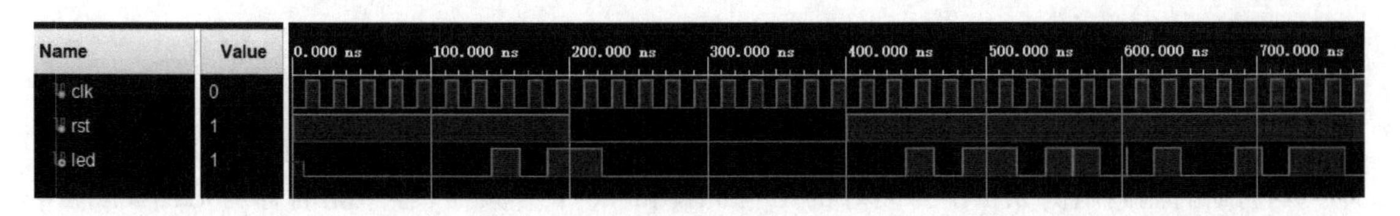

图 7.5.2　仿真结果

例 7.5.2　考虑实际情况，输入是系统时钟 100 MHz 时钟频率，输出是发光二极管显示输出。仍然设计一个计数器型序列信号发生器 001011011001，首先设计一个模为 12 的计数器，然后设计组合逻辑电路序列输出。

设计分析：此设计只需要在例 7.5.1 的基础上加入一个分频器即可。输入是系统时钟 100 MHz 时钟频率。调用例 6.4.1 封装好的 IP 核 frequency1 分频器，客户化名称为 frequency1_v1_18，参数 count1s 取 49999999，肉眼能够区分出即可。这里不用公式，采用状态机的思想进行设计，但是与普通的状态机不同。

源程序代码如下：

```
module sequence2(
  input clk,
```

```
    input rst,
    output reg led);
    wire [3:0]state;
    wire clk1;
    frequency1_v1_18 u1(clk,rst,clk1);         //调用例 6.4.1 的分频器
    counter12 u2(clk1,rst,state);              //模 12 计数器的计数值相当于 12 种状态
    always @(state)                            //输出译码
      case (state)
        4'b0000:led = 1'b0;    4'b0001:led = 1'b0;    4'b0010:led = 1'b1;
        4'b0011:led = 1'b0;    4'b0100:led = 1'b1;    4'b0101:led = 1'b1;
        4'b0110:led = 1'b0;    4'b0111:led = 1'b1;    4'b1000:led = 1'b1;
        4'b1001:led = 1'b0;    4'b1010:led = 1'b0;    4'b1011:led = 1'b1;
        default:led = 1'bx;
    endcase
  endmodule
```

仿真程序同例 7.5.1，仿真结果如图 7.5.3 所示，将 count1s 参数修改为 20，便于快速仿真出结果。

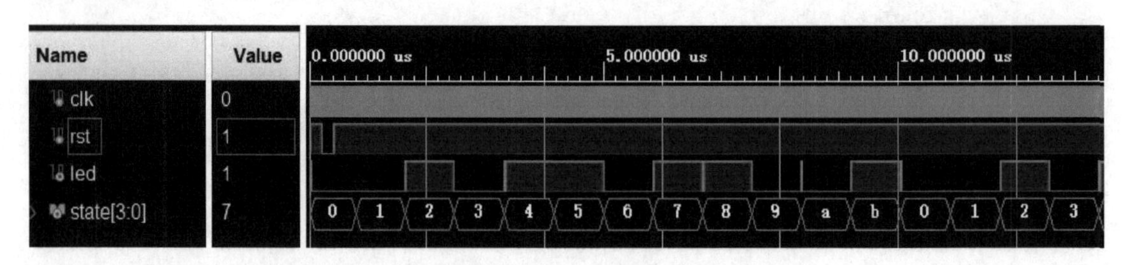

图 7.5.3 仿真结果

例 7.5.3 完全采用状态机的设计描述方式设计例 7.5.2。

设计分析：例 7.5.2 只是在输出译码时采用了状态机的设计思想，每一个状态有不同的输出，即按照不同状态产生序列信号，但并没有完全按照状态机的设计方式进行状态转换等设计。本例题仍然调用例 6.4.1 封装好的 IP 核 frequency1 分频器，客户化名称为 frequency1_v1_19，参数 count1s 取 49999999，肉眼能够区分出即可。完全按照状态机的描述方式进行设计，不需要设计模 12 的计数器，而是设计 12 种状态。

源程序代码如下：

```
module sequence3(
  input clk,
  input rst,
  output reg led);
  wire clk1;
  parameter s0 = 4'b0000,s1 = 4'b0001,s2 = 4'b0010,s3 = 4'b0011;
  parameter s4 = 4'b0100,s5 = 4'b0101,s6 = 4'b0110,s7 = 4'b0111;
  parameter s8 = 4'b1000,s9 = 4'b1001,s10 = 4'b1010,s11 = 4'b1011;
  reg [3:0]current_state,next_state;
  frequency1_v1_18 u1(clk,rst,clk1);            //调用例 6.4.1 的分频器
```

```
    always @(posedge clk1 or negedge rst)
      if(rst == 0) current_state <= s0;
      else current_state <= next_state;
    always @(current_state)                    //状态转换译码和输出译码
      case (current_state)
        s0:begin led = 1'b0;next_state = s1;end
        s1:begin led = 1'b0;next_state = s2;end
        s2:begin led = 1'b1;next_state = s3;end
        s3:begin led = 1'b0;next_state = s4;end
        s4:begin led = 1'b1;next_state = s5;end
        s5:begin led = 1'b1;next_state = s6;end
        s6:begin led = 1'b0;next_state = s7;end
        s7:begin led = 1'b1;next_state = s8;end
        s8:begin led = 1'b1;next_state = s9;end
        s9:begin led = 1'b0;next_state = s10;end
        s10:begin led = 1'b0;next_state = s11;end
        s11:begin led = 1'b1;next_state = s0;end
        default:begin led = 1'bx;next_state = 4'bxxxx;end
      endcase
  endmodule
```

仿真程序同例 7.5.1,仿真结果如图 7.5.4 所示。

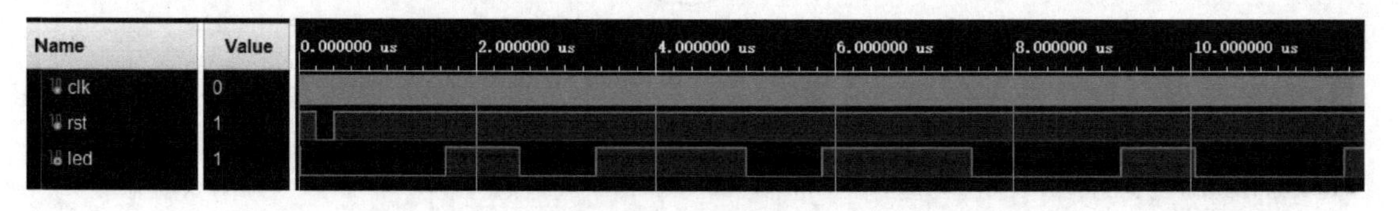

图 7.5.4 仿真结果

作业:自己完成硬件验证例 7.5.1～例 7.5.3。想一想如何修改设计,才能够在硬件上非常明显地看出输出序列信号呢?

思考题:想一想除了能用计数器和状态机的方式来设计序列信号发生器,还有什么方法能够设计序列信号发生器呢?

7.6 序列信号检测器设计

序列信号检测器是时序数字电路中非常常见的设计之一,它的主要功能是将一个指定的序列从数字码流中识别出来。利用状态机的方法可以设计序列信号检测器。

例 7.6.1 检测串行输入数据 4 位二进制序列 1010,当检测到该序列的时候,输出 1,否则输出 0。输入由拨码开关给入,输出由发光二极管显示。

设计分析:状态转换图如图 7.6.1 所示。

S0:未检测到“1”输入;S1:收到“1”;S2:收到“10”;S3:收到“101”;S4:收到“1010”。

如果现态是S0,则输出为0;如果输入为1,则下一个状态是S1;如果输入为0,则转移到状态S0;

如果现态是S1,则输出为0;如果输入为0,则下一个状态是S2;如果输入为1,则转移到状态S1;

如果现态是S2,则输出为0;如果输入为1,则下一个状态是S3;如果输入为0,则转移到状态S0;

如果现态是S3,则输出为0;如果输入为0,则下一个状态是S4;如果输入为1,则转移到状态S1;

如果现态是S4,则输出为1;如果输入为0,则下一个状态还S0;如果输入为1,则转移到状态S1。

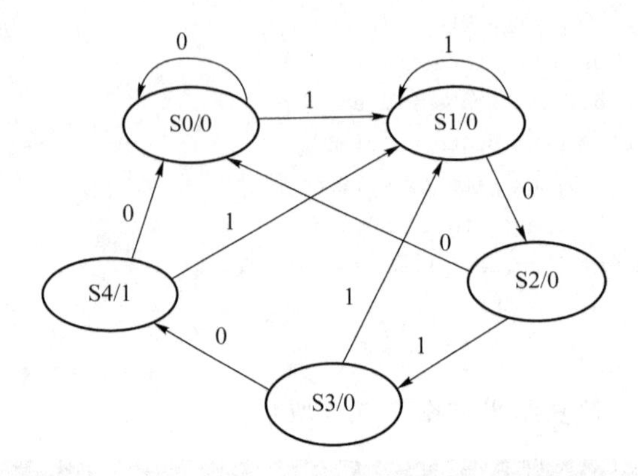

图7.6.1 序列信号1010检测器状态转换图

源程序代码如下:

```
module detection1(
  input clk,
  input rst,
  input din,
  output reg dout
  );
  parameter s0 = 3'b000,s1 = 3'b001,s2 = 3'b010,s3 = 3'b011,s4 = 3'b100;
  reg [2:0]current_state,next_state;
  wire clk1;
  frequency1_v1_19 u1(clk,rst,clk1);
 //得到硬件手动输入序列信号能够匹配的时钟,仿真可有可无,仿真有的话需要改小count1s参数值
  always @(posedge clk1 or negedge rst)
    if(rst == 0)   current_state <= s0;
    else current_state <= next_state;
  always @(current_state or din)
    case(current_state)
      s0:if(din == 1)next_state = s1; else  next_state = s0;
      s1:if(din == 0)next_state = s2; else  next_state = s1;
      s2:if(din == 1)next_state = s3; else  next_state = s0;
      s3:if(din == 0)next_state = s4; else  next_state = s1;
```

```
      s4:if(din == 0)next_state = s0;else next_state = s1;
    endcase
  always @(current_state)
    case(current_state)
      s0:dout = 1'b0;      s1:dout = 1'b0;      s2:dout = 1'b0;
      s3:dout = 1'b0;      s4:dout = 1'b1;      default:dout = 1'b0;
    endcase
endmodule
```

仿真程序如下：

```
module sim_detection1();
  reg clk,rst,din;
  wire dout;
  detection1 u0(clk,rst,din,dout);
  initial begin clk = 0;rst = 1;din = 0; #400;rst = 0; #400;rst = 1;end
  always #10 clk =~clk;
  always #20 din =~din;
endmodule
```

仿真结果如图 7.6.2 所示，只有当检测出 1010 序列时，输出 dout=1。

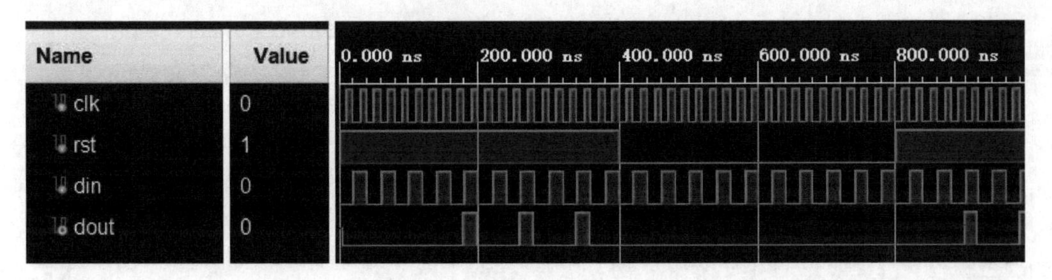

图 7.6.2　仿真结果

例 7.6.2　利用状态机工作方式设计一个输入为 3 个连 1 或 3 个连 0 的序列检测器。有一个序列信号输入端 din，时钟信号输入端 clk，复位控制输入端 rst，检测结果输出端 dout。当 din 输入为 3 个连 1 或 3 个连 0 状态时，dout 为 1 状态，否则为 0 状态，系统同步复位状态为 S0 状态。

设计分析：其状态转移图如图 7.6.3 所示，从状态转移图可以看出，与例 7.6.1 不同，本例题是 Mealy 机。

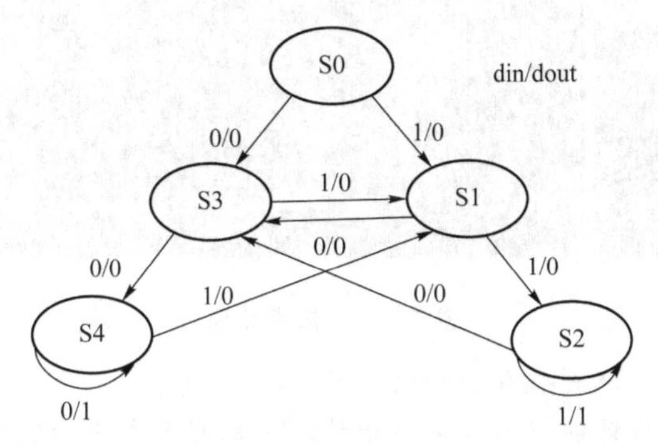

图 7.6.3　3 个连 1 或 3 个连 0 序列检测器状态转移图

源程序代码如下：

```
module detection2(
  input clk,
  input rst,
  input din,
  output reg dout);
  parameter s0 = 3'b000,s1 = 3'b001,s2 = 3'b010,s3 = 3'b011,s4 = 3'b100;
  reg [2:0]current_state,next_state;
  wire clk1;
  frequency1_v1_20 u1(clk,rst,clk1);
      //分频,得到硬件手动输入序列信号能够匹配的时钟,仿真可有可无
  always @(posedge clk1 or negedge rst)
    if(rst == 0)      current_state <= s0;
    else current_state <= next_state;
  always @(current_state or din)  //Mealy机,状态转换和译码输出用一个 always 语句
    case(current_state)
      s0:if(din == 1) begin
        next_state = s1;dout = 0;end else begin next_state = s3;dout = 0;end
      s1:if(din == 1) begin
          next_state = s2;dout = 0;end else begin next_state = s3;dout = 0;end
      s2:if(din == 1) begin
          next_state = s2;dout = 1;end else begin next_state = s3;dout = 0;end
      s3:if(din == 1) begin
          next_state = s1;dout = 0;end else begin next_state = s4;dout = 0;end
      s4:if(din == 1) begin
          next_state = s1;dout = 0;end else begin next_state = s4;dout = 1;end
      default:begin next_state = 3'bxxx; dout = 0;end
    endcase
 endmodule
```

仿真程序同例 7.6.1，只是 din 变化修改为 always ＃80 din＝～din；仿真结果如图 7.6.4 所示。

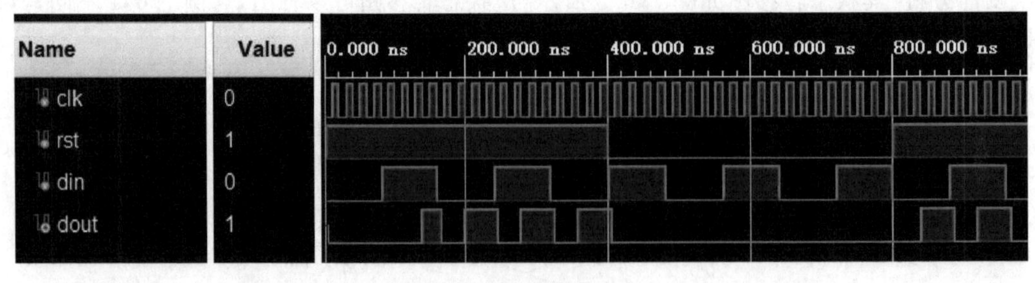

图 7.6.4　仿真结果

作业：自己完成硬件验证例 7.6.1 和例 7.6.2。

思考题：想一想怎样设计能够更好地看出检测到的序列信号值？

7.7 密码锁设计

密码锁是常用的电子产品，可以用在保险柜、入户门、车库、存包处等地方。

例 7.7.1 设计一个 4 位二进制密码锁，输入密码与设置密码一致可以开锁，在开锁情况下，可以重新设置密码，设置密码要求两次输入一致则设置成功，否则失败。

设计分析：本例题需要设置输入时钟 clk，复位 rst，重置密码需要两次输入确认 key_1 和 key_2，由于是在开锁情况下可以重置密码，所以需要锁存开锁信号，设置 lock 为锁存使能，将开锁标志锁存进 open1，open 为开关锁标志，1 为开锁，0 为关锁。两次输入新设置的密码，需要锁存，所以设置锁存信号 lock1、lock2，锁存新设置的密码 password1、password2。由于输入密码均是由拨码开关输入，考虑实际情况需要设置消抖电路。消抖电路的时钟不能太快，这里采用 100 Hz，调用例 6.4.1 封装好的 IP 核 frequency1，客户化名称为 frequency1_v1_21，参数 count1s＝499999。本例题并没有采用状态机的设计，而是按照功能设计出流程图，并按照流程图进行设计，流程图如图 7.7.1 所示。

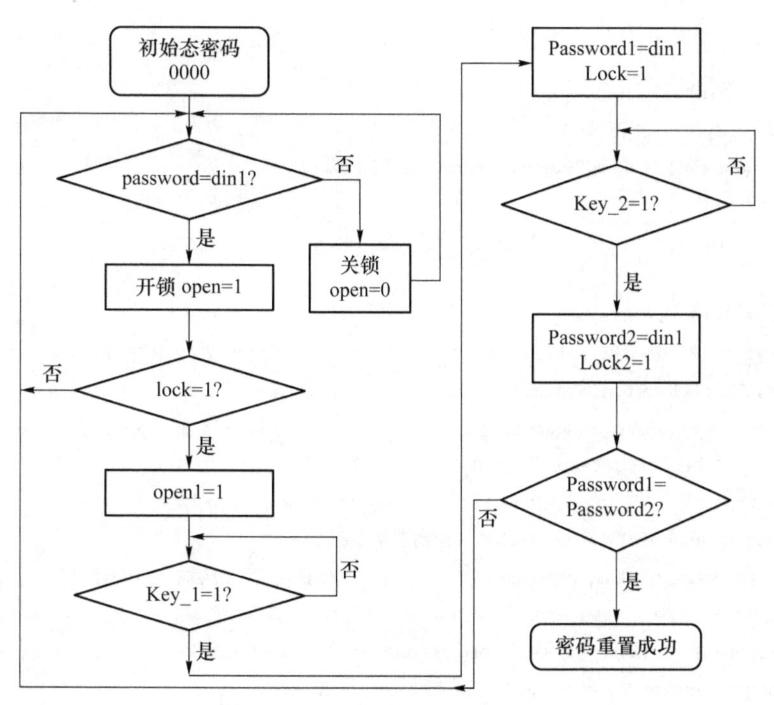

图 7.7.1 密码锁流程图

消抖电路程序如下：

```
module debounce4(
  input clk,
  input rst,
  input [3:0]din,
```

```
    output [3:0]dout);
    reg [3:0]temp1;
    reg [3:0]temp2;
    reg [3:0]temp3;
    always @(posedge clk or negedge rst)   //保持两个时钟周期或者三个时钟周期均可
      if(rst == 0) begin temp1 <= 4'b0000;temp2 <= 4'b0000;temp3 <= 4'b0000;end
      else begin temp1 <= din;temp2 <= temp1;temp3 <= temp2;end
    assign dout = ((~temp1)&temp2&temp3)|(temp1&temp2&temp3)|(temp1&temp2&(~temp3));
endmodule
```

源程序代码如下：

```
module codedlock1(
    input clk,
    input rst,
    input [3:0]din,
    input key_1,
    input key_2,
    input lock,                                        //锁存开锁键
    output reg open);
    reg [3:0]password = 4'b0000;
    reg [3:0]password1 = 4'b0000,password2 = 4'b0000;
    reg open1 = 0;
    wire [3:0]din1;
    wire clk1;
    reg lock1 = 0,lock2 = 0;
    frequency1_v1_21 u1(clk,rst,clk1);                 //用于产生消抖用的时钟,clk1 = 100 Hz
    debounce4 u2(clk1,rst,din,din1);                   //消抖
    always @(posedge clk1 or negedge rst)              //锁存第一次输入密码值
      if(rst == 0)begin  password1 <= 0;lock1 <= 0;end
      else if(open1 == 1&&key_1 == 1) begin password1 <= din1;lock1 <= 1;end
      else begin password1 <= password1;lock1 <= lock1;end
    always @(posedge clk1 or negedge rst)              //锁存第二次输入密码值
      if(rst == 0)begin  password2 <= 0;lock2 <= 0;end
      else if(open1 == 1&&key_2 == 1) begin password2 <= din1;lock2 <= 1;end
      else begin password2 <= password2;lock2 <= lock2;end
    always @(posedge clk1)                             //判断两次密码一致,保存新设置的密码
      if(lock1 == 1&&lock2 == 1&&password1 == password2) password <= password2;
      else password <= password;
    always @(posedge clk1 or negedge rst)              //判断是否开锁
      if(rst == 0) open <= 0;
      else if(password == din1)  open <= 1;
      else open <= 0;
```

```
  always @(posedge clk1 or negedge rst)          //锁存开锁信号,用于重置密码
    if(rst == 0) open1 <= 0;
    else if(open == 1&&lock == 1) open1 <= 1;
    else open1 <= open1;
endmodule
```

仿真程序如下:

```
module sim_codedlock1( );
  reg clk,rst,key_1,key_2,lock;
  reg [3:0]din;
  wire open;
  codedlock1 u0(clk,rst,din,key_1,key_2,lock,open);
  initial
    begin
      clk = 0;key_1 = 0;key_2 = 0;lock = 0;rst = 0;din = 4'b0000; #200;rst = 1; #400;lock = 1;
      #400;lock = 0;din = 4'b1010; #200;key_1 = 1; #800;key_1 = 0;din = 4'b1001;key_2 = 1;
      #800;din = 4'b1001; #800;din = 4'b1010; #800;key_2 = 0;din = 4'b0101;rst = 0;
      #600;rst = 1; #1000;din = 4'b1010; #1000;din = 4'b0000; #800;key_1 = 1;
      #800;key_1 = 0;key_2 = 1; #800;din = 4'b1010; #1000;din = 4'b0000;
    end
  always #10 clk =~clk;
endmodule
```

仿真结果如图7.7.2所示。

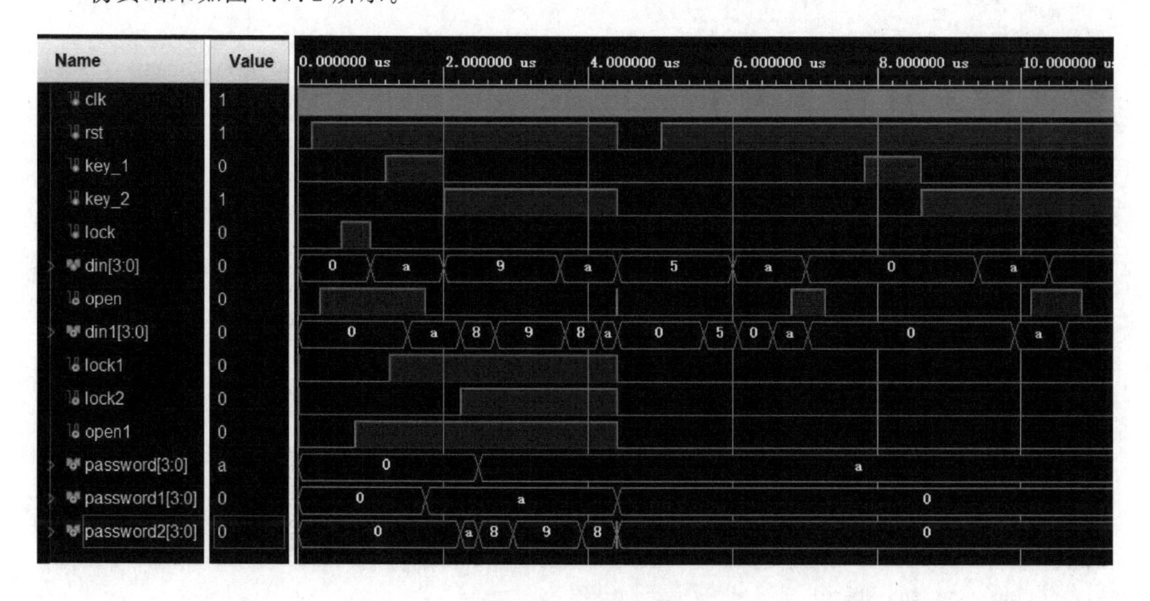

图7.7.2　仿真结果

例7.7.2　设计一个4位十六进制密码锁,输入密码与设置密码一致则可以开锁,在开锁情况下,可以重新设置密码,设置密码要求两次输入一致则设置成功,否则失败。用数码管显

示密码，发光二极管显示开关锁，采用状态机的设计方式进行设计。

设计分析：数码管显示调用例6.6.1，并将其中的四位二进制数码管显示程序换成例5.5.1中的sw_smg16，实际上就是调用例6.6.2，其他调用同例7.7.1。

源程序代码如下：

```
module codedlock2(
  input clk,
  input rst,
  input [15:0]din,
  input key_1,
  input key_2,
  input lock,                                          //锁存开锁键
  output [6:0]a_to_g1,
  output [3:0]bitcode1,
  output open);
  parameter [2:0]s0 = 3'b000,s1 = 3'b001,  s2 = 3'b010,  s3 = 3'b011,s4 = 3'b100;
      //初态、开锁、关锁、重置密码确认一次，重置密码确认两次，密码重置成功
  reg [2:0]current_state,next_state;
  reg [15:0]password = 16'h0000;
  reg [15:0]password1 = 16'h0000,password2 = 16'h0000;
  reg open1 = 0;
  wire [15:0]din1;
  wire clk1;
  reg lock1 = 0,lock2 = 0;
  assign open = (password = = din1)? 1:0;
  frequency1_v1_22 u1(clk,rst,clk1);                   //用于产生消抖用的时钟,clk1 = 100 Hz
  debounce4 u2(clk1,rst,din[15:12],din1[15:12]);//消抖
  debounce4 u3(clk1,rst,din[11:8],din1[11:8]);  //消抖
  debounce4 u4(clk1,rst,din[7:4],din1[7:4]);    //消抖
  debounce4 u5(clk1,rst,din[3:0],din1[3:0]);    //消抖
  tube1 u6(clk,rst,din1,a_to_g1,bitcode1);
  always@(posedge clk or negedge rst)
    if(rst = = 0) current_state < = s0;                //s0 初始状态,初始密码为十六进制 0000
    else current_state < = next_state;
  always @(posedge clk1 or negedge rst)                //锁存开锁信号,用于重置密码
    if(rst = = 0) open1 < = 0;
    else if(open = = 1&&lock = = 1) open1 < = 1;
    else open1 < = open1;
  always@(current_state or din1 or key_1 or key_2 or open1  or lock1 or lock2)
    case(current_state)
      s0:begin if(password! = din1)next_state = s2; else next_state = s1;end  //初态
      s1:begin                                         //开锁状态,可以转移到重置密码,也可以关锁
        if(rst = = 0)begin  password1 = 0;lock1 = 0;next_state = s0;end
```

```
        else if(open1 == 0) begin
          if(password!= din1)next_state = s2;else  next_state = s1;end
        else if(key_1 == 1) begin password1 = din1;lock1 = 1;next_state = s3;end
        else begin password1 = password1;lock1 = lock1;next_state = s1;end end
      s2:begin                  //关锁状态,可以转移到开锁状态
        if(password == din1) next_state = s1;  else  next_state = s2; end
      s3:begin                  //重置密码
        if(rst == 0)begin  password2 = 0;lock2 = 0;next_state = s0;end
        else if(open1 == 0) begin
          if(password!= din1)next_state = s2; else  next_state = s1;end
        else if(key_2 == 1) begin password2 = din1;lock2 = 1;next_state = s4;end
        else begin password2 = password2;lock2 = lock2;next_state = s3;end end
      s4:begin                  //重置密码成功,转移到开锁状态
        if(lock1 == 1 && lock2 == 1 && password1 == password2)
          begin password = password2;next_state = s1;end
        else begin password = password;next_state = s1;end end
    endcase
endmodule
```

仿真程序如下:

```
module sim_codedlock3( );
  reg clk,rst,key_1,key_2,lock;
  reg [15:0]din;
  wire open;
  wire [3:0]bitcode1;
  wire [6:0]a_to_g1;
  codedlock2 u0(clk,rst,din,key_1,key_2,lock,a_to_g1,bitcode1,open);
  initial
    begin
      clk = 0;key_1 = 0;key_2 = 0;lock = 0;rst = 0;din = 16'h0000; #1000;rst = 1; #1000;lock = 1;
      #400;din = 16'ha010; #1000;key_1 = 1; #800;key_2 = 1; #800;key_1 = 0;key_2 = 0;
      #400;lock = 1; #400;lock = 0; #2000;din = 16'h0000; #600;rst = 0; #2000;rst = 1;
      #1000;din = 16'ha010; #2000;din = 16'h0000; #800;key_1 = 1; #3000;key_2 = 0;
      #3000;key_1 = 0; #1000;key_2 = 0;din = 16'ha010; #2000;din = 16'h0000;
      #1000;rst = 1; #1000;lock = 1; #400;din = 16'ha010; #1700;key_1 = 1;
      #1000; din = 16'h0010; #2000; key_1 = 0;key_2 = 0; #800;lock = 0; #2600;rst = 0;
      #2000;rst = 1; #1000;din = 16'ha010; #2000;din = 16'h0000;
    end
  always #10 clk =~clk;
endmodule
```

仿真结果如图 7.7.3 所示,仿真时修改了 count1s 的参数,分别为 5 和 20。对应仿真结果,分析程序与之对应的状态,思考给出的仿真结果是否已经考虑周全了,还有哪些情况可能发生。试着自己写出仿真程序并进行仿真分析。

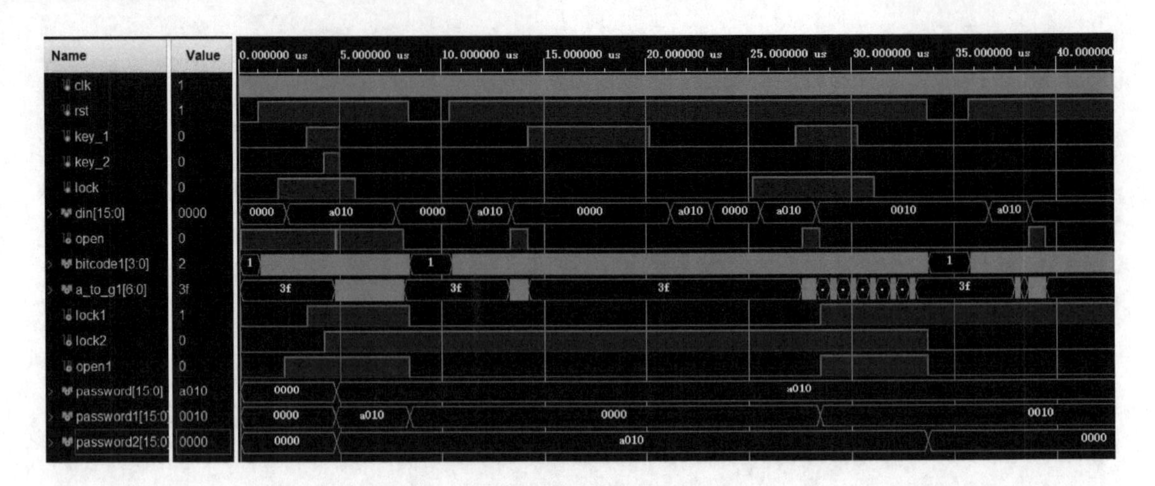

图 7.7.3　仿真结果

作业：自己完成硬件验证例 7.7.1 和例 7.7.2。

思考题：设计一个密码位数可变的密码锁，包括十进制数字和字母 a～f，如何进行设计？如果输入错误次数超出，则发出报警信号并锁死，只能输入提前设定的解除报警信号才能重新输入密码开锁，如何设计？

第8章 算法设计

FPGA是单纯的硬件设计，当进行算法设计时，Verilog综合后的就是硬件逻辑电路。算法设计对硬件来说就是将文字或者数学公式转换成一串0和1组合的描述方式。组合逻辑设计和时序逻辑设计均能实现算法设计，可以采用多种设计方案，但无论采用哪种设计方案，都必须遵循一定的算法原理与规则。

8.1 整数平方根设计

FPGA器件不仅可以进行数字电路设计，实现电子系统及电子产品的设计，而且能够进行数字信号处理，比如进行整数平方根算法的设计、整数乘法设计、最大公约数设计以及最小公倍数设计等。

Ego1板子上有16个拨码开关，输入数值可以为16位二进制，整数平方根算法有很多种，下面两个例题分别用了不同的方法来计算整数平方根。

例8.1.1 求四位～十三位二进制输入数值的整数平方根，用数码管显示输入/输出，采用模块化设计。

设计分析：需要调用例5.4.2的13位二进制数转换为BCD码的设计程序bcd2，用于将输入数值和平方根值转换成BCD码，调用例6.6.1的由拨码开关输入BCD码，由数码管显示的设计程序tube1，将输入数值及平方根值的BCD码用数码管显示输出，调用例6.4.1封装好的IP核frequency1，客户化名称为frequency1_v1_23，参数count1s=499999，得到输出100 Hz时钟信号clk100Hz，作为消抖模块的输入时钟使用，调用例7.7.1中的debounce4模块用于对输入计算开始触发信号的消抖。其他底层调用同原模块。

求取13位二进制数平方根的算法源程序如下：

```
module sqrt1(
  input wire clk,
  input wire rst,
  input wire start,          //为1开始计算
  input wire [12:0]sw,       //输入数值，不超过13位二进制数，输出数值不超过9999，在四位数码管
                               显示范围内
```

```
    output reg [6:0]root);  //平方根值,最大不超过99,采用试根法,适用于输入为偶数位二进制整数
    reg [2:0]state;                   //状态指示标志
    reg [13:0]m;
    reg [3:0]n;
    reg [13:0]cmp;                    //中间变量
    reg [13:0]x,r;                    //存中间结果
    initial  state = 0;
    always @(posedge clk or negedge rst)
      if(rst == 0) begin x <= 0;r <= 0;m <= 0;n <= 0;cmp <= 0;state <= 0;end
      else
        begin
          case(state)
            0:begin
                if(start == 1)
                  begin
                    state <= 1;       //转换到状态 1
                    x <= 0;
                    r <= {1'b0,sw};   //输入数据如果不是偶数位二进制数,就将最高位补 0,补足偶
                                      //数位,如果为偶数位,不用补 0
                    m <= sw >> 12;    //原数据右移 12 位后存入 m,即 m 中存着输入数据的最高位和
                                      //次高位
                    n <= 12;
                  end
              end
            1:begin
                if(m >= 1)            //如果最高位和次高位不是 00
                  begin x <= 1;r <= r-(14'd1 << n);end
                  state <= 2;
              end
            2:begin n <= n-2;x <= x << 1;cmp <= (((x << 2) + 1)<<(n-2));state <= 3;end
            3:begin
                if(r >= cmp)begin x <= x + 1;r <= r-cmp;end
                state <= 4;
              end
            4:begin
                if(n == 0) begin root <= x[6:0];state <= 0;end  //计算结果,回到起始 0 状态
                else state <= 2;      //没有计算完,回到状态 2 继续计算
              end
            default:state <= 0;
          endcase
        end
  endmodule
```

顶层源程序如下：

```
  module sqrt1_top(
    input clk,
```

```
    input rst,
    input start,                //开始计算按键
    input [12:0]sw,             //输入待计算数值
    output [6:0]a_to_g1,
    output [6:0]a_to_g2,
    output [7:0]bitcode);
    wire clk100Hz;
    wire [3:0]start1;           //消抖后的计算脉冲开始信号,其中取 start[0]作为计算开始信号
    wire [6:0]root;             //平方根值,最大不超过 99
    wire [15:0]rootbcd;
    wire [15:0]swbcd;
    wire [3:0]bitcode1,bitcode2;
    assign bitcode = {bitcode1,bitcode2[3:2],2'b00};
                                //平方根显示只需要两位,所以将其两位位选信号设置为 0,不显示
    frequency1_v1_23 u1(clk,rst,clk100Hz);
    debounce4 u2(clk100Hz,rst,{3'b111,start},start1);
    sqrt1 u3(clk,rst,start1[0],sw,root);
    bcd2 u4({6'b000000,root},rootbcd);              //输出平方根转换成 BCD 码
    bcd2 u5(sw,swbcd);                              //输入数值转换成 BCD 码
    tube1 u6(clk,rst,swbcd,a_to_g1,bitcode1);       //4 组 16 位 BCD 码用一组数码管显示输入
    tube1 u7(clk,rst,rootbcd,a_to_g2,bitcode2);     //4 组 16 位 BCD 码用一组数码管显示输出
endmodule
```

RTL 级电路计算部分和显示部分分别如图 8.1.1 和 8.1.2 所示,两部分连接在一起就构成整体设计电路。

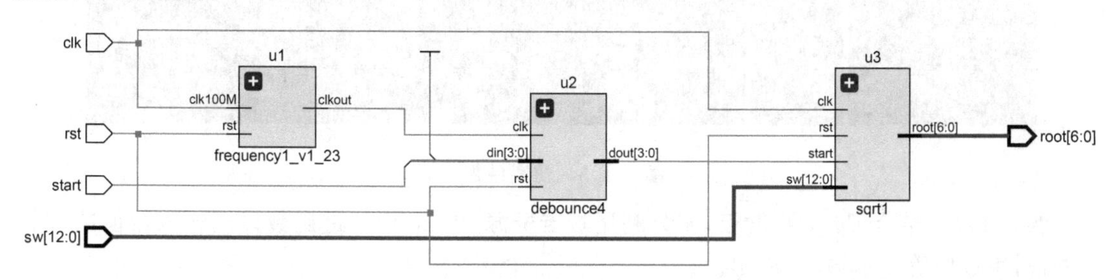

图 8.1.1 计算部分

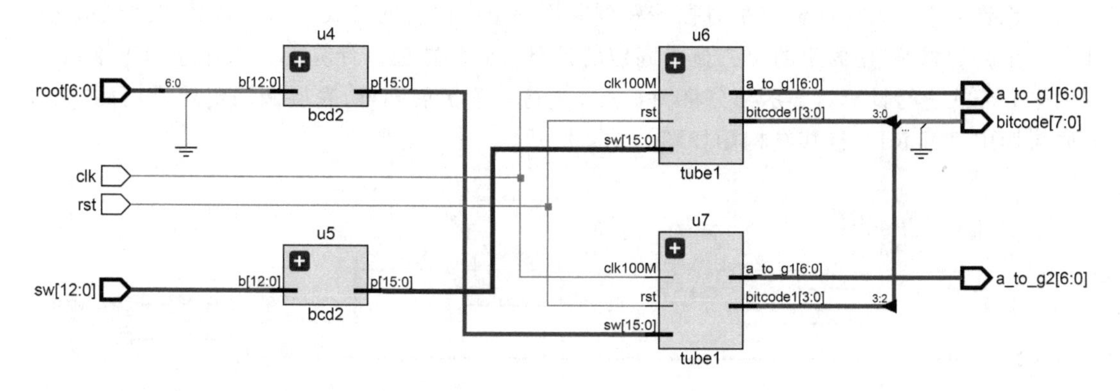

图 8.1.2 显示部分

仿真程序如下：

```
module sim_sqrt1_top();
  reg clk,rst,start;
  reg [12:0]sw;
  wire [7:0]bitcode;
  wire [6:0]a_to_g1,a_to_g2;
  sqrt1_top u0(clk,rst,start,sw,a_to_g1,a_to_g2,bitcode);
  initial
    begin
      clk = 1'b0;rst = 0;start = 0;sw = 13'b0000000001011; #200;rst = 1;
    end
  always   #10 clk =~clk;
  always #4000 sw = sw + 500;
  always #5000 start = start + 1;
endmodule
```

仿真结果如图 8.1.3 所示，仿真时将 frequency1_v1_23 的参数 count1s 改为 5，显示频率没有修改，所以这里没有正确显示输出及输入值。

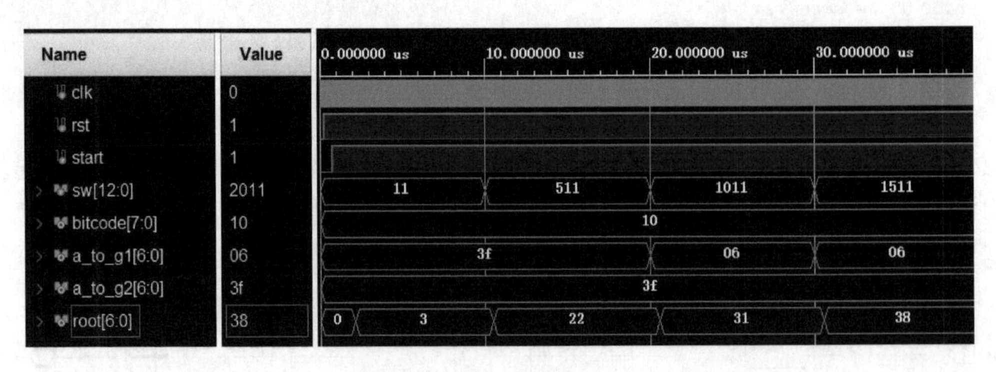

图 8.1.3　仿真结果

例 8.1.2　结合 Ego1 开发板，充分利用板卡资源，求 16 位二进制数以内输入数值的整数平方根，用数码管显示输入/输出。

设计分析：此题可以继续沿用例 8.1.1 的设计思路进行扩大位数设计，也可以另辟蹊径，显示上也要考虑输入值和输出平方根涉及到共用一组数码管的形式。这里从算法到显示完全开辟一个新的思路，用固定的位去显示固定的计算得到的数值。计算部分采用逆向思维，直接利用平方公式进行计算。显示部分将例 6.6.3 进行一下扩展即可，底层调用仍然沿用例 6.6.3 的底层调用。其 RTL 连接结构图如图 8.1.4 所示。

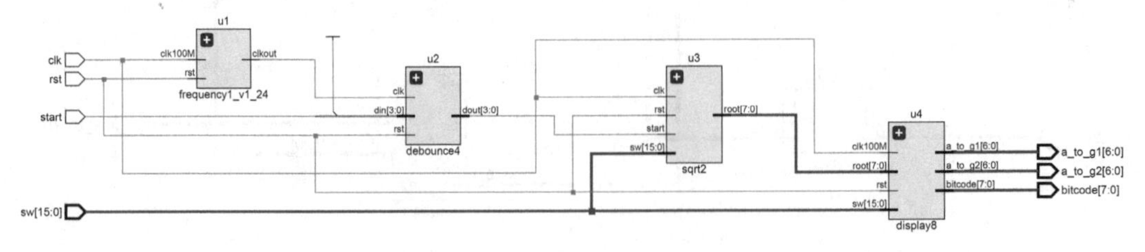

图 8.1.4　RTL 级结构图

16位二进制整数平方根算法源程序如下：

```
module sqrt2(
  input wire clk,
  input wire rst,
  input wire start,
  input wire [15:0]sw,                              //输入数值
  output  [7:0] root);                              //平方根值
  reg [7:0]root1;                                   //平方根值
  reg [15:0]lastvalue;
  reg calculate;
  assign root = root1;
  always @(posedge clk or negedge rst)
    begin
      if(rst == 0) root1 <= 0;                      //如果没有找到平方根,从头开始计算
      else
        if(start == 1)  begin  lastvalue = sw;calculate <= 1;end  //设置开始计算标志
        else if(sw!= lastvalue) root1 <= 0;         //判断是否有新的输入值,开始新的计算
        else begin
            if(calculate == 1)
              if(sw == 1) root1 <= 1;
              else if((root1 + 1) ** 2 < sw)   root1 <= root1 + 1'b1;
              //els if(((root1 + 1) * (root1 + 1))< sw)   root1 <= root1 + 1'b1;
              else   begin root1 <= root1;calculate <= 0;end     //清除计算标志
            else   root1 <= root1;
          end
    end
endmodule
```

显示源程序如下(在例6.6.3的基础上扩展修改)：

```
module display8(
  input clk100M,
  input rst,
  input [15:0]sw,
  input [7:0]root,
  output reg[6:0]a_to_g1,                             //右边四位数码管段码
  output reg[6:0]a_to_g2,                             //左边四位数码管段码
  output reg[7:0]bitcode);
  reg [2:0]dispbit1;                                  //控制数码管位选信号
  wire [6:0]a_to_g11,a_to_g12,a_to_g13,a_to_g14;
  wire [6:0]a_to_g21,a_to_g22,a_to_g23,a_to_g24;  //各个位数码管段码
  reg [3:0]y0,y1,y2,y3,y4,y5,y6,y7;                   //各个位的值
  wire clkout1;                                       //生成的扫描时钟
  frequency1_v1_07 u1(clk100M,rst,clkout1);          //扫描时钟生成参数 count1s = 49999
```

```
  sw_smg10 u2(y0,a_to_g11);
  sw_smg10 u3(y1,a_to_g12);
  sw_smg10 u4(y2,a_to_g13);
  sw_smg10 u5(y3,a_to_g14);
  sw_smg10 u6(y4,a_to_g21);
  sw_smg10 u7(y5,a_to_g22);
  sw_smg10 u8(y6,a_to_g23);
  sw_smg10 u9(y7,a_to_g24);
  always @(sw or root)                          //计算各个位的十进制数值
    begin
      y7 = root/100;
      y6 = (root-y7 * 100)/10;
      y5 = root-y7 * 100-y6 * 10;
      y4 = sw/10000;
      y3 = (sw-y4 * 10000)/1000;
      y2 = (sw-y4 * 10000-y3 * 1000)/100;
      y1 = (sw-y4 * 10000-y3 * 1000-y2 * 100)/10;
      y0 = sw-y4 * 10000-y3 * 1000-y2 * 100-y1 * 10;
    end
  always @(posedge clkout1 or negedge rst)      //进行右边数码管的位选信号
    if(rst == 0) dispbit1 <= 0;
    else dispbit1 <= dispbit1 + 1;
  always @(dispbit1,a_to_g11,a_to_g12,a_to_g13,a_to_g14,
              a_to_g21,a_to_g22,a_to_g23,a_to_g24)
    case(dispbit1)
      3'b000:begin a_to_g1 = a_to_g11;bitcode[7:0] = 8'b00000001;end
      3'b001:begin a_to_g1 = a_to_g12;bitcode[7:0] = 8'b00000010;end
      3'b010:begin a_to_g1 = a_to_g13;bitcode[7:0] = 8'b00000100;end
      3'b011:begin a_to_g1 = a_to_g14;bitcode[7:0] = 8'b00001000;end
      3'b100:begin a_to_g2 = a_to_g21;bitcode[7:0] = 8'b00010000;end
      3'b101:begin a_to_g2 = a_to_g22;bitcode[7:0] = 8'b00100000;end
      3'b110:begin a_to_g2 = a_to_g23;bitcode[7:0] = 8'b01000000;end
      3'b111:begin a_to_g2 = a_to_g24;bitcode[7:0] = 8'b10000000;end
      default:begin a_to_g1 = 0;a_to_g2 = 0;bitcode[7:0] = 8'b00000000;end
    endcase
endmodule
```

顶层源程序如下：

```
module sqrt2_top(
  input clk,
  input rst,
  input start,                                  //开始计算按键
  input [15:0]sw,                               //输入待计算数值
  output [6:0]a_to_g1,
```

```
  output [6:0]a_to_g2,
  output [7:0]bitcode);
  wire clk100Hz;
  wire [3:0]start1;                //消抖后的计算脉冲开始信号,其中取 start[0]作为计算开始信号
  wire [7:0]root;                  //平方根值,充分利用板卡资源,不超过 255
  frequency1_v1_24 u1(clk,rst,clk100Hz);
  debounce4 u2(clk100Hz,rst,{3'b111,start},start1);//同例 8.1.1 的 debounce4
  sqrt2 u3(clk,rst,start1[0],sw,root);
  display8 u4(clk,rst,sw,root,a_to_g1,a_to_g2,bitcode);
endmodule
```

仿真程序如下 :

```
module sim_sqrt2_top1();
  reg clk,rst,start;
  reg [15:0]sw;
  wire [7:0]bitcode;
  wire [6:0]a_to_g1,a_to_g2;
  sqrt2_top u0(clk,rst,start,sw,a_to_g1,a_to_g2,bitcode);
  initial
    begin
      clk = 1'b0;rst = 0;start = 0;sw = 11;#200;rst = 1;#3000;start = 1;#2000;start = 0;
      #5000;start = 1;#2000;start = 0;#6000;start = 1;#2000;start = 0;
    end
  always   #10 clk =~clk;
  always #6000 sw = sw + 500;
endmodule
```

仿真结果如图 8.1.5 所示,想一想图中圈出的地方发生了什么?

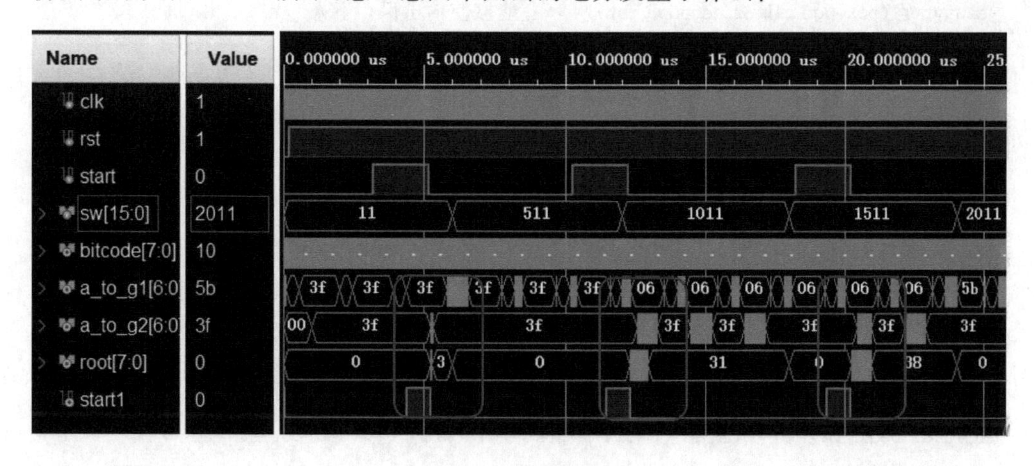

图 8.1.5 仿真结果

作业:自己完成硬件验证例 8.1.1 和例 8.1.2。

思考题:想一想整数平方根算法还有没有其他的方案能够实现?

8.2 整数乘法设计

FPGA不仅能够进行加减法运算,还能够进行乘除法运算。直接用乘法符号进行的乘法属于并行乘法器,用移位累加完成的乘法属于串行乘法器,串行乘法器能够完成有符号数的乘法,本节采用串行乘法器进行整数乘法设计。

例8.2.1 求两个无符号8位二进制数的乘积,输入由拨码开关给入,输出由发光二极管显示。

源程序代码如下:

```
module multi1(
  input clk,
  input rst,
  input start,
  input [7:0]dataa,
  input [7:0]datab,
  output reg[15:0]product);
  reg [15:0]product1;
  integer i;
  reg [15:0]temp_b;
  always @(dataa or datab)
    begin
      temp_b = {{8{1'b0}},datab};
      product1 = 0;
      for(i = 0;i < 8;i = i + 1)                    //将 dataa 的每一位与 datab 按位相与
        begin product1 = product1 + ({16{dataa[i]}}&(temp_b << i));end
    end
  always @(posedge clk or negedge rst)       //能够使输出保存下来
    if(rst == 0) product <= 0;
    else if(start == 1) product <= product1;
    else product <= product;
endmodule
```

仿真程序如下:

```
module sim_multiple1();
  reg clk,rst,start;
  reg [7:0]dataa,datab;
  wire [15:0]product;
  multi1 u0(clk,rst,start,dataa,datab,product);
  initial begin dataa = 0;datab = 0;clk = 0;rst = 0;start = 0;#200;rst = 1;end
  always #1000 dataa = dataa + 10;
  always #2000 datab = datab + 9;
  always #500 start =~start;
  always #10 clk =~clk;
endmodule
```

仿真结果如图 8.2.1 所示。

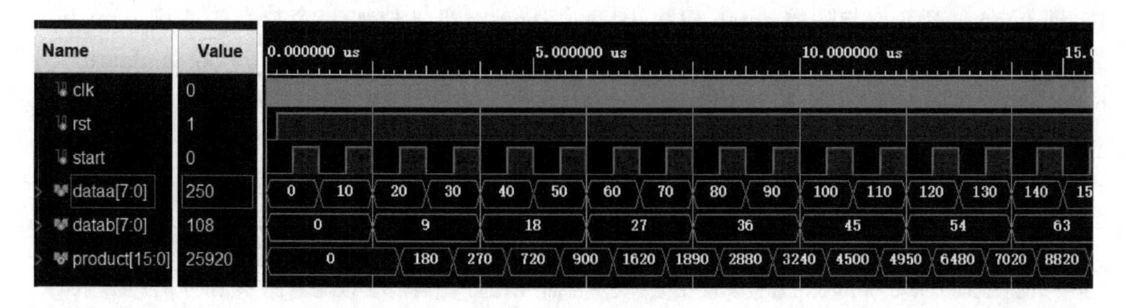

图 8.2.1 仿真结果

例 8.2.2 换一种方法设计 8 位无符号二进制整数乘法。

设计分析:采用移位相加法,即乘数从最低位开始算作第 n 位,当乘数的第 n 位为 1 时,则用这 1 位与被乘数相乘,将相乘得到的积左移 n 位,得到的结果为部分积,乘数所有为 1 的位都进行同样的操作,最后将得到的所有部分积相加,结果即为无符号二进制整数乘法的结果。下面给出与例 8.2.1 不同部分的程序。仿真程序及仿真结果同例 8.2.1。

不同于例 8.2.1 部分的源程序代码如下:

```
reg [7:0]tempb;
reg [15:0]temp_a;
always @(dataa or datab)
begin
  tempb = datab;
  temp_a = {{8{1'b0}},dataa};
  product1 = 0;
  for(i = 0;i < 8;i = i + 1)
  if(tempb[i] == 1)   product1 = product1 + (temp_a << i);else product1 = product1;
end
```

作业:结合前面所学内容用数码管显示出来两个乘数及乘积,自己完成硬件验证例 8.2.1 和例 8.2.2。

思考题:求两个无符号二进制整数(16～99 的范围)的十进制乘法结果,输入由拨码开关给入,用数码管显示输入/输出数值。想一想如果是有符号数如何进行设计?

8.3 整数除法设计

两个 8 位的无符号整数除法,即被除数 a 除以除数 b,它们的商和余数都不会超过 8 位。相较于乘法器的左移相加,除法器是移位相减。组合逻辑和时序逻辑均能实现无符号整数除法运算。硬件实现原理如下:首先将 dataa 转换成高 8 位为 0,低 8 位为 dataa 的 temp_a,把 datab 转换成高 8 位为 datab,低 8 位为 0 的 temp_b。在每个周期开始时,先将 temp_a 左移一位,末尾补 0,然后与 temp_b 比较,temp_a 是否大于 temp_b,是则将 temp_a 减去 temp_b 且加上1,否则继续往下执行。直到移位8次,如果此时temp_a的高8位等于temp_b的高8位,即temp_a高8位与除数datab相等,则商为temp_a低8位加1,余数为0;否则temp_a的高8位即为余数,低8位即为商。下面以被除数dataa=8'b00000100,除数datab=8'b00000001为例,进行移位计算,其中temp_b=00000001_00000000,其运算过程如表8.3.1所列。

表8.3.1 移位除法运算过程

移位操作	移位后数据temp_a	移位后比较操作	移位相减后数据temp_a
开始	00000000_00000100	移位后temp_a不大于temp_b,temp_a保持不变,继续移位	00000000_00000100
左移1位	00000000_00001000	移位后temp_a不大于temp_b,temp_a保持不变,继续移位	00000000_00001000
左移2位	00000000_00010000	移位后temp_a不大于temp_b,temp_a保持不变,继续移位	00000000_00010000
左移3位	00000000_00100000	移位后temp_a不大于temp_b,temp_a保持不变,继续移位	00000000_00100000
左移4位	00000000_01000000	移位后temp_a不大于temp_b,temp_a保持不变,继续移位	00000000_01000000
左移5位	00000000_10000000	移位后temp_a不大于temp_b,temp_a保持不变,继续移位	00000000_10000000
左移6位	00000001_00000000	移位后temp_a不大于temp_b,temp_a保持不变,继续移位	00000001_00000000
左移7位	00000010_00000000	temp_a大于temp_b,temp_a变为temp_a-temp_b+1	00000001_00000001
左移8位	00000010_00000010	temp_a大于temp_b,temp_a变为temp_a-temp_b+1	00000001_00000011

表8.3.1中最后一行最后一列左移8位后的处理结果temp_a为00000001_00000011,其高8位与除数datab相等,所以其商为temp_a的低8位加1,即商为4,余数为0。

例8.3.1 设计两个无符号8位二进制数的除法运算,输入由拨码开关给入,输出由发光二极管显示。

设计分析:用组合逻辑进行移位减法设计,源程序代码如下:

```
module division8(
  input [7:0]dataa,
  input [7:0]datab,
  output reg[7:0]quoti,
  output reg[7:0]remai);                              //dataa是dividend,datab是divisor
  reg [7:0]tempa,tempb;
  reg[15:0]temp_a,temp_b;                             //位宽等于除数加被除数的位宽之和
  wire [7:0]quoti1,remai1;
  reg start;
  integer i;
  always @(dataa or datab or quoti1 or remai1)
    if(dataa == 0)begin quoti = 0;remai = 0;end
    else if(datab == 0) begin quoti = 0;remai = dataa;end  //实际上datab不能等于零
    else if(dataa == datab) begin quoti = 1;remai = 0;end
    else  begin quoti = quoti1;remai = remai1;end
  always @(dataa or datab)
    begin tempa = dataa;tempb = datab;end
  always @(tempa or tempb)
    begin
      temp_a = {8'b0,tempa};
```

```
      temp_b = {tempb,8'b0};
      for (i = 0;i < 8;i = i + 1)  begin
        temp_a = {temp_a[14:0],1'b0};
        if(temp_a > temp_b)  begin temp_a = temp_a-temp_b + 1;temp_b = temp_b;end
        else begin temp_a = temp_a;temp_b = temp_b;end
        end
      start = 1;
    end
  assign quoti1 = (start == 1&&temp_a[15:8] == temp_b[15:8])? (temp_a[7:0] + 1):temp_a[7:0];
  assign remai1 = (start == 1&&temp_a[15:8] == temp_b[15:8])? 0:temp_a[15:8];
endmodule
```

例 8.3.2 例 8.3.1 是组合逻辑，只要输入改变，即使不是最终的输入，输出也立刻发生改变，即改变输入时的中间过程都会显示相对应的中间结果。在此基础上加上寄存器存储输出，即使输入改变，只要没有确认是最终的输入结果，输出都保持不变。

源程序代码如下：

```
module division8_top(
  input clk,
  input rst,
  input [7:0]dataa,
  input [7:0]datab,
  input start,
  output reg[7:0]quoti,
  output reg[7:0]remai);                      //dataa 是 dividend,datab 是 divisor
  wire [7:0]quoti1,remai1;
  reg [5:0]count;
  always @(posedge clk or negedge rst)
    if(rst == 0) count <= 0;
    else count <= count + 1;
  always @(posedge count[5] or negedge rst)  //时钟周期要保证计算已经完成
    if(rst == 0) begin quoti <= 0;remai <= 0;end
    else if(start == 1) begin quoti <= quoti1;remai <= remai1;end
    else begin quoti <= quoti;remai <= remai;end
  division8 u1(dataa,datab,quoti1,remai1);
endmodule
```

仿真程序如下：

```
module sim_division8_top();
  reg clk,rst,start;
  reg [7:0]dataa,datab;
  wire [7:0]quoti,remai;
  division8_top u0(clk,rst,dataa,datab,start,quoti,remai);
  initial
```

```
      begin
        clk = 0;rst = 0;dataa = 8'd100;datab = 8'd80;start = 0;#1000;rst = 1;start = 1;
      end
    always   #10 clk =~clk;
    always #10000 dataa = dataa + 30;
    always #10000 datab = datab + 50;
    always #5000 start <=~start;
endmodule
```

仿真结果如图 8.3.1 所示。

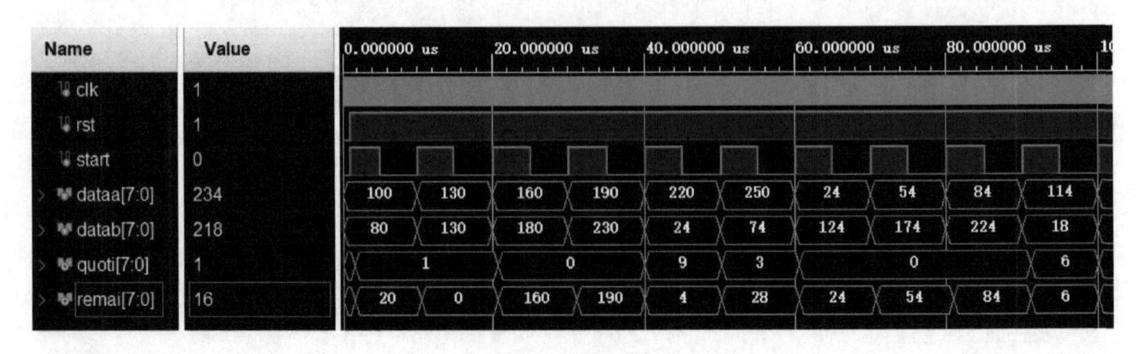

图 8.3.1　仿真结果

8.4 最大公约数设计

最大公因数,也称最大公约数、最大公因子,指两个或多个整数共有约数中最大的一个。a,b 的最大公约数记为(a,b),求最大公约数有多种方法,常见的有质因数分解法、短除法、辗转相除法、更相减损法等。由于 0 和任意数都没有最大公约数的定义,所以本节设计认为两个数中有一个为 0,最大公约数即为 0。

例 8.4.1　找出两个 4 位二进制整数的最大公约数。输出由发光二极管显示,即二进制显示。

设计分析:下面采用更相减损术来求最大公约数。其算法过程是:以较大的数减较小的数,接着把所得的差与较小的数比较,并以大数减小数,继续这个操作,直到所得的减数和差相等为止。当两数相等时,两数当前的值即为最大公约数。

为实现此算法,采用状态机的设计方法来实现。设计三个状态:初始化状态(START)、运算状态(CALC)以及运算完成状态(FIN)。初始化状态将两输入装载进去,运算状态将判断缓冲区中两数的大小,并循环以大数减小数,当两数相等时进入运算完成状态,运算完成时将缓冲区中的数赋值给变量 gcd,用于输出。

源程序代码如下:

```
module gcd1(
  input clk,
  input rst,
  input start,
  input [7:0]dataa,
  input [7:0]datab,
  output reg[7:0]gcd                                          //求得的最大公约数
    );
  reg [7:0]bufdataa,bufdatab;                                 //运算数据的缓冲区
  reg [1:0]current_state,next_state;                          //定义状态机变量
  wire clk100Hz;
  wire [3:0]start1;
  parameter START = 2'b00,CALC = 2'b01,FIN = 2'b10;           //定义状态机变量对应数值
  frequency1_v1_25 u1(clk,rst,clk100Hz);
  debounce4 u2(clk100Hz,rst,{3'b111,start},start1);           //消抖部分可以去掉
  always @ (posedge clk100Hz or negedge rst)
    if (rst == 0) current_state <= FIN;else current_state <=  next_state;
  always @ (current_state or bufdataa or bufdatab or dataa or datab or start1[0])
    case(current_state)
      START:next_state = CALC;
      CALC: if(bufdataa!= bufdatab&&bufdataa!= 0&&bufdatab!= 0) next_state = CALC;
            else next_state = FIN;
      FIN: if(start1[0] == 1)next_state = START;else next_state = FIN;
      default:next_state = FIN;
    endcase
  always@(posedge clk or negedge rst)
      //这里时钟相当于输入,正是时钟的变化使对输出起作用的信号发生变化
    begin
      if(rst == 0)   gcd <= 0;
      else
        case (current_state)
          START:begin bufdataa <= dataa;bufdatab <= datab;end//初始状态:变量赋值
          CALC: if(bufdataa!= bufdatab)
              begin                                           //主算法:更相减损术的实现
                if(bufdataa > bufdatab)
                  begin bufdataa <= bufdataa-bufdatab;bufdatab <= bufdatab;end
                else
                  begin bufdatab <= bufdatab-bufdataa;bufdataa <= bufdataa;end
                end
            else begin bufdatab <= bufdatab;bufdataa <= bufdataa;end
          FIN:                                                //完成状态:输出计算结果
            if(bufdataa == 0||bufdatab == 0) gcd <= 0;        //若有 1 个为 0,最大公约数为 0
            else   gcd <= bufdataa;                           //经过多次相减,最终找到最大公约数
          default:gcd <= 0;
        endcase
    end
endmodule
```

仿真程序如下(仿真时去掉消抖设计部分,实际上本设计也可以不要消抖电路设计部分):

```
module sim_gcd1();
  reg clk,rst;
  reg [7:0]dataa,datab;
  reg start;
  wire [7:0]gcd;
  gcd1 u0(clk,rst,start,dataa,datab,gcd);
  initial begin clk = 0;rst = 0;dataa = 8'd100;datab = 8'd80;start = 0; #200;rst = 1;end
  always  #10 clk =~clk;
  always #4200 dataa = dataa + 50;
  always #4200 datab = datab + 30;
  always #2000 start =~start;
endmodule
```

仿真结果如图 8.4.1 所示。

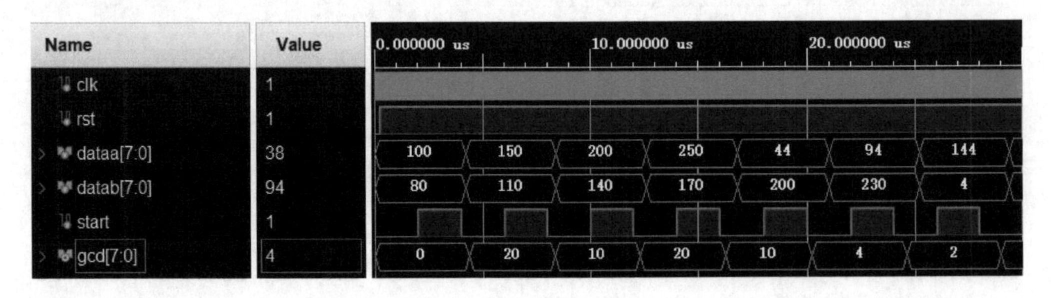

图 8.4.1 仿真结果

例 8.4.2 由拨码开关输入 2 个 8 位二进制整数,找出两个输入数值的最大公约数,用数码管显示输入/输出数值。

设计分析:本设计采用 Stein 算法,它和更相减损术很像,而且只有比较、移位、减法运算,非常适合用 FPGA 实现。假设 A、B 是即将装载的两个数,C 是当 A、B 中有偶数时需要左移的位数,采用状态机的设计方法,其算法步骤如下:

① 先装载 A 和 B 的值,C 清零。

② 若 $A=0$ 或者 $B=0$,则最大公约数为 0;若 $A=B$,则 A 是最大公约数。若上面两种情况都不成立,则跳到③,否则跳到④。

③ 若 A 是偶数,B 是偶数;则 A $\gg$ 1,$B \gg 1$,$C \ll 1$(LSB 填充 1);

若 A 是偶数,B 是奇数,则 $A \gg 1$,B 不变,C 不变;

若 A 是奇数,B 是偶数,则 A 不变,$B \gg 1$,C 不变;

若 A 是奇数,B 是奇数,且满足 $A>B$,则 $A=A-B$;不满足 $A>B$,则 $B=B-A$,C 不变。

④ 输出结果。

由于本例题要求数码管显示,所以采用层次化设计,算法设计中 gcd2 作为底层,由于例 6.6.3 用 5 位数码管显示,这里只需要 3 位即可,所以显示部分既可以直接利用例 6.6.3,将高 8 位输入用 0 替换,或者在例 6.6.3 的基础上进行修改,用 3 位数码管显示即可,底层调用沿用例 6.6.3 的调用。其 RTL 结构图如图 8.4.2 所示。

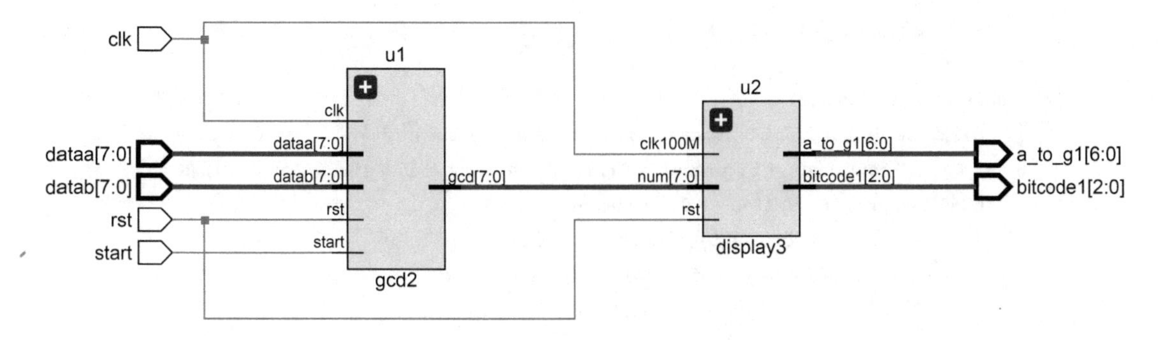

图 8.4.2 RTL 结构图

Stein 最大公约数算法源程序如下：

```
module gcd2(
  input [7:0]dataa,
  input [7:0]datab,
  input clk,
  input rst,
  input start,
  output reg[7:0]gcd                                          //求得的最大公约数
  );
  reg [7:0]bufdataa,bufdatab,bufgcd,bufshift;                 //运算数据的缓冲区
  reg [1:0]current_state,next_state;                          //定义状态机变量
  wire clk100Hz;
  wire [3:0]start1;
  parameter START = 2'b00,COMP = 2'b01,CALC = 2'b10,FIN = 2'b11;   //定义状态机值
  frequency1_v1_26 u1(clk,rst,clk100Hz);
  debounce4 u2(clk100Hz,rst,{3'b111,start},start1);
  reg calculate,continue,finish;
  wire [1:0] ABLSB;                                           //每个时刻输入数据的最低位
  always @(posedge clk100Hz or negedge rst)                   //状态寄存
    if(rst == 0) current_state <= FIN;
    else current_state <= next_state;
  always@(current_state or calculate or start1[0] or continue or finish)
                                                              //状态转换译码
    case (current_state)
      START:next_state <= COMP;
      COMP:if((calculate == 1)||(finish == 1)) next_state <= FIN;
          else next_state <= CALC;
      CALC:if(continue == 1) next_state <= COMP;else next_state <= CALC;
      FIN:if(start1[0] == 1) next_state <= START;else  next_state <= FIN;
      default:next_state <= START;
    endcase
  assign ABLSB = {bufdataa[0],bufdatab[0]};
  always@(posedge clk)
```

```
        if(rst == 0) gcd <= 0;
        else begin
          case (current_state)
            START:begin bufdataa <= dataa;bufdatab <= datab;bufshift <= 0;calculate <= 0;
                    continue <= 0;bufgcd <= 0;finish <= 0;end//初始状态:中间变量赋值
            COMP:begin if((bufdataa == 0)||(bufdatab == 0))
                    begin bufgcd <= 0;calculate <= 1'b1;end
                else if(bufdataa == bufdatab)
                    begin bufgcd <= bufdataa;finish <= 1'b1;end
                else bufgcd <= 0;end
            CALC: begin
                if(ABLSB == 2'b00) begin
                    bufdataa <= {1'b0,bufdataa[7:1]};bufdatab <= {1'b0,bufdatab[7:1]};
                    bufshift <= {bufshift[6:0],1'b1};end
                else if(ABLSB == 2'b01) begin
                    bufdataa <= {1'b0,bufdataa[7:1]};bufdatab <= bufdatab;
                    bufshift <= bufshift;end
                else if(ABLSB == 2'b10) begin
                    bufdataa <= bufdataa;bufdatab <= {1'b0,bufdatab[7:1]};
                    bufshift <= bufshift;end
                else begin bufshift <= bufshift;//当 ABLSB == 2'b11 时
                    if (bufdataa > bufdatab)
                        begin bufdataa <=  bufdataa-bufdatab;bufdatab <= bufdatab;end
                    else if(bufdataa < bufdatab)
                        begin bufdatab <= bufdatab-bufdataa;bufdataa <= bufdataa;end
                    else continue <= 1;
                    end
                end
          FIN: begin  //完成状态,输出计算结果
                if(bufshift == 8'h00) gcd <= bufgcd;
                else if(bufshift == 8'h01)gcd <= {bufgcd[6:0],1'b0};
                else if(bufshift == 8'h03)gcd <= {bufgcd[5:0],2'b00};
                else if(bufshift == 8'h07)gcd <= {bufgcd[4:0],3'b000};
                else if(bufshift == 8'h0f)gcd <= {bufgcd[3:0],4'b0000};
                else if(bufshift == 8'h1f)gcd <= {bufgcd[2:0],5'b00000};
                else if(bufshift == 8'h3f)gcd <= {bufgcd[1:0],6'b000000};
                else if(bufshift == 8'h7f)gcd <= {bufgcd[0],7'b0000000};
                else  gcd <= bufgcd;
              end
            default: gcd <= 0;
          endcase
        end
    endmodule
```

3位数码管显示程序如下:

```
module display3(
  input clk100M,
  input rst,
  input [7:0]num,
  output reg[6:0]a_to_g1,                        // 右边 4 位数码管段码
  output reg[2:0]bitcode1);
  reg [1:0]dispbit1;                             //控制数码管位选信号
  wire [6:0]a_to_g11,a_to_g12,a_to_g13;          //各个位数码管段码
  reg [3:0]y0,y1,y2;                             //各个位的值
  wire clkout1;                                  //生成的扫描时钟
  frequency1_v1_07 u1(clk100M,rst,clkout1);      //扫描时钟生成参数 count1s = 49999
  sw_smg10 u2(y0,a_to_g11);
  sw_smg10 u3(y1,a_to_g12);
  sw_smg10 u4(y2,a_to_g13);
  always @(num)                                  //计算各个位的十进制数值
    begin
      y2 = num/100;
      y1 = (num-y2 * 100)/10;
      y0 = num-y2 * 100-y1 * 10;
    end
  always @(posedge clkout1 or negedge rst)       //进行右边数码管的位选信号
    begin
      if(rst == 0) dispbit1 <= 0;
      else if(dispbit1 >= 2) dispbit1 <= 0;
      else dispbit1 <= dispbit1 + 1;
    end
  always @(dispbit1,a_to_g11,a_to_g12,a_to_g13)
    case(dispbit1)
      2'b00:begin a_to_g1 = a_to_g11;bitcode1[2:0] = 3'b001;end
      2'b01:begin a_to_g1 = a_to_g12;bitcode1[2:0] = 3'b010;end
      2'b10:begin a_to_g1 = a_to_g13;bitcode1[2:0] = 3'b100;end
      default:begin a_to_g1 = 0;bitcode1[2:0] = 3'b000;end
    endcase
endmodule
```

顶层源程序代码如下：

```
module gcd2_top(
  input [7:0]dataa,
  input [7:0]datab,
  input clk,
  input rst,
  input start,
  output [6:0]a_to_g1,
  output [2:0]bitcode1);
```

```
  wire [7:0]gcd;                    //最大公约数
  gcd2 u1(dataa,datab,clk,rst,start,gcd);
  display3 u2(clk,rst,gcd,a_to_g1,bitcode1);
endmodule
```

仿真程序如下：

```
module sim_gcd2();
reg clk,rst;
  reg [7:0]dataa,datab;
  reg start;
  wire [6:0]a_to_g1;
  wire [2:0]bitcode1;
  gcd2_top u0(dataa,datab,clk,rst,start,a_to_g1,bitcode1);
  initial begin clk = 0;rst = 0;dataa = 8'd100;datab = 8'd0;start = 0;#200;rst = 1;end
    always  #10 clk =~clk;
    always #5000 dataa = dataa + 50;
    always #5000 datab = datab + 30;
    always #2500 start =~start;
endmodule
```

仿真结果如图 8.4.3 所示。分析仿真结果，在哪里发生的计算输出？

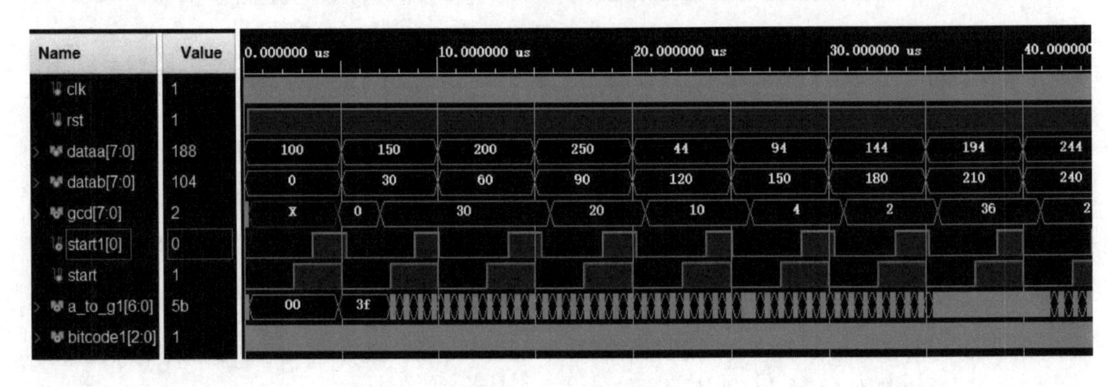

图 8.4.3　仿真结果

作业：自己完成硬件验证例 8.4.1 和例 8.4.2。

思考题：想一想如何找出两个位数不等的二进制数(如一个 6 位二进制，一个 10 位二进制数)的最大公约数？用数码管显示输入/输出数值。除了更相减损法和 Stein 法外，还能不能用其他方法进行设计？

8.5 最小公倍数设计

两个整数共有的倍数为它们的公倍数，其中最小的一个正整数称为它们两个的最小公倍数。如果有一个自然数 a 能被自然数 b 整除，则称 a 为 b 的倍数，b 为 a 的约数。求最小公倍数时，可以借助最大公约数来求得。

例 8.5.1　求 2 个 4 位二进制整数的最小公倍数，输入由拨码开关给入，输入/输出由发光二极管显示。

设计分析：两个数的最小公倍数等于这两个数的乘积除以这两个数的最大公约数，上一节已经介绍了两种求取最大公约数的方法——更相减损术和 Stein 算法。求最大公约数还可以使用辗转相除法计算，本例题采用辗转相除法求最大公约数，然后再利用最小公倍数＝两数的乘积÷最大公约数，求出最小公倍数。

辗转相除法求最大公约数 gcd3，调用 8.3 节例 8.3.1 的组合逻辑移位除法运算 division8 和例 6.4.1 封装好的 IP 核 frequency1，客户化名称为 frequency1_v1_28，参数 count1s＝499999，得到输出 100 Hz 的时钟信号 clk100Hz，作为消抖模块的输入时钟使用。实际上本例题可以不设置消抖电路，所以这部分可有可无，仍然调用例 7.7.1 中的 debounce4 模块，用于对输入计算开始触发信号的消抖。

程序源代码如下：

```
module gcd3(
  input clk,
  input rst,
  input [7:0]dataa,
  input [7:0]datab,
  input start,
  output reg[7:0]gcd );                              //求得的最大公约数
  reg [7:0] bufdataa,bufdatab,bufgcd,a,b;            //运算数据的缓冲区
  reg [2:0]current_state,next_state;                 //定义状态机变量
  wire clk100Hz;
  wire[7:0]quoti,remai;
  reg [7:0]rem;
  wire [3:0]start1;
  parameter START = 3'b000,CALC2 = 3'B011,CALC3 = 3'b100,FIN = 3'b101;//定义状态机值
  frequency1_v1_27 u1(clk,rst,clk100Hz);
  debounce4 u2(clk100Hz,rst,{3'b111,start},start1);
  division8 u3(a,b,quoti,remai);
  reg calculate,finish,continue,stop;
  always @(negedge clk) rem <= remai;
  always @(posedge clk100Hz or negedge rst)          //状态寄存
    if(rst == 0) current_state <= FIN;
    else current_state <= next_state;
  always@(current_state or calculate or start1[0] or stop or finish or continue)
    case (current_state)
      START:if((calculate == 1)||(finish == 1)) next_state <= FIN;
          else if(continue == 1)next_state <= CALC2;else next_state <= START;
      CALC2:if(stop == 1)next_state <= FIN;else  next_state <= CALC2;
```

```
        FIN:if(start1[0]==1) next_state<=START;else   next_state<=FIN;
        default:next_state<=START;
      endcase
    always@(posedge clk100Hz)
      if(rst==0) bufgcd<=0;
      else
        case (current_state)
          START:if((dataa==0)||(datab==0)) begin
                  bufgcd<=0;calculate<=1'b1;finish<=0;continue<=0;stop<=0;end
                else if(dataa==datab)   begin   bufgcd<=dataa;
                  finish<=1'b1;calculate<=1'b0;continue<=0;stop<=0;end
                else
                  if(dataa>datab) begin a<=dataa;b<=datab;continue<=1;
                    calculate<=1'b0;finish<=0;stop<=0;bufgcd<=0;end
                  else begin a<=datab;b<=dataa;continue<=1;bufgcd<=0;
                    calculate<=1'b0;finish<=0;stop<=0;end//初始状态
          CALC2:if(rem==0) begin bufgcd<=b;stop<=1;end
                else   begin   a<=b;b<=rem;bufgcd<=0;   end
          FIN:  begin gcd<=bufgcd;continue<=0;end
          default: gcd<=0;
        endcase
endmodule
```

最小公倍数顶层源程序如下：

```
module lcm1(
  input clk,
  input rst,
  input [7:0]dataa,
  input [7:0]datab,
  input start,
  output [15:0] lcm                                      //求得的最大公约数
    );
  wire [7:0]gcd;                                          //余数在这里一定是零,没有用
  wire [15:0]product;
  wire [15:0]remai;
  gcd3 u1(clk,rst,dataa,datab,start,gcd);
  division16 u2(product,{8'h00,gcd},lcm,remai);    //移位完成除法运算
  multi1 u3(clk,rst,start,dataa,datab,product);
endmodule
```

两个数的乘积调用了例 8.2.1 的整数乘法程序 multi1,两个数的最大公约数调用了本例题中设计的 gcd3,两个数的乘积除以它们的最大公约数的除法运算 division16_top,即是将例 8.3.2 中 division8_top 的 8 位输入数据改成 16 位输入数据,相应的底层改成 16 位的 division16,这里不再单独给出。

仿真程序如下：

```
module sim_lcm1();
  reg clk;
  reg rst;
  reg [7:0]dataa,datab;
  reg start;
  wire [15:0] lcm;
  lcm1 u0(clk),rst,dataa,datab,start,lcm);
  initial
    begin
      clk = 0;rst = 0;dataa = 8'd100;datab = 8'd80;start = 0; #1000;rst = 1;start = 1;
    end
  always  #10 clk =~clk;
  always #10000 dataa = dataa + 50;
  always #10000 datab = datab + 30;
  always #5000 start <=~start;
endmodule
```

仿真结果如图 8.5.1 所示。

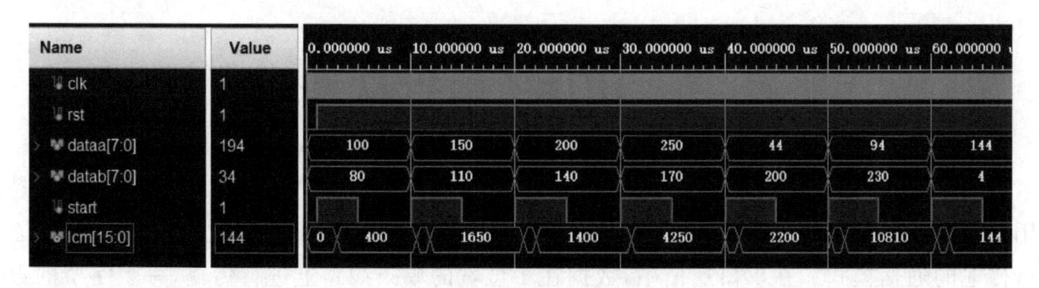

图 8.5.1 仿真结果

作业:针对之前的设计,自己设计完成输入/输出的数码管显示设计,并完成硬件验证例 8.5.1。

思考题:想一想如何找出两个位数不等的二进制数(如一个 6 位二进制,一个 10 位二进制数)的最小公倍数? 用数码管显示输入/输出数值。想一想除了用它们的乘积除以它们的最大公约数外,还有没有其他办法求最小公倍数?

第9章
接口电路设计

FPGA 器件可以与显示器、鼠标、键盘、手机等进行接口连接。接口电路设计必须考虑实际情况，利用现有资源进行设计，相对于前面几章来说难度加大，学生可以根据自己的能力水平及现有条件，选择性地进行设计学习。

9.1 URAT 串行口设计

串口是串行接口(serial port)的简称，也称为串行通信接口或 COM 接口。串口通信是指采用串行通信协议(serial communication)，在一条信号线上将数据一个比特一个比特地逐位进行传输的通信模式。在串口通信中，数据在1位宽的单条线路上进行传输，一个字节的数据要分为8次，由低位到高位按顺序一位一位地进行传送，这个过程称为数据的串行化(serialized)过程。

UART(universal asynchronous receiver transmitter，通用异步收发器)是一种应用广泛的短距离串行传输接口，常常用于短距离、低速、低成本的通信中。8250、8251、NS16450 等芯片都是常见的 UART 器件。基本的 UART 通信只需要两条信号线(RXD、TXD)就可以完成数据的相互通信，接收与发送是全双工形式，其中，TXD 是 UART 发送端，为输出；RXD 是 UART 接收端，为输入。UART 的数据帧格式如表 9.1.1 所列，其基本特点如下：

① 在信号线上共有两种状态，可分别用逻辑 1(高电平)和逻辑 0(低电平)来区分。在发送器空闲时，数据线应该保持在逻辑高电平状态。

② 起始位(start bit)：发送器是通过发送起始位而开始一个字符的传送，起始位使数据线处于逻辑 0 状态，提示接受器数据传输即将开始。

③ 数据位(data bit)：起始位之后就是传送数据位。数据位一般为 8 位一个字节的数据(也有 6 位、7 位的情况)，低位(LSB)在前，高位(MSB)在后。接收器接收的时候先接收低位，后接收高位。

④ 校验位(parity bit)：可以被认为是一个特殊的数据位。校验位一般用来判断接收的数据位有无错误，一般是奇偶校验。在例 9.1.1 的设计中，该位取消。

⑤ 停止位:停止位在最后,用于标志一个字符传送的结束,它对应于逻辑 1 状态。

⑥ 位时间:即每个位的时间宽度。起始位、数据位、校验位的位宽度是一致的,停止位有 0.5 位、1 位、1.5 位格式,一般为 1 位。

⑦ 帧:从起始位开始到停止位结束的时间间隔称为一帧。

⑧ 波特率:UART 的传送速率,用于说明数据传送的快慢。在串行通信中,数据是按位进行传送的,因此传送速率用每秒钟传送数据位的数目来表示,称为波特率。如波特率 9 600=9 600 bps(位/秒)。

表 9.1.1　UART 的数据帧格式

START	D0	D1	D2	D3	D4	D5	D6	D7	P	STOP
起始位 0	数据位								校验位	停止位 1

例 9.1.1　实现串口通信需要接收串行数据(receive data,RXD)、发送串行数据(transmit data,TXD)、地线(ground,GND)。设计一个串口通信模块,实现将拨码开关输入的数据发送到串口调试窗口显示,将计算机发送的数据通过串口接收到 Ego1 板子上用数码管显示。

设计分析:FPGA 的 UART 串口通信由 4 个子模块组成:波特率发生器、接收模块、发送模块,这 3 个是串口主要模块,另外还有显示模块。

异步收发器的顶层模块由波特率发生器、UART 接收模块、UART 发送模块、显示模块组成,其 RTL 连接图如图 9.1.1 所示。

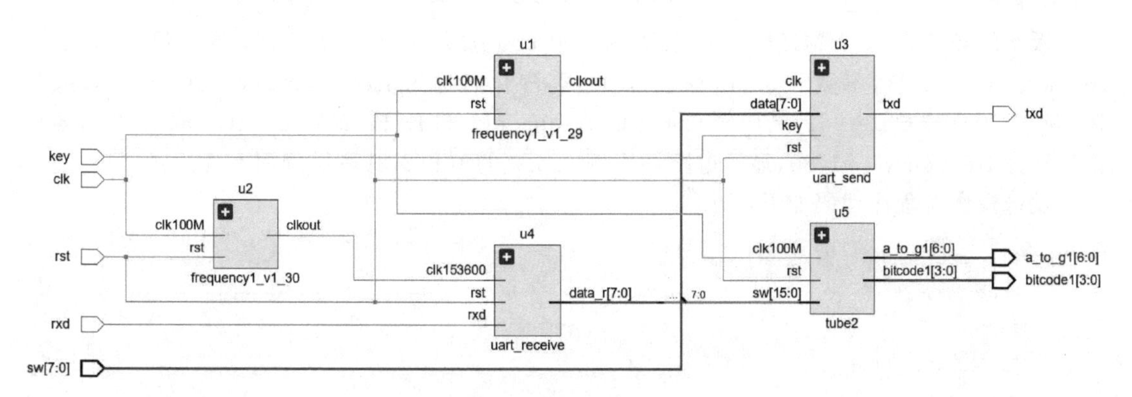

图 9.1.1　RTL 结构图

(1) 波特率发生模块

波特率发生器实际上就是分频器,主要用于产生接收模块和发送模块的时钟频率,可以根据给定的系统时钟频率和要求的波特率算出波特率分频因子,算出的波特率分频因子作为分频器的分频数(分频数为时钟速率除以波特率)。时钟发送采用波特率 9 600,而接收信号需要多次采样,比如发送一位,分 16 次采样,时钟接收采用波特率 9 600 * 16,即 153 600。

(2) UART 接收模块

串口接收状态机分为 3 个状态,即等待、接收、接收完成。在满足计数条件时,在时钟的上升沿将下一个状态赋值给当前状态,其状态转换图如图 9.1.2 所示。

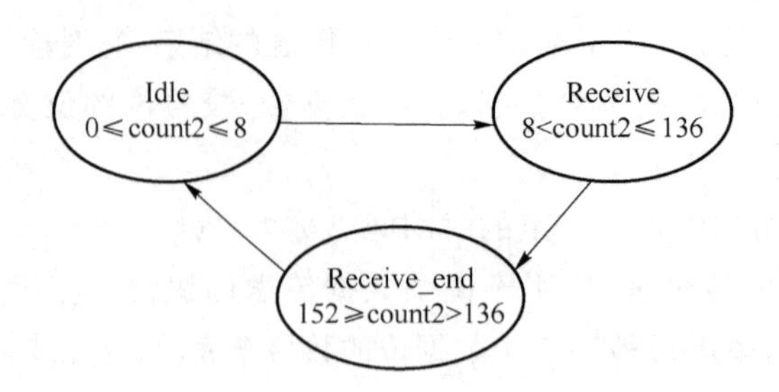

图 9.1.2 接收状态转换图

(3) UART 发送模块

发送模块实现对并行数据的缓存、并串转换，并把串行数据按照既定数据帧格式进行输出。发送状态机分为 4 个状态，即等待、发送起始位、发送数据、发送结束。其转换图如图 9.1.3 所示。

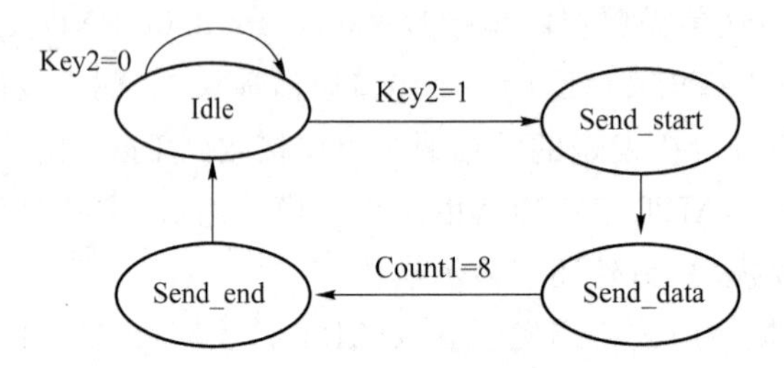

图 9.1.3 发送模块转换图

板子的频率是 100 MHz，分频系数为 100 000 000/9 600＝10 416，调用例 6.4.1 的 frequency1 的 IP 核，参数 count1s 取值 5207，客户化名称为 frequency1_v1_29，分频系数为 100 000 000/153 600＝651，调用例 6.4.1 的 frequency1 的 IP 核，参数 count1s 取值 325，客户化名称为 frequency1_v1_30，显示电路调用例 6.6.2 的 tube2，其底层调用不变。

发送模块源程序代码如下：

```
module uart_send(
  input clk,
  input rst,
  input [7:0] data,
  input key,
  output reg txd);
  reg[7:0]data_in_buf;
  reg key0,key1,key2;
  parameter idle = 2'b00,send_start = 1'b01,send_data = 2'b10,send_end = 2'b11;
  reg [1:0]current_state,next_state;
  reg [3:0]count1;
  always @(posedge clk)
    begin key0 < = key;key1 < = key0;key2 < = key0&～key1;end
  always @(posedge clk)
    if(rst = = 0) begin txd < = 1;count1 < = 0;end
    else
      begin
```

```
        case (current_state)
          idle: begin txd <= 1;count1 <= 0;data_in_buf <= data;end        //空闲状态
          send_start:begin txd <= 0;count1 <= count1 + 1;end              //发送起始位
          send_data:begin count1 <= count1 + 1;
                    if(count1 == 1)txd <= data_in_buf[0];                  //发送位 0
                    else if(count1 == 2)txd <= data_in_buf[1];             //发送位 1
                    else if(count1 == 3)txd <= data_in_buf[2];             //发送位 2
                    else if(count1 == 4)txd <= data_in_buf[3];             //发送位 3
                    else if(count1 == 5)txd <= data_in_buf[4];             //发送位 4
                    else if(count1 == 6)txd <= data_in_buf[5];             //发送位 5
                    else if(count1 == 7)txd <= data_in_buf[6];             //发送位 6
                    else if(count1 == 8)txd <= data_in_buf[7];end          //发送位 7
          send_end:begin count1 <= 0;txd <= 1;end                          //发送停止位
        endcase
      end
  always @(current_state or key2 or count1)
    case(current_state)
      idle: if(key2 == 1)next_state <= send_start;else next_state <= idle;
      send_start: next_state <= send_data;
      send_data:if(count1 == 8) next_state <= send_end;else next_state <= send_data;
      send_end:next_state <= idle;
    endcase
  always @(posedge clk)
    if(rst == 0) current_state = idle; else current_state <= next_state;
endmodule
```

接收模块源程序代码如下：

```
module uart_receive(                                       //接收器设计
  input clk153600,                                         //16 倍的波特率采样时钟信号
  input rst,                                               //复位信号
  input rxd,                                               //接收串行数据输入
  output [7:0]data_r);
  reg[7:0]data_out, data_outl;
  reg[8:0] count2 = 0;
  reg rxd1 = 1,rxd2 = 1;
  reg start_flag = 0;
  parameter idle = 1'b00,receive = 2'b01,receive_end = 2'b10;   //状态机的 3 个状态
  reg[2:0]current_state = idle,next_state = idle;          //状态机当前状态和下一个状态
  assign data_r[7:0] = data_outl;
  always@ (posedge clk153600)       //根据是否有复位,更新状态机的当前状态
    begin
      if (rst == 0) current_state <= idle;else current_state <= next_state;
    end
  always@ (count2)                  //根据当前状态机的状态和判断条件,决定状态机的下一个状态
    begin
      if(count2 <= 8)  next_state = idle;                  //检验起始位条件
      else if(count2 > 8&&count2 <= 136) next_state = receive; // 接收 8 位数据条件
```

```
        else if(count2 > 136&&count2 <= 152) next_state = receive_end; //检验停止位条件
        else if(count2 > 152) next_state = idle;
      end
  always @(posedge clk153600)                                //根据当前状态机的状态,决定输出
    begin
      if (rst == 0)begin rxd1 <= 1;rxd2 <= 1;count2 <= 0; end
      else
        begin
          case (current_state)
              idle:begin rxd1 <= rxd;rxd2 <= rxd1;           //检测开始位
                  if((~rxd1)&&rxd2) start_flag <= 1;         //检测 rxd 是否由高电平跳变到低电平
                  else
                    if(start_flag == 1) count2 <= count2 + 1;
                end
              receive:begin count2 <= count2 + 1;            //接收 8 位数据
                  if(count2 == 24)data_out[0]<= rxd;
                  else if(count2 == 40)data_out[1]<= rxd;
                  else if(count2 == 56)data_out[2]<= rxd;
                  else if(count2 == 72)data_out[3]<= rxd;
                  else if(count2 == 88)data_out[4]<= rxd;
                  else if(count2 == 104)data_out[5]<= rxd;
                  else if(count2 == 120)data_out[6]<= rxd;
                  else if(count2 == 136)data_out[7]<= rxd;
                end
            receive_end: begin  data_out1 <= data_out; start_flag <= 0;  //停止位
                  if (count2 > 152 )count2 <= 0; else count2 <= count2 + 1;
                end
          endcase
        end
    end
  endmodule
```

顶层模块源程序如下：

```
  module uart_top(
    input clk,
    input rst,
    input[7:0]sw,
    input key,
    input rxd,
    output [6:0]a_to_g1,
    output [3:0] bitcode1,
    output txd);
    wire clk100Hz,clk9600,clk153600;
    wire[7:0]data_r;
    frequency1_v1_29 u1(clk,rst,clk9600);//count1s = 5207
    frequency1_v1_30 u2(clk,rst,clk153600);//count1s = 325
```

```
    uart_send u3(clk9600,rst,sw,key,txd);
    uart_receive u4(clk153600,rst,rxd,data_r);          //接收器设计
    tube2 u5(clk,rst,{data_r,sw},a_to_g1,bitcode1);
endmodule
```

Ego1 模块运用的是 CP2102 芯片，将 UART 串口转换成 USB 接口，插上主机的 USB 时，主机会将这个接口识别为串行器件，对于主机而言，它与串行接口等同。引脚连接方式为：FPGA 的 T4 引脚接串口发送端，FPGA 的 N5 引脚接串口接收端。

连接好硬件 Ego1 板卡与电脑端，可以发送数据和接收数据，图 9.1.4 所示串口调试窗口中，从板卡发送数据 D3 连续四次，串口接收到四次，从电脑端发送数据 45 三次 67 两次，板卡接收到相应的数据。

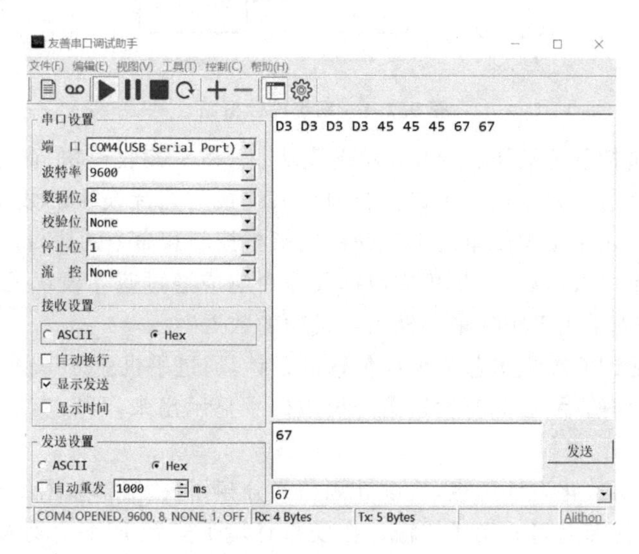

图 9.1.4 串口调试窗口

作业：自行给出引脚约束，进行硬件连接验证。

思考题：如果用 Ego1 的拨码开关发送数据给串口，再从电脑端发回 Ego1 开发板显示出来发送的数据，怎样连接才能实现呢？

9.2 蓝牙通信设计

蓝牙无线技术是目前使用范围广泛的短距离无线标准之一。目前的蓝牙设备使用广泛，以 BLE 调试宝蓝牙规范为例，其主要优点包括超低的峰值、低耗电性能、廉价的成本、不同厂商设备间的可交互性、短距离无线通信范围增强、可以向下兼容、极低的延迟。可以利用 Ego1 板卡上的蓝牙模块与外界支持蓝牙的设备(如手机) 进行交互，该蓝牙模块出厂默认配置为通过串口协议与 FPGA 进行通信，用户无须研究蓝牙相关协议与标准，只需要按照 UART 串口通信协议来处理发送与接收的数据即可。

BLE调试宝App是一款蓝牙控制软件，专用于安卓的蓝牙系统，能够高效地管理用户的蓝牙系统。在安卓环境下安装BLE调试宝App，打开App后搜索目标Ego1板子的蓝牙名称，本实验板卡Ego1蓝牙名称为BT05，根据使用的板卡选择连接目标蓝牙。系统框图如图9.2.1所示。

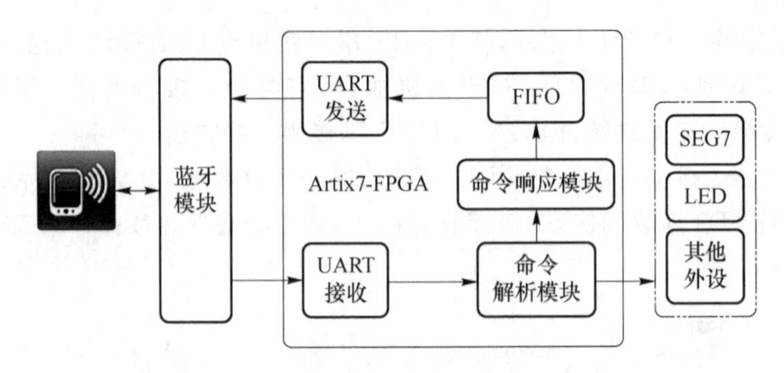

图9.2.1 系统设计框图

蓝牙接口设计包括蓝牙模块、UART发送模块、UART接收模块、命令响应模块、命令解析模块等。手机等通过串口发送与串口接收模块来完成与蓝牙模块的数据传输，通过命令解析模块及命令响应模块来实现简单的串口命令的解析控制和命令的执行。FPGA在接收到蓝牙模块传输进来的串口数据后，会将相应数据及命令响应通过蓝牙模块发送给与之连接的通信设备，在这个过程中采用FIFO来存储需要发送的数据。

例9.2.1 实现FPGA板卡蓝牙无线传输的设计，通过手机蓝牙App界面发送数据给串口，串口接收后再发回给手机，同时发送给外设数码管显示出来，可以实现十六进制数的传输和数码管显示。

设计分析：采用层次化设计思想，将设计划分为分频模块、串口数据发送模块、串口数据接收模块，实现手机与板卡之间的无线传输。在安卓环境下安装BLE蓝牙串口终端App，并打开App，连接实验平台上的蓝牙模块。在IOS环境下下载手机蓝牙App也可连接。通过在App中输入对应的命令来完成与实验平台的交互，如图9.2.2所示。

根据9.1.1节UART串口发送和接收设计，本设计需要发送和接收波特率一致，保持同步，将串口接收到的蓝牙设备发送过来的信号通过外设显示出来，并且回传给蓝牙设备。本设计中取消校验位，显示部分调用例6.6.2的tube2，底层调用同例6.6.2，波特率产生分频模块调用例6.4.1封装的frequency1的IP核，客户化名称为frequency1_v1_31，参数count1s=5207。蓝牙模块调试连接方式为：先将SW6设为低，SW7、SW5、SW4、SW3设为高，然后通过SW6将蓝牙模块进行复位(拉低再拉高)，此时蓝牙处于slave模式，蓝牙状态指示灯LED2闪烁较慢，连接上后指示灯常亮。根据顶层模块拨码开关设置，这时先将SW1设为低，SW0、SW2、SW3、SW4设为高，随后将比特流文件下载完成后通信即可。

顶层模块程序代码如下：

```
module uart_top1(
  output txd,                  //到蓝牙的读写
  input rxd,
  input clk,
  output [6:0]a_to_g1,
```

```
    output [3:0]bitcode1,
    output bt_pw_on,
    output bt_master_slave,
    output bt_sw_hw,
    output bt_rst_n,
    output bt_sw,
    input [5:0]sw );                    //对接蓝牙接口
    wire clk9600;
    wire receive;
    wire [7:0]data;
    wire [3:0]bitcode2;
    assign bitcode1 = {bitcode2[3:2],2'b00};
    uart_receive1 u1(.clk(clk9600),.rxd(rxd),.receive_ack(receive),.data_r(data));
    uart_send1 u2(.clk(clk9600),.receive_ack(receive),.data(data),.txd(txd));
    frequency1_v1_31 u3(clk,1'b1,clk9600);//count1s = 5207
    tube2 u4(clk,1'b1,{8'b00000000,data},a_to_g1,bitcode2);
    assign bt_master_slave = sw[0];
    assign bt_sw_hw = sw[1];
    assign bt_rst_n = sw[2];
    assign bt_sw = sw[3];
    assign bt_pw_on = sw[4];
endmodule
```

串口发送模块程序代码如下：

```
module uart_send1(
    input clk,
    input receive_ack,
    input [7:0]data,
    output reg txd);
    //发送状态机分为4个状态:等待、发送起始位、发送数据、发送结束
    parameter idle = 2'b00,send_start = 1'b01,send_data = 2'b10,send_end = 2'b11;
    reg [3:0]current_state,next_state;
    reg [2:0] count;
    reg [7:0]data_in_buf;
    always@(posedge clk)current_state <= next_state;
    always@(current_state or receive_ack or count)
      begin
        case(current_state)
          idle:if(receive_ack == 1) next_state = send_start; else next_state = idle;
                                              //接收完成时开始发送数据
          send_start: next_state = send_data;  //发送起始位
          send_data: if(count == 7) next_state = send_end;else next_state = send_data;
                                              //发送8位数据
          send_end:if(receive_ack == 1)next_state = send_start;
```

```
                    else next_state = send_end;                  //发送结束
            default: next_state = idle;
          endcase
        end
      always@(posedge clk)                                       //发送计数
        if(current_state == send_data)   count <= count + 1;
        else if(current_state == idle ||current_state == send_end) count <= 0;
      always@(posedge clk)                                       //发送低位到高位,准备发送数据
        if(current_state == send_start)   data_in_buf <= data; //将发送数据导入变量
        else if(current_state == send_data)   data_in_buf[6:0]<= data_in_buf[7:1];
          //每发送一位数据后将 data_in_buf 右移一位,便于下一个数据的发送
      always@(posedge clk)                                       //串行发送数据
        if(current_state == send_start)   txd <= 0;
        else if(current_state == send_data)   txd <= data_in_buf[0];
          //由于每次发送后右移,所以每次发送最低位
        else if(current_state == send_end) txd <= 1;
    endmodule
```

串口接收模块程序代码如下：

```
module uart_receive1(
  input clk,
  input rxd,
  output receive_ack,
  output reg[7:0]data_r);
    //串口接收状态机分为 3 个状态:等待、接收、接收完成
  parameter idle = 1'b00,receive = 2'b01,receive_end = 2'b10;//状态机的 3 个状态
  reg [1:0]current_state,next_state;                          //状态机变量
  reg [2:0] count;
  always@(posedge clk) current_state <= next_state;
  always@(current_state or rxd or count)
    begin
      case(current_state)
        idle: if(rxd == 0) next_state = receive; else next_state = idle;
                                                              //接收到开始信号,开始接收数据
        receive: if(count == 7) next_state = receive_end; else next_state = receive;
                                                              //8 位数据接收计数
        receive_end: next_state = idle;                       //接收完成
        default: next_state = idle;
      endcase
    end
  always@(posedge clk)                                        //接收数据计数
    begin
      if(current_state == receive) count <= count + 1;
      else if(current_state == idle||current_state == receive_end) count <= 0;
```

```
      end
   always@(posedge clk)                                    //从高到低发送数据
      if(current_state == receive)begin data_r[6:0]<= data_r[7:1];data_r[7]<= rxd;end
      assign receive_ack = (current_state == receive_end)? 1:0;  //接收完成时回复 1,否则回复 0
endmodule
```

手机 BLE 调试宝界面如图 9.2.2 所示。

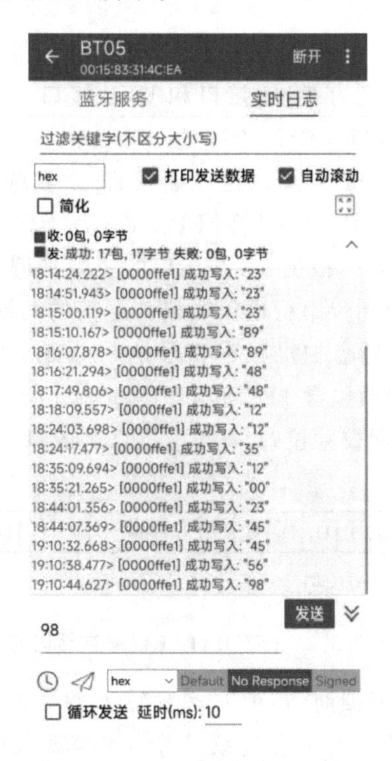

图 9.2.2　手机 App BLE 界面

作业:自己添加管脚约束,调试硬件连接发送接收信息。蓝牙发送接收端口信息见 1.3 节。

思考题:如何利用有限的板卡外设资源进行拓展设计?

9.3　键盘接口设计

键盘是一种广泛使用的输入设备,可以通过对键盘接口设计实现指令或参数的输入。

例 9.3.1　设计一个 PS/2 接口,实现主机(FPGA)和键盘的连接,当有按键按下时,七段数码管显示该按键的通码,按键释放时显示按键断码。

设计分析:利用外接键盘实现键盘按键的选择,在 4 位动态七段数码管上实现按键扫描码的显示。采用模块化思想,将设计分为 3 个模块:动态七段数码管模块、键盘扫描模块、动态扫描模块。用键盘扫描输出端作为数据总线来对整个程序进行控制，各模块共用一个系统时钟，键盘采用是键盘内部的时钟。其总体设计如图 9.3.1 所示。

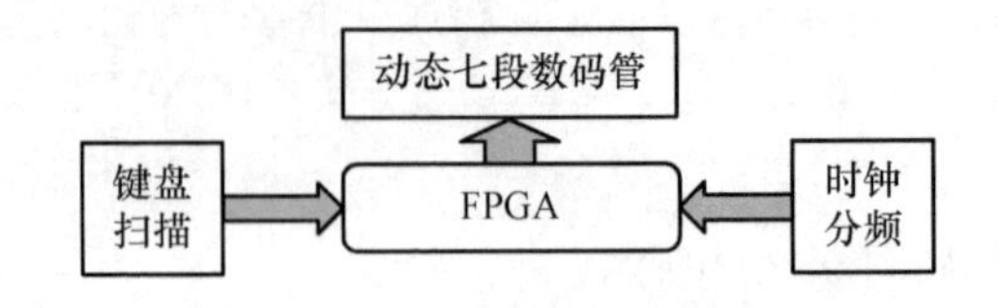

图 9.3.1 系统总体设计

常见的键盘接口有两种，分别为 PS/2 接口和 USB 接口。其中，PS/2 接口为传统的键盘接口，USB 接口为主流的键盘接口。Ego1 实验板卡集成了一个 USB 接口转 PS/2 接口的硬件模块，在实际应用时，需要将 USB 接口的键盘插到 Ego1 实验板卡的 USB 接口上，接口转换模块将 USB 信号转换成 PS/2 信号，并连接到 FPGA 芯片上，这样对于 FPGA 来说，外部连接的键盘接口就是 PS/2 接口。因此，根据 PS/2 接口的协议来编写键盘程序。

PS/2 通信协议是一种双向同步串行通信协议。通信的两端通过时钟引脚同步，并通过数据引脚交换数据。PS/2 接口的键盘扫描频率极限是 33 kHz，因此这里的键盘扫描频率只需要大于 1 MHz 即可。每一数据帧包含 11 个位，如图 9.3.2 所示，1 个起始位总是逻辑 0，8 个数据位(LSB)低位在前，1 个奇偶校验位，1 个停止位总是逻辑 1。

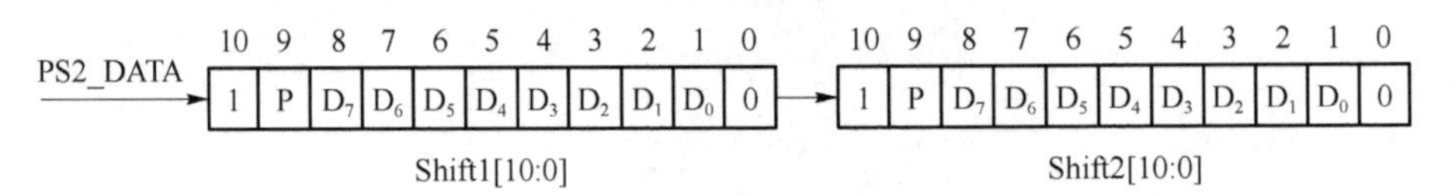

图 9.3.2 PS2_DATA1 信号存储区域

当读取键盘发送给主机的数据时，需要对键盘输入的数据和时钟信号进行过滤，去除噪声，根据主机设备通信方式规定，当出现连续 8 个 1 时，输入信号为高电平，连续出现 8 个 0 时，输入信号为低电平。

过滤后的数据信号 PS2_DATA 将分别被送入两个 11 位移位寄存器中，当两帧都被移位寄存器寄存后，第一个字节在 shift2[8:1]中，第二个字节在 shift1[8:1]中。

一般采用 IBM 在 1984 年推出的第二套扫描码集所规定的码值来编码。对于键盘来说，可通过扫描编码来识别按键输入。在键盘上，每个按键都有不同的编码，每个按键的编码还分为通码 Make 和断码 Break。当按下键盘上的按键时，通码被发送给 PS/2 接口，用 2 位十六进制数来表示；当释放按键时，断码被发送给 PS/2 接口，用 4 位十六进制数来表示。键盘扫描程序是整个程序的核心部分，根据键盘按键扫描码的不同，可将按键分为以下三类：

第一类按键，通码为 1 字节，断码为 0xF0＋通码形式。如 A 键，其通码为 0x1C，断码为 0xF0 0x1C。

第二类按键，通码为 2 字节 0xE0＋0xXX 形式，断码为 0xE0＋0xF0＋0xXX 形式。如 right ctrl 键，其通码为 0xE0 0x14，断码为 0xE0 0xF0 0x14。

第三类特殊按键有两个，print screen 键通码为 0xE0 0x12 0xE0 0x7C，断码为 0xE0 0xF0 0x7C 0xE0 0xF0 0x12；pause 键通码为 0x E1 0x14 0x77 0xE1 0xF0 0x14 0xF0 0x77，断码为空。表 9.3.1 给出了键盘上所有按键的通码和断码。

9.3.1　按键对应的通码和断码

Key	通码	断码	Key	通码	断码	Key	通码	断码
A	1C	F0,1C	、	0E	F0,0E	F1	05	F0,05
B	32	F0,32	—	4E	F0,4E	F2	06	F0,06
C	21	F0,21	=	55	F0,55	F3	04	F0,04
D	23	F0,23	\	5D	F0,5D	F4	0C	F0,0C
E	24	F0,24	BSKP	66	F0,66	F5	03	F0,03
F	2B	F0,2B	SPACE	29	F0,29	F6	0B	F0,0B
G	34	F0,34	TAB	0D	F0,0D	F7	83	F0,83
H	33	F0,33	CAPS	58	F0,58	F8	0A	F0,0A
I	43	F0,43	L-Shift	12	F0,12	F9	01	F0,01
J	3B	F0,3B	R-Shift	59	F0,59	F10	09	F0,09
K	42	F0,42	L Ctrl	14	F0,14	F11	78	F0,78
L	4B	F0,4B	R Ctrl	E0,14	F0,E0,14	F12	07	F0,07
M	3A	F0,3A	L Alt	11	F0,11	Num	77	F0,77
N	31	F0,31	R Alt	E0,11	E0,F0,11	KP/	E0,4A	E0,F0,4A
O	44	F0,44	L GUI	E0,1F	E0,F0,1F	KP *	7C	F0,7C
P	4D	F0,4D	R GUI	E0,27	E0,F0,27	KP-	7B	F0,7B
Q	15	F0,15	Apps	E0,2F	E0,F0,2F	KP+	79	F0,79
R	2D	F0,2D	Enter	5A	F0,5A	KP EN	E0,5A	E0,F0,5A
S	1B	F0,1B	ESC	76	F0,76	KP	71	F0,71
T	2C	F0,2C	Scroll	7E	F0,7E	KP0	70	F0,70
U	3C	F0,3C	Insert	E0,70	E0,F0,70	KP1	69	F0,69
V	2A	F0,2A	Home	E0,6C	E0,F0,6C	KP2	72	F0,72
W	1D	F0,1D	Page Up	E0,7D	E0,F0,7D	KP3	7A	F0,7A
X	22	F0,22	PageDn	E0,7A	E0,F0,7A	KP4	6B	F0,6B
Y	35	F0,35	Delete	E0,71	E0,F0,71	KP5	73	F0,73
Z	1A	F0,1A	End	E0,69	E0,F0,69	KP6	74	F0,74
0	45	F0,45	[	5B	F0,5B	KP7	6C	F0,6C
1	16	F0,16	]	54	F0,54	KP8	75	F0,75
2	1E	F0,1E	;	4C	F0,4C	KP9	7D	F0,7D
3	26	F0,26	‘	52	F0,52	U Arrow	E0,75	E0,F0,75
4	25	F0,25	,	41	F0,41	L Arrow	E0,6B	E0,F0,6B
5	2E	F0,2E	.	49	F0,49	D Arrow	E0,72	E0,F0,72
6	36	F0,36	/	4A	F0,4A	R Arrow	E0,74	E0,F0,74
7	3D	F0,3D	PrntScrn	E0,7C E0,12	E0,F0,7C E0,F0,12	Pause	E1,14,77,E1, F0,14,F0,77	None
8	3E	F0,3E	9	46	F0 46			

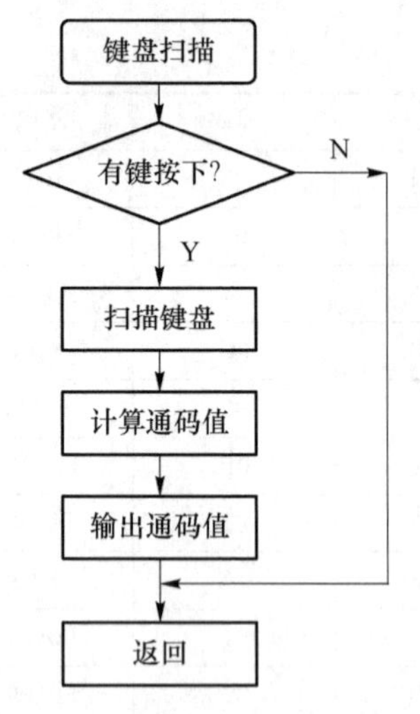

图 9.3.3 键盘扫描程序流程图

这里只考虑第一类通断码，其流程图如图 9.3.3 所示。第二类和第三类通断码并没有按照表 9.3.1 所列正确显示。

Ego1 直接支持 USB 键盘鼠标设备，可将标准的 USB 键盘鼠标设备直接接入板上 J4 USB 接口，通过 PIC24FJ128 转换为标准的 PS/2 协议接口，该接口不支持 USB 集线器，只能连接一个鼠标或键盘。鼠标和键盘通过标准的 PS/2 接口信号与 FPGA 进行通信。Ego1 上 PS/2 两个连接接口键盘输入的时钟端口 PS2_CLK 连接 FPGA 的 K5 引脚，PS2_DATA 连接 FPGA 的 L4 引脚。

七段数码管显示通断码的设计调用例 6.6.2 的 tube2，底层调用不变。键盘扫描时钟调用例 6.4.1 封装好的 IP 核 frequency1，客户化名称为 frequency1_v1_32，参数 count1s＝24(小于 49 即大于 1 MHz)。

顶层源程序代码如下：

```
module keyboard_top(
  input clk100M,
  input PS2_CLK,            //PIC24FJ128 的时钟端相当于键盘的时钟端
  input PS2_DATA,           // PIC24FJ128 的数据端相当于键盘的数据端
  input rst,
  output [6:0]a_to_g1,
  output [3:0]bitcode1);
  wire clk2M;
  wire [15:0] key;
  frequency1_v1_32 u1(clk100M,rst,clk2M);//count1s = 24
  keyboard u2(clk2M,rst,PS2_CLK,PS2_DATA,key);
  tube2 u3(clk100M,rst,key,a_to_g1,bitcode1);
endmodule
```

键盘扫描源程序代码如下：

```
module keyboard(
  input clk2M,
  input rst,
  input PS2_CLK,
  input PS2_DATA,
  output [15:0]key);
  wire  PS2_CLK1, PS2_DATA1;
  reg [7:0]ps2c_filter, ps2d_filter;
  reg[10:0]shift1,shift2;
  assign key = {shift2[8:1],shift1[8:1]};
  filter u1(clk2M,rst,PS2_CLK,PS2_DATA,PS2_CLK1,PS2_DATA1);
```

```
  always @(negedge PS2_CLK1 or negedge rst)              //PS2 数据移位保存
    begin
      if(rst == 0) begin shift1 <= 0; shift2 <= 1; end
      else
        begin
          shift1 <= {PS2_DATA1, shift1[10:1]};shift2 <= {shift1[0],shift2[10:1]};
        end
    end
endmodule
```

时钟和数据滤波程序如下：

```
module filter(
  input clk2M,
  input rst,
  input PS2_CLK,
  input PS2_DATA,
  output reg PS2_CLK1,
  output reg PS2_DATA1);
  reg  [7:0]ps2c_filter, ps2d_filter;
  always @(posedge clk2M or negedge rst)             //PS2 时钟和数据引脚滤波
    begin
      if(rst == 0)
        begin
          ps2c_filter <= 0;ps2d_filter <= 0;PS2_CLK1 <= 1;PS2_DATA1 <= 1;
        end
      else
        begin
          ps2c_filter[7]<= PS2_CLK; ps2c_filter[6:0]<= ps2c_filter[7:1];
          ps2d_filter[7]<= PS2_DATA; ps2d_filter[6:0] <= ps2d_filter[7:1];
          if(ps2c_filter == 8'b11111111)  PS2_CLK1 <= 1;
          else if(ps2c_filter == 8'b00000000)  PS2_CLK1 <= 0;
          else PS2_CLK1 <= PS2_CLK1;
          if(ps2d_filter == 8'b11111111)  PS2_DATA1 <= 1;
          else if(ps2d_filter == 8'b00000000)  PS2_DATA1 <= 0;
          else PS2_DATA1 <= PS2_DATA1;
        end
    end
endmodule
```

作业：自行进行硬件验证。

思考题：自行扩展系统功能，例如通过键盘输入实现设置系统的指令传递或参数，可以结合前面的设计，如通过键盘实现对流水灯显示方式的控制、对空调控制器温度的设定、对交通灯的定时设定等。

9.4 鼠标接口设计

同键盘一样，鼠标也是一种广泛使用的输入设备，常见的鼠标接口有两种，分别为 PS/2 接口和 USB 接口。PS/2 接口是传统鼠标采用的接口，PS/2 接口是一种 6 针的连接口，除了有电源和需要接地之外，还有双向的时钟引脚和数据引脚。FPGA 对 PS/2 接口鼠标的控制，是在以 VGA 作为输出设备的系统上初步实现图形化用户界面的方案，它成本低、效果好，并且有很强的实用性。

PS/2 鼠标接口采用一种双向同步串行协议，即在时钟线上每发一个脉冲，就在数据线上发送一位数据。在相互传输中，主机拥有总线控制权，即它可以在任何时候抑制鼠标的发送，方法是把时钟线一直拉低，鼠标就不能产生时钟信号和发送数据。在两个方向的传输中，时钟信号都是由鼠标产生的，即主机不产生通信时钟信号。如果主机要发送数据，它必须控制鼠标产生时钟信号。

PS/2 接口分为两种通信模式：设备到主机的通信、主机到设备的通信。通信时序如图 9.4.1 所示，当时钟信号为高电平时，设备驱动数据线改变状态，在时钟信号的下降沿数据被控制器锁存。图 9.4.2 为主机到设备的通信时序。

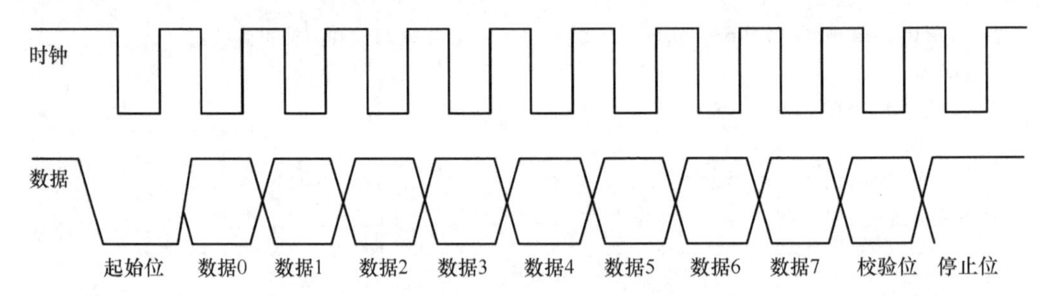

图 9.4.1 鼠标到主机(FPGA)的通信时序

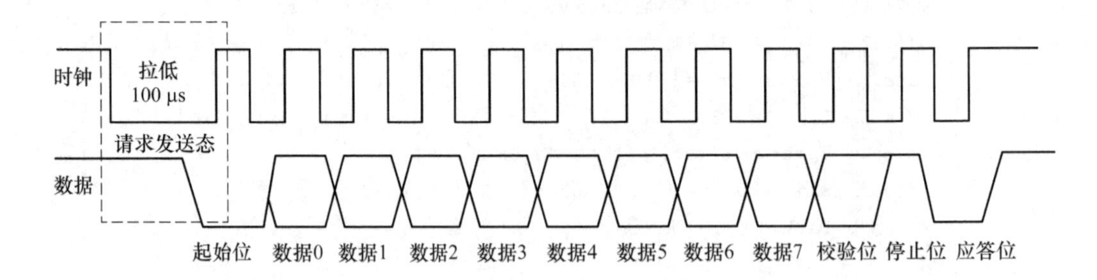

图 9.4.2 主机(FPGA)到鼠标的通信时序

PS/2 鼠标有 4 种工作模式，它们分别为：Reset 模式，当鼠标上电或主机发复位命令给它时，进入 Reset 模式；Stream 模式，鼠标的默认模式，当鼠标上电或复位完成后，鼠标自动进入 Stream 模式，鼠标大部分时间就是用此模式工作；Remote 模式，只有当主机发送了设置命令后，鼠标才进入 Remote 模式；Wrap 模式，只用于测试鼠标与主机连接是否正确。对于没有滚轮的鼠标，建立连接需要三帧数据，如表 9.4.1 所列。

表 9.4.1　三帧数据

字　节	位	说　明
1	0	0
	1	Left button status; 1=pressed
	2	Right button status; 1=pressed
	3	Middle button status; 1=pressed
	4	Reserve
	5	X data sign; 1=negative
	6	Y data sign; 1=negative
	7	Reserve
	8	Reserve
	9	P
	10	1
2	0	0
	1-8	X data(D0-D7)
	9	P
	10	1
3	0	0
	1-8	Y data(D0-D7)
	9	P
	10	1

三帧数据中，每帧数据除了 8 位数据位外，还有起始位 0，奇偶校验位 P 和停止位 1，每帧数据总共 11 位，共 33 位数据包。发送顺序是 byte1、byte2、byte3。

例 9.4.1　设计一个鼠标控制器，实现主机（FPGA）和鼠标的连接。了解 PS/2 鼠标的 4 种工作模式，实际使用中，可将 USB 接口的鼠标插到 Ego1 实验板卡的 USB 接口上，通过接口转换模块 PIC24FJ128 将 USB 信号转换成 PS/2 信号，并连接到 FPGA 芯片上。需要根据 PS/2 接口协议，编写程序实现鼠标的运动速度显示在七段数码管上。

设计分析：七段数码管显示运动速度的程序调用例 6.6.2 的 tube2，底层调用不变。PS/2 接口时钟调用例 6.4.1 封装好的 IP 核 frequency1，客户化名称为 frequency1_v1_33，参数 count1s=24，PS/2 端口时钟及数据滤波调用例 9.3.1 中的 filter。

根据 PS/2 接口通信协议，主机与鼠标的连接通信分以下三步完成：

第一步，把时钟线拉低至少 100 μs，数据线拉低，释放时钟线，发送数据 0xF4 给鼠标。

第二步，主机等待数据线和时钟线都被拉低后，接收来自鼠标的正确响应信息 0xFA。

第三步，主机 FPGA 接收来自鼠标的数据包信息，即速度等信息。

三步连接在一起的状态转换图如图 9.4.3 所示。

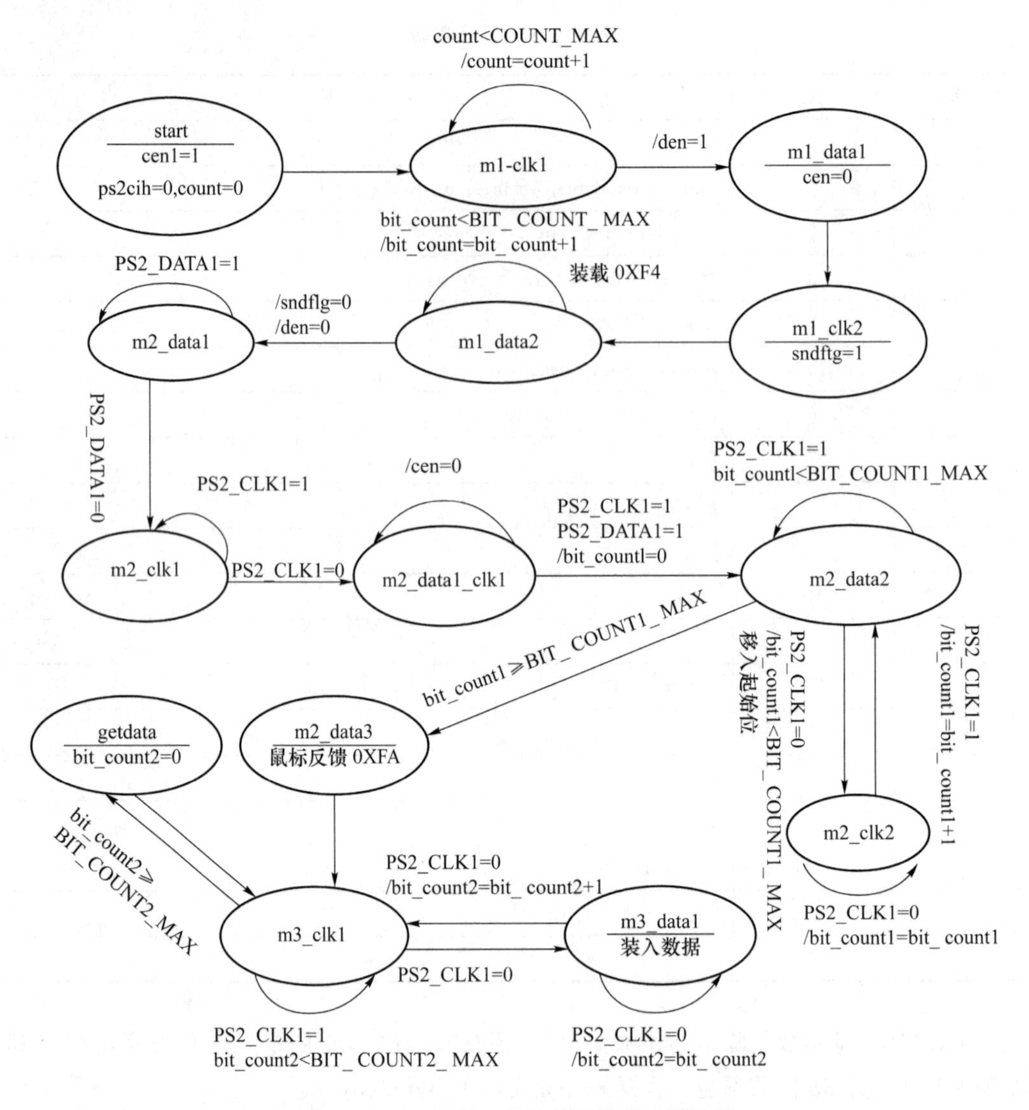

图 9.4.3 PS/2 接口鼠标控制器状态转换图

顶层源程序代码如下：

```
module mouse_top(
  input clk100M,
  inout PS2_CLK,
  inout PS2_DATA,
  input rst,
  output [6:0]a_to_g1,
  output [3:0]bitcode1);
  wire clk2M;
  wire [7:0] byte3;
  wire [8:0]x_data,y_data;
  wire [15:0]xmouse;
```

```
  assign xmouse = {x_data[7:0],y_data[7:0]};
  frequency1_v1_33 u1(clk100M,rst,clk2M);
  mouse u2(clk2M,rst,PS2_CLK,PS2_DATA,byte3,x_data,y_data);
  tube2 u3(clk100M,rst,xmouse,a_to_g1,bitcode1);
endmodule
```

鼠标控制源程序代码如下：

```
module mouse(
  input clk2M,//输入 2M
  input rst,
  inout PS2_CLK,
  inout PS2_DATA,
  output reg [7:0] byte3,
  output reg [8:0]x_data,
  output reg [8:0]y_data);
  reg [3:0]current_state,next_state;
  parameter start = 4'b0000, m1_clk1 = 4'b0001, m1_data1 = 4'b0010,
          m1_clk2 = 4'b0011, m1_data2 = 4'b0100, m2_data1 = 4'b0101,
          m2_clk1 = 4'b0110, m2_data1_clk1 = 4'b0111, m2_data2 = 4'b1000,
          m2_clk2 = 4'b1001, m2_data3 = 4'b1010, m3_clk1 = 4'b1011,
          m3_data1 = 4'b1100,getdata = 4'b1101;              //14 种状态
  reg cen, den, sndflg;
  reg ps2cin, ps2din;
  reg [8:0]x_mouse_v, y_mouse_v;
  reg [10:0] Shift1, Shift2, Shift3;
  reg [9:0] f4cmd;
  reg [3:0]bit_count, bit_count1;
  reg [5:0] bit_count2;
  reg [11:0] count;
  wire  PS2_CLK1, PS2_DATA1;
  parameter COUNT_MAX = 12'h9C4;
  parameter BIT_COUNT_MAX = 4'b1010;
   // FPGA 发送给 PS 数据 0xF4,包括奇偶校验位和停止位,总共 10 位数据
  parameter BIT_COUNT1_MAX = 4'b1100;                    // 反馈 0xFA,12 位数据
  parameter BIT_COUNT2_MAX = 6'b100001;                  // 数据包数,三帧数据
  assign PS2_CLK = (cen == 1)? ps2cin:1'bz;
  assign PS2_DATA = (den == 1)? ps2din:1'bz;
  filter u1(clk2M,rst,PS2_CLK,PS2_DATA,PS2_CLK1,PS2_DATA1); //滤波
  always @(posedge clk2M or negedge rst)
   if(rst == 0)  current_state <= start; else current_state <= next_state;
  always @(current_state or count or bit_count or PS2_DATA1 or PS2_CLK1 or bit_count1 or bit_count2)
   case(current_state)
     start:next_state <= m1_clk1;
```

```
    m1_clk1:if(count < COUNT_MAX)next_state <= m1_clk1;else next_state <= m1_data1;
    m1_data1:next_state <= m1_clk2;
    m1_clk2:next_state <= m1_data2;
    m1_data2:if(bit_count < BIT_COUNT_MAX) next_state <= m1_data2;
            else next_state <= m2_data1;
    m2_data1:if(PS2_DATA1 == 1) next_state <= m2_data1;else next_state <= m2_clk1;
    m2_clk1:if(PS2_CLK1 == 1)next_state <= m2_clk1;else next_state <= m2_data1_clk1;
    m2_data1_clk1:if((PS2_CLK1 == 1)&&(PS2_DATA1 == 1))next_state <= m2_data2;
            else next_state <= m2_data1_clk1;
    m2_data2:if(bit_count1 < BIT_COUNT1_MAX)
              if(PS2_CLK1 == 1)next_state <= m2_data2;
              else next_state <= m2_clk2;
             else next_state <= m2_data3;
    m2_clk2:if(PS2_CLK1 == 0) next_state <= m2_clk2; else next_state <= m2_data2;
    m2_data3:next_state <= m3_clk1;
    m3_clk1:if(bit_count2 < BIT_COUNT2_MAX)
              if(PS2_CLK1 == 1) next_state <= m3_clk1;else next_state <= m3_data1;
            else next_state <= getdata;
    m3_data1:if(PS2_CLK1 == 0)next_state <= m3_data1;else next_state <= m3_clk1;
    getdata:next_state <= m3_clk1;
    default;
  endcase
always @(posedge clk2M or negedge rst)
  if(rst == 0)
    begin
      cen <= 0;den <= 0;ps2cin <= 0;count <= 0;bit_count2 <= 0;bit_count1 <= 0;
      Shift1 <= 0;Shift2 <= 0;Shift3 <= 0;x_mouse_v <= 0;y_mouse_v <= 0;
      sndflg <= 0;f4cmd <= 10'b1011110100;ps2din <= 0;bit_count <= 0;
    end
  else if(current_state == start)
    begin
      cen <= 1; ps2cin <= 0; count <= 0;
    end
  else if (current_state == m1_clk1)
    if(count < COUNT_MAX) count <= count + 1; else den <= 1;
  else if(current_state == m1_data1) cen <= 0;
  else if(current_state == m1_clk2)   sndflg <= 1;
  else if(current_state == m1_data2)
    if(bit_count < BIT_COUNT_MAX)
      begin
        ps2din <= f4cmd[0];f4cmd[8:0]<= f4cmd[9:1];
        f4cmd[9]<= 0;bit_count <= bit_count + 1;
      end
```

```
        else
          begin
            sndflg<=0;den<=0;
          end
      else if(current_state==m2_data1_clk1)
        if((PS2_CLK1==1)&&(PS2_DATA1==1)) bit_count1<=0; else cen<=0;
      else if(current_state==m2_data2)
        if(bit_count1<BIT_COUNT1_MAX)
          if(PS2_CLK1==0) Shift1<={PS2_DATA1, Shift1[10:1]};else Shift1<=Shift1;
        else Shift1<=Shift1;
      else if(current_state==m2_clk2)
        if(PS2_CLK1==0) bit_count1<=bit_count1;else  bit_count1<=bit_count1+1;
      else if(current_state==m2_data3)
        begin
          y_mouse_v<=Shift1[9:1];x_mouse_v<=Shift2[8:0];
          byte3<={Shift1[10:5], Shift1[1:0]}; bit_count2<=0;
        end
      else if(current_state==m3_clk1)
        if(bit_count2<BIT_COUNT2_MAX)
          if(PS2_CLK1==1)
            begin
              Shift1<=Shift1;   Shift2<=Shift2; Shift3<=Shift3;
            end
          else
            begin
              Shift1<={PS2_DATA1,Shift1[10:1]};
              Shift2<={Shift1[0],Shift2[10:1]}
              Shift3<={Shift2[0], Shift3[10:1]};
            end
        else
          begin
            x_data<={Shift3[5],Shift2[8:1]};
            y_data<={Shift3[6], Shift1[8:1]};
            byte3<=Shift3[8:1];
          end
      else if(current_state==m3_data1)
        if(PS2_CLK1==0) bit_count2<=bit_count2;
        else bit_count2<=bit_count2+1;
      else if(current_state==getdata) bit_count2<=0;
endmodule
```

作业：如何显示鼠标位移量？自行进行硬件验证。

思考题：结合VGA，实现不同鼠标按键按下时，鼠标箭头颜色改变或者鼠标显示形状改变。

9.5 VGA 接口设计

VGA(Video Graphics Array)控制器是一个控制视频显示的模块,由一个一个的像素点组成,如果有 x 行 y 列,就有 $x*y$ 个像素点。按照规则,要一行一行地显示直到所有行显示完,这种方式也称为行扫描。行数据时序就是一行数据的显示时序。VGA 行数据时序图如图 9.5.1 所示,显示一行数据需要做好两件事情,一是产生行同步 Hsync 信号,二是产生显示的数据信号。从图 9.5.1 中可以看出,行扫描的一个周期 e 由 SYNC(同步信号宽度 a)+back porch(消隐后沿 b)+active video time(行显示 c)+front porch(消隐前沿 d)组成。

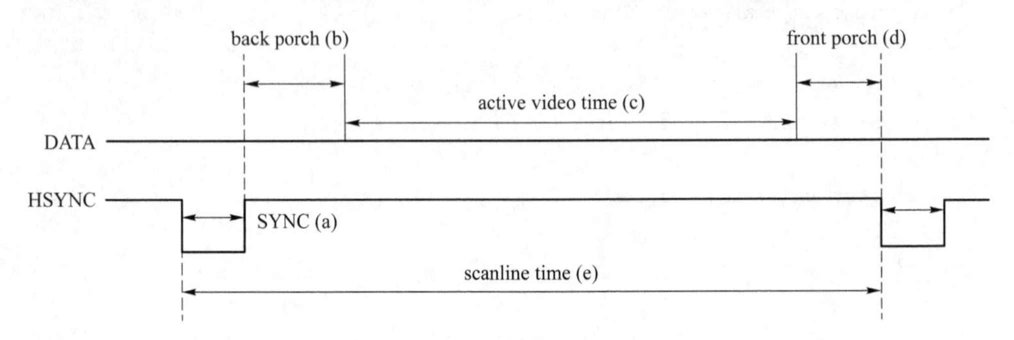

图 9.5.1　行数据时序图

场同步时序如图 9.5.2 所示,场扫描时间 s 则是由 SYNC(场同步信号 o)+back porch(消隐后沿 p)+active video time(场显示 q)+fornt porch(消隐前沿 r) 构成。在场扫描时间内,完成所有的行的扫描。

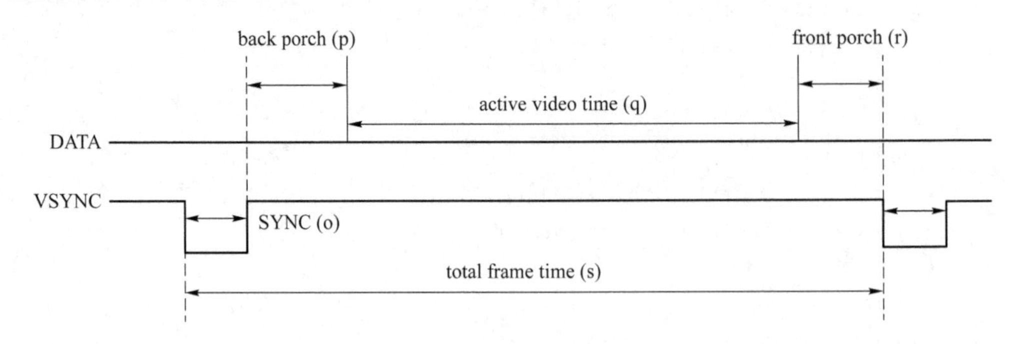

图 9.5.2　场同步时序图

因此,要完成显示驱动,最重要的工作就是实现水平同步(扫描)Hsync 信号和垂直同步(扫描)Vsync 信号的时序。Ego1 上的 VGA 接口(J1)通过 14 位信号线与 FPGA 连接,红、绿、蓝三个颜色信号各占 4 位,还包括一个行同步和一个场同步信号。具体引脚约束见 1.1.3 节。

例 9.5.1　在 VGA 的显示原理基础上,时钟频率设为 100 MHz,采用 640＊480@60 的显示模式,实现对行扫描信号和场扫描信号的时序控制。通过拨码开关和按键控制图像旋转、放大、单步步进移动、屏保移动功能。将普通液晶屏显示器的 VGA 插头插入 FPGA 电路板

VGA 接口，在液晶屏上观察显示结果。

图像转换分析如下：

① 旋转：图像旋转的实现可运用矩阵转置，通过对图像内存存储地址矩阵进行转置运算获得图像 90°旋转的效果。其要解决的问题是图像内存地址的计算，其中，logo_length 为图像长度；logo_hight 为图像宽度；logo_x，logo_y 为图像显示在屏幕上时其左上角所在的列数和行数；h_cnt，v_cnt 为当前扫描的像素点所在的列数和行数。

静态下图像地址的计算为

$$rom\_addr = logo\_length * (v\_cnt - logo\_y) + (h\_cnt - logo\_x)$$

根据矩阵转置的运算，可得逆时针旋转 90°后 ROM 的内存地址为

$$rom\_addr = rom\_addr = logo\_length * (h\_cnt - logo\_x) + (logo\_length - 1 - (v\_cnt - logo\_y))$$

顺时钟旋转 90°后 ROM 的内存地址为

$$rom\_addr = (logo\_hight - 1) * logo\_length + (v\_cnt - logo\_y) - logo\_length * (h\_cnt - logo\_x)$$

② 放大：图像放大可通过将原像素点与其相邻的点填写相同的颜色来实现。根据静态下图像地址的计算，放大后图像 ROM 的内存地址为

$$rom\_addr = logo\_length * ((v\_cnt - logo\_y)/b\_hight) + ((h\_cnt - logo\_x)/b\_length)$$

其中，b_hight 为图像宽度放大倍数；b_length 为图像长度放大倍数。

③ 平移：图像的平移可以通过改变图像显示时左上角的坐标(logo_x，logo_y)来实现，通过按键来控制平移的方向。比如，当检测到向右平移的按键按下时，logo_x 的值要增加；检测到向上平移的按键按下时，logo_y 的值要减小。

④ 屏保移动：图像屏保移动可以通过改变图像显示时左上角的坐标(logo_x，logo_y)来实现。与平移不同的是，当图像运动到屏幕边缘时屏保移动会自动弹回，这就需要时刻监测图像的位置。程序中共定义了 9 个边缘位置，分别为左上角、左下角、左侧、右上角、右下角、右侧、中间、上侧和下侧，通过监测图像左上角的坐标来确定其所处的位置，再根据位置确定下一步该怎样移动。

总体设计框图如图 9.5.3 所示。

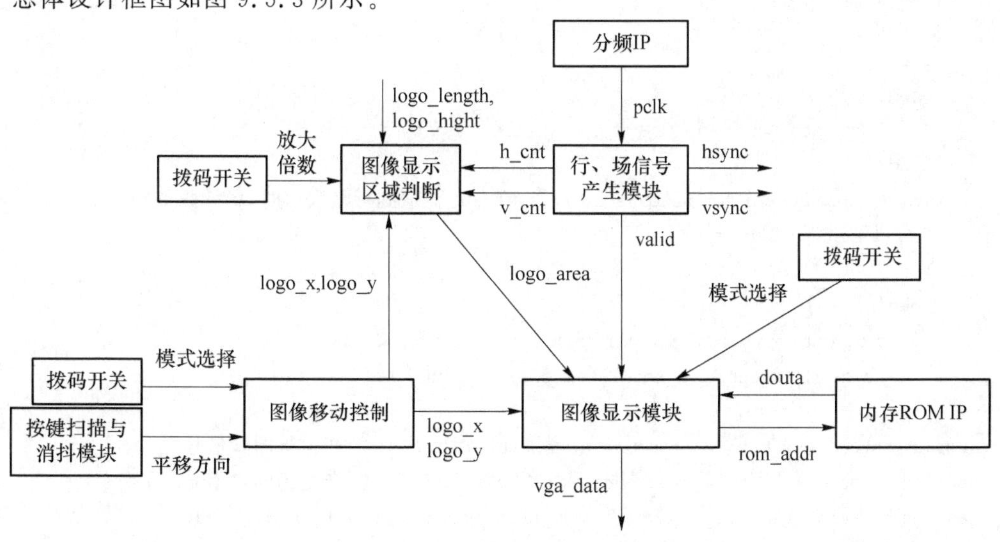

图 9.5.3 VGA 设计总体框图

其中内存 ROM IP 采用 Vivado 自带的存储器模块 IP 核，名称为 logo_rom。按键扫描与消抖模块调用例 7.7.1 的 debounce4。按键消抖模块使用的时钟输入信号是 100 Hz，调用例 6.4.1 封装好的 IP 核 frequency1，参数 count1s＝4999999，客户化名称为 frequency1_v1_34。分频 IP 调用例 6.4.1 封装好的 IP 核 frequency1，参数 count1s＝1，客户化名称为 frequency1_v1_35，得到 25 MHz 的时钟。图片需要由图像生成 coe 文件，并且将存放 coe 的文件夹拷贝到当前工程目录下，将其加载到 ROM 中。

行、场信号产生模块程序代码如下：

```
module vga_640x480(
  input    pclk,
  input    rst,
  output   hsync,                              //同步行信号
  output   vsync,                              //同步场信号
  output   valid,                              //显示区域标志位
  output [9:0]h_cnt,                           //列计数值
  output [9:0]v_cnt);                          //行计数值
  parameter h_frontporch = 96;                 //行同步信号
  parameter h_active = 144;                    //行同步信号 + 消隐后沿
  parameter h_backporch = 784;                 //行同步信号 + 消隐后沿 + 行显示
  parameter h_total = 800;                     //行同步信号 + 消隐后沿 + 行显示 + 消隐前沿
  parameter v_frontporch = 2;                  //场同步信号
  parameter v_active = 35;                     //场同步信号 + 消隐后沿
  parameter v_backporch = 515;V                //场同步信号 + 消隐后沿 + 场显示
  parameter v_total = 525;                     //场同步信号 + 消隐后沿 + 场显示 + 消隐前沿
  reg [9:0]x_cnt = 10'b0000000001;             //行计数
  reg [9:0]y_cnt = 10'b0000000001;             //场计数
  wire h_valid;                                //行显示标志
  wire v_valid;                                //场显示标志
  always @(posedge pclk or negedge rst)        //在时钟上升沿，行计数值加 1
    if (rst == 0) x_cnt <= 1;
    else
      begin
        if (x_cnt == h_total) x_cnt <= 1; else   x_cnt <= x_cnt + 1;
      end
  always @(posedge pclk or negedge rst)   //在行计数值到行最大值时，场计数值加 1，即扫描完一行
    if (rst == 0) y_cnt <= 1;
    else
      begin
        if (y_cnt == v_total & x_cnt == h_total)   y_cnt <= 1;
          else if (x_cnt == h_total)   y_cnt <= y_cnt + 1;
      end
  assign hsync = ((x_cnt > h_frontporch))? 1'b1:1'b0;      //产生行同步信号
  assign vsync = ((y_cnt > v_frontporch))? 1'b1:1'b0;      //产生场同步信号
  assign h_valid = ((x_cnt > h_active)&(x_cnt <= h_backporch))? 1'b1:1'b0;
      //当行计数值位于消隐后沿和消隐前沿之间时，h_valid = 1
```

```
  assign v_valid = ((y_cnt > v_active)&(y_cnt <= v_backporch))? 1'b1:1'b0;
      //当场计数值位于消隐后沿和消隐前沿之间时,v_valid = 1
  assign valid = ((h_valid == 1'b1)&(v_valid == 1'b1))? 1'b1:1'b0;
  assign h_cnt = ((h_valid == 1'b1))? (x_cnt-h_active):{10{1'b0}};
      //列计数值 = 行计数值 - 同步信号 + 消隐后沿
  assign v_cnt = ((v_valid == 1'b1))? (y_cnt-v_active):{10{1'b0}};
      //行计数值 = 场计数值 - 同步信号 + 消隐后沿
endmodule
```

移动速度模块程序代码如下：

```
module movespeed(
  input pclk,
  input rst,
  input [9:0]v_cnt,
  input [9:0]h_cnt,
  output sig_out);
  reg q1,q2,q3;
  reg [5:0]speed_cnt;
  always @(posedge pclk)                      //移动速度
    begin
      if (rst == 0)   speed_cnt <= 6'h00;
      else
        if ((v_cnt[5] == 1'b1)&&(h_cnt == 9'b000000001))
          speed_cnt <= speed_cnt + 6'h01;
    end
  always @ (posedge pclk)
    begin
      q1 <= speed_cnt[5];q2 <= q1;q3 <= q2;
    end
  assign sig_out = q1&q2&(!q3);
endmodule
```

控制模块程序代码如下：

```
module kongzhi(
  input clk,
  input pclk,
  input rst,
  input valid,
  input[5:0] sw_pin1,                 //放大倍数设置
  input[1:0] sw_pin2,                 //旋转:10 左转,01 右转,其他不变
  input sw_pin3,                      //放大、旋转模式选择:1 放大,0 旋转
  input [1:0]sw_pin4,                 //平移、屏保模式选择:10 屏保,01 平移,其他静止不动
  input [4:0]btn_pin,                 //平移,分别为右移、下移、静止、左移、上移
  input [9:0]h_cnt,                   //行计数
  input [9:0]v_cnt,                   //场计数
```

```
output reg [11:0]vga_data);                            //输出颜色值
reg [13:0]rom_addr;                                    //输入地址
wire [11:0]douta;                                      //输出颜色
wire flag0,flag1,flag2,flag3,flag4;
wire logo_area1;                                       //水平图像显示区域标志
wire logo_area2;                                       //竖直图像显示区域标志
reg [9:0]logo_x = 10'b0110101110;                      //图像左上角所在的列数
reg [9:0]logo_y = 10'b0000110010;                      //图像右上角所在的行数
parameter [9:0]logo_length = 10'b0010101001;           //图像的总列数
parameter [9:0]logo_hight = 10'b0001001110;            //图像的总行数
wire [2:0]b_length;                                    //长度放大倍数
wire [2:0]b_hight;                                     //高度放大倍数
wire speed_ctrl;                                       //移动速度控制
reg [1:0]flag_add_sub;                                 //加减标志
reg [3:0]flag_edge;                                    //图像处于边缘位置的标志
wire clk100H;
wire [3:0]flag41;
assign b_length = sw_pin1[2:0];
assign b_hight = sw_pin1[5:3];
frequency1_v1_34 u1(clk,rst,clk100H);                  //count1s = 499999,按键消抖频率
debounce4  u2(clk100H,rst,btn_pin[3:0],{flag3,flag2,flag1,flag0});
debounce4  u3(clk100H,rst,{3'b111,btn_pin[4]},flag41);
logo_rom u4 (.clka(pclk),.addra(rom_addr),.douta(douta));
                                                       //rom 存储模块,读取像素点
move speed u5(pclk,rst,v_cnt,h_cnt,speed_ctrl);
                                                       //移动速度模块
assign flag4 = flag41[0];
assign logo_area1 = ((v_cnt >= logo_y)&(v_cnt <= logo_y + (logo_hight * b_hight)-1)&
  (h_cnt >= logo_x)&(h_cnt <= logo_x + (logo_length * b_length)-1))? 1'b1:1'b0;
                                                       //水平图像显示区域标志
assign logo_area2 = ((v_cnt >= logo_y)&(v_cnt <= logo_y + logo_length-1)&
    (h_cnt >= logo_x)&(h_cnt <= logo_x + logo_hight-1))? 1'b1:1'b0;
                                                       //竖直图像显示区域标志
always @(posedge pclk)                                 //图像显示
  begin
    if(rst == 0)  vga_data = 12'b000000000000;         //复位后颜色为黑
    else
      begin
        if(valid == 1)                                 //位于显示区域
          begin
            if(sw_pin3 == 1'b1&&logo_area1 == 1)       //放大模式
              begin
    rom_addr = logo_length * ((v_cnt-logo_y)/b_hight) + ((h_cnt-logo_x)/b_length);
                vga_data = douta;
              end
            else if(sw_pin3 == 1'b0&&logo_area2 == 1)  //旋转模式
```

```
              begin
                if(sw_pin2 = = 2'b01)       //向右转
                  begin
   rom_addr = (logo_hight-1) * logo_length + (v_cnt-logo_y)-logo_length * (h_cnt-logo_x);
                    vga_data = douta;
                  end
                else if(sw_pin2 = = 2'b10) //向左转
                  begin
        rom_addr = logo_length * (h_cnt-logo_x) + (logo_length-1-(v_cnt-logo_y));
                    vga_data = douta;
                  end
                else                        //静态
                  begin
                    rom_addr = logo_length * (v_cnt-logo_y) + (h_cnt-logo_x);
                    vga_data = douta;
                  end
              end
            else//                          //不位于图像显示区域,地址值保持不变,颜色为白
              begin
                rom_addr = rom_addr;
                vga_data = 12'b000000000000;
              end
          end
        else                                //不位于显示区域,颜色为黑
          begin
            vga_data = 12'b111111111111;
            if (v_cnt = = 0)  rom_addr = 14'b00000000000000;
            //如果扫描到图像显示区域的下一行或是第一行,地址赋 0
          end
      end
  end
always @(posedge pclk)                      //图像移动
  begin
    if (rst = = 0)                          //复位按键按下,图片位置恢复到初始位置
      begin
        flag_add_sub = 2'b01;
        logo_x = 10'b0110101110;
        logo_y = 10'b0000110010;
      end
    else
      begin
        if (speed_ctrl = = 1'b1)            //图片重复显示完 32 次后
          begin
            if(sw_pin4 = = 2'b01)           //平移
              begin
```

```
            if(btn_pin[4] == 1&&flag4 == 0) logo_y = logo_y-1;          //向上移动
            else if(btn_pin[1] == 1&&flag1 == 0) logo_y = logo_y + 1;   //向下移动
            else if(btn_pin[3] == 1&&flag3 == 0) logo_x = logo_x-1;     //向左移动
            else if(btn_pin[0] == 1&&flag0 == 0) logo_x = logo_x + 1;   //向右移动
            else if(btn_pin[2] == 1&&flag2 == 0)                        //不移动
              begin
                logo_x = logo_x;logo_y = logo_y;
              end
            else
              begin
                logo_x = logo_x;logo_y = logo_y;
              end
          end
        else if(sw_pin4 == 2'b10)                          //屏保移动
          begin
            if (logo_x == 1)                               //图片位于左部边缘
              begin
                if(logo_y == 1)                            //图片位于左上角
                  begin
                    flag_edge = 4'h1;                      //边缘标志置为 1
                    flag_add_sub = 2'b00;                  //加减标志置为 00
                  end
                else if (logo_y == 480-logo_hight)         //位于左下角
                  begin
                    flag_edge = 4'h2;                      //边缘标志置为 2
                    flag_add_sub = 2'b01;                  //加减标志置为 01
                  end
                else                                       //图片贴于左边缘,不位于角上
                  begin
                    flag_edge = 4'h3;                      //边缘标志置为 3
                    flag_add_sub[1] = (~flag_add_sub[1]);  //加减标志取反
                  end
              end
                else if (logo_x == 640-logo_length)        //图片位于右侧
                  begin
                    if (logo_y == 1)                       //图片位于右上角
                      begin
                        flag_edge = 4'h4;                  //边缘标志置为 4
                        flag_add_sub = 2'b10;              //加减标志置为 10
                      end
                    else if (logo_y == 480-logo_hight)     //位于右下角
                      begin
                        flag_edge = 4'h5;                  //边缘标志置为 5
                        flag_add_sub = 2'b11;              //加减标志置为 11
                      end
```

```
                else                                //图片贴于右侧,不位于角上
                  begin
                    flag_edge = 4'h6;                              //边缘标志置为 6
                    flag_add_sub[1] = (~flag_add_sub[1]);          //加减标志取反
                  end
              end
            else if (logo_y == 1)                                 //图片贴于上侧
              begin
                flag_edge = 4'h7;                                 //边缘标志置为 7
                flag_add_sub[0] = (~flag_add_sub[0]);             //加减标志取反
              end
            else if (logo_y == 480-logo_hight)                    //图片贴于下侧
              begin
                flag_edge = 4'h8;                                 //边缘标志置为 8
                flag_add_sub[0] = (~flag_add_sub[0]);             //加减标志取反
              end
            else                                                  //图片位于中间
              begin
                flag_edge = 4'h9;                                 //边缘标志置为 9
                flag_add_sub = flag_add_sub;                      //加减标志不变
              end
        case (flag_add_sub)                     //根据加减标志确定图片左上角的坐标变化
          2'b00 :                               //图片位于左上角,横纵坐标均加 1
            begin
              logo_x = logo_x + 10'b0000000001;
              logo_y = logo_y + 10'b0000000001;
            end
          2'b01 :                               //图片位于左下角,横坐标加 1,纵坐标减 1
            begin
              logo_x = logo_x + 10'b0000000001;
              logo_y = logo_y-10'b0000000001;
            end
          2'b10 :                               //图片位于右上角,横坐标减 1,纵坐标加 1
            begin
              logo_x = logo_x-10'b0000000001;
              logo_y = logo_y + 10'b0000000001;
            end
          2'b11 :                               //图片位于右下角,横纵坐标均减 1
            begin
              logo_x = logo_x-10'b0000000001;
              logo_y = logo_y-10'b0000000001;
            end
          default :                             //其他情况横纵坐标均加 1
            begin
              logo_x = logo_x + 10'b0000000001;
```

```
                        logo_y = logo_y + 10'b0000000001;
                    end
                endcase
            end
        else                                    //其他情况下,图像静止
            begin
                logo_x = logo_x;logo_y = logo_y;
            end
        end
    end
end
endmodule
```

VGA顶层程序代码如下:

```
module top_flyinglogo(
  input clk,
  input rst,
  input  [5:0] sw_pin1,                    //放大
  input  [1:0] sw_pin2,                    //旋转
  input        sw_pin3,                    //放大、旋转模式选择
  input  [1:0] sw_pin4,                    //平移、屏保模式选择
  input  [4:0]btn_pin,                     //平移
  output hsync,
  output vsync,
  output [3:0]vga_r,
  output [3:0]vga_g,
  output [3:0]vga_b);
  wire   pclk;
  wire   valid;
  wire  [9:0]h_cnt,v_cnt;
  wire  [11:0]vga_data;
  frequency1_v1_35 u1(clk,rst,pclk);
  vga_640x480 u2 (pclk,rst,hsync,vsync,valid,h_cnt,v_cnt);
  kongzhi u3 (clk,pclk,rst,valid,sw_pin1,sw_pin2,sw_pin3,sw_pin4,btn_pin,h_cnt,v_cnt,vga_
           data);
  assign vga_r = vga_data[11:8];
  assign vga_g = vga_data[7:4];
  assign vga_b = vga_data[3:0];
endmodule
```

作业:自己进行硬件验证。

思考题:学会了VGA接口设计后,可以扩展开发板的显示功能,使显示部分不再仅限于8个数码管、16个发光二极管。你还能想到哪些接口设计?试一试能否完成。

第10章 综合系统设计

学习完FPGA简单门电路设计、组合逻辑电路设计、时序逻辑电路设计、算法设计以及接口设计后，可以将这些内容综合起来进行复杂的数字系统综合设计。通过选择切实可行的方案，帮助学生养成良好的工程素养和严谨的工作态度。

10.1 智力抢答器设计

在进行智力抢答题竞赛时，在一定时间内，各参赛者考虑好答案后都想抢先答题，如果没有合适的设备，有时难以分清参赛者抢答的时间先后，使主持人感到为难。为了使比赛能顺利进行，通常需要有一个能判断抢答先后的设备，即智力竞赛抢答器。

例10.1.1 8名选手参加竞赛，各用一个抢答按钮，其编号与参赛者的号码一一对应。用七段数码管显示出抢答成功选手的号码。若有参赛者按抢答按钮，数码管立即显示出最先动作的选手编号，抢答器对参赛选手动作的先后有很强的分辨能力，即使他们动作的先后只相差几毫秒，抢答器也能分辨出来。每次开始抢答之前需要主持人将抢答器清零。显示程序调用例5.2.2中的sw_sm10。

抢答器顶层源程序代码如下：

```
module responder_top(
  input clk,
  input [7:0]num,                  //8人抢答器
  input judge,                     //主持人，相当于复位键，这里直接接复位键，低电平清零
  output [3:0]bitcode1,
  output [6:0]a_to_g1);
  wire [3:0]num1;                  //存储的抢答成功的编码
  assign bitcode1 = 4'b0001;       //用其中一个数码管显示即可
  responder u1(clk,num,judge,num1);
  sw_smg10 u2(num1,a_to_g1);
endmodule
```

抢答源程序代码如下：

```
module responder(
  input clk,
  input [7:0]num,                          //8 人抢答器
  input judge,                             //主持人,相当于复位键,这里直接接复位键,低电平清零
  output reg[3:0]num1);                    //num1 是抢答成功者的编号
  reg flag;                                //标志位,如果此位为 0,按下管用,此位为 1,按键失效
  reg [3:0]value;
  always @ (posedge clk or negedge judge)//抢答环节
    begin
      if(judge == 0)                       //抢答器清零,显示清零
        begin
          flag<= 0;                        //0 有效,1 无效
          value<= 0;                       //相应的段码显示 0 或者灭灯
        end
      else
        begin
          if(flag == 0)
            case(num)
              8'b00000000:begin value<= 4'd0;flag<= 0;end
              8'b00000001:begin value<= 4'd1;flag<= 1;end
              8'b00000010:begin value<= 4'd2;flag<= 1;end
              8'b00000100:begin value<= 4'd3;flag<= 1;end
              8'b00001000:begin value<= 4'd4;flag<= 1;end
              8'b00010000:begin value<= 4'd5;flag<= 1;end
              8'b00100000:begin value<= 4'd6;flag<= 1;end
              8'b01000000:begin value<= 4'd7;flag<= 1;end
              8'b10000000:begin value<= 4'd8;flag<= 1;end
              default:begin value<= 4'd0;flag<= 1;end
            endcase
          else value<= value;
        end
    end
  always @(posedge clk or negedge judge) //抢答器按键都是触发按键,所以必须存储
    begin
      if (judge == 0) num1<= 0;            //抢答器清零,存储的数据清零
      else  num1<= value;                  //存储数据
    end
endmodule
```

仿真程序如下:

```
module sim_responder_top;
  reg  clk;
  reg [7:0]num;
  reg judge;
  wire [3:0]bitcode1;
  wire [6:0]a_to_g1;
```

```
    responder_top  u0 (clk,num,judge,bitcode1,a_to_g1);
    initial
      begin
        clk = 0;num = 1;judge = 0; #100;judge = 1;num = 1; #60;num = 2; #100;num = 0; #100;judge = 0;
         #100;judge = 1;num = 8;
      end
    always #10 clk = ~clk;
  endmodule
```

仿真结果如图 10.1.1 所示。

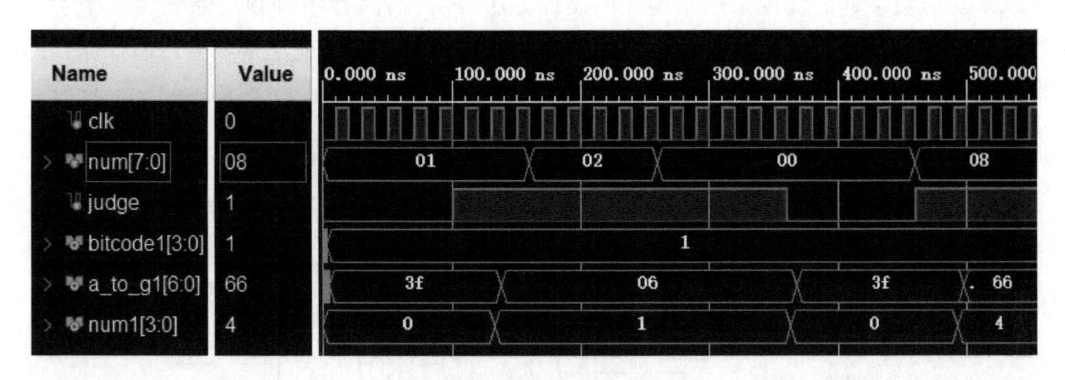

图 10.1.1　仿真结果

作业:分析程序及仿真结果的正确性,自己完成例 10.1.1 的硬件验证。

思考题:在例 10.1.1 的基础上增加设计抢答时间,在抢答时间内,按照抢答先后顺序显示抢答者编号,超出抢答时间,抢答无效,编号不再显示,以便于主持人按照抢答顺序做出回答指示,这样前面抢答的人回答错误,后边的人可以补充。

10.2　多功能数字钟设计

数字钟作为 FPGA 数字系统设计的一个项目,综合性比较强,包括了组合逻辑设计、时序逻辑设计、状态机设计等内容。

例 10.2.1　设计一个具有下列功能的多功能数字钟:通过拨码开关控制时钟状态,包括正常工作状态、校准状态、闹钟设置状态、开启闹钟状态、不开启闹钟状态。通过按键控制时钟在校准状态和闹钟设置状态下的时、分、秒的数值,正常状态与设置状态均通过数码管显示,闹钟通过 LED 灯来表示。

分析数字钟具有如下功能:

① 正常模式时,采用 24 小时制,显示时、分、秒。

② 手动校准电路。按动时校准键,将系统置于校时状态,则计时模块可用手动方式校准,每按一下校时键,时钟计数器加 1;按动分校准键,将电路置于校分状态,以同样方式手动校分。

③ 整点报时。从 59 分 50 秒起每隔 2 秒钟发出一次低音(500 Hz),信号鸣叫持续时间半秒,间隙 1.5 秒,连续 5 次,到达整点(00 分 00 秒时)发一次高音(1 000 Hz),信号持续时间半秒。

④ 闹钟功能。按下设置闹钟方式键,使系统工作于预置状态,此时显示器与时钟脱开,而与预置计数器相连,利用前面手动校时、校分方式进行预置,预置后回到正常计时模式。当计时计到预置的时间时,蜂鸣器发出闹钟信号,时间为 1 分钟,闹铃信号可以用开关键 close“止闹”,正常情况下此开关键释放。

⑤ 系统复位功能。复位控制只对秒计数复位,对分计数与小时计数无效。

该多功能数字钟的实现采用结构化的设计方法分层设计,数字钟顶层系统由 5 个功能模块组成,分别是时钟信号生成模块、正常计时模块、闹钟设置模块、显示模块和报时模块。其总体模块图如图 10.2.1 所示。

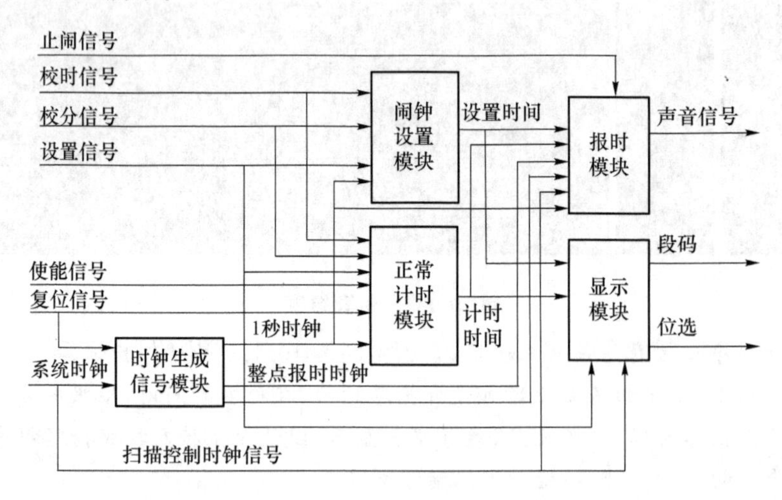

图 10.2.1 数字钟模块图

顶层文件的信号设置如下:其中 close 为止闹信号,adj_m 为分校准信号,adj_h 为小时校准信号,enable 为计时使能信号,set 为设置信号(0 为正常计数,1 为闹钟设置),rst 为复位信号,clk 为系统时钟信号,soundout 为声音信号。采用两组数码管显示,其中一组显示分钟和秒计时,另一组取两位显示小时。

顶层源程序代码如下:

```
module clock(
  input clk,
  input rst,
  input close,
  input enable,
  input set,
  input adj_m,
  input adj_h,
  output [7:0]bitcode,
  output [6:0]a_to_g1,
  output [6:0]a_to_g2,
```

```
  output soundout);                //音频输出,或者用二极管代替
  wire clk1000H,clk500H,clk1s,clk2s;
  wire [4:0]sl,sh,c_ml,c_mh,c_h,s_ml,s_mh,s_h;
  jishi u1(clk1s,rst,enable,set,adj_m,adj_h,sl,c_ml,sh,c_mh,c_h);
  displayc u2 (clk,rst,set,adj_m,adj_h,sl,sh,c_ml,c_mh,c_h,s_ml,s_mh,s_h,bitcode,a_to_g1,a_
          to_g2);
  fenpin u3(clk,rst,clk1000H,clk500H,clk1s,clk2s);
  alarmclock u4(clk1s,rst,set,adj_m,adj_h,s_ml,s_mh,s_h);
  sound u5 (clk1000H,clk500H,clk1s,clk2s,close,sl,sh,c_ml,c_mh,c_h,s_ml,s_mh,s_h,soundout);
endmodule
```

(1) 时钟生成信号模块

时钟生成信号模块需要多种时钟。数字钟的功能实际上是对秒信号计数,需要有一个 1 秒时钟信号 clk1s,报时模块需要 1 000 Hz 和 500 Hz 的 clk2s 时钟,显示模块扫描时钟 1 000 Hz,系统时钟为 100 MHz,所需频率均可以通过调用例 6.4.1 封装好的 IP 核 frequency1 得到,客户化名称及参数 count1s 取值见程序中注释。

时钟生成模块程序代码如下:

```
module fenpin(
  input clk,
  input rst,
  output clk1000H,
  output clk500H,
  output clk1s,//1 Hz
  output clk2s);
  frequency1_v1_36 u1(clk,rst,clk2s);//count1s = 99999999
  frequency1_v1_37 u2(clk,rst,clk1000H);//count1s = 49999
  frequency1_v1_38 u3(clk,rst,clk500H); // count1s = 199999
  frequency1_v1_39 u4(clk,rst,clk1s); // count1s = 49999999
endmodule
```

(2) 正常计时模块

正常计时模块分为秒计数、分计数和小时计数,秒计数和分计数分成个位和十位分别计数,个位采用十进制计数器,十位采用六进制计数器,小时计数采用二十四进制计数器。显然正常计数模块需要 5 个计数器,正常计时模块功能划分如图 10.2.2 所示,计数模块组成如图 10.2.3 所示。

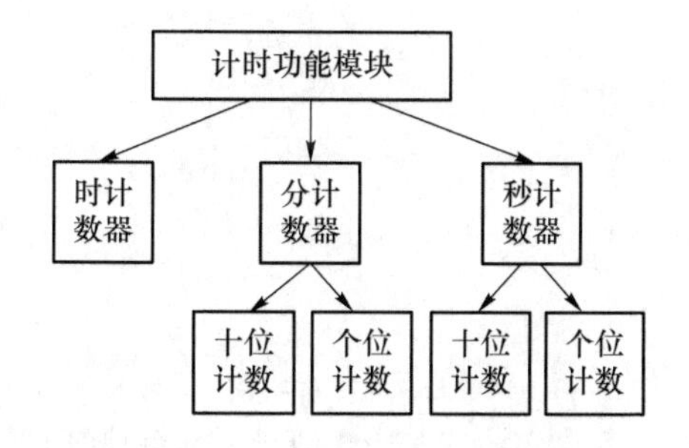

图 10.2.2 正常计时模块功能划分

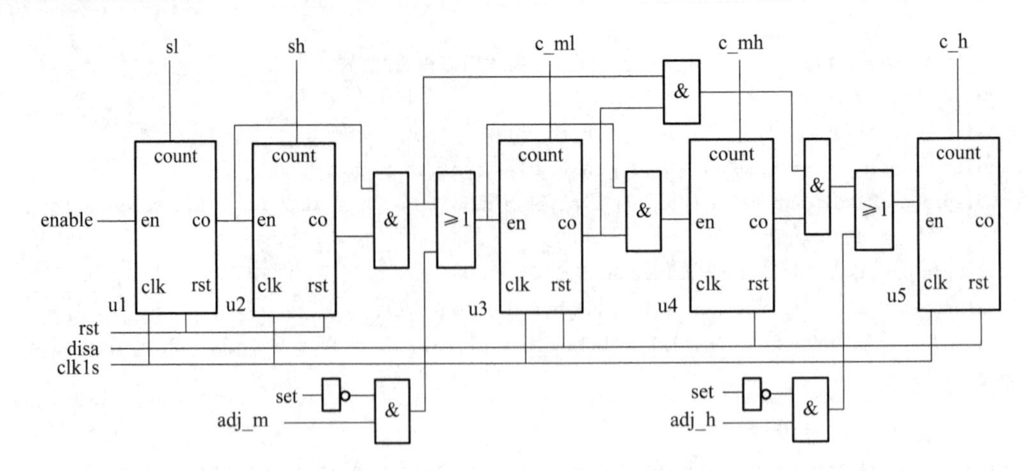

图 10.2.3　计数模块组成电路图

图 10.2.3 中 enable 为秒的个位计数使能信号，rst 为秒复位信号，disa 为分和小时计数器复位信号。因为系统只对秒复位，且复位为低电平复位，故 disa 应始终为 1，clk1s 为计时时钟，set 为闹钟和校准设置信号，adj_m 为分校准信号，adj_h 为小时校准信号。元件 U1、U2 为秒的个位和十位计数器，U3、U4 为分的个位和十位计数器，U5 为小时计数器。对于 U1～U5 五个元件，调用封装好的计数器 IP 核 counter。

十进制计数器程序代码如下：

```
module counter(
  input clk,
  input rst,
  input en,
  output co,
  output reg[4:0]count);
  parameter  [4:0]count_max = 5'b01001;
  always @(posedge clk or negedge rst)
    if(rst == 0) count <= 0;
    else
      if(en == 1)
        if(count == count_max) count <= 0;   else  count <= count + 1;
      else  count <= count;
  assign co = ((count == count_max)&&(en == 1))? 1:0;
endmodule
```

计时模块程序代码如下：

```
module jishi(
  input clk1s,
  input rst,
  input enable,
  input set,
  input adj_m,
  input adj_h,
  output [4:0]sl,                         //正常计时秒的个位
  output [4:0]c_ml,                       //正常计时分钟的个位
```

```
    output [4:0]sh,                                                    //正常计时秒的十位
    output [4:0]c_mh,                                                  //正常计时分钟的十位
    output [4:0]c_h);                                                  //正常计时小时
    wire c_sh_en,c_ml_en,c_mh_en,c_h_en;
    wire c_h_en1,c_ml_en1,c_mh_en1;
    wire disa;
    assign disa = 1;                                                   //不需要复位元件的复位端
    assign c_ml_en = ((~set) && adj_m)||(c_ml_en1 && c_sh_en);        //分个位计时使能
    assign c_mh_en = c_mh_en1 && c_ml_en;                              //分十位计时使能
    assign c_h_en = (~set && adj_h)||(c_sh_en && c_ml_en1 && c_mh_en1 && c_h_en1);
                                                                       //小时计时使能
    counter_v1_00 u1 (clk1s,rst,enable,c_sh_en,sl);                    // 秒个位计数 count_max = 9
    counter_v1_01 u2 (clk1s,rst,c_sh_en,c_ml_en1,sh);                  //秒十位计数 count_max = 5
    counter_v1_02 u3 (clk1s,disa,c_ml_en,c_mh_en1,c_ml);               //分钟个位计数 count_max = 9
    counter_v1_03 u4 (clk1s,disa,c_mh_en,c_h_en1,c_mh);                // 分钟十位计数 count_max = 5
    counter_v1_04 u5 (.clk(clk1s),.rst(disa),.en(c_h_en),.count(c_h));
                                                                       //小时计数 count_max = 23
endmodule
```

(3) 闹钟设置模块

闹钟设置模块只设置分和小时，因此只有分计数器和小时计数器，分计数分成个位和十位分别计数，个位采用十进制计数器，十位采用六进制计数器，小时计数采用二十四进制计数器。显然闹钟设置模块需要 3 个计数器，闹钟设置模块功能划分如图 10.2.4 所示，闹钟设置模块组成如图 10.2.5 所示。

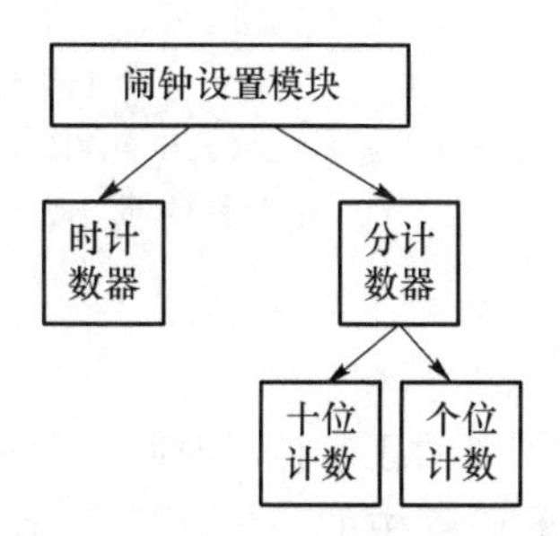

图 10.2.4　闹钟设置模块功能划分

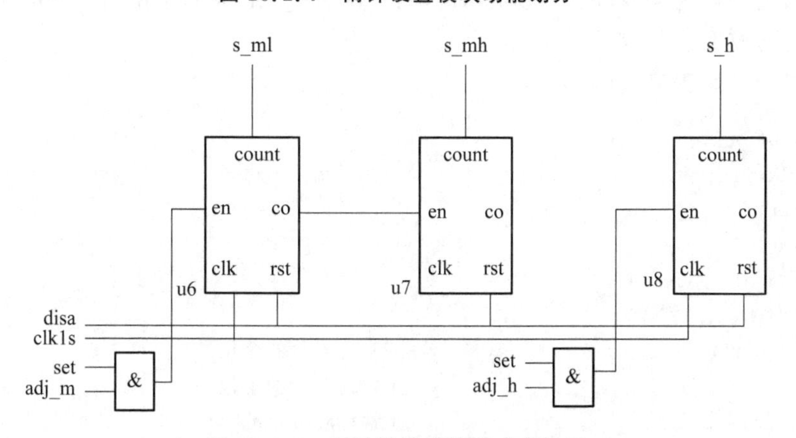

图 10.2.5　闹钟设置模块组成电路图

图 10.2.5 中 disa 为分和小时计数器复位信号，因为系统对闹钟设置不复位，故 disa 应始终为 1，在顶层描述中不作为端口使用，clk1s 为计时时钟，set 为闹钟和校准设置信号，adj_m 为分校准信号，adj_h 为小时校准信号，s_ml 和 s_mh 为分钟设置的个位和十位，s_h 为小时设置时间。元件 U1、U2 为分的个位和十位设置计数器，U3 为小时设置计数器。对于 U1～U3 三个元件，调用封装好的通用计数器 IP 核 counter。

闹钟设置模块程序代码如下：

```
module alarmclock(
  input clk1s,
  input rst,
  input set,
  input adj_m,
  input adj_h,
  output [4:0]s_ml,                        //闹钟的分钟个位
  output [4:0]s_mh,                        //闹钟的分钟十位
  output [4:0]s_h);                        //闹钟的小时
  wire s_ml_en,s_mh_en,s_h_en;
  wire disa;
  assign disa = 1;                         //不需要复位元件的复位端
  assign s_ml_en = set && adj_m;           //分个位校准使能
  assign s_h_en = set && adj_h;            //小时校准使能
  counter_v1_05 u6 (clk1s,disa,s_ml_en,s_mh_en,s_ml);
                                           //闹钟分钟个位计数 count_max = 9
  counter_v1_06 u7 (.clk(clk1s),.rst(disa),.en(s_mh_en),.count(s_mh));
                                           //闹钟分钟十位计数 count_max = 5
  counter_v1_07 u8 (.clk(clk1s),.rst(disa),.en(s_h_en),.count(s_h));
                                           //闹钟小时计数 count_max = 23
endmodule
```

(4) 显示模块

多功能数字钟用 6 个共阴极数码管对正常计时时间和闹钟设置时间进行显示，调用例 6.6.1 的 tube1 用于显示时、分、秒，两组数码管中的一组用于显示分钟和秒，另一组用于显示小时，正常计时的秒的个位为 sl，秒的十位为 sh，分的个位为 c_ml，分的十位为 c_mh，小时的计时为 c_h，闹钟设置与校准控制信号为 set。

数码管显示模块程序代码如下：

```
module displayc(
  input clk,
  input rst,
  input set,
  input adj_m,
  input adj_h,
  input [4:0]sl,                         //正常计时秒的个位
  input [4:0]sh,                         //正常计时秒的十位
  input [4:0]c_ml,                       //正常计时分钟的个位
```

```
    input [4:0]c_mh,                    //正常计时分钟的十位
    input [4:0]c_h,                     //正常计时小时
    input [4:0]s_ml,                    //闹钟的分钟个位
    input [4:0]s_mh,                    //闹钟的分钟十位
    input [4:0]s_h,                     //闹钟的小时
    output [7:0]bitcode,
    output [6:0]a_to_g1,
    output [6:0]a_to_g2);
    wire [4:0]hh,hl,ml,mh,h,value;
    wire [3:0]bitcode1,bitcode2;
    assign bitcode = {2'b00,bitcode1[3:2],bitcode2};
    assign h = (set == 0)? c_h:s_h;                                          //小时
    assign mh = (set == 0)? c_mh:s_mh;                                       //分钟十位
    assign ml = (set == 0)? c_ml:s_ml;                                       //分钟个位
    assign hh = (h >= 10 && h < 20)? 1:((h >= 20)? 2:0);                     //小时十位
    assign hl = (h < 10)? (h-0):(((h >= 10) && (h < 20))? (h-10):(h-20));    //小时个位
    tube1 u1(clk,rst,{mh[3:0],ml[3:0],sh[3:0],sl[3:0]},a_to_g2,bitcode2);    //分钟和秒
    tube1 u2(clk,rst,{8'b00000000,hh[3:0],hl[3:0]},a_to_g1,bitcode1);        //小时
endmodule
```

(5) 报时模块

报时模块包含闹钟设置时间到报时和整点报时，声音输出共用一个信号输出。其中输入端口有闹钟设置时间(s_ml,s_mh,s_h)、正常计时时间(c_ml,c_mh,c_h)，还有 clk1000H、clk500H、clk1s、clk2H、clk2s 不同频率时钟信号和止闹信号 close；输出端口为声音控制信号 soundout。

报时模块程序代码如下：

```
module sound(
    input clk1000H,
    input clk500H,
    input clk1s,                        //1 Hz
    input clk2s,
    input close,
    input [4:0]sl,                      //正常计时秒的个位
    input [4:0]sh,                      //正常计时秒的十位
    input [4:0]c_ml,                    //正常计时分钟的个位
    input [4:0]c_mh,                    //正常计时分钟的十位
    input [4:0]c_h,                     //正常计时小时
    input [4:0]s_ml,                    //闹钟的分钟个位
    input [4:0]s_mh,                    //闹钟的分钟十位
    input [4:0]s_h,                     //闹钟的小时
    output soundout);                   //音频输出或者用二极管代替
    wire sound1,sound2,sound3;
    assign sound1 = ((s_ml == c_ml)&&(s_mh == c_mh)&&(s_h == c_h)&& (close == 0))? clk500H:1'b0;
```

```
                                      //定时闹钟1分钟
    assign
      sound2 = ((c_ml == 0)&&(c_mh == 0)&&(sh == 0)&&(sl == 0)&&(clk1s == 0))? clk1000H:1'b0;
                                      //整点报时最后一声
    assign sound3 = ((c_ml == 9)&&(c_mh == 5)&&(sh == 5)&&(clk2s == 0)&&(clk1s == 0))? clk500H:1'b0;
                                      //整点报时59'50"开始的前面5声,每两秒响一次,持续半秒
    assign soundout = sound1||sound2||sound3;
endmodule
```

作业：自己进行例10.2.1的硬件验证。

思考题：想一想，如何仿真？自己编写仿真测试文件，可以进行部分仿真。

10.3 数字频率计设计

数字频率计是一种常用的物理器件，它的基本原理是用一个频率稳定度高的频率源作为基准时钟，对比测量其他信号的频率。可以采用测量待测信号周期的时间来计算频率，这种方法是测周，也就是测量两个信号之间的时间间隔，即 $t=NT$，t 为两个信号之间的时间间隔，N 为两个信号之间的计数器的计算值，T 为计数器的时钟周期。也可以计算一定时间内待测信号的脉冲个数，这种方法是测频，这里的一定时间称为闸门时间，通常可以设定为1 s。闸门时间长度与频率精度成正比，闸门时间越长，得到的频率值就越准确，但每测一次频率的间隔就越长；闸门时间越短，测的频率值刷新就越快。这是因为在闸门时间内，若输入的被测信号脉冲个数为 N，则信号的频率为 $f=N/T$。而且在这种测量方法中，由于闸门信号与被测信号不同步，被测信号脉冲个数会出现1个以内的误差，尤其是对于低频，误差较大，测得的频率精度下降。Ego1扩展接口引脚如图10.3.1所示。

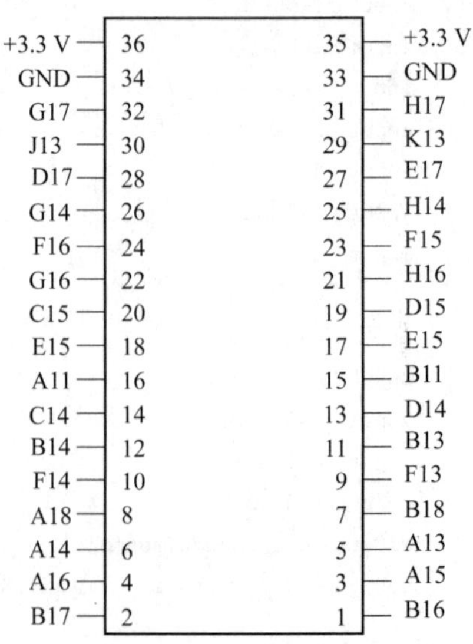

图10.3.1 Ego1扩展接口引脚图

例10.3.1 利用板卡资源，设计一个数字频率计，测量信号为方波信号。

设计分析：下面采用测频的方法来进行数字频率计的设计，包括闸门时间生成模块、计数器模块、锁存模块、显示模块以及时钟生成模块的设计。其中时钟生成模块调用例6.4.1封装好的IP核，客户化名称为frequency1_v1_40，参数count1s＝49999999。计数器将例10.2.1中计数器counter直接改为十进制计数器作为底层调用，共8位数码管，仿照例10.2.1计数模块将8位计数值级联起来，构成counter_top模块，数码管显示调用例6.6.1的tube1，底层调用不变。采用1 s

的闸门时间计数，所以计数值的数值就等于频率数值，单位为 Hz。Egol 共 8 个数码管，能显示 8 位，范围在 1 MHz 与 10 MHz 之间。这里要用到扩展接口，数字频率计的 RTL 结构图如图 10.3.2 所示

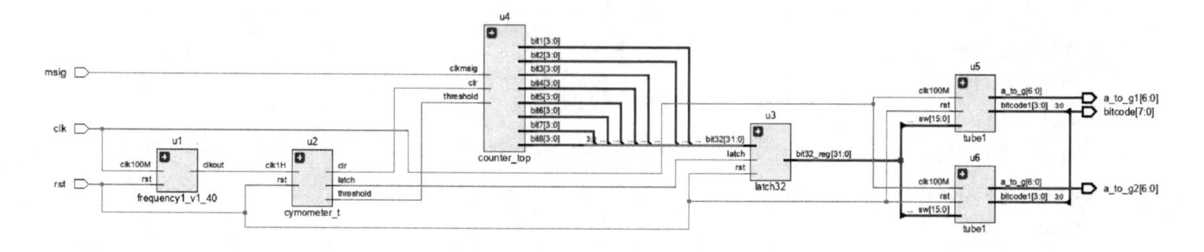

图 10.3.2　数字频率计的 RTL 结构图

闸门时间生成模块的程序代码如下：

```
module cymometer_t(
  input clk1H,
  input rst,
  output threshold,                             //生成闸门信号 1 s
  output clr,
  output latch);                                //latch 为锁存计数结果信号
  reg clk2s = 0;
  always @(posedge clk1H or negedge rst)
    if(rst == 0) clk2s <= 0;else clk2s <= ~clk2s;
  assign clr = (clk1H == 0 && clk2s == 0)? 1:0;    //计数器清零，做好计数准备
  assign latch = ~clk2s;
  assign threshold = clk2s;
endmodule
```

底层十进制计数器程序代码如下：

```
module counter10(
  input clk,
  input rst,
  input en,
  output co,
  output reg[3:0]count);
  always @(posedge clk or negedge rst)
    if(rst == 0) count <= 4'b0000;
    else
      if(en == 1)
        if(count == 4'b1001) count <= 4'b0000; else  count <= count + 1;
      else  count <= count;
    assign co = ((count == 4'b1001)&&(en == 1))? 1:0;
endmodule
```

8 位计数器级联计数程序代码如下：

```
module counter_top(
  input clkmsig,
  input clr,
  input threshold,
  output co,
  output [3:0]bit1,                     //低位
  output [3:0]bit2,
  output [3:0]bit3,
  output [3:0]bit4,
  output [3:0]bit5,
  output [3:0]bit6,
  output [3:0]bit7,
  output [3:0]bit8);                    //高位
  wire co1,co2,co3,co4,co5,co6,co7;
  counter10 u1 (clkmsig,(~clr),threshold,co1,bit1);
  counter10 u2 (clkmsig,(~clr),co1,co2,bit2);
  counter10 u3 (clkmsig,(~clr),(co1&&co2),co3,bit3);
  counter10 u4 (clkmsig,(~clr),(co1&&co2&&co3),co4,bit4);
  counter10 u5 (clkmsig,(~clr),(co1&&co2&&co3&&co4),co5,bit5);
  counter10 u6 (clkmsig,(~clr),(co1&&co2&&co3&&co4&&co5),co6,bit6);
  counter10 u7 (clkmsig,(~clr),(co1&&co2&&co3&&co4&&co5&&co6),co7,bit7);
  counter10 u8 (clkmsig,(~clr),(co1&&co2&&co3&&co4&&co5&&co6&&co7),co,bit8);
endmodule
```

锁存模块程序代码如下：

```
module latch32(
  input latch,
  input rst,
  input [31:0]bit32,
  output reg[31:0]bit32_reg);
  always @(posedge latch)
    if(rst == 0) bit32_reg <= 0;else bit32_reg <= bit32;
endmodule
```

顶层程序代码如下：

```
module cymometer_top(
  input clk,      //系统时钟 100 MHz
  input rst,
  input  msig,    //输入待测信号,从扩展接口 pmod 选择一个端口进行输入连接
  output [6:0]a_to_g1,
  output [6:0]a_to_g2,
  output [7:0]bitcode
    );
  wire threshold,clr,latch;
  wire clk1H;
```

```
    wire [3:0]bit1,bit2,bit3,bit4,bit5,bit6,bit7,bit8;
    wire [3:0]bit11,bit22,bit33,bit44,bit55,bit66,bit77,bit88;
    wire [3:0]bitcode1,bitcode2;
    assign bitcode = {bitcode2,bitcode1};
    frequency1_v1_40 u1(clk,rst,clk1H);                              //count1s = 49999999
    cymometer_t u2(clk1H,rst,threshold,clr,latch);
    latch32 u3(latch,rst,{bit1,bit2,bit3,bit4,bit5,bit6,bit7,bit8},{bit11,bit22,bit33,bit44,
              bit55,bit66,bit77,bit88});
    counter_top u4(msig,clr,threshold,co,bit1,bit2,bit3,bit4,bit5,bit6,bit7,bit8);
    tube1 u5(clk,rst,{bit88,bit77,bit66,bit55},a_to_g1,bitcode1);    //数码管位选
    tube1 u6(clk,rst,{bit44,bit33,bit22,bit11},a_to_g2,bitcode2);    //数码管位选
endmodule
```

由于待测输入信号是时钟信号，所以引脚约束需要添加 set_property CLOCK_DEDICATED_ROUTE FALSE，例如选择引脚 F13 作为待测输入信号，引脚约束如下：

```
set_property-dict {PACKAGE_PIN F13 IOSTANDARD LVCMOS33} [get_ports msig]
set_property CLOCK_DEDICATED_ROUTE FALSE [get_nets msig_IBUF]
```

作业：自己完成例 10.3.1 的硬件验证。

思考题：想一想如果能够提供信号发生器，怎么进行频率测试？如果没有信号发生器，但可以提供多块 Ego1 板子，怎么测试结果？如果测试的是正弦波信号，而不是方波信号，如何设计？

10.4　电梯控制器设计

很多电梯控制器设计都是一个简单的叫梯设计，而实际上，电梯控制器设计如果考虑实际情况，如上下楼状态及就近原则等，相对来说就比较复杂，综合性也比较强。

例 10.4.1　设计一个三层电梯控制器系统。利用实验板卡的有限资源实现电梯外上下楼叫梯，电梯内输入请求信号，用数码管显示电梯运行状态，包括电梯所在楼层、运行时间，电梯开门时间为 5 s，包括开门保持时间，关门时间为 3 s，运行一层时间为 2 s。上行状态时，优先响应上行叫梯及请求；下行状态时，优先响应下行叫梯及请求，没有叫梯及请求时，电梯关门后停在当前楼层。响应完叫梯或者请求信号后，相应的信号清除，发光二极管显示电梯运行状态。处于初始状态或者复位状态时，电梯停在一楼。

设计分析：总共需要 17 个状态：stop1 一楼停止状态，open1 一楼开门状态，close1 一楼关门状态，up12 一楼到二楼上行状态，stopup2 上行过程中二楼停止状态，openup2 上行过程中二楼开门状态，closeup2 上行过程中二楼关门状态，up23 二楼到三楼上行状态，stop3 三楼停止状态，open3 三楼开门状态，close3 三楼关门状态，dw32 三楼到二楼下行状态，dw21 二楼到一楼下行状态，stopdown2 下行二楼停止状态，opendown2 下行二楼开门状态，closedown2 下行二楼关门状态，stop2 没有叫停及请求信号，停止在二楼状态。这 17 个状态形成一个完整

的状态转换图，这里略，如果需要，可以根据程序设计自行画出状态转换图。

显示部分的设计调用例 6.6.1 的 tube1，底层调用保持不变。1 秒时钟调用例 6.4.1 封装好的 IP 核 frequency1，客户化名称 frequency1_v1_41，参数 count1s＝49999999。本例中没有使用按键消抖功能，因为所有输入叫梯及请求信号均使用的是拨码开关，存储信号的时钟比较快，只要检测到信号就进行存储。如果设计需要消抖功能，可以根据之前的消抖电路自己添加。电梯控制器的 RTL 结构图如图 10.4.1 所示。

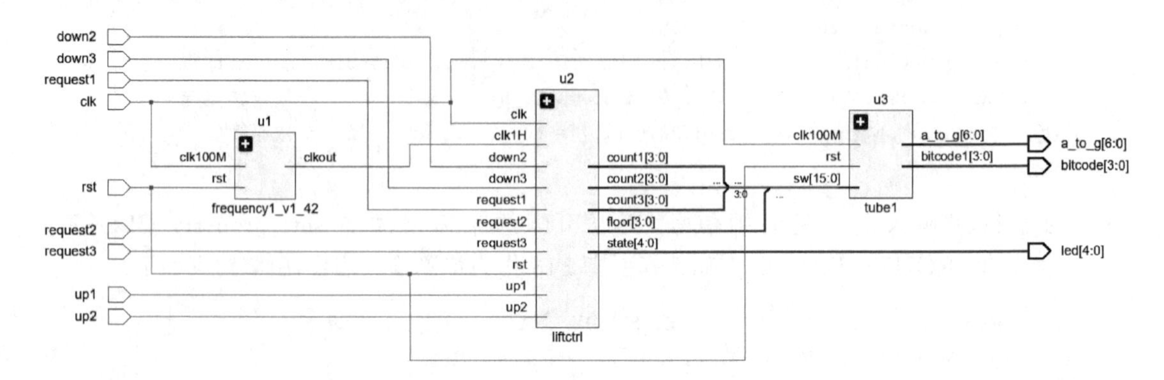

图 10.4.1　三层电梯 RTL 结构图

控制电梯运行的源程序代码如下：

```
module liftctrl(
  input clk,                            //系统时钟 100 MHz,用来存储叫梯及梯内请求信号
  input clk1H,                          //计时即状态转换时钟
  input rst,                            //复位信号
  input up1,                            //一楼上行叫梯
  input up2,                            //二楼上行叫梯
  input down2,                          //二楼下行叫梯
  input down3,                          //三楼下行叫梯
  input request1,                       //梯内请求一楼信号
  input request2,                       //梯内请求二楼信号
  input request3,                       //梯内请求三楼信号
  output reg[3:0]floor,                 //电梯所在楼层
  output [4:0]state,                    //电梯运行状态
  output reg [3:0]count1,               //电梯开门时计数器
  output reg [3:0]count2,               //电梯运行上下楼时计数器
  output reg [3:0]count3);              //电梯关门计数器
  reg up_1,up_2,down_2,down_3,request_1,request_2,request_3;           //信号存储后的值
  reg up_10,up_20,down_20,down_30,request_10,request_20,request_30; //信号清除值
  reg [4:0]current_state,next_state;
  parameter stop1 = 5'b00000,open1 = 5'b00001,close1 = 5'b00010,up12 = 5'b00011;
  parameter stopup2 = 5'b00100,openup2 = 5'b00101,closeup2 = 5'b00110,up23 = 5'b00111;
  parameter stop3 = 5'b01000,open3 = 5'b01001,close3 = 5'b01010,dw32 = 5'b01011;
  parameter dw21 = 5'b01100,stopdown2 = 5'b01101,opendown2 = 5'b01110;
  parameter closedown2 = 5'b01111,stop2 = 5'b10000;
```

```
initial
  begin
    up_10 = 1;up_20 = 1;down_20 = 1;down_30 = 1;request_10 = 1;request_20 = 1;
    request_30 = 1;up_1 = 0;up_2 = 0;down_2 = 0;down_3 = 0;request_1 = 0;
    request_2 = 0;request_3 = 0;
  end
assign state = current_state;
always @(posedge clk)            //叫梯及请求信号的存储及清除
  begin
    if(up1 == 1) up_1 <= 1;else if(up_10 == 0)up_1 <= 0; else up_1 <= up_1;
    if(up2 == 1) up_2 <= 1;else if(up_20 == 0)up_2 <= 0; else up_2 <= up_2;
    if(down2 == 1) down_2 <= 1;else if(down_20 == 0) down_2 <= 0;else down_2 <= down_2;
    if(down3 == 1)down_3 <= 1;else if(down_30 == 0) down_3 <= 0;else down_3 <= down_3;
    if(request1 == 1)request_1 <= 1;
    else if(request_10 == 0)request_1 <= 0;
    else request_1 <= request_1;
    if(request2 == 1)request_2 <= 1;
    else if(request_20 == 0) request_2 <= 0;
    else request_2 <= request_2;
    if(request3 == 1)request_3 <= 1;
    else if(request_30 == 0) request_3 <= 0;
    else request_3 <= request_3;
  end
always @(posedge clk1H or negedge rst)
  if(rst == 0) current_state <= stop1;else current_state <= next_state;
always @(current_state,up_1,up_2,down_2,down_3,request_1,request_2,request_3,count1,
         count2,count3)
  case(current_state)
    stop1:begin floor = 4'b0001;request_10 = 1;request_20 = 1;request_30 = 1;up_10 = 1;
           up_20 = 1;down_20 = 1;down_30 = 1;
           if(request_1 == 1||up_1 == 1) next_state = open1;
           else if(up_2 == 1||down_2 == 1||down_3 == 1||request_2 == 1||request_3 == 1)
             next_state = up12;
           else next_state = stop1;end
    open1:begin
           floor = 4'b0001;request_10 = 0;up_10 = 0; request_20 = 1;
           request_30 = 1; up_20 = 1;down_20 = 1;down_30 = 1;
             if(count1 == 5) begin
               if(up_1 == 1||request_1 == 1) next_state = open1;
               else next_state = close1;end
             else next_state = open1; end
    close1: begin
           floor = 4'b0001; request_10 = 1;up_10 = 1;request_20 = 1;
           request_30 = 1; up_20 = 1;down_20 = 1;down_30 = 1;
           if(count3 == 3) begin
```

```
            if(request_1 == 1||up_1 == 1)next_state = open1;
            else if(request_2 == 1||request_3 == 1||up_2 == 1||down_3 == 1||down_2 == 1) next_
                   state = up12;
            else begin
              if(request_1 == 1||up_1 == 1) next_state = open1;
              else   next_state = stop1;end end
          else next_state = close1;end
      up12:begin
            floor = 4'b0001;request_10 = 1;request_20 = 1;request_30 = 1;
            up_10 = 1;up_20 = 1;down_20 = 1;down_30 = 1;
            if(count2 == 2) begin
              if(up_2 == 1||request_2 == 1) next_state = stopup2;
              else if(down_3 == 1||request_3 == 1) next_state = up23;
              else if(down_2 == 1||request_1 == 1||up_1 == 1) next_state = stopdown2;
              else next_state = stop2;end
            else next_state = up12;end
      stopup2:begin
            floor = 4'b0010;request_10 = 1;request_20 = 1;request_30 = 1;
            up_10 = 1;up_20 = 1;down_20 = 1;down_30 = 1;
            if(request_2 == 1||up_2 == 1)next_state = openup2;
            else if(request_3 == 1||down_3 == 1)next_state = up23;
            else if(down_2 == 1)next_state = opendown2;
            else if(request_1 == 1||up_1 == 1)next_state = dw21;
            else next_state = stop2;end
      stopdown2:begin
            floor = 4'b0010;request_10 = 1;request_20 = 1;request_30 = 1;
            up_10 = 1;up_20 = 1;down_20 = 1;down_30 = 1;
            if(request_2 == 1||down_2 == 1)next_state = opendown2;
            else if(request_1 == 1||up_1 == 1)next_state = dw21;
            else if(up_2 == 1) next_state = openup2;
            else if(request_3 == 1||down_3 == 1)next_state = up23;
            else next_state = stop2;end
      openup2:begin
            floor = 4'b0010;request_20 = 0;up_20 = 0;request_10 = 1;
            request_30 = 1;up_10 = 1; down_20 = 1;down_30 = 1;
            if(count1 == 5) begin
              if(request_2 == 1||up_2 == 1)   next_state = openup2;
                //开门过程中又有新的请求,延长时间
              else   if(request_3 == 1||down_3 == 1)next_state = closeup2;
              else if(down_2 == 1)next_state = opendown2;
              else if(request_1 == 1||up_1 == 1) next_state = closedown2;
              else next_state = closeup2;end
            else next_state = openup2;end
      opendown2:begin
            floor = 4'b0010;request_20 = 0;down_20 = 0;request_10 = 1;
```

```
        request_30 = 1;up_10 = 1;up_20 = 1; down_30 = 1;
        if(count1 == 5) begin
          if(request_2 == 1||down_2 == 1) next_state = opendown2;
          else if(request_1 == 1||up_1 == 1) next_state = closedown2;
          else if(up_2 == 1) next_state = openup2;
          else if(request_3 == 1||down_3 == 1) next_state = up23;
          else next_state = closedown2; end
        else   next_state = opendown2;end
closeup2:begin
        floor = 4'b0010;request_20 = 1;up_20 = 1;down_20 = 1;request_10 = 1;
        request_30 = 1;up_10 = 1; down_30 = 1;
        if(count3 == 3) begin
          if(request_2 == 1||up_2 == 1) next_state = openup2;        //还没关好,又有新请求
          else if(request_3 == 1||down_3 == 1)   next_state = up23;
          else if(down_2 == 1)next_state = opendown2;
          else if(request_1 == 1||up_1 == 1)next_state = dw21;
          else next_state = stop2; end
        else next_state = closeup2; end
closedown2:begin
        floor = 4'b0010;request_20 = 1;
        up_20 = 1;down_20 = 1;request_10 = 1; request_30 = 1;up_10 = 1; down_30 = 1;
        if(count3 == 3) begin
          if(request_2 == 1||down_2 == 1)next_state = opendown2;     //门没关好,有新请求
          else if(request_1 == 1||up_1 == 1)next_state = dw21;
          else if(up_2 == 1)next_state = openup2;
          else if(request_3 == 1||down_3 == 1) next_state = up23;
          else next_state = stop2; end
        else   next_state = closedown2; end
stop2:begin
        floor = 4'b0010;   request_10 = 1;request_20 = 1;request_30 = 1;
        up_10 = 1;up_20 = 1;down_20 = 1;down_30 = 1;
          if(up_2 == 1||request_2 == 1)next_state = openup2;
            //不管是上楼还是下楼,楼内请求均到 openup2 状态
          else if(down_3 == 1||request_3 == 1)next_state = up23;
          else if(down_2 == 1)next_state = opendown2;
          else if(up_1 == 1||request_1 == 1)next_state = dw21;
          else next_state = stop2;end
up23: begin
          floor = 4'b0010; request_10 = 1;request_20 = 1;request_30 = 1;
          up_10 = 1;up_20 = 1;down_20 = 1;down_30 = 1;
          if(count2 == 2) next_state = stop3;else next_state = up23; end
stop3:begin
          floor = 4'b0011;request_10 = 1;request_20 = 1;request_30 = 1;
```

```
            up_10 = 1;up_20 = 1;down_20 = 1;down_30 = 1;
            if(request_3 == 1||down_3 == 1)next_state = open3;
            else if(up_2 == 1||up_1 == 1||down_2 == 1||request_1 == 1||request_2 == 1)
                next_state = dw32;
            else next_state = stop3;end
      open3:begin
            floor = 4'b0011; request_30 = 0;down_30 = 0;request_10 = 1;request_20 = 1;
            up_10 = 1;up_20 = 1;down_20 = 1;
            if(count1 == 5)   begin
              if(request_3 == 1||down_3 == 1)next_state = open3;
              else next_state = close3;end
            else next_state = open3; end
      close3:begin
            floor = 4'b0011;request_30 = 1;down_30 = 1; request_10 = 1;request_20 = 1;
            up_10 = 1;up_20 = 1;down_20 = 1;
            if(count3 == 3) begin
              if(request_3 == 1||down_3 == 1)next_state = open3;
              else begin
                if(request_2 == 1||request_1 == 1||down_2 == 1||up_2 == 1||up_1 == 1)
                  next_state = dw32;
                else   next_state = stop3;   end end
            else   next_state = close3; end
      dw32:begin
            floor = 4'b0011;request_10 = 1;request_20 = 1;request_30 = 1;
            up_10 = 1;up_20 = 1;down_20 = 1;down_30 = 1;
            if(count2 == 2)   begin
              if(down_2 == 1||request_2 == 1) next_state = stopdown2;
              else if(up_1 == 1||request_1 == 1) next_state = dw21;
              else if(up_2 == 1||down_3 == 1||request_3 == 1)next_state = stopup2;
              else   next_state = stop2;end
            else next_state = dw32; end
      dw21:begin
            floor = 4'b0010; request_10 = 1;request_20 = 1;request_30 = 1;
            up_10 = 1;up_20 = 1;down_20 = 1;down_30 = 1;
            if(count2 == 2) next_state = stop1; else next_state = dw21;end
      default;
    endcase
  always @(posedge clk1H or negedge rst)
    if(rst == 0) count1 <= 0;
    else if(current_state == open1||current_state == openup2||
              current_state == opendown2||current_state == open3) begin
      if(count1 == 5) count1 <= 0;
      else   count1 <= count1 + 1; end
```

```
        else count1 <= 0;
    always @(posedge clk1H or negedge rst)
        if(rst == 0) count2 <= 0;
        else if(current_state == dw32||current_state == dw21||
                    current_state == up12||current_state == up23) begin
            if(count2 == 2)count2 <= 0;
            else  count2 <= count2 + 1; end
        else count2 <= 0;
    always @(posedge clk1H or negedge rst)
        if(rst == 0) count3 <= 0;
        else if(current_state == close1||current_state == closeup2||
                    current_state == closedown2||current_state == close3) begin
            if(count3 == 3)count3 <= 0;else  count3 <= count3 + 1;end
        else count3 <= 0;
endmodule
```

顶层源程序代码如下：

```
module lift_top(
    input clk,
    input rst,
    input up1,
    input up2,
    input down2,
    input down3,
    input request1,
    input request2,
    input request3,
    output [6:0]a_to_g1,
    output [3:0]bitcode1,
    output [4:0]led);
    wire [4:0]state;
    wire clk1H;              //电梯计时均为 1 s 时钟
    wire [3:0]floor,count1,count2,count3;
    assign led = state;
    frequency1_v1_41 u1(clk,rst,clk1H);//count1s = 49999999
    liftctrl u2 (clk, clk1H, rst, up1, up2, down2, down3, request1, request2, request3, floor, state,
count1,count2,count3);
    tube1 u3(clk,rst,{floor,count1,count2,count3},a_to_g1,bitcode1);
endmodule
```

作业：自己根据电梯控制源程序画出电梯状态转移图，并进行例 10.4.1 的硬件验证。

思考题：想一想，如果遇到紧急情况，需要暂停到最近的楼层，如何设计？如果把开门时间详细区分为开门时间和开门保持时间，如何设计？

10.5 数字滤波器设计

数字滤波器(digital filter)是由数字乘法器、加法器和延时单元组成的一种装置，其功能是对输入离散信号的数字代码进行运算处理，以达到改变信号频谱的目的。可认为是一个离散时间系统按预定的算法，将输入离散时间信号转换为所要求的输出离散时间信号的特定功能装置。由线性系统理论可知，在某种适度条件下，输入到线性系统的一个冲击完全可以表征系统。当处理有限的离散数据时，线性系统的响应(包括对冲击的响应)也是有限的。若线性系统仅是一个空间滤波器，则通过简单地观察它对冲击的响应，就可以完全确定该滤波器。通过这种方式确定的滤波器称为有限冲击响应(FIR)滤波器。

例 10.5.1 利用板卡资源，设计一个 8 阶的 FIR 低通滤波器，采样频率是 100 Hz，阻带截止频率是 10 Hz。具体频率可由板卡实际资源为参照进行调整。

设计分析：首先利用 MATLAB 中的 FDATool 工具设计出一个采样频率为 100 Hz、截止频率为10 Hz 的FIR 低通滤波器，通过 FDATool 导出 8 点系数，然后将系数进行放大、取整。最后通过 Vivado 进行滤波器设计，通过比较 Vivado 和 MATLAB 仿真结果来验证该滤波器的正确性。

FIR 的最大特点就是其系统响应 $h(n)$是一个 N 点的有限长序列，FIR 的输出 $y(n)$本质上就是输入信号 $x(n)$和 $h(n)$的卷积。根据傅里叶变换性质，时域卷积等于频域相乘，因此卷积相当于筛选频谱中的各频率分量的增益倍数，某些频率分量保留，某些频率分量衰减，从而实现滤波效果。FIR 的本质是带抽头延迟的加法器和乘法器的组合，每一个乘法器对应一个系数。只有当 FIR 的 $h(n)$对称时，FIR 滤波器才具有线性相位特性。使用 MATLAB 等工具设计 FIR 时，得到的 $h(n)$也都是具有对称性的。

FIR 滤波器的实现结构直接由以下卷积公式得到：

$$y(n) = \sum_{i=-\infty}^{\infty} x(i)h(n-i) = x(n) \cdot h(n)$$

由卷积公式可知，n 阶 FIR 滤波器就需要 n 个乘法器。如果设计的是线性相位 FIR，则 $h(n)$是对称的，利用对称性可以节省一半的乘法器。对于采样频率为 100 Hz、截止频率为 10 Hz 的8 阶线性 FIR 滤波器的抽头系数，即由 MATLAB 计算输出并进行量化处理后的 8 点 FIR 滤波器的系数为 16'h023e、16'h0c46、16'h29fe、16'h477e、16'h477e、16'h29fe、16'h0c46、16'h023e，添加到 Vivado 中，由 Vivado 进行滤波处理。

通过 IP 核调用添加 ROM 模块(Dist_men_gen_0.v)。在“IP Catalog”窗口中，找到“Memories & Storage Elements/RAMs & ROMs/Distributed Memory Generator”双击打开；在“Customize IP”界面的“memory config”标签页下，“Memory Type”选择“ROM”，“Options”中的“Depth”一栏输入 400，“Data Width”一栏输入 8；单击进入“RST & Initialization”标签页，在“Coefficients File”一栏通过单击文件夹图标“Browse”选择后缀名“.coe”的文件(用于加载到 ROM 中)，单击“OK”即可。“.coe”的文件是在 MATLAB 中生成的。

乘法器程序代码如下：

```
module multip(
   input clk,
   input rst,
```

```
  input [15:0]num1,
  input [7:0]num2,
  output reg[22:0]product                //有符号数相乘
  );                                     //16 位有符号二进制数乘以 8 位有符号二进制数乘法运算
  reg [15:0]num1_reg,comp1;              //输入数据 1 寄存及补码表示
  reg [7:0]num2_reg,comp2;               //输入数据 2 寄存及补码表示
  reg symbol;                            //符号位
  reg [21:0]temp;                        //输出乘积数值位补码
  reg [22:0]comp_out;                    //乘积的补码
  always@ (posedge clk )
    if(rst == 0)                         //复位使能,寄存器清零
      begin
        num1_reg <= 16'b0;num2_reg <= 8'b0;comp1 <= 16'b0;comp2 <= 8'b0;
        symbol <= 1'b0;temp <= 22'b0;comp_out <= 23'b0;product <= 23'b0;
      end
    else
      begin
        num1_reg <= num1;                      //将输入数值寄存
        num2_reg <= num2;                      //将输入数值寄存
        comp1 <= (num1_reg[15] == 0)? num1_reg:{num1_reg[15],~num1_reg[14:0] + 1'b1};
            //输入补码
        comp2 <= (num2_reg[7] == 0)? num2_reg:{num2_reg[7],~num2_reg[6:0] + 1'b1};
            //输入补码
        symbol <= comp1[15]^comp2[7];          //输出数的符号位
        temp <= comp1[14:0] * comp2[6:0];      //输入有效数据相乘
        comp_out <= {symbol,temp};             //乘积的补码
      product <= (comp_out[22] == 0)? comp_out:{comp_out[22],~comp_out[21:0] + 1'b1};
            //输出数的原码
    end
endmodule
```

滤波过程程序代码如下：

```
module FIR_filter(
  input clk,
  input rst,
  input [7:0]fir_in,                                           //滤波器输入
  output [7:0]fir_out);                                        //滤波器输出
  reg signed [7:0]data1,data2,data3,data4;                     //存放输入序列的位移值
  reg signed [7:0]data5,data6,data7,data8;                     //存放输入序列的位移值
  wire signed [22:0] product1,product2,product3,product4;      //有符号小数乘法输出
  wire signed [22:0]product5,product6,product7,product8;       //有符号小数乘法输出
  reg signed [23:0]temp_product;
 //8 阶线性 FIR 滤波器的抽头系数,即由 MATLAB 计算输出并进行量化处理后的 8 点 FIR 滤波器的系数
  parameter [15:0]cof1 = 16'h023e,cof2 = 16'h0c46,cof3 = 16'h29fe,cof4 = 16'h477e;
  parameter [15:0]cof5 = 16'h477e,cof6 = 16'h29fe,cof7 = 16'h0c46,cof8 = 16'h023e;
```

```
    always@(posedge clk)
      if(rst == 0)
        begin
          data1 <= 7'd0;data2 <= 7'd0;data3 <= 7'd0;data4 <= 7'd0;
          data5 <= 7'd0;data6 <= 7'd0;data7 <= 7'd0;data8 <= 7'd0;
        end
      else
        begin
          data1 <= fir_in;data2 <= data1;data3 <= data2;data4 <= data3;
          data5 <= data4;data6 <= data5;data7 <= data6;data8 <= data7;
          temp_product <= product1 + product2 + product3 + product4 + product5 + product6 + product7
           + product8;
        end
    multip u1(.clk(clk),.rst(rst),.num1(cof1),.num2(data1),.product(product1));
    multip u2(.clk(clk),.rst(rst),.num1(cof2),.num2(data2),.product(product2));
    multip u3(.clk(clk),.rst(rst),.num1(cof3),.num2(data3),.product(product3));
    multip u4(.clk(clk),.rst(rst),.num1(cof4),.num2(data4),.product(product4));
    multip u5(.clk(clk),.rst(rst),.num1(cof5),.num2(data5),.product(product5));
    multip u6(.clk(clk),.rst(rst),.num1(cof6),.num2(data6),.product(product6));
    multip u7(.clk(clk),.rst(rst),.num1(cof7),.num2(data7),.product(product7));
    multip u8(.clk(clk),.rst(rst),.num1(cof8),.num2(data8),.product(product8));
    assign fir_out = temp_product[23:16];
endmodule
```

滤波器计数程序代码如下：

```
module FIR_count(
    input clk,
    input rst,
    output reg [9:0]address);
    always @(posedge clk)
      if(rst == 0)address <= 10'd0;
      else
        begin
          if(address == 9'd400)address <= 10'd0;else address <= address + 10'd1;
        end
endmodule
```

滤波器顶层程序代码如下：

```
module FIR_top(
    input clk,
    input rst,
    output [7:0]fir_out);                          //滤波器输出
    wire [7:0]spo;
    wire [9:0]address;
    dist_mem_gen_0 u1(.a(address),.spo(spo));  //在 IP Catalog 中配置
```

```
  FIR_count u2(.clk(clk),.rst(rst),.address(address));
  FIR_filter u3(.clk(clk),.rst(rst),.fir_in(spo),.fir_out(fir_out));
endmodule
```

仿真结果如图 10.5.1 所示，其中滤波前数据 spo[7:0]和滤波后数据 fir_out[7:0]需要改为有符号十进制数及模拟数值。

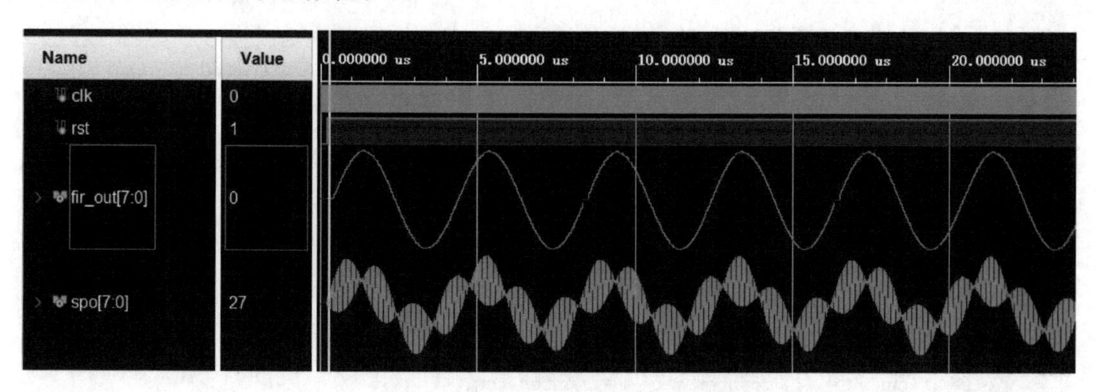

图 10.5.1　8 阶 FIR 滤波器仿真结果

10.6 数字秒表设计

数字秒表可用于日常生活中的计时，可以用 FPGA 进行设计。前面已经详细介绍了多功能数字钟的设计，数字秒表可以借鉴其计时部分。

例 10.6.1　设计一个数字秒表，秒表读数显示分钟、秒、百分秒三个计时单位。

设计分析：如果直接调用例 10.2.1 中 counter 封装好的 IP 核 counter，按照百分秒、时分秒、秒个位、秒十位、分钟个位、分钟十位的计数顺序进行进位串联，或者重新将 counter 位数扩展，百分秒计数百进制，秒计数和分钟计数都是 60 进制，重新设计一个通用计数器，使它们构成 100 进制，60 进制，60 进制，按照进位关系将 3 个计数器连接在一起，则这样设计出来的秒表能够实现的功能只有数字钟的计时部分，即通过更改计数时钟，把计时速度更改了一下而已。数字秒表还应具有异步复位和暂停功能，为了在多人比赛计时中，裁判能够清楚地看清每个人的时间，还应该有存储计时功能，一般能够存储 10 个以上的计时时间，并且秒表能够继续计时，这样便于在快速计时时，暂存人眼不能实时读出的时间。百分秒计数时钟应该是 100 Hz，可以调用例 6.4.1 封装好的 IP 核，参数 count1s=499999，得到的输出即为 100 Hz 时钟，客户化名称为 frequency1_v1_42，数码管显示程序调用例 6.6.1 的 tube1，底层调用不变。

通用计数器程序代码如下：

```
module counter100
   #(parameter counter_max = 99)
   (input clk,
```

```
    input  rst,
    input  stop,          //暂停计时键,恢复可以继续计时
    input cunchu,         //按下为 1 时存储当时的时间,但是仍然在继续计时
    input xianshi,        //按下为 1 时显示最近存储的时间,不按下为 0 时显示正常计时时间
    output co,                                               //进位输出
    output [7:0]counter_out);                                //BCD 码输出,便于后面显示
    reg [7:0]counter_reg,counter_reg1;
    always@(posedge clk or negedge rst or negedge stop)
      begin
        if(rst == 0)begin  counter_reg <= 0;end               //复位功能,低电平有效
        else if(stop == 0) counter_reg <= counter_reg;       //暂停,高电平有效,保持原值不变
        else if(counter_reg < counter_max) counter_reg <= counter_reg + 1'b1;
        else counter_reg <= 0;
      end
    always@(posedge clk or negedge rst or posedge cunchu)
      if(rst == 0) counter_reg1 <= 0;
      else if(cunchu == 1) counter_reg1 <= counter_reg;
      else counter_reg1 <= counter_reg1;
    assign counter_out[7:4] = (xianshi == 0)? (counter_reg/10):(counter_reg1/10);
    assign counter_out[3:0] = (xianshi == 0)?
          (counter_reg-(counter_reg/10) * 10):(counter_reg1-(counter_reg1/10) * 10);
    assign co = ((counter_reg == counter_max)&&(stop == 1))? 1:0;
endmodule
```

顶层模块程序代码如下:

```
module timer(
    input  clk,
    input  rst,
    input  stop,
    input cunchu,
    input xianshi,
    output co,                          //最高位小时的进位输出,可以没有
    output [6:0]a_to_g1,
    output [6:0]a_to_g2,
    output [7:0]bitcode);
    wire clk100H;
    wire [3:0]bitcode1,bitcode2;
    wire co1,co2,co3;                   //最高位可以不设置进位输出
    wire [7:0] counter_out1,counter_out2,counter_out3,counter_out4;
    assign bitcode = {bitcode1,bitcode2};
    frequency1_v1_42 u0(clk,rst,clk100H);//count1s = 499999
    counter100 #(.counter_max(99)) u1 (.clk(clk100H),.rst(rst),.stop(stop),
          .cunchu(cunchu),.xianshi(xianshi),.co(co1),.counter_out(counter_out1));
              //百分秒计时
    counter100 #(.counter_max(59)) u2 (.clk(clk100H),.rst(rst),.stop(co1),
```

```
        .cunchu(cunchu),.xianshi(xianshi),.co(co2),.counter_out(counter_out2));
            //秒计时
    counter100 #(.counter_max(59)) u3 (.clk(clk100H),.rst(rst),.stop(co2&co1),
        .cunchu(cunchu),.xianshi(xianshi),.co(co3),.counter_out(counter_out3));
            //分钟计时
    counter100 #(.counter_max(23)) u4 (.clk(clk100H),.rst(rst),.stop(co3&co2&co1),
        .cunchu(cunchu),.xianshi(xianshi),.co(co),.counter_out(counter_out4));
            //小时计时,秒表可以只设计到分钟,没有小时
    tube1 u5(clk,rst,{counter_out4,counter_out3},a_to_g1,bitcode1);
    tube1 u6(clk,rst,{counter_out2,counter_out1},a_to_g2,bitcode2);
endmodule
```

作业:自己进行例10.6.1的仿真及硬件验证。

思考题:现在设计的秒表只能暂时存储一个人的计时成绩,想一想,如何能够同时存储多个人的计时成绩?

10.7 出租车计价器设计

例10.7.1 利用板卡资源,设计一个出租车计价器。出租车起步价为8元,行驶过程中每千米1元。计价系统里程显示范围为0～99千米,分辨率1千米。计价费用显示范围为0～999元,分辨率1元。等待计时器显示范围为:0～60分钟,分辨率1分钟。大于两千米后每千米1元,中途停止等待时间累计大于3分钟后按每3分钟1元计价。

设计分析:译码显示有计费、计时和计程3部分内容,可以采用模块化设计,一个距离模块,一个时间模块,一个费用记录模块,一个数码管显示译码模块。其中显示译码模块调用例5.4.2的binbcd2,将等待时间、里程数及费用转换成BCD码,然后调用例6.6.1的tube1,用数码管显示,用到的计时时钟调用例6.4.1封装好的IP核frequency1,客户化名称为frequency1_v1_43,参数count1s=49999999。在顶层文件中对多个模块同时调用,完成设计功能。

里程计数程序代码如下:

```
module distance(
  input clk,  //每来一个时钟信号里程加1,根据速率设计分频得到行驶每千米需要的clk
  input rst,
  input en,
  input start,
  output reg[7:0] distance);              //里程数
  always@(posedge clk or negedge rst)     //异步复位
    begin
      if(rst==0) distance<=8'd0;          //低电平复位
```

```
    else
      if(en == 1)
        if(start == 1) distance <= distance + 1;    //采用二进制码计数,记录里程
        else  distance <= distance;
      else   distance <= 8'd0;                       //没有计费
  end
endmodule
```

等待时间计数程序代码如下：

```
module wait_time(
  input clk,                                  //1 秒计时即 1 Hz
  input rst,
  input en,
  input start,
  output reg[6:0]second,                      //输出的秒计时
  output reg[6:0]minute);                     //输出的分计时
  always@ (posedge clk or negedge rst) //异步复位
    begin
      if(rst == 0)
        begin
          second <= 7'b0000000;minute <= 7'b0000000;
        end
      else
        if(en == 1)
          if(start == 0)      //采用二进制码计数,记录等待时间,与行驶有效设置正好相反
            begin
              if(second == 59)
                begin
                  second <= 0;
                  if(minute == 59) minute = 0;else minute <= minute + 1;
                end         //等待时间超过 1 小时发生溢出
              else begin second <= second + 1;minute <= minute;end
            end
          else begin second <= second;minute <= minute;end
        else begin second <= 0;minute <= 0;end
    end
endmodule
```

计费程序代码如下：

```
module fare(
  input rst,
  input [7:0] distance,
  input [6:0] time1,                          //分钟 7 位,秒 7 位
  output  [10:0] money);                      //费用总计
```

```
  reg [10:0] money1,money2;              //分别为行驶路程和等待费用
  always@(rst or distance)               //异步复位
    if(rst == 0)    money1 = 0;
    else
      if(distance >= 2)    money1 = 1 * (distance-2); else money1 = 0;
  always @(rst or time1)
    if(rst == 0) money2 = 0;   else   money2 = 1 * (time1/3);
  assign   money = money1 + money2;
endmodule
```

顶层源程序代码如下：

```
module taxitop(
  input clk100M,
  input rst,
  input en,
  input start,
  output [6:0]a_to_g1,
  output [6:0]a_to_g2,
  output [7:0]bitcode);
  wire [7:0] distance;                //里程
  wire [6:0] second;                  //秒计时
  wire [6:0] minute;                  //分钟计时
  wire [10:0] money;                  //费用
  wire [15:0] moneyx;
  wire [15:0]distancex,minutex;
  wire clk1H;
  wire [3:0]bitcode1,bitcode2;
  assign bitcode = {bitcode2,bitcode1};
  frequency1_v1_43 u1(clk100M,rst,clk1H);                //count1s = 49999999
    //调用计数分频模块,得到 1 Hz 计时频率 clk
  distance u3(clk1H,rst,en,start,distance);              //调用计程模块,假设 1 秒行驶 1 千米
  wait_time u4(clk1H,rst,en,start,second,minute);        //调用计时模块
  fare u5(rst,distance,minute,money);                    //调用计费模块
  binbcd2 u6({5'b00000,distance},distancex);
  binbcd2 u7({6'b000000,minute},minutex);
  tube1 u8(clk100M,rst,{distancex[7:0],minutex[7:0]},a_to_g1,bitcode1);
      //一组数码管显示距离和等待时间
  binbcd2 u9({2'b00,money},moneyx);
  tube1 u10(clk100M,rst,moneyx,a_to_g2,bitcode2);
      //一组数码管显示费用
endmodule
```

作业：自己进行例 10.7.1 的仿真及硬件验证。

思考题：想一想如果是往返计价，给与返程优惠，如何进行设计？

10.8 乒乓游戏机设计

例 10.8.1 利用实验板卡资源,设计一个乒乓球游戏机。甲乙二人各持一按键作为球拍,实验箱上的一行发光二极管为乒乓球运动轨迹,用一个亮点代表乒乓球,它可以在此轨迹上左右移动。击球位置在左、右端第二只发光二极管的位置,比赛规则与实际乒乓球规则相同,胜负在计分牌上显示(七段数码管)。

设计分析:乒乓球用LED灯的左右移动代表球的移动,数码管显示得分。裁判确定游戏开始,自动分配发球权,得到发球权的一方发球,双方都在第二个灯的位置击打,如果没有击打,球运行至起始灯,代表接球失败,对手积一分,己方发球。整体设计分为消抖计时模块patctr_gen,用于产生球拍控制输出;运动计速、游戏、计分模块ball_roll,可以根据击球速度产生不同的球速;数码管显示计分模块调用例6.6.1的tube1,底层调用不变。

球的游戏程序代码如下:

```
module ball_roll(
  input clk,
  input rst,
  input [1:0] key_out,          //玩家球拍
  output [3:0] num1,            //分别为玩家1和玩家2的计分十位和个位
  output [3:0]num2,
  output [3:0]num3,
  output [3:0]num4,
  output [15:0] led);           //LED灯,作为球的运动轨迹
  reg [26:0] speed;
  reg [26:0] sd = 27'd25000000;
  reg [6:0] player1 = 0;        //玩家1的得分
  reg [6:0] player2 = 0;        //玩家2的得分
  reg [15:0] light;
  reg state;
  reg pos;                      //玩家位置信号,play1为0,play2为1
  reg DIR1;                     //0.5 s分频
  reg DIR2;                     //1 s分频
  always @(posedge clk)
    begin
      if(state == 1)            //游戏状态
        begin
          if(speed >= sd)       //speed(记录按键速度)归零
            begin
              speed <= 0; DIR1 <= 1'b1;
            end
          else
            begin
```

```
          speed <= speed + 1; DIR1 <= 1'b0;     //记录按键速度
        end
      end
    else //state 为 0 时是发球状态
      begin
        if(speed >= 27'd100000000)              //计时作用,游戏结束后等待 1 s 开始
          begin
            speed <= 0; DIR2 <= 1'b1;           //DIR2 是 1 s 计时器
          end
        else
          begin
            speed <= speed + 1;DIR2 <= 1'b0;
          end
      end
  end
always @(posedge clk)                           //游戏程序(决定发球方和击球速度)
  begin
    if(key_out == 1)                            //设定按键 1,key_out = 1 为 player1 的"球拍"
      begin
        if(state == 1'b0&light == 16'h8000)     //player1 的发球状态,球在第一位发球点
          begin
            state <= 1'b1;                      //进入游戏状态
            pos <= 1'b0;                        //定义一个方向变量,用来处理玩家得分
            sd <= 27'd25000000;                 //初始击球速度
          end
        else if(light == 16'h4000)              //接在第二位接球点
          begin
            pos <= 1'b0;
            if(speed >= sd/2) sd <= 27'd25000000;   //依据接球时间快慢确定回球速度
            else if(speed >= sd/4)sd <= 27'd20000000;
            else if(speed >= sd/8)sd <= 27'd15000000;
            else sd <= 27'd10000000;
          end
        else begin   pos <= pos;   state <= state;   end
      end
    else if(key_out == 2)                       //设定按键 2,key_out = 2 为 player2 的"球拍"
      begin
        if(state == 1'b0&light == 16'h0001)     //player2 的发球状态
          begin
            state <= 1'b1;
            pos <= 1'b1;                        //定义另一个方向变量,处理玩家得分
            sd <= 27'd25000000;
          end
        else if(light == 16'h0002)
          begin
```

```
                pos<=1'b1;
                if(speed>=sd/2) sd<=27'd25000000;
                else if(speed>=sd/4) sd<=27'd20000000;
                else if(speed>=sd/8) sd<=27'd15000000;
                else sd<=27'd10000000;
              end
            else begin pos<=pos;state<=state; end
          end
        else if(light <=  16'h0000)                    //游戏结束,统计玩家得分
          begin
            state<=0;
            if(DIR2==1'b1)
              case (pos)
                1'b0:player1<=player1+1;
                1'b1:player2<=player2+1;
                default;
              endcase
          end
        else begin state<=state;pos<=pos;player1<=player1;player2<=player2;end
      end
  always @(posedge clk)                                //球的轨迹模块
    begin
      if(DIR1==1'b1)                                   //击球状态
        case (pos)
          1'b0:light<=light>>1;
          1'b1:light<=light<<1;
          default:light<=0;
        endcase
      else if(light<=16'h0000&DIR2==1'b1)              //发球状态
        case (pos)
            1'b0:light<=16'h8000;
          1'b1:light<=16'h0001;
          default:light<=0;
        endcase
      else light<=light;
    end
  assign num1=player1/10;
  assign num2=player1 % 10;
  assign num3=player2/10;
  assign num4=player2 % 10;
  assign led=light;                                    //LED 显示球的位置
endmodule
```

球拍控制生成模块程序(包括按键消抖)代码如下:

```
module patctr_gen(
  input clk,
  input [1:0]key,
  output reg[1:0]key1);
  parameter xd = 21'd1000000;              //计时 10 ms
  reg [20:0]cnt;
  always@(posedge clk)                     //消抖计时
    begin
      if(key == 2'b00) cnt <= 0;           //抖动即重新开始
      else if(cnt == xd) cnt <= xd;
      else cnt <= cnt + 1;
    end
  always@(posedge clk)
    begin
      if(cnt == 0) key1 <= 0;
      else if(cnt == (xd-21'b1))           //产生 1 个时间单位的按键信号
        case(key)                          //根据键入得到对应的值
          2'b10:key1 <= 1;                 //谁控制球拍信号
          2'b01:key1 <= 2;
        endcase
      else key1 <= 0;                      //0 表示无按键按下
    end
endmodule
```

顶层源程序代码如下：

```
module pingpang(
  input clk,
  input rst,
  input [1:0] key,                        //按键输入,只需要两个按键模拟两个人
  output [7:0] bitcode,                   //数码管位选
  output [6:0] a_to_g1,
  output [6:0] a_to_g2,                   //后四个数码管
  output [15:0] led);                     //LED 灯,作为球的运动轨迹
  wire [3:0]bitcode1,bitcode2;
  wire [3:0] num1,num2,num3,num4;         //中间变量
  wire [1:0] key1;
  assign bitcode = {bitcode1,bitcode2};
  patctr_gen u1(clk,key,key1);
  ball_roll u2(clk,rst,key1,num1,num2,num3,num4,led);
  tube1 u3(clk,rst,{8'b00000000,num1,num2},a_to_g1,bitcode1);
  tube1 u4(clk,rst,{num3,num4,8'b00000000},a_to_g2,bitcode2);
endmodule
```

作业：自己进行例 10.8.1 的仿真及硬件验证。

思考题：①想一想如何增加一些功能，如当击球键恰好在球到达击球位置时按下，则发出

短促的击球声，球即向相反的方向移动。偏早或偏晚按下，击球无效，无击球声发出，球将继续向前运行至末端，且亮点消失。此时判击球者失分，计分板上给胜球者加 1 分。然后经一秒钟后，亮点乒乓球自动移到发球者的位置，发球者按动击球按键，下一场比赛开始。②如果将击球的速度设计为四级，由击球时刻与球到达击球位置时刻的时间差决定，该时间越短，球速越高，如何进行设计？

10.9 XADC 实现电压表设计

Ego1 板子上集成的 XADC 模块不仅能够采集外部输入的模拟值，还能够监控片上的工作温度和电压，超过一定值后就会报警。具体 XADC 的基本结构及工作原理可参见卢有亮的《Xilinx FPGA 原理与实践——基于 Vivado 和 Verilog HDL》一书或者 Xilinx 公司网站的 ug480PDF 文件，这里不再赘述。

例 10.9.1 基于 XADC 的工作原理，采集片上 W1 的输出电压，并用数码管显示。电压显示小数点后四位(第四位已经不稳定，所以没有必要再增加小数位数)，为此选择 Ego1 板上的 5 个数码管来显示电压值。

设计分析：调用 Vivado 自带的 XADC 的 IP 核，输入电压必须从通道 1 进入，则读取地址为 11h，所以调用时需要添加上通道 1 的 vp、vn 端口，即 XAUXP[1] 和 XAUXN[1]。调用的 XADC 模块有多个参数端口，本例题设计主要使用的端口信号为地址信号 daddr_in、使能信号 den_in、数据准备好信号 drdy_out、输出数据信号 do_out，以及时钟信号 dclk_in 和复位信号 reset_in，尤其是要设置 XAUXP[1]和 XAUXN[1]的输入电压，其他端口可以设置为 0 或者架空。整体 XADC 电压表系统包含 XADCIP 核模块 xadc_wiz_0、XADC 控制模块 xadc_ctrl、数据处理模块 average、数码管显示模块 tube1，其中 tube1 调用例 6.6.1 的 tube1，分频调用例 6.4.1 封装好的 IP 核 frequency1，客户化名称为 frequency1_v1_44，参数 count1s＝49999。将电位器 W1 传来的模拟电压转化为 16 位的数值信号，通过读取并且求 32 个数一组的平均值，从而转换得到实际电压值，然后通过数码管显示出来。转换电压到小数点后三位相对稳定，电压变化范围为 0～1 V。其 RTL 结构模块图如图 10.9.1 所示。

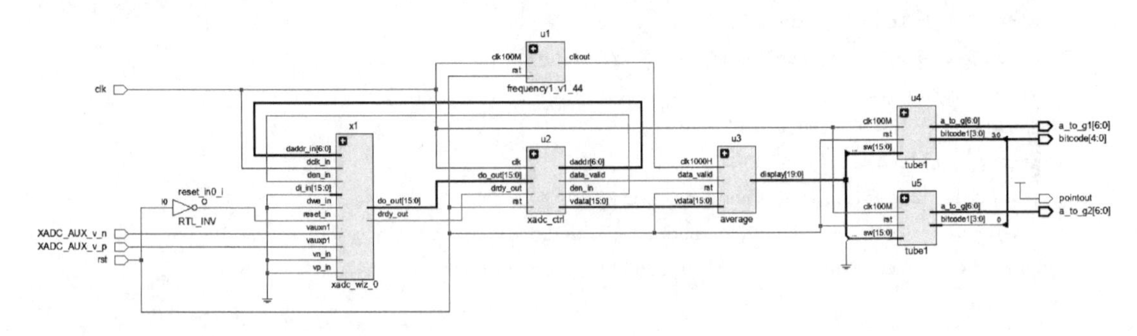

图 10.9.1 RTL 系统模块框图

各模块定义如下：

XADCIP核模块xadc_wiz_0：该模块调用了Vivado内部的IP核，有多个端口可以实现很多功能，本设计中主要使用读取模拟电压的功能。输入信号为时钟clk，复位信号为rst，使能信号为den_in，地址信号为daddr，其他模块输入信号可以置0；输出信号为数据准备好信号drdy_out，数据信号为do_out。使用方法为通过使den_in有效，则可以通过IP读取电压信号，给IP一个地址daddr则可以从相应位置得到该通道的电压信号，等输出数据准备好，即drdy_out为1，则可以读取输出电压数据do_out，从而实现了模数转化。其中输入使能信号和地址信号由XADC控制模块决定，输出的数据准备好信号和电压数据会传回XADC控制模块进行处理。

XADC控制模块xadc_ctrl：该模块输入信号为时钟clk，复位信号为rst，数据准备好信号为drdy_out，电压数据为do_out，输出信号为XADC模块使能信号den_in，XADC模块读取地址信号为daddr，有效电压数据为vdata，数据有效信号为data_valid。该模块实现的功能为按照一定频率将den_in拉为高电平和给daddr赋值，进行电压信号的读取，当传回的drdy_out有效时，读取do_out信号即成功读取了电压信号，然后一次读取结束，再拉高den_in进行下一次读取。其中获得的电压信号需要传输给数据处理模块average进行进一步处理，使得数据更加精准有效。

数据处理模块average：该模块输入信号为时钟clk，复位信号为rst，数据有效信号为data_valid，有效电压数据为vdata；输出信号为数码管显示数据display。该模块实现的功能就是当data_valid有效时，则进行数据的输入，将读取得到的32个vdata取平均值，再将取得的平均值转化为真实的电压数值，其中包含1个个位和4位小数，即20位的display信号，再将display信号传输给数码管显示模块进行显示。该模块需要控制接受信号的速度，因为读取速度太快产生的display变化太快使得数码管显示的高小数位不清楚，或者混乱闪亮。适当延长读取数据时间间隔，能更好地在数码管上观察电压数据的变化。

XADC控制模块xadc_ctrl程序代码如下：

```
module xadc_ctrl(                //建立 XADC 的控制模块
  input clk,                     //输入时钟信号
  input rst,                     //复位信号
  input [15:0]do_out,            //输入电压数据
  input drdy_out,                //输入的数据准备好信号
  output reg data_valid,         //数据有效信号
  output reg[15:0]vdata,         //读取的电压数据
  output reg den_in,             //XADC 使能信号
  output reg[6:0]daddr);         //XADC 地址信号
  reg[19:0] cnt;
  reg pulse;                     //参数的 100 kHz 的脉冲信号,用于读取 XADC 的电压数据
  always @(posedge clk or negedge rst)    //产生读取电压数据时序
    if(rst == 1'b0) begin cnt <=  20'd0;pulse <= 1'b0;end
    else if(cnt < 20'd100000) begin cnt <=  cnt + 1'b1; pulse <= 1'b1;end
    else begin cnt <=  20'd0;pulse <= 1'b0;end
  always @(posedge clk or negedge rst)
    begin
```

```
      if(rst == 1'b0)                              //复位时地址为 0,使能信号失效,不让 XADC 工作
        begin
          daddr = 7'h0; den_in = 1'b0;
        end
      else if(pulse == 1)                          //脉冲来时使 XADC 工作
        begin
          daddr = 7'h11;                           //读取模拟电压的地址
          den_in = 1'b1;                           //使能信号有效
        end
      else
        begin                                      //无脉冲时不工作
          daddr = 7'h0; den_in = 1'b0;
        end
    end
  always @(posedge clk or negedge rst)             //读取 XADC 输出信号
    begin
      if(rst == 1'b0) vdata = 16'b0;               //复位时读取的数据清零
      else if(drdy_out == 1'b1) vdata = do_out;    //输出数据准备好时进行数据读取
    end
  always @(posedge clk or negedge rst)             //输出读取信号有效信号
    begin
      if(rst == 1'b0) data_valid = 1'b0;           //当有效读取时,读取信号才会有效
      else data_valid = drdy_out;                  //说明所获取的电压信号真实有效
    end
endmodule
```

数据处理模块程序代码如下：

```
module average(                                   //数据处理模块建立
  input clk1000H,                                 //时钟信号
  input rst,                                      //复位信号
  input data_valid,                               //数据有效信号
  input [15:0]vdata,                              //电压数据
  output reg [19:0]display                        //显示数据
      );                                          //32 个数据求平均
  reg [6:0]cnt_32;                                //计数 32 个数据
  reg [20:0]datasum;                              //32 个电压的和值
  reg [15:0]vaverage;                             //32 个数据的平均值
  always @(posedge clk1000H)                      //每 0.001 s 接受一个电压数值
    begin
      if(rst == 1'b0) cnt_32 = 7'b0;              //复位时计数清零
        if(data_valid == 1'b1)                    //数据有效信号为 1 时才计数,表示成功接受到一个数
          begin
            if(cnt_32 == 7'd32) cnt_32 = 7'b0;    //当读满 32 个数时,计数清零
            else  cnt_32 = cnt_32 + 1'b1;
          end
```

```
    end
  always @(posedge clk1000H)                          //将读取数据进行相加
    begin
      if(rst == 1'b0)   datasum = 21'b0;              //复位时和值清零
      else if(data_valid == 1'b1)                     //数据有效信号为1时才求和
        begin
          if(cnt_32 == 7'd32)   datasum = 21'b0;      //加满32个数后,数据清零
          else   datasum = datasum + vdata;
        end
    end
  always @(posedge clk1000H)                          //计算32个电压数据的平均值
    begin
      if(rst == 1'b0) vaverage = 16'b0;               //复位时平均数清零
      else if(cnt_32 == 7'd32) vaverage = datasum[20:5];
          //和满32个数后才求平均,只取前16位,相当于和值除以16
      else   vaverage = vaverage;                     //其他情况平均数保持不变
    end
  //将读出的电压数据转换成实际电压值,因为最多要读取4位小数,所以原电压数据要进行10的4
    次方倍放大
  wire [29:0]volt4;//实际电压的10 000倍值
  assign volt4 = (10000 * vaverage)/65535;
  always @(posedge clk1000H)
    begin
      display[19:16] = volt4/10000;                   //读电压的个位
      display[15:12] = (volt4 % 10000)/1000;          //读第一位小数
      display[11:8] = (volt4 % 1000)/100;             //读第二位小数
      display[7:4] = (volt4 % 100)/10;                //读第三位小数
      display[3:0] = volt4 % 10;                      //读第四位小数
    end
endmodule
```

XADC顶层模块程序代码如下:

```
module XADC_top(
  input clk,
  input rst,
  input XADC_AUX_v_p,                                 //W1输入通道1的电压p
  input XADC_AUX_v_n,                                 //W1输入通道1的电压n
  output wire [4:0]bitcode,                           //数码管位控
  output wire[6:0]a_to_g1,                            //数码管段码
  output wire[6:0]a_to_g2,                            //数码管段码
  output pointout);                                   //小数点
  wire   clk100H,clk1000H;
  wire [6:0] daddr;                                   //读取电压地址
  wire den_in;                                        //XADC使能信号
  reg dwe_in = 1'b0;                                  //写使能信号
```

```
  reg[15:0] di_in = 1'b0;                    //总线输入信号
  wire drdy_out;                             //数据有效信号
  wire [15:0]do_out;                         //电压数据
  wire data_valid;                           //读出的电压数据有效信号
  wire [15:0]vdata;                          //读出的电压数据
  wire [19:0]display;                        //数码管显示数据
  wire [3:0]bitcode1,bitcode2;
  xadc_wiz_0  x1                             //调用 XADC 模块
    (.daddr_in(daddr),                       //接口地址总线,读取模拟电压的地址为 03h
    .dclk_in(clk),                           //时钟输入
    .den_in(den_in),                         //接口使能信号
    .di_in(di_in),                           //数据输入总线
    .dwe_in(dwe_in),                         //写使能信号
    .reset_in(~rst),                         //复位信号
    .vauxp1(XADC_AUX_v_p),
    .vauxn1(XADC_AUX_v_n),
    .busy_out(1'b0),                         //忙信号
    .channel_out(5'b00000),                  //通道选择输出
    .do_out(do_out),                         //输出数据总线
    .drdy_out(drdy_out),                     //数据准备好信号
    .eoc_out(1'b0),                          //转换完成信号
    .eos_out(1'b0),                          //时序结束
    .alarm_out(1'b0),                        //报警信号输出
    .vn_in(0),                               //模拟输入差分信号
    .vp_in(0));
  assign bitcode = {bitcode2[0],bitcode1};
  frequency1_v1_44 u1(clk,rst,clk1000H);     //count1s = 49999;
  xadc_ctrl u2(clk,rst,do_out,drdy_out,data_valid,vdata,den_in,daddr);
      //产生读取电压数据时序
  average u3(clk1000H,rst,data_valid,vdata,display);
      //16 个数据求平均并送入显示模块显示数据
  tube1 u4(clk,rst,display[15:0],a_to_g1,bitcode1);
  tube1 u5(clk,rst,{display[19:16],12'h000},a_to_g2,bitcode2);
  assign pointout = 1;
endmodule
```

作业:读懂程序,自己试一试进行软硬件调试。

思考题:Ego1 也可以采集温度,如何设计?

10.10 多位数码滚动显示设计

例 10.10.1 利用实验板卡资源,设计滚动显示多位数码、如电话号码、学号等。可以按

照需要让号码暂停滚动，也可以对滚动显示复位清零，滚动方向可以向左，也可以向右。

设计分析：滚动移位时钟频率可以设置为 1～10 Hz，以眼睛可分辨出准确的数字为准。Ego1 最多能够显示 8 位数码，所以滚动移位需要设计 32 位的移位输出寄存器。显示调用例 6.6.1 的 tube1，底层调用不变，滚动分频时钟调用例 6.4.1 封装好的 IP 核 frequency1，客户化名称为 frequency1_v1_45，参数 count1s＝9999999(5 Hz、10 Hz 的话就比较快了，不容易区分)。

移位器程序代码如下：

```
module shift32(
  input wire left,              //为 1 执行左移
  input wire right,             //为 1 执行右移
  input wire clk,
  input wire rst,
  output [31:0] q1);
  reg [43:0]Q;                  //这里设置的是手机号码 11 位,位数根据要显示的号码进行调整
  parameter number = 44'h18820220622;
  always @(posedge clk or negedge rst)
    begin                                       //置零位 Q 为装载号码
      if(rst == 0)   Q< = number;
      else
        begin
          if(left == 0 && right == 1)           //右移
            begin  Q[39:0]< = Q[43:4]; Q[43:40]< = Q[3:0]; end
          else if (left == 1 && right == 0)     //左移
            begin Q[43:4]< = Q[39:0]; Q[3:0]< = Q[43:40]; end
          else   Q< = Q;                        //否则不变
        end
    end
  assign q1 = Q[31:0];
endmodule
```

顶层程序代码如下：

```
module scroll_display(
  input clk,
  input rst,
  input wire left,                              //为 1 执行左移
  input wire right,                             //为 1 执行右移
  output [6:0]a_to_g1,
  output [6:0]a_to_g2,
  output [7:0]bitcode);
  wire clk5H;
  wire [31:0]num;
  frequency1_v1_45 u2(clk,rst,clk5H);           //count1s = 9999999
```

```
  shift32 u3(left,right,clk5H,rst,num);
  tube1 u4(clk,rst,num[15:0],a_to_g1,bitcode[3:0]);       //一组数码管
  tube1 u5(clk,rst,num[31:16],a_to_g2,bitcode[7:4]);      //一组数码管
endmodule
```

作业:自己完成例 10.10.1 的硬件验证。

思考题:在例 10.10.1 的基础上进行功能扩展,比如想要外部输入要显示的数码,如何设计?

第11章 挑战设计

学习完前面的组合逻辑电路设计、时序电路设计以及综合接口算法等设计后，可进行一些具有一定难度的拓展设计，挑战一下自己，例如万年历设计、贪吃蛇游戏设计、图形变换显示设计等。

11.1 万年历设计

例 11.1.1 设计一个万年历，能够显示 0001/01/01 与 9999/12/31 日之间的每一天，24 小时制、时间日期可自然进位，也可人为设置日期调整及时间调整。

设计分析：由于需要自然进位，万年历需要考虑的基本问题是每个月的天数不等，有的月份 30 天，有的月份 31 天，有的月份 28 天，闰年二月 29 天等。年月日通过 8 位数码管显示，年份占 4 位，月份占 2 位，日期占 2 位。时间显示占 6 位，小时、分钟、秒各两位。结合 Ego1，只有 8 位数码管，所以不能同时显示日期和时间，要求设计的万年历能够在日期和时间上进行切换。显示调用例 6.6.1 的 tube1，底层调用不变。二进制码转 BCD 码按照例 5.4.2 移位加三方法编写 7 位二进制转换成 BCD 码的 bcd7 和 14 位二进制码转换成 BCD 码的 bcd14，分别对时、分、秒、月、日及年进行二进制码转换成 BCD 码的操作。其 RTL 结构图如图 11.1.1 所示。

调整日期时间的按钮需要保持一定的时间，调用例 10.8.1 的 patctr_gen，将其修改为一位即可，源程序代码如下：

```
module patctr_gen1(
  input clk,
  input key,
  output reg key1);
  parameter xd = 21'd1000000;                    //计时 10 ms
  reg [20:0]cnt;
  always@(posedge clk)                           //消抖计时
    begin
      if(key = = 2'b00)cnt < = 0;
      else if(cnt = = xd) cnt < = xd;
```

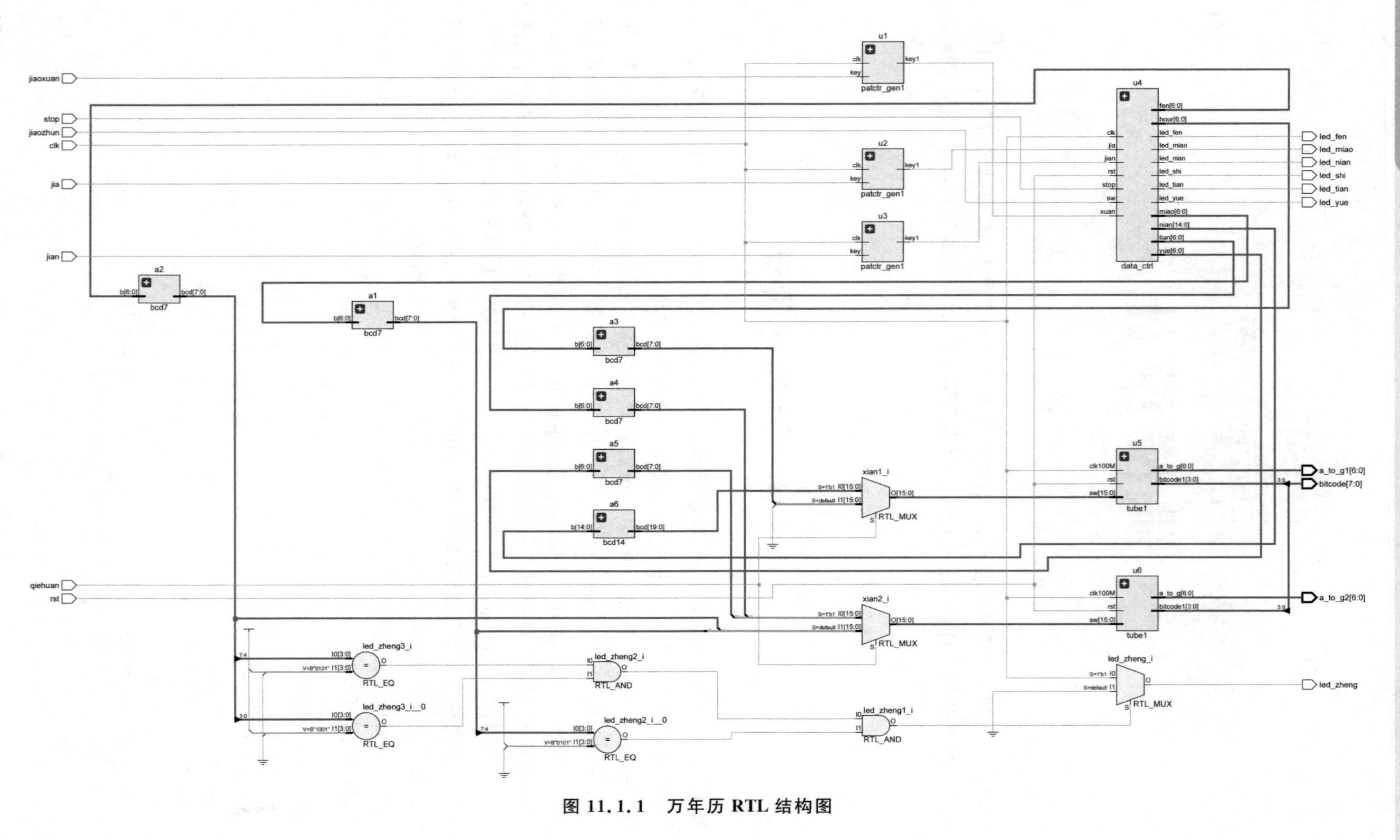

图 11.1.1　万年历 RTL 结构图

```
        else cnt <= cnt + 1;
      end
    always@(posedge clk)
      begin
        if(cnt == 0) key1 <= 0;
        else if(cnt == (xd - 21'b1)) key1 <= 1;    //产生 1 个时间单位的按键信号
        else  key1 <= 0;                           //0 表示无按键按下
      end
endmodule
```

日期时间校准与正常计时模式控制程序代码如下：

```
module data_ctrl(
    input clk,
    input rst,
    input stop,                               //暂停键,为 1 暂停
    inputsw,                                  //校时
    input jia,                                //加按键
    input jian,                               //减按键
    input xuan,                               //选择模式调节
    output reg[6:0]hour,                      //时寄存器
    output reg[6:0]miao,                      //秒寄存器
    output reg[6:0]fen,                       //分寄存器
    output reg[6:0]tian,                      //天寄存器
    output reg[6:0]yue,                       //月寄存器
    output reg[14:0]nian,                     //年寄存器
    output reg led_miao,                      //调秒指示灯
    output reg led_fen,                       //调分指示灯
    output reg led_shi,                       //调时指示灯
    output reg led_tian,                      //调天指示灯
    output reg led_yue,                       //调月指示灯
    output reg led_nian);                     //调年指示灯
    wire runnian;                             //判断闰年标识符
    reg day;                                  //判断天进位
    reg [2:0]choose;                          //校时模式下各个调节的选择
    integer clk_1s;//1 s
    parameter clk1 = 32'd99999999;            //1 s 常量
    assign runnian =~((nian % 4 == 0)&&(nian % 100 != 0))||(nian % 400 == 0);
    always @(posedge clk or negedge rst)      //判断当前校准模式的校准状态
      if(rst == 0) choose <= 3'd0;
      else if((stop == 1'b0)&&(sw == 1'b1))
        begin
          if(xuan == 1) choose <= choose + 3'b1;
          else if(choose > 5) choose <= 3'd0;
          else choose <= choose;
        end
```

```
  else choose <= 3'd0;
always @(posedge clk or negedge rst)            //判断 1 s 时间是否到达
  if(rst == 0)clk_1s <= 32'd0;
  else if((stop == 1'b0)&&(sw == 1'b0))
    begin
      if(clk_1s == clk1) clk_1s <= 32'd0;
      else clk_1s <= clk_1s + 32'd1;
    end
  else if((stop == 1'b1)&&(sw == 1'b0))clk_1s <= clk_1s;
else clk_1s <= 32'd0;
always @(posedge clk or negedge rst)            //判断天数是否进位
  if(rst == 0) day <= 1'b0;
  else if((stop == 1'b0)&&(sw == 1'b0))
    begin
      if((miao == 7'd59)&&(fen == 7'd59)&&(hour == 7'd23)&&(clk_1s == clk1))day <= 1'b1;
      else day <= 1'b0;
    end
  else if((stop == 1'b1)&&(sw == 1'b0)) day <= day;
  else day <= 1'b0;
always @(posedge clk or negedge rst)            //校准与时间控制模块
  if(rst == 0)
    begin
      miao <= 7'd0;fen <= 7'd0;hour <= 7'd0;tian <= 7'd31;yue <= 7'd8;nian <= 15'd2022;
      led_miao <= 0;led_fen <= 0;led_shi <= 0;led_tian <= 0;led_yue <= 0;led_nian <= 0;
    end
  else if((stop == 1'b1)&&(sw == 1'b0))        //暂停模式
    begin
      miao <= miao;fen <= fen;hour <= hour;tian <= tian;yue <= yue;nian <= nian;
      led_miao <= 0;led_fen <= 0;led_shi <= 0;led_tian <= 0;led_yue <= 0;led_nian <= 0;
    end
  else if((stop == 1'b0)&&(sw == 1'b1))        //校准模式
    begin
      if(choose == 3'd0)                        //调秒模式
        begin
          led_miao <= 1;led_fen <= 0;led_shi <= 0;
          led_tian <= 0;led_yue <= 0;led_nian <= 0;
          if(jia == 1)
            begin
              fen <= fen;hour <= hour;
              if(miao >= 59)miao <= 7'd0;else miao <= miao + 7'd1;   //按下加按键 + 1
            end
          else if(jian == 1)
            begin
              fen <= fen;hour <= hour;
              if(miao <= 1) miao <= 7'd59;else miao <= miao-7'd1;   //按下减按键减 1
```

```
            end
          else
            begin
              miao<=miao;fen<=fen;hour<=hour;
            end
        end
      else if(choose==3'd1)                    //调分调节思路同调秒
        begin
          led_miao<=0;led_fen<=1;led_shi<=0;
          led_tian<=0;led_yue<=0;led_nian<=0;
          if(jia==1)
            begin
              miao<=miao;hour<=hour;
              if(fen>=59)fen<=0;else fen<=fen+7'd1;
            end
          else if(jian==1)
            begin
              miao<=miao;hour<=hour;
              if(fen<=1)fen<=7'd59;else fen<=fen-7'd1;
            end
          else
            begin
              miao<=miao;fen<=fen;hour<=hour;
            end
        end
  else if(choose==3'd2)
    begin
      led_miao<=0;led_fen<=0;led_shi<=1;
      led_tian<=0;led_yue<=0;led_nian<=0;
      if(jia==1)
        begin
          miao<=miao;fen<=fen;
          if(hour>=23)hour<=7'd0;else hour<=hour+7'd1;
        end
      else if(jian==1)
        begin
          miao<=miao;fen<=fen;
          if(hour<=1)hour<=7'd23;else hour<=hour-7'd1;
        end
      else
        begin
          miao<=miao;fen<=fen;hour<=hour;
        end
    end
  else if(choose==3'd3)
```

```
        begin
          led_miao<=0;led_fen<=0;led_shi<=0;
          led_tian<=1;led_yue<=0;led_nian<=0;
          if(jia==1)
            begin
              yue<=yue;nian<=nian;
              if (((tian>=7'd31)&&((yue==7'd1)||(yue==7'd3)||(yue==7'd5)||(yue==7'd7)
                 ||(yue==7'd8)||(yue==7'd10)||(yue==7'd12)))||((tian>=7'd30)&&((yue==
                 7'd4)||(yue==7'd6)||(yue==7'd9)||(yue==7'd11)))||((tian>=7'd29)&&(yue
                 ==7'd2)&&(runnian==1'b0))||((tian>=7'd28)&&(yue==7'd2)&&(runnian!=1'
                 b0)))  tian<=7'd1;
              else tian<=tian+7'd1;
            end
          else if(jian==1)
            begin
              yue<=yue;nian<=nian;
              if ((tian<=7'd1)&&((yue==7'd1)||(yue==7'd3)||(yue==7'd5)||(yue==7'd7)
                 ||(yue==7'd8)||(yue==7'd10)||(yue==7'd12))) tian<=7'd31;
              else if ((tian<=7'd1)&&((yue==7'd4)||(yue==7'd6)||(yue==7'd9)||(yue==7'
                    d11)))  tian<=7'd30;
              else if((tian<=7'd1)&&(yue==7'd2)&&(runnian==1'b0))tian<=7'd29;
              else if((tian<=7'd1)&&(yue==7'd2)&&(runnian!=1'b0))tian<=7'd28;
              else tian<=tian-7'd1;
            end
          else
            begin
              tian<=tian;yue<=yue;nian<=nian;
            end
        end
      else if(choose==3'd4)
        begin
          led_miao<=0;led_fen<=0;led_shi<=0;
          led_tian<=0;led_yue<=1;led_nian<=0;
          if(jia==1)
            begin
              tian<=tian;nian<=nian;
              if(yue>=7'd12)yue<=7'd1;else yue<=yue+7'd1;
            end
          else if(jian==1)
            begin
              tian<=tian;nian<=nian;
              if(yue<=1)yue<=7'd12;else yue<=yue-7'd1;
          end
         else
          begin
```

```
            tian<=tian;yue<=yue;nian<=nian;
          end
      end
      else if(choose==3'd5)
        begin
          led_miao<=0;led_fen<=0;led_shi<=0;
          led_tian<=0;led_yue<=0;led_nian<=1;
          if(jia==1)
            begin
              tian<=tian;yue<=yue;
              if(nian>=15'd9999)nian<=15'd0;else nian<=nian+15'd1;
            end
          else if(jian==1)
            begin
              tian<=tian;yue<=yue;
              if(nian<=1)nian<=15'd9999;else nian<=nian-15'd1;
            end
          else
            begin
              tian<=tian;yue<=yue;nian<=nian;
            end
        end
    end
  else if((clk_1s==clk1)&&(stop==1'b0)&&(sw==1'b0))
    begin
          if((miao==7'd59)&&(fen==7'd59)&&(hour==7'd23))
            begin
              miao<=7'd0;fen<=7'd0;hour<=7'd0;
            end
          else if((miao==7'd59)&&(fen==7'd59))
            begin
              miao<=7'd0;fen<=7'd0;hour<=hour+7'd1;
            end
          else if((miao==7'd59))
            begin
              miao<=7'd0;fen<=fen+7'd1;hour<=hour;
            end
          else
            begin
              miao<=miao+7'd1;fen<=fen;hour<=hour;
            end
        end
      else if((day==1'b1)&&(stop==1'b0)&&(sw==1'b0))
        begin
          if((nian==15'd9999)&&(yue==7'd12)&&(tian==7'd31))
```

```
          begin
            tian<=7'd1;yue<=7'd1;nian<=15'd0;
          end
        else if((tian==7'd31)&&((yue==7'd1)||(yue==7'd3)||(yue==7'd5)||
          (yue==7'd7) ||(yue==7'd8)||(yue==7'd10)||(yue==7'd12)))
          begin
            tian<=7'd1;yue<=yue+7'd1;nian<=nian;
          end
        else if((tian==7'd31)&&((yue==7'd4)||(yue==7'd6)||(yue==7'd9)||(yue==7'd11)))
          begin
            tian<=7'd1;yue<=yue+7'd1;nian<=nian;
          end
        else if((tian==7'd29)&&(yue==7'd2)&&(runnian==1'b0)) //闰年
          begin
            tian<=7'd1;yue<=yue+7'd1;nian<=nian;
          end
        else if((tian==7'd28)&&(yue==7'd2)&&(runnian!=1'b0)) //平年
          begin
            tian<=7'd1;yue<=yue+7'd1;nian<=nian;
          end
        else
          begin
            tian<=tian+7'd1;yue<=yue;nian<=nian;
          end
      end
    else
      begin
        miao<=miao;fen<=fen;hour<=hour;tian<=tian;yue<=yue;nian<=nian;
        led_miao<=0;led_fen<=0;led_shi<=0;led_tian<=0;led_yue<=0;led_nian<=0;
      end
endmodule
```

6位二进制转换成BCD码的程序代码如下：

```
module bcd7(
  input wire [6:0]b,
  output reg [7:0]bcd);                    //移位加三法
  reg [14:0]z;                             //位数大小为b,p拼接值
  integer i;
  always @(b or z)
    begin
      for(i=0;i<=14;i=i+1)
        z[i]=0;                            // 首先将z清零
        z[9:3]=b;                          //将输入值放到z中并左移三位
        repeat(4)                          //循环次数,每次把z左移一位进行判断,重复4次
          begin
```

```
            if(z[10:7]> 4)z[10:7] = z[10:7] + 3;        //如果个位大于 4,加 3
            if(z[14:11]> 4) z[14:11] = z[14:11] + 3;    //如果十位大于 4,加 3
            z[14:1] = z[13:0];                          //左移一位
        end
      bcd = z[14:7];
   end
endmodule
```

14 位二进制转换成 BCD 码程序代码如下：

```
module bcd14(
  input wire [14:0]b,
  output reg [19:0]bcd);                       //移位加三法
  reg [34:0]z;                                 //位数大小为 b,p 拼接值
  integer i;
  always @(b or z)
    begin
      for(i = 0;i< = 34;i = i + 1)
      z[i] = 0;                                // 首先将 z 清零
      z[17:3] = b;                             //将输入值放到 z 中并左移三位
      repeat(12)                               //循环次数,每次把 z 左移一位进行判断,重复 12 次
        begin
          if(z[18:15]> 4)z[18:15] = z[18:15] + 3;      //如果个位大于 4,加 3
          if(z[22:19]> 4) z[22:19] = z[22:19] + 3;     //如果十位大于 4,加 3
          if(z[26:23]> 4) z[26:23] = z[26:23] + 3;     //如果百位大于 4,加 3
          if(z[30:27]> 4) z[30:27] = z[30:27] + 3;     //如果千位大于 4,加 3
          if(z[34:31]> 4) z[34:31] = z[34:31] + 3;     //如果万位大于 4,加 3
          z[34:1] = z[33:0];                           //左移一位
        end
      bcd = z[34:15];
    end
endmodule
```

顶层源程序代码如下：

```
module calendar(
  input clk,
  input rst,
  input qiehuan,              //切换键,切换日历与时钟模式
  input jiaozhun,             //校准键,打开可以校时
  input stop,                 //暂停键
  input jiaoxuan,             //校准模式下校选按钮,按一次切换一次状态,根据状态选择校准内容
  input jia,                  //加按钮,校准模式下按下可以加一个数
  input jian,                 //减按钮,校准模式下按下可以减一个数
  output [7:0]bitcode,
  output [6:0]a_to_g1,        //左数码管段选
  output [6:0]a_to_g2,        //右数码管段选
```

```
output led_miao,                 //调秒指示灯,只在校准模式下亮
output led_fen,                  //调分指示灯,只在校准模式下亮
output led_shi,                  //调时指示灯,只在校准模式下亮
output led_tian,                 //调天指示灯,只在校准模式下亮
output led_yue,                  //调月指示灯,只在校准模式下亮
output led_nian,                 //调年指示灯,只在校准模式下亮
output led_zheng);               //整点报时指示灯
wire [15:0]xian1;                //左边数码管显示寄存器
wire [15:0]xian2;                //右边数码管显示寄存器
wire [3:0]bitcode1,bitcode2;
wire[6:0]miao;                   //底层模块计算出的秒数
wire[6:0]fen;                    //底层模块计算出的分数
wire[6:0]shi;                    //底层模块计算出的时数
wire[6:0]tian;                   //底层模块计算出的天数
wire[6:0]yue;                    //底层模块计算出的月数
wire[14:0]nian;                  //底层模块计算出的年数
wire jia1;                       //延迟后的加按钮
wire jian1;                      //延迟后的减按钮
wire jiaoxuan1;                  //延迟后的校选按钮
wire [7:0]miaoHL;                //bcd码秒数十位个位
wire [7:0]fenHL;                 //bcd码分数十位个位
wire [7:0]shiHL;                 //bcd码时数十位个位
wire [7:0]tianHL;                //bcd码天数十位个位
wire [7:0]yueHL;                 //bcd码月数十位个位
wire [19:0]nianQBSG;             //BCD码年数,这里定义成20位是因为15位二进制数转换成BCD码
                                   的转换结果是20位,但这里只要求0000～9999年,所以取其中的
                                   低16位数据位进行显示
assign led_zheng = ((fenHL[7:4] == 5)&&(fenHL[3:0] == 9)&&(miaoHL[7:4] == 5))? clk:0;
  //从整点59分50秒开始整点提示,提示10秒
assign bitcode = {bitcode1,bitcode2};
assign xian1 = (qiehuan == 1)? ({nianQBSG[3:0],nianQBSG[7:4],nianQBSG[11:8],nianQBSG[15:
               12]}):({shiHL[3:0],shiHL[7:4],8'b00000000});
assign xian2 = (qiehuan == 1)? ({tianHL[3:0],tianHL[7:4],yueHL[3:0],yueHL[7:4]}):({miaoHL
               [3:0],miaoHL[7:4],fenHL[3:0],fenHL[7:4]});
bcd7 a1(miao,miaoHL);
bcd7 a2(fen,fenHL);
bcd7 a3(shi,shiHL);
bcd7 a4(tian,tianHL);
bcd7 a5(yue,yueHL);
bcd14 a6(nian,nianQBSG);
patctr_gen1 u1(clk,jiaoxuan,jiaoxuan1);
patctr_gen1 u2(clk,jia,jia1);
patctr_gen1 u3(clk,jian,jian1);//延迟三个需要多次按到的按钮,调用例10.8.1的patctr_gen,将
                                   其修改为一位即可
```

```
    data_ctrl u4(clk,rst,stop,jiaozhun,jia1,jian1,jiaoxuan1,shi,miao,fen,tian,yue,nian,led_
              miao,led_fen,led_shi,led_tian,led_yue,led_nian);
    tube1  u5(clk,rst,xian1,a_to_g1,bitcode1);
    tube1  u6(clk,rst,xian2,a_to_g2,bitcode2);
endmodule
```

引脚约束参考程序代码如下：

```
set_property-dict {PACKAGE_PIN P17 IOSTANDARD LVCMOS33} [get_ports clk ]
set_property-dict {PACKAGE_PIN P15 IOSTANDARD LVCMOS33} [get_ports rst]
set_property-dict {PACKAGE_PIN R15 IOSTANDARD LVCMOS33} [get_ports {jiaoxuan}]
set_property-dict {PACKAGE_PIN U4 IOSTANDARD LVCMOS33} [get_ports {jia}]
set_property-dict {PACKAGE_PIN R17 IOSTANDARD LVCMOS33} [get_ports {jian}]
set_property-dict {PACKAGE_PIN P5 IOSTANDARD LVCMOS33} [get_ports {qiehuan}]
set_property-dict {PACKAGE_PIN P4 IOSTANDARD LVCMOS33} [get_ports {jiaozhun}]
set_property-dict {PACKAGE_PIN P3 IOSTANDARD LVCMOS33} [get_ports {stop}]
set_property-dict {PACKAGE_PIN K2 IOSTANDARD LVCMOS33} [get_ports {led_miao}]
set_property-dict {PACKAGE_PIN J2 IOSTANDARD LVCMOS33} [get_ports {led_fen}]
set_property-dict {PACKAGE_PIN J3 IOSTANDARD LVCMOS33} [get_ports {led_shi}]
set_property-dict {PACKAGE_PIN H4 IOSTANDARD LVCMOS33} [get_ports {led_tian}]
set_property-dict {PACKAGE_PIN J4 IOSTANDARD LVCMOS33} [get_ports {led_yue}]
set_property-dict {PACKAGE_PIN G3 IOSTANDARD LVCMOS33} [get_ports {led_nian}]
set_property-dict {PACKAGE_PIN K3 IOSTANDARD LVCMOS33} [get_ports {led_zheng}]
set_property-dict {PACKAGE_PIN G2 IOSTANDARD LVCMOS33} [get_ports {bitcode[7]}]
set_property-dict {PACKAGE_PIN C2 IOSTANDARD LVCMOS33} [get_ports {bitcode[6]}]
set_property-dict {PACKAGE_PIN C1 IOSTANDARD LVCMOS33} [get_ports {bitcode[5]}]
set_property-dict {PACKAGE_PIN H1 IOSTANDARD LVCMOS33} [get_ports {bitcode[4]}]
set_property-dict {PACKAGE_PIN G1 IOSTANDARD LVCMOS33} [get_ports {bitcode[3]}]
set_property-dict {PACKAGE_PIN F1 IOSTANDARD LVCMOS33} [get_ports {bitcode[2]}]
set_property-dict {PACKAGE_PIN E1 IOSTANDARD LVCMOS33} [get_ports {bitcode[1]}]
set_property-dict {PACKAGE_PIN G6 IOSTANDARD LVCMOS33} [get_ports {bitcode[0]}]
set_property-dict {PACKAGE_PIN B4 IOSTANDARD LVCMOS33} [get_ports {a_to_g1[0]}]
set_property-dict {PACKAGE_PIN A4 IOSTANDARD LVCMOS33} [get_ports {a_to_g1[1]}]
set_property-dict {PACKAGE_PIN A3 IOSTANDARD LVCMOS33} [get_ports {a_to_g1[2]}]
set_property-dict {PACKAGE_PIN B1 IOSTANDARD LVCMOS33} [get_ports {a_to_g1[3]}]
set_property-dict {PACKAGE_PIN A1 IOSTANDARD LVCMOS33} [get_ports {a_to_g1[4]}]
set_property-dict {PACKAGE_PIN B3 IOSTANDARD LVCMOS33} [get_ports {a_to_g1[5]}]
set_property-dict {PACKAGE_PIN B2 IOSTANDARD LVCMOS33} [get_ports {a_to_g1[6]}]
set_property-dict {PACKAGE_PIN D4 IOSTANDARD LVCMOS33} [get_ports {a_to_g2[0]}]
set_property-dict {PACKAGE_PIN E3 IOSTANDARD LVCMOS33} [get_ports {a_to_g2[1]}]
set_property-dict {PACKAGE_PIN D3 IOSTANDARD LVCMOS33} [get_ports {a_to_g2[2]}]
set_property-dict {PACKAGE_PIN F4 IOSTANDARD LVCMOS33} [get_ports {a_to_g2[3]}]
set_property-dict {PACKAGE_PIN F3 IOSTANDARD LVCMOS33} [get_ports {a_to_g2[4]}]
set_property-dict {PACKAGE_PIN E2 IOSTANDARD LVCMOS33} [get_ports {a_to_g2[5]}]
set_property-dict {PACKAGE_PIN D2 IOSTANDARD LVCMOS33} [get_ports {a_to_g2[6]}]
```

作业：自己进行仿真及硬件验证，并且给出结果分析。

思考题：想一想如何设计能显示时间、日期、星期，并且有闹钟功能的万年历？

11.2 贪吃蛇设计

例 11.2.1 设计一个贪吃蛇游戏，可由 VGA 接口连接到显示屏上，设计游戏规则、蛇初始大小，如贪吃蛇的输入包括上下左右四个控制方向，可由按键或者拨码开关给入，还应该包括一个复位重新开始游戏键，在屏幕上随机刷新苹果，蛇吃到苹果，则身体增长，当身体长到一定大小后，再吃到苹果身体不再增长。蛇每次吃到苹果，计分器加 1 分，由数码管显示计分结果。当蛇吃到自己的身体或者撞墙，则游戏结束，按复位键重新开始游戏，计分器清零，蛇回到初始大小。

设计分析：贪吃蛇工程由多个模块构成，其中包含 1 个顶层模块 snack_top、8 个功能模块 snakectrl、apple、gamectrl、scores、vga1、parctr_gen1、bcd2、tube1。其中 patctr_gen1 是调用的例 11.1.1 中的同名源程序，用于产生按键消抖及扫描输出；binbcd2 调用的是例 5.4.2 十三位二进制数转换成 BCD 码的程序；tube1 调用的是例 6.6.1，底层调用不变。VGA 显示用的 25 MHz 的频率，调用的是例 6.4.1 封装好的 IP 核 frequency1，客户化名称为 frequency1_v1_46，参数 count1s=1。其余模块如下：

① snack_top 为顶层模块，规定了工程对外的各类接口及各个功能模块之间的关系。

② snakectrl 模块实现了蛇头移动方向控制、蛇身移动控制、死亡检测、长度检测、蛇体渲染功能。蛇头移动方向控制由按键检测模块和方向寄存器修正规则代码组成。蛇身移动控制是根据蛇头移动方向，将前一节的坐标依次赋值给后一节来实现的，由蛇身移位寄存器组构成。死亡检测包括撞到自己检测和撞墙检测，其中撞到自己检测是根据蛇头坐标和蛇身坐标是否重合来判断；撞墙检测是根据蛇头坐标是否为边缘值来判断；长度检测是根据是否成功吃到食物增长身体来判断。

③ apple 模块主要负责苹果（食物）的生成与更新。苹果（食物）的坐标来自于随机码生成器产生的数据。

④ gamectrl 模块为游戏控制状态转换模块，游戏在 4 个状态之间转换。

⑤scores 模块为蛇吃到食物后所得总分模块，撞墙或者吃到自身，游戏复位到初始状态，分数清零。这里是二进制计数得分，需要将二进制得分通过 binbcd2 转换成十进制得分，然后由 tube1 用数码管显示出来。

⑥ vga1 模块为 VGA 显示接口模块，完成蛇和食物的颜色位置显示。

总体 RTL 结构图如图 11.2.1 所示。

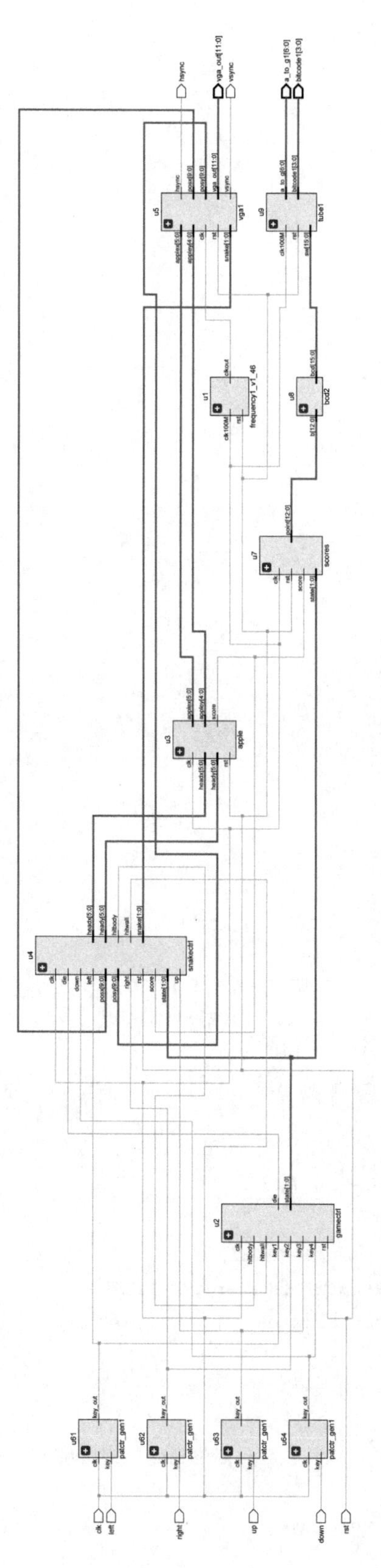

图 11.2.1 贪吃蛇 RTL 结构图

snakectrl 模块程序代码如下：

```
module snakectrl(
   input clk,
   input rst,
   input left,
   input right,
   input up,
   input down,
   input [9:0]posx,
   input [9:0]posy,
   input score,
   input [1:0]state,
   input die,
   output reg [1:0]snake,
   output [5:0]headx,
   output [5:0]heady,
   output reg [3:0]bodylong,
   output reg hitbody,
   output reg hitwall);
   reg [31:0]cnt;
   wire [1:0]currentstate;
   reg [1:0]currentstatereg,nextstate;
   reg movl,movr,movu,movd;
   reg [5:0]snakex[15:0];
   reg [5:0]snakey[15:0];
   reg [15:0]exist;
   reg scorestate;
   reg[3:0]lox,loy;
   parameter UP = 2'b00,DOWN = 2'b01,LEFT = 2'b10,RIGHT = 2'b11;
   parameter N = 2'b00,H = 2'b01,B = 2'b10,W = 2'b11;
   parameter RESTART = 2'b00,PLAY = 2'b10;
   assign currentstate = currentstatereg;
   assign headx = snakex[0];
   assign heady = snakey[0];
   always @(posedge clk or negedge rst)
     begin
       if(rst == 0) currentstatereg <= RIGHT;
       else if(state == RESTART)currentstatereg <= RIGHT;
       else currentstatereg <= nextstate;
     end
   always @(posedge clk or negedge rst)
     begin
       if(rst == 0)                              //复位到蛇的初始位置
         begin
           cnt <= 0;hitwall <= 0;hitbody <= 0;
```

```
        snakex[0]<= 25;snakey[0]<= 18;snakex[1]<= 24;snakey[1]<= 18;
        snakex[2]<= 0;snakey[2]<= 0;snakex[3]<= 0;snakey[3]<= 0;
        snakex[4]<= 0;snakey[4]<= 0;snakex[5]<= 0;snakey[5]<= 0;
        snakex[6]<= 0;snakey[6]<= 0;snakex[7]<= 0;snakey[7]<= 0;
        snakex[8]<= 0;snakey[8]<= 0;snakex[9]<= 0;snakey[9]<= 0;
        snakex[10]<= 0;snakey[10]<= 0;snakex[11]<= 0;snakey[11]<= 0;
        snakex[12]<= 0;snakey[12]<= 0;snakex[13]<= 0;snakey[13]<= 0;
        snakex[14]<= 0;snakey[14]<= 0;snakex[15]<= 0;snakey[15]<= 0;
      end
    else if(state == RESTART)          //死亡后重新开始位置也是蛇的初始位置
      begin
        cnt <= 0;hitwall <= 0;hitbody <= 0;
        snakex[0]<= 25;snakey[0]<= 18;snakex[1]<= 24;snakey[1]<= 18;
        snakex[2]<= 0;snakey[2]<= 0;snakex[3]<= 0;snakey[3]<= 0;
        snakex[4]<= 0;snakey[4]<= 0;snakex[5]<= 0;snakey[5]<= 0;
        snakex[6]<= 0;snakey[6]<= 0;snakex[7]<= 0;snakey[7]<= 0;
        snakex[8]<= 0;snakey[8]<= 0;snakex[9]<= 0;snakey[9]<= 0;
        snakex[10]<= 0;snakey[10]<= 0;snakex[11]<= 0;snakey[11]<= 0;
        snakex[12]<= 0;snakey[12]<= 0;snakex[13]<= 0;snakey[13]<= 0;
        snakex[14]<= 0;snakey[14]<= 0;snakex[15]<= 0;snakey[15]<= 0;
      end
    else
      begin
        cnt <= cnt + 1;
        if(cnt == 12500000)
          begin
            cnt <= 0;
            if(state == PLAY)          //游戏过程中
              begin
      if((currentstate == UP&&snakey[0] == 1)|(currentstate == DOWN&&snakey[0] == 28)|
      (currentstate == LEFT&&snakex[0] == 1)|(currentstate == RIGHT&&snakex[0] == 38))
                  hitwall <= 1;
                else if((snakey[0] == snakey[1]&&snakex[0] == snakex[1]&&exist[1] == 1)
                      |(snakey[0] == snakey[2]&&snakex[0] == snakex[2]&&exist[2] == 1)
                      |(snakey[0] == snakey[3]&&snakex[0] == snakex[3]&&exist[3] == 1)
                      |(snakey[0] == snakey[4]&&snakex[0] == snakex[4]&&exist[4] == 1)
                      |(snakey[0] == snakey[5]&&snakex[0] == snakex[5]&&exist[5] == 1)
                      |(snakey[0] == snakey[6]&&snakex[0] == snakex[6]&&exist[6] == 1)
                      |(snakey[0] == snakey[7]&&snakex[0] == snakex[7]&&exist[7] == 1)
                      |(snakey[0] == snakey[8]&&snakex[0] == snakex[8]&&exist[8] == 1)
                      |(snakey[0] == snakey[9]&&snakex[0] == snakex[9]&&exist[9] == 1)
                      |(snakey[0] == snakey[10]&&snakex[0] == snakex[10]&&exist[10] == 1)
                      |(snakey[0] == snakey[11]&&snakex[0] == snakex[11]&&exist[11] == 1)
                      |(snakey[0] == snakey[12]&&snakex[0] == snakex[12]&&exist[12] == 1)
                      |(snakey[0] == snakey[13]&&snakex[0] == snakex[13]&&exist[13] == 1)
```

```
                    |(snakey[0] == snakey[14]&&snakex[0] == snakex[14]&&exist[14] == 1)
                    |(snakey[0] == snakey[15]&&snakex[0] == snakex[15]&&exist[15] == 1))
                hitbody <= 1;           //蛇头与蛇身任意部位重合则判断蛇吃到自身
              else                      //蛇吃到食物自身变长
                begin
                  snakex[1]<= snakex[0];snakey[1]<= snakey[0];
                  snakex[2]<= snakex[1];snakey[2]<= snakey[1];
                  snakex[3]<= snakex[2];snakey[3]<= snakey[2];
                  snakex[4]<= snakex[3];snakey[4]<= snakey[3];
                  snakex[5]<= snakex[4];snakey[5]<= snakey[4];
                  snakex[6]<= snakex[5];snakey[6]<= snakey[5];
                  snakex[7]<= snakex[6];snakey[7]<= snakey[6];
                  snakex[8]<= snakex[7];snakey[8]<= snakey[7];
                  snakex[9]<= snakex[8];snakey[9]<= snakey[8];
                  snakex[10]<= snakex[9];snakey[10]<= snakey[9];
                  snakex[11]<= snakex[10];snakey[11]<= snakey[10];
                  snakex[12]<= snakex[11];snakey[12]<= snakey[11];
                  snakex[13]<= snakex[12];snakey[13]<= snakey[12];
                  snakex[14]<= snakex[13];snakey[14]<= snakey[13];
                  snakex[15]<= snakex[14];snakey[15]<= snakey[14];
                  case(currentstate)  //蛇身生长后判断蛇的状态
                    UP: begin
                          if(snakey[0] == 1) hitwall <= 1;
                          else snakey[0]<= snakey[0]-1;
                        end
                    DOWN: begin
                          if(snakey[0] == 28) hitwall <= 1;
                          else snakey[0]<= snakey[0] + 1;
                        end
                    LEFT: begin
                          if(snakex[0] == 1)hitwall <= 1;
                          else snakex[0]<= snakex[0]-1;
                        end
                    RIGHT: begin
                          if(snakex[0] == 38) hitwall <= 1;
                          else snakex[0]<= snakex[0] + 1;
                        end
                  endcase
                end
              end
            end
          end
        end
    always @(currentstate,LEFT,RIGHT,UP,DOWN,movl,movr,movu,movd)
      begin
```

```
      nextstate = currentstate;
      case(currentstate)
        UP: begin
              if(movl == 1) nextstate = LEFT;
              else if(movr == 1) nextstate = RIGHT;
              else nextstate = UP;
            end
        DOWN: begin
                if(movl == 1) nextstate = LEFT;
                else if(movr == 1) nextstate = RIGHT;
                else nextstate = DOWN;
              end
        LEFT: begin
                if(movu == 1) nextstate = UP;
                else if(movd == 1) nextstate = DOWN;
                else nextstate = LEFT;
              end
        RIGHT: begin
                if(movu == 1) nextstate = UP;
                else if(movd == 1) nextstate = DOWN;
                else nextstate = RIGHT;
              end
      endcase
    end
  always @(posedge clk)
    begin
      if(left == 1)movl <= 1;
      else if(right == 1)  movr <= 1;
      else if(up == 1)     movu <= 1;
      else if(down == 1)   movd <= 1;
      else begin movl <= 0;movr <= 0;movu <= 0;movd <= 0;end
    end
  always @(posedge clk or negedge rst)
    begin
      if(rst == 0) begin  exist <= 16'd3;bodylong <= 2;scorestate <= 0;end
      else if(state == RESTART) begin exist <= 16'd3;bodylong <= 2;scorestate <= 0;end
      else
        begin
          case(scorestate)
            0:begin
                if(score == 1)
                  begin
                    bodylong <= bodylong + 1;exist[bodylong]<= 1;scorestate <= 1;
                  end
              end
```

```
            1:if(score == 0) scorestate <= 0;
          endcase
        end
    end
  always @(posx or posy orsnakex or snakey or exist or die)
    begin
      if(posx >= 0&&posx < 640&&posy >= 0&&posy < 480)
        begin
          if(posx[9:4] == 0|posy[9:4] == 0|posx[9:4] == 39|posy[9:4] == 29)
            snake = W;
          else if(posx[9:4] == snakex[0]&&posy[9:4] == snakey[0]&&exist[0] == 1)
            snake = (die == 1)? H:N;
          else if((posx[9:4] == snakex[1]&&posy[9:4] == snakey[1]&&exist[1] == 1)
                  |(posx[9:4] == snakex[2]&&posy[9:4] == snakey[2]&&exist[2] == 1)
                  |(posx[9:4] == snakex[3]&&posy[9:4] == snakey[3]&&exist[3] == 1)
                  |(posx[9:4] == snakex[4]&&posy[9:4] == snakey[4]&&exist[4] == 1)
                  |(posx[9:4] == snakex[5]&&posy[9:4] == snakey[5]&&exist[5] == 1)
                  |(posx[9:4] == snakex[6]&&posy[9:4] == snakey[6]&&exist[6] == 1)
                  |(posx[9:4] == snakex[7]&&posy[9:4] == snakey[7]&&exist[7] == 1)
                  |(posx[9:4] == snakex[8]&&posy[9:4] == snakey[8]&&exist[8] == 1)
                  |(posx[9:4] == snakex[9]&&posy[9:4] == snakey[9]&&exist[9] == 1)
                  |(posx[9:4] == snakex[10]&&posy[9:4] == snakey[10]&&exist[10] == 1)
                  |(posx[9:4] == snakex[11]&&posy[9:4] == snakey[11]&&exist[11] == 1)
                  |(posx[9:4] == snakex[12]&&posy[9:4] == snakey[12]&&exist[12] == 1)
                  |(posx[9:4] == snakex[13]&&posy[9:4] == snakey[13]&&exist[13] == 1)
                  |(posx[9:4] == snakex[14]&&posy[9:4] == snakey[14]&&exist[14] == 1)
                  |(posx[9:4] == snakex[15]&&posy[9:4] == snakey[15]&&exist[15] == 1))
              snake = (die == 1)? B:N;
          else snake = N;
        end
    end
endmodule
```

apple(食物)模块程序代码如下：

```
module apple(
  input clk,
  input rst,
  input [5:0]headx,
  input [5:0]heady,
  output reg [5:0]applex,
  output reg [4:0]appley,
  output reg score);
  reg [18:0]cnt;
  reg [10:0]rdnum;
  always@(posedge clk)
```

```
    rdnum <= rdnum + 998;
  always@(posedge clk or negedge rst)
    begin
      if(rst == 0)begin cnt <= 0;applex <= 25;appley <= 8;score <= 0;end//食物的初始位置
      else
        begin
          cnt <= cnt + 1;
          if(cnt == 200000)
            begin
              cnt <= 0;
              if(applex == headx&&appley == heady) //蛇的头部与食物位置重合代表吃到
                begin                              //食物,分数加一,然后刷新下一个食物位置
                  score <= 1;
      applex <= (rdnum[10:5]> 38)? (rdnum[10:5]-25):(rdnum[10:5] == 0)? 1:rdnum[10:5];
      appley <= (rdnum[4:0]> 28)? (rdnum[4:0]-3):(rdnum[4:0] == 0)? 1:rdnum[4:0];
                end
              else score <= 0;
            end
        end
    end
endmodule
```

gamectrl 模块程序代码如下：

```
module gamectrl(
  input clk,
  input rst,
  input hitwall,
  input hitbody,
  input key1,
  input key2,
  input key3,
  input key4,
  output reg die,
  output reg restart,
  output reg [1:0]state);
  parameter RESTART = 2'b00,START = 2'b01,PLAY = 2'b10,DIE = 2'b11;//定义 4 个状态
  reg[31:0]cnt;
  always@(posedge clk or negedge rst)
    begin
      if(rst == 0)                        //按下复位,游戏回到开始状态
        begin state <= START;cnt <= 0;die <= 1;restart <= 0; end
      else                                //否则的话根据状态运行游戏
        begin
          case(state)
            RESTART:begin                 //重新开始状态
```

```
                if(cnt <= 5)begin cnt <= cnt + 1;restart <= 1; end
                else begin state <= START; cnt <= 0; restart <= 0; end
              end
            START:begin //按下任意按键游戏开始
                if(key1|key2|key3|key4) state <= PLAY; else   state <= START;
              end
            PLAY:begin   //如果撞墙或撞到身体游戏结束,否则就是游戏正在运行
            if((hitwall == 1)|(hitbody == 1)) state <= DIE;else   state <= PLAY;
          end
          DIE:begin die <= 1; cnt <= 0; state <= RESTART;   end
        endcase
      end
    end
endmodule
```

scores 模块程序代码如下：

```
module scores(
  input clk,
  input rst,
  input score,
  input [1:0]state,
  output reg[12:0]point);
  parameter RESTART = 2'b00;
  reg score1;
  always@(posedge clk or negedge rst)
    begin
      if(rst == 0) begin   point <= 0;score1 <= 0;end
      else if(state == RESTART) begin   point <= 0;score1 <= 0;   end
      else
        begin
          case(score1)                    //前面吃的模块检测到吃了食物,对应分数的寄存器加 1
            0: if(score == 1)   begin point <= point + 1; score1 <= 1;   end
               else point <= point;
            1: if(score == 0) score1 <= 0; else score1 <= 1;
          endcase
        end
    end
endmodule
```

vga1 模块程序代码如下：

```
module vga1(
  input clk,
  input rst,
  input [1:0]snake,
  input [5:0]applex,
```

```
    input [4:0]appley,
    output reg[9:0]posx,
    output reg[9:0]posy,
    output reg hsync,
    output reg vsync,
    output reg [11:0]vga_out);
    reg [10:0]hcnt,vcnt;
    parameter HEADCOLOR = 12'b111100001111,BODYCOLOR = 12'b000011111111;
    parameter  N = 2'b00,H = 2'b01,B = 2'b10,W = 2'b11;
    reg [3:0]lox,loy;
    always@(posedge clk or negedge rst)
      begin
        if(rst == 0) begin  hcnt <= 0;vcnt <= 0;hsync <= 1;vsync <= 1;end
        else
          begin
            posx <= hcnt-144; posy <= vcnt-33;
            if(hcnt == 0) begin  hsync <= 0; hcnt <= hcnt + 1; end
            else if(hcnt == 96) begin hsync <= 1;hcnt <= hcnt + 1;end
            else if(hcnt == 799) begin hcnt <= 0;vcnt <= vcnt + 1;end
            else hcnt <= hcnt + 1;
            if(vcnt == 0) vsync <= 0;
            else if(vcnt == 2) vsync <= 1;
            else if(vcnt == 521) begin vcnt <= 0;vsync <= 0;end
            if(posx >= 0&&posx < 640&&posy >= 0&&posy < 480)
              begin
                lox = posx[3:0];loy = posx[3:0];
                if(posx[9:4] == applex&&posy[9:4] == appley)
                  case({loy,lox})
                    8'b00000000:vga_out = 12'b000000000000;
                    default:vga_out = 12'b111111110000;
                  endcase
                else if(snake == N)vga_out = 12'b000000000000;
                else if(snake == W)vga_out = 12'b000000000011;
                else if(snake == H|snake == B)
                  begin                    //根据当前扫描到的点所属的部分,输出相应颜色
                    case({lox,loy})
                      8'b00000000:vga_out = 12'b000000000000;
                      default:vga_out = (snake == H)? HEADCOLOR:BODYCOLOR;
                    endcase
                  end
              end
            else   vga_out = 12'b000000000000;
          end
      end
endmodule
```

顶层模块程序代码如下：

```
module snake_top(
  input clk,
  input rst,                                  //低电平时有效
  input up,                                   //上
  input down,                                 //下
  input left,                                 //左
  input right,                                //右
  output hsync,                               //行列控制扫描线
  output vsync,
  output [11:0]vga_out,                       //传给显示屏的 RGB 数据
  output [6:0]a_to_g1,                        //七段数码管的输出
  output [3:0]bitcode1);
  wire up1,down1,left1,right1;
  wire [1:0]snake;
  wire [5:0]applex;
  wire [4:0]appley;
  wire [9:0]posx,posy;
  wire [5:0]headx,heady;
  wire hitwall,hitbody;
  wire score,die,restart;
  wire [3:0]bodylong;
  wire[1:0]state;
  wire clk25M;
  wire [12:0]point;                          //二进制分数
  wire [15:0]scores1;                        //bcd 码分数
  frequency1_v1_46 u1(clk,rst,clk25M);
  gamectrl u2(clk,rst,hitwall,hitbody,left1,right1,up1,down1,die,restart,state);
  apple u3(clk,rst,headx,heady,applex,appley,score);
  snakectrl u4(clk,rst,left1,right1,up1,down1,posx,posy,score,state,die,snake,
             headx,heady,bodylong,hitbody,hitwall);
  vga1 u5(clk25M,rst,snake,applex,appley,posx,posy,hsync,vsync,vga_out);
  patctr_gen1 u61(clk,left,left1);
  patctr_gen1 u62(clk,right,right1);
  patctr_gen1 u63(clk,up,up1);
  patctr_gen1 u64(clk,down,down1);
  scores u7(clk,rst,score,state,point);
  bcd2 u8(point,scores1);
  tube1 u9(clk,rst,scores1,a_to_g1,bitcode1);
endmodule
```

作业：自己进行仿真及硬件验证，并且给出结果分析。

思考题：试一试其他挑战设计。

参考文献

[1] 廉玉欣,侯博雅,等. Vivado 入门与 FPGA 设计实例[M]. 北京:电子工业出版社,2018.
[2] 卢有亮. Xilinx FPGA 原理与实践——基于 Vivado 和 Verilog HDL[M]. 北京:机械工业出版社,2019.
[3] 夏宇闻,韩彬. Verilog 数字系统设计教程[M]. 北京:北京航空航天大学出版社,2017.
[4] 赵科. 基于 Verilog HDL 的数字系统设计与实现[M]. 北京:电子工业出版社,2019.
[5] 刘艳萍,高振斌. EDA 技术及应用教程[M]. 北京:北京航空航天大学出版社,2012.
[6] 汤勇明,张圣清,陆佳华. 搭建你的数字积木——数字电路与逻辑设计(Verilog HDL&Vivado 版)[M]. 北京:清华大学出版社,2017.
[7] 何宾. EDA 原理及 Verilog HDL 实现[M]. 北京:清华大学出版社,2017.

参考文献